JN336379

AngularJS
アプリケーションプログラミング

AngularJS Application Programming

山田祥寛 | Yoshihiro Yamada

技術評論社

はじめにお読みください

●プログラムの著作権について

本書で紹介し、ダウンロードサービスで提供するプログラムの著作権は、すべて著者に帰属します。これらのデータは、本書の利用者に限り、個人・法人を問わず無料で使用できますが、再転載や再配布などの二次利用は禁止いたします。

●本書記載の内容について

本書に記載された内容は、情報の提供のみを目的としています。したがって、本書を用いた運用は、必ずお客様自身の責任と判断によって行ってください。これらの情報の運用の結果について、技術評論社および著者はいかなる責任も負いません。

本書記載の内容は、第1刷発行時のものを掲載しています。そのため、ご利用時には変更されている場合もあります。また、ソフトウェアはバージョンアップされることがあり、本書の説明とは機能や画面が異なってしまうこともあります。

●動作確認環境

本書内の記述／サンプルプログラムは、次の動作環境で確認しています。

■Windows 8.1 Pro(64bit)
- AngularJS 1.4.1
- Google Chrome 43
- Internet Explorer 11
- Firefox 37
- Opera 28

■OS X 10.10.4
- AngularJS 1.4.1
- Safari 8.0.7

以上の注意事項をご承諾いただいた上で、本書をご利用願います。これらの注意事項をお読みいただかずにお問い合わせいただいても、技術評論社および著者は対処できません。あらかじめ、ご承知おきください。

はじめに

本書は、クライアントサイドJavaScript環境で利用できる代表的なアプリケーションフレームワーク（以降、フレームワーク）であるAngularJSを初めて学ぶ人のための書籍です。フレームワークを学ぶための書籍ということで、その基盤となるJavaScript言語についてはひととおり理解していることを前提としています。本書でもできるだけ細かな解説を心がけていますが、JavaScriptそのものについてきちんとおさえておきたいという方は、「JavaScript逆引きレシピ jQuery対応」（翔泳社）、「JavaScript本格入門」（技術評論社）などの専門書も合わせてご覧いただくことをおすすめします。

本書の構成と各章の目的を以下にまとめます。

●導入編（第1章：イントロダクション～第2章：AngularJSの基本）

そもそもJavaScriptでフレームワークとは、という話を皮切りに、AngularJSの特徴を解説して、これからの学習のための環境を準備します。また、簡単なアプリケーションを開発していく中で、AngularJSアプリを開発する上で基礎的な構文、キーワード、概念を鳥瞰します。

●基本編（第3章：ディレクティブ～第6章：スコープオブジェクト）

導入編でAngularJSプログラミングの大まかな流れを理解できたところで、AngularJSを構成する基本要素――ディレクティブ、フィルター、サービス、スコープオブジェクトについて学びます。いずれも重要な話題ばかりですが、特に標準ディレクティブ、サービスの中でも$httpや$routeProvider、ややとっつきにくいながらもスコープなどは、AngularJSの習得には欠かせないテーマですので、確実に理解しておくことをおすすめします。

●応用編（第7章：ディレクティブ／フィルター／サービスの自作～第9章：関連ライブラリ／ツール）

ディレクティブ／フィルター／サービスの自作、ユニットテスト／E2Eテスト、そして、Grunt／Bowerと連携したアプリの管理などなど、より実践的なアプリケーション開発を行っていくためのさまざまなテーマについて学びます。これらを理解する過程で、AngularJS習得の更なるステップアップの手がかりとしてください。

AngularJSに興味を持ったあなたにとって、本書がはじめの一歩として役立つことを心から祈っています。

★ ★ ★

なお、本書に関するサポートサイトを以下のURLで公開しています。Q&A掲示板はじめ、サンプルのダウンロードサービス、本書に関するFAQ情報、オンライン公開記事などの情報を掲載していますので、合わせてご利用ください。

```
http://www.wings.msn.to/index.php/-/A-03/978-4-7741-7568-3/
```

最後にはなりましたが、タイトなスケジュールの中で筆者の無理を調整いただいた技術評論社、トップスタジオの編集諸氏、そして、傍らで原稿管理／校正作業などの制作をアシストしてくれた妻の奈美、両親、関係者ご一同に心から感謝いたします。

2015年8月吉日　山田祥寛

本書の読み方

●動作確認環境

本書内の記述／サンプルプログラムは、次の動作環境で確認しています。

■ Windows 8.1 Pro (64bit)
- AngularJS 1.4.1
- Google Chrome 43
- Internet Explorer 11
- Firefox 37
- Opera 28

■ OS X 10.10.4
- AngularJS 1.4.1
- Safari 8.0.7

●サンプルプログラムについて

- 本書のサンプルプログラムは、著者が運営するサポートサイト「サーバサイド技術の学び舎 - WINGS」(http://www.wings.msn.to/) ― [総合 FAQ/ 訂正&ダウンロード] からダウンロードできます。サンプルの動作をまず確認したい場合などにご利用ください。
- サンプルコード、その他、データファイルの文字コードは UTF-8 です。テキストエディターなどで編集する場合には、文字コードを変更してしまうと、サンプルが正しく動作しない、日本語が文字化けする、などの原因ともなりますので注意してください。
- サンプルコードは、Windows 環境での動作に最適化しています。紙面上の実行結果も Windows 版 Chrome 環境でのものを掲載しています。結果は環境によって異なる可能性もあるので、注意してください。
- サンプルで使用している画像素材の一部は「School Icons CLUB (http://www.schoolicons.com/)」の Mako 氏より作成／提供いただいています。

●本書の構成

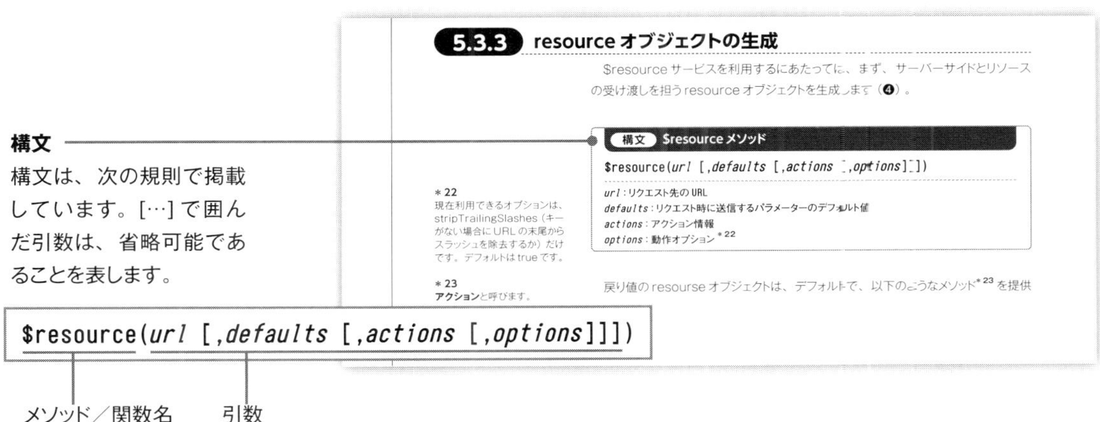

構文

構文は、次の規則で掲載しています。[…] で囲んだ引数は、省略可能であることを表します。

```
$resource(url [,defaults [,actions [,options]]])
```

メソッド／関数名　　引数

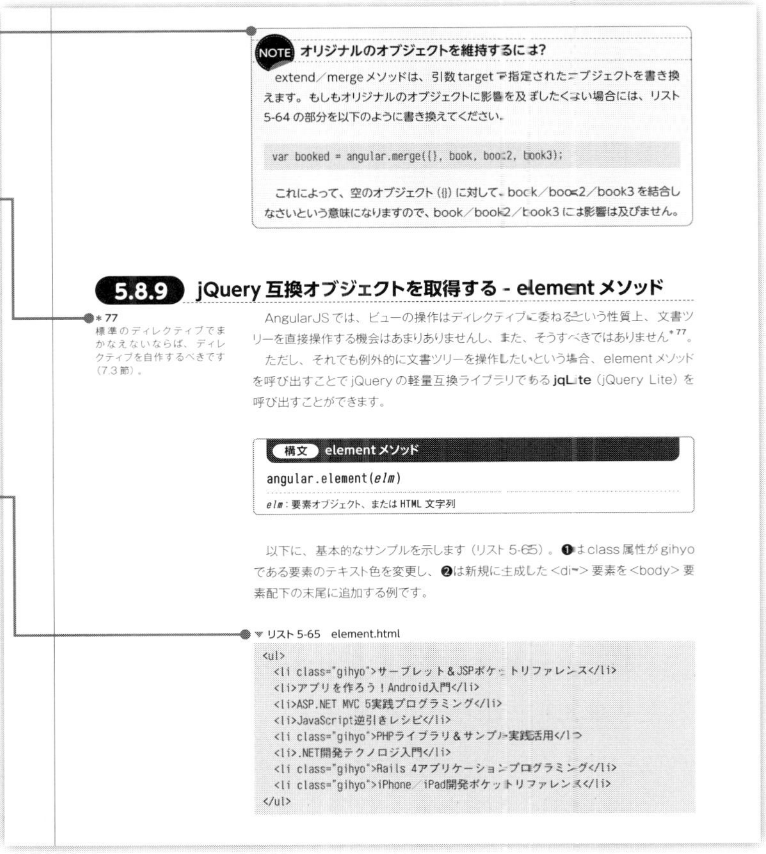

5.3.3 resource オブジェクトの生成

$resource サービスを利用するにあたっては、まず、サーバーサイドとリソースの受け渡しを担う resource オブジェクトを生成します（❹）。

構文 $resource メソッド

```
$resource(url [,defaults [,actions [,options]]])
```

url：リクエスト先の URL
defaults：リクエスト時に送信するパラメーターのデフォルト値
actions：アクション情報
options：動作オプション[*22]

＊22 現在利用できるオプションは、stripTrailingSlashes（キーがない場合に URL の末尾からスラッシュを除去するか）だけです。デフォルトは true です。

＊23 アクションと呼びます。

戻り値の resourse オブジェクトは、デフォルトで、以下のようなメソッド[*23]を提供

NOTE

本文の説明に加えて知っておきたい、注意点や参考／追加情報を表します。

傍注

[NOTE] と同じく、本文では説明しきれなかった補足情報や、初心者が陥りやすいポイントなどを紹介しています。本文中の番号と対応していますので、併せて利用してください。

コードリスト

アプリのソースコードを表します。紙面上は理解する上で最小限のコードを抜粋して掲載していますので、コード全体を確認したい場合にはダウンロードサンプルから対応するファイルを確認してください。紙面の都合で改行している箇所は、⏎で表しています。

NOTE オリジナルのオブジェクトを維持するには？

extend／merge メソッドは、引数 target で指定されたオブジェクトを書き換えます。もしもオリジナルのオブジェクトに影響を及ぼしたくない場合には、リスト 5-64 の部分を以下のように書き換えてください。

```
var booked = angular.merge({}, book, book2, book3);
```

これによって、空のオブジェクト {} に対して、book／book2／book3 を結合しなさいという意味になりますので、book／book2／book3 には影響は及びません。

5.8.9 jQuery 互換オブジェクトを取得する - element メソッド

AngularJS では、ビューの操作はディレクティブに委ねるという性質上、文書ツリーを直接操作する機会はあまりありませんし、また、そうすべきではありません[*77]。

ただし、それでも例外的に文書ツリーを操作したいという場合、element メソッドを呼び出すことで jQuery の軽量互換ライブラリである **jqLite**（jQuery Lite）を呼び出すことができます。

＊77 標準のディレクティブでまかなえないならば、ディレクティブを自作するべきです（7.3 節）。

構文 element メソッド

```
angular.element(elm)
```

elm：要素オブジェクト、または HTML 文字列

以下に、基本的なサンプルを示します（リスト 5-65）。❶は class 属性が gihyo である要素のテキスト色を変更し、❷は新規に主成した <di‐> 要素を <body> 要素配下の末尾に追加する例です。

▼リスト 5-65　element.html

```
<ul>
  <li class="gihyo">サーブレット＆JSPポケ゛トリファレンス</li>
  <li>アプリを作ろう！Android入門</li>
  <li>ASP.NET MVC 5実践プログラミング</li>
  <li>JavaScript逆引きレシピ</li>
  <li class="gihyo">PHPライブラリ＆サンプ゚ル実践活用</li>
  <li>.NET開発テクノロジ入門</li>
  <li class="gihyo">Rails 4アプリケーションプログラミング</li>
  <li class="gihyo">iPhone／iPad開発ポケットリファレンス</li>
</ul>
```

目次

基本編

第3章　ディレクティブ　45

第5章 サービス 173

Column

第1章 イントロダクション

本書のテーマであるAngularJSは、JavaScriptで記述された、そして、JavaScript環境（インターネットブラウザー）で動作するアプリケーションフレームワークの一種です。

本章では、まずJavaScriptの歴史、フレームワーク登場に至る歴史的な経緯について触れたあと、AngularJSの特徴、具体的な機能について、MVC（Model－View－Controller）／SPA（Single Page Application）といったキーワードと絡めながら概説します。次章からの具体的な学習に先立って、AngularJSの位置づけを理解しましょう。

1-1 JavaScriptの歴史

本書のテーマである**AngularJS**は、Googleとコミュニティによって開発が進められているJavaScriptフレームワークです。オープンソースソフトウェアライセンスであるMITライセンスに基づいて配布されています。

もっとも、サーバーサイドであればいざ知らず、JavaScript（クライアントサイド）でフレームワークといってもピンと来ない人もいるかもしれません。そこで本節では、JavaScriptの歴史を振り返りながら、JavaScriptフレームワークが登場するに至る経緯を軽く振り返ってみたいと思います。

1.1.1 不遇の時代を経てきたJavaScript

JavaScriptというと、「ブラウザで動作するカンタンな言語である」「プログラミングの初心者、素人が使うもの」といったイメージが付きまとうのは、おそらく1990年代後半のなごりでしょう。

1990年代といえば、**ダイナミックHTML**というJavaScriptを基盤とした技術が幅を利かせた時期です。ダイナミックHTMLとは、ページ切り替えにエフェクトを適用してみたり、アニメーション画像を画面に走らせてみたり、はたまた、ステータスバーにメッセージを流してみたりといった視覚的な効果をJavaScriptで実装するための技術です。

もちろん、このような効果の一部は今でも活用されていますし、すべてが否定されるものではありません。しかし、当時はそれが過剰でした。過剰であるがゆえに、重く、垢抜けないページが量産されていたのです。

しかも、同時期にJavaScript（ブラウザー）に起因するセキュリティホールがあまた指摘されました。また、ブラウザーベンダーが独自に機能拡張した結果、ダイナミックHTMLで書かれたページは、特定のブラウザーでしか動かないという状況が多く発生しました。

その結果、「JavaScriptは、ダサいページを作るための低俗な言語である」というイメージだけを残し、ダイナミックHTMLはWeb技術の表舞台から消えていきました。

以来、JavaScriptは数年以上に及ぶ不遇の時代に入っていくことになります。

1.1.2 復権のきっかけはAjax、そしてHTML5の時代へ

そのような状況に光明が見えたのが2005年、**Ajax**（Asynchronous JavaScript + XML）という技術が登場した時です。Ajaxを一言で説明するなら、ブラウザー上でデスクトップアプリライクなページを作成するための技術。HTML、JavaScriptといったブラウザー標準の技術だけでリッチなコンテンツを作成できることから、Ajax技術は瞬く間に普及を遂げました。

この頃には、ブラウザーベンダーによる機能拡張合戦も落ち着き、互換性の問題も少なくなっていました。国際的な標準化団体であるECMA（Europian Computer Manufacturer Association：ヨーロッパ電子計算機工業会）のもとで、JavaScriptの標準化が進められ、言語として確かな進化を遂げていました。このような背景もあって、JavaScriptという言語の価値が見直される機会が、ようやく訪れたのです。

また、Ajax技術の普及によって、JavaScriptは「HTMLやCSSの表現力を傍らで補うだけの簡易な言語」ではなくなりました。「Ajax技術を支える中核」とみなされるようになったことで、プログラミングの手法にも変化の兆しが現れはじめます。従来のように、関数を組み合わせるだけの簡易な書き方だけでなく、大規模な開発にも耐えられるオブジェクト指向的な書き方が求められるようになってきたのです。

さらに2000年代後半には、**HTML5**の登場がこの状況に追い風を与えます[*1]。HTML5では、マークアップとしての充実に加え、アプリ開発のためのJavaScript APIを強化したのが特徴です（表1-1）。

＊1
勧告は2014年ですが、2008年以降にリリースされたブラウザーの多くがいち早くHTML5に対応しており、段階的ながら利用が進んでいました。

▼表1-1　HTML5で追加された主なJavaScript API

機能	概要
Geolocation API	ユーザーの地理的な位置を取得
Canvas	JavaScriptから動的に画像を描画
File API	ローカルのファイルシステムを読み書き
Web Storage	ローカルデータを保存するためのストレージ
Web Workers	JavaScriptをバックグラウンドで並列実行
オフライン機能	オフラインでアプリを動作／キャッシュからリソースを取得
Web Sockets	クライアント - サーバー間の双方向通信を行うためのAPI
XMLHttpRequest V2	サーバーと非同期通信を行うためのオブジェクト（クロスドメイン対応）

HTML5によって、ブラウザーのネイティブな機能だけで実現できる範囲が格段に広がったのです。加えて、スマホ／タブレットの普及によるRIA[*2]の衰退、SPA（Single Page Application）の流行などが、ブラウザーネイティブなJavaScript人気に拍車をかけることになります。

＊2
Rich Internet Application。Flash、Silverlightが代表的な技術です。

NOTE SPA (Single Page Application)

SPA (Single Page Application) は、名前のとおり、単一のページで構成されるWebアプリのことです。初回のアクセスでは、まずページ全体を取得しますが、以降のページ更新は基本的にJavaScriptでまかないます。JavaScriptだけでまかないきれない——たとえばデータの取得／更新などは、Ajaxなどの非同期通信を利用して実装します。

▼図1-1　SPA (Single Page Application) とは?

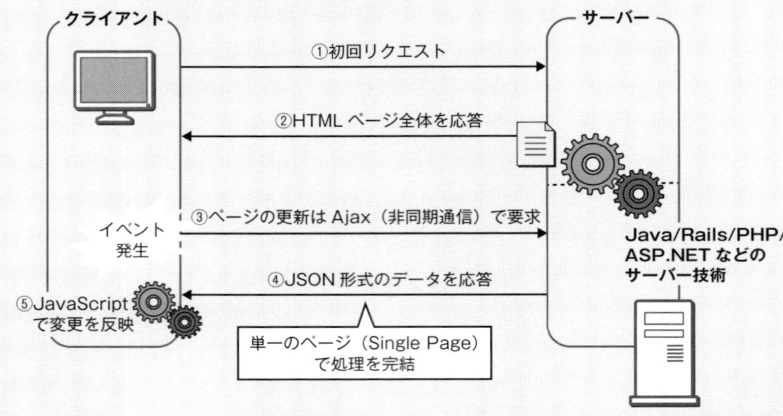

SPAはデスクトップアプリによく似た操作性、そして、敏速な動作を実現するためのアプローチとして、近年、にわかに注目を浴びているキーワードです。ちなみに、AngularJSは、SPA実装のためのルーティング／非同期通信などの機能[*3]を標準で搭載していることから、SPA開発のためのフレームワークと説明されることもあります。

＊3
これらの機能については、後述します。

1.1.3 JavaScriptライブラリからJavaScriptフレームワークへ

JavaScriptがクライアントサイド開発の中核を占めるようになると、JavaScriptの開発生産性が問題となってきます。というのも、JavaScriptは決して生産性の高い言語ではありません。それは「型の制約が緩い」「JavaScript固有の癖がある[*4]」など、言語そのものの問題でもありますし、「ブラウザーによって挙動が異なる」（**クロスブラウザー問題**）といった環境の問題でもあります。いずれにせよ、大量のコードを生のJavaScriptだけで記述するのは現実的ではありません。JavaScriptに不足している機能を補い、主要なブラウザー環境で等しく動作するためのJavaScriptライブラリの存在が、クライアントサイド開発では欠かせません。

JavaScriptライブラリといえば、一世を風靡したjQuery（http://jquery.

＊4
たとえばJavaScriptでは、（一般的なクラスベースではなく）プロトタイプベースと呼ばれるオブジェクト指向構文を採用しています。

com/）があります。基本的なページの操作から、アニメーション機能、Ajax 通信、標準 JavaScript の拡張など、おおよそ JavaScript におけるクライアントサイド開発全般をあまねくサポートしています。

さらに、目的特化したプラグインが何千、何万と用意されており、これらを利用することで、アプリでよく利用するような機能であれば、大概はごく簡単に実現できてしまいます。2006 年の初期リリースから一挙に普及し、10 年近くを経た現在も JavaScript ライブラリのデファクトスタンダードと言って良い存在です（図 1-2）。

▼ 図 1-2　jQuery プラグインを利用した Web ページの例

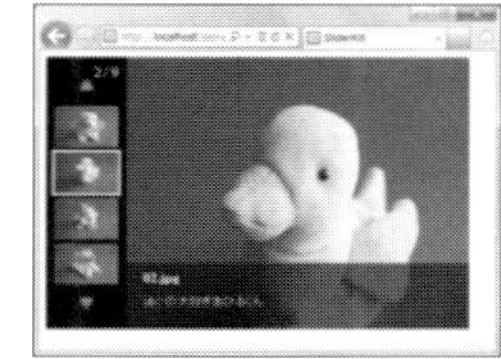
画像スライダーを表示

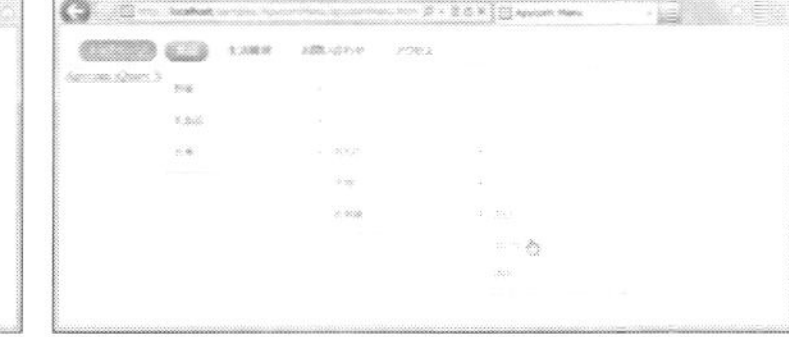
展開可能なメニュー

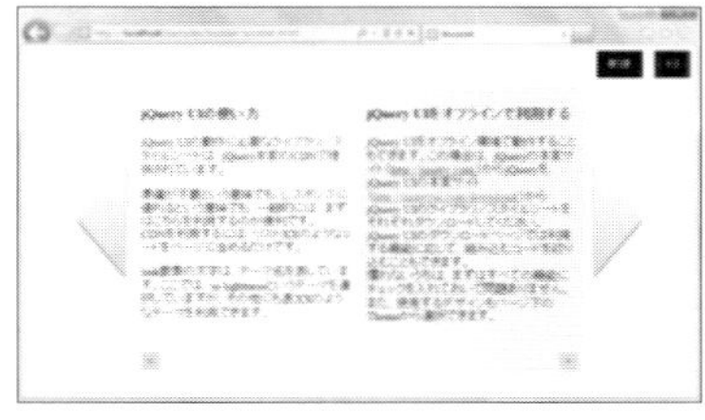
本をめくるような動作を実装

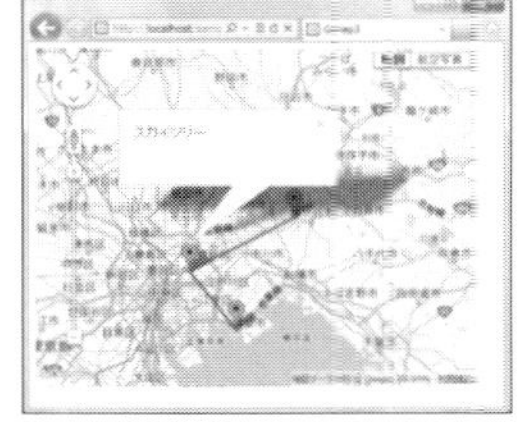
Google マップとの連携

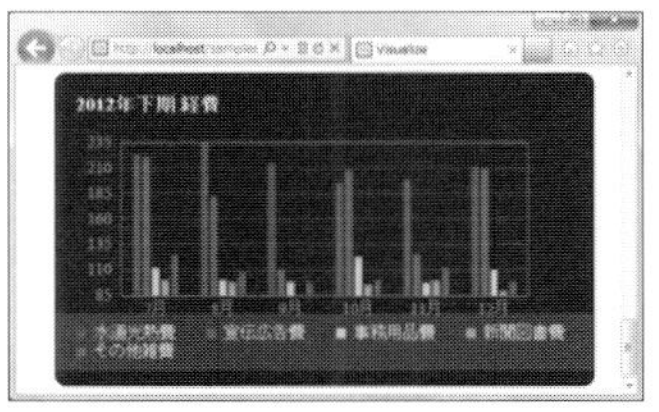

HTML テーブルからチャートを表示

ソート／ページング対応のグリット表

ただし、jQuery はあくまでページ操作を中心にサポートするライブラリであり、規模が大きくなったクライアントサイドの開発分野をあまねくサポートするわけではありません。たとえば、見た目（ビュー）とビジネスロジックとを明確に分離するような、アプリの構造化は苦手です*5。なんらかの処理結果をページに反映させようとすれば、jQuery ではゴリゴリと文書ツリーを操作しなければなりません。結果、ページ（アプリ）が複雑になればなるほど、コードの見通しは悪くなります。また、機能が明確に分離されていないため、テストの自動化も困難です。

*5
というよりも、そもそもそうした機能は持ちません。

そこで、開発の規模が増大するに伴い、JavaScript の世界でも、サーバーサイドでの開発と同じく、本格的なフレームワークが求められるようになってきたのです。

1-2 フレームワークとは?

アプリケーションフレームワーク（**フレームワーク**）とは、どのようなしくみなのでしょうか。本節では、一般的なフレームワークの特徴と、導入の利点をまとめます。

1.2.1 フレームワークの本質

アプリを開発していると、特定の問題に頻繁に遭遇したり、同じようなコードを毎度書かなければならない状況に陥ったりすることがあります。フレームワークとは、このような問題に対する定石（イディオム）、または設計面での方法論を「再利用可能なクラス」という形でまとめたものを言います。

アプリ開発者は、フレームワークが提供する基盤に沿って独自のコードを加えていくことで、自然と一定の品質を持ったアプリを作り上げることができます。フレームワークとは、アプリのコードを相互につなげるベース――パソコン部品で言うならば、マザーボードの部分に相当するものなのです（図1-3）。

▼ 図1-3　フレームワークはマザーボード

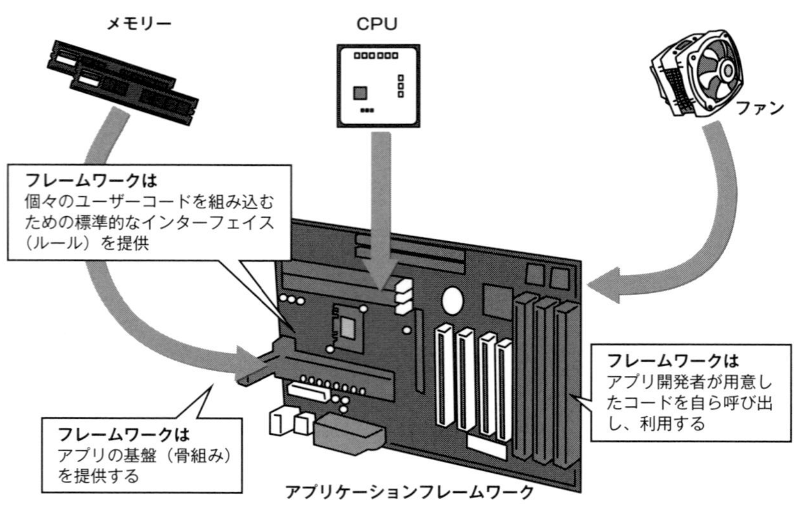

アプリケーションフレームワークによって決められたルールに従うだけで、一定の品質を持ったアプリケーションを実装できる

もっとも、「再利用可能なクラス」というと、定型的な機能を集めたライブラリと何が違うのか、混同してしまいそうです。実際、両者はよく似ており、広義にはライブラリも含めてフレームワークと呼んでしまうこともあってわかりにくいのですが、厳密には両者は異なるものです。

その違いは、プログラマが記述したコード（ユーザーコード）との関係を比較してみると明らかです。まず、ライブラリはユーザーコードから呼び出されるべきものです。ライブラリが自発的になにかをすることはありません。文字列操作のライブラリ、メール送信のライブラリ、ロギングのためのライブラリ……いずれにしても、ユーザーコードからの指示を受けて初めて、ライブラリはなんらかの処理を行います。

一方、フレームワークでは、ユーザーコードがフレームワークによって呼び出されます。フレームワークがアプリのライフサイクル（初期化から実処理、終了までの流れ）を管理していますので、その要所要所で「なにをすべきか」をユーザーコードに問い合わせるわけです。そこでは、ユーザーコードはもはやアプリの管理者ではなく、フレームワークの要求に従うだけの歯車にすぎません。

▼ 図 1-4　制御の反転（Inversion of Control）

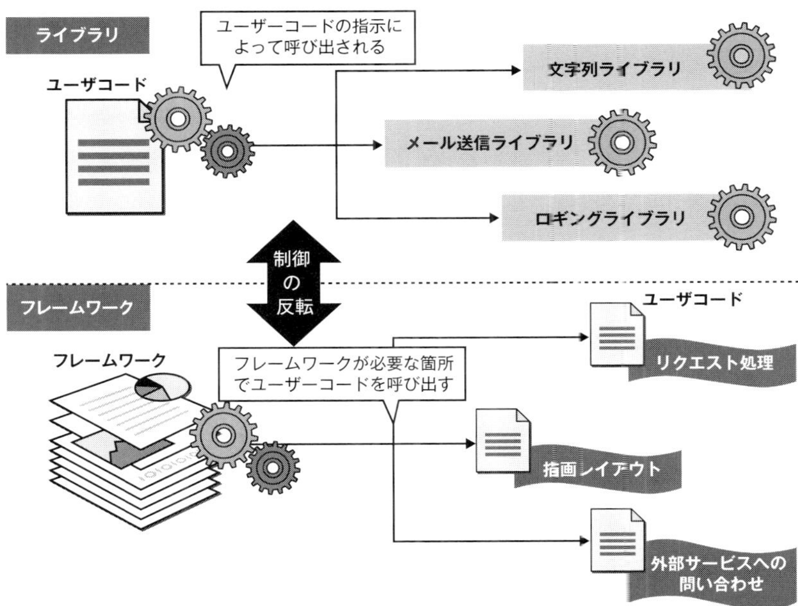

このように、プログラム実行の主体が逆転する性質のことを**制御の反転**（**IoC：Inversion of Control**）と言います。制御の反転こそが、フレームワークの本質であると言っても良いでしょう（図 1-4）。

1.2.2 フレームワーク導入の利点

フレームワークを導入することには、以下のような利点があります。

(1) 開発生産性の向上

アプリの根幹となる設計方針や基盤部分のコードをフレームワークに委ねられるので、開発生産性が大幅に向上します。また、すべての開発者が同じ枠組み（ルール）の中で作業することを強制されますから、コードの一貫性を維持しやすく、その結果として品質を均質化できるメリットもあります。

ユーザーコード（固有のロジック）は相互に独立しているので、機能単位で役割分担をしやすく、たくさんの人間がかかわるプロジェクト開発にも適しているでしょう。

(2) メンテナンス性に優れる

コードに一貫性があるということは、アプリの可読性が向上することでもあります。これは、問題が生じたり仕様に変更があった場合に、該当箇所を特定しやすいという利点にもつながります。

もっと広い視点で考えれば、同一のアーキテクチャが採用されていれば、後々のアプリ統合も容易になる、開発ノウハウを後の開発や保守にも援用できるというメリットも考えられるでしょう。

(3) 先端の技術トレンドにも対応しやすい

言うまでもなく、昨今の技術は目まぐるしく変動し、一般的な開発者にとって日々キャッチアップしていくのは難しいものです。しかし、フレームワークはそうした技術トレンドを日夜取り入れており、フレームワークの活用によって先端技術にも即応しやすいというメリットがあります。

たとえば、昨今ではセキュリティ維持に対する要求はより一層高まっていますが、多くのフレームワークは積極的にその対応にも取り組んでおり、開発者の負担を軽減してくれます。

(4) 一定以上の品質が期待できる

これはフレームワークに限った話ではありませんが、一般に公開されているフレームワークが自作のアプリケーションよりも優れるもう１つのポイントとして、「信頼性が高い」という点が挙げられます。オープンソースで公開されているフレームワークは、さまざまなアプリでの利用実績もさることながら、内部的なソースコードも含めて多くの人間の目に晒され、テストされています。自分や限られた一部の人間の目しか通していないコードに較べれば、相対的に高い信頼性を期待できます*6。

フレームワークを導入することは、現在のベストプラクティスを導入するということでもあるのです。近年のアプリ開発では、もはやフレームワークなしの開発は考えにくいものとなっています。

＊6
もちろん、すべてのオープンソースソフトウェアが、というわけではありません。きちんと保守されているものであるのかどうかという点は、自分自身で見極めなければなりません。

NOTE **フレームワーク導入のデメリット**

もっとも、フレームワーク導入は良いことばかりではありません。フレームワークとは、言うなればルール（制約）の集合です。ルールを理解するにはそれなりの学習時間が必要となります。特に、慣れない最初のうちは、フレームワークの制約をむしろ窮屈に感じることもあるでしょう。デメリットがメリットを上回るような「使い捨て」のアプリや、小規模なその場限りの開発では、かならずしもフレームワーク導入に拘るべきではありません。

1-3 JavaScript で利用可能なフレームワーク

さて、本書で扱う AngularJS は、ブラウザー（JavaScript）環境で利用できる代表的なフレームワークです。しかし、ブラウザー環境で利用できる唯一のフレームワークというわけではありません。近年、JavaScript では、じつにさまざまなフレームワークが提供されています。表 1-2 に、よく目にするものをいくつか挙げます。

▼ 表 1-2　ブラウザー環境で利用可能なフレームワーク

名称	概要
AngularJS（https://angularjs.org/）	Google 中心に開発されるフルスタックのフレームワーク。本書のテーマ
React（http://facebook.github.io/react/）	Facebook 製で、MVC の View 相当の機能を提供。急成長中
Backbone.js（http://backbonejs.org/）	シンプルな構造が特徴のフレームワーク。運用事例も豊富で、大規模開発に適している
Knockout.js（http://knockoutjs.com/）	ASP.NET SPA アプリにも標準対応したフレームワーク（ASP.NET との親和性は高いが、ASP.NET での利用に限定されるわけではない）
Ember.js（http://emberjs.com/）	フルスタックのフレームワーク。handlebars と呼ばれるライトなテンプレートエンジンを採用

本書では、以下の理由で AngularJS を採用しています。

- 現時点でもっとも注目されている（図 1-5）
- Google が開発に携わっていることから、継続的なバージョンアップが期待できる

▼ 図 1-5　Google トレンドで見た JavaScript フレームワーク比較[*7]

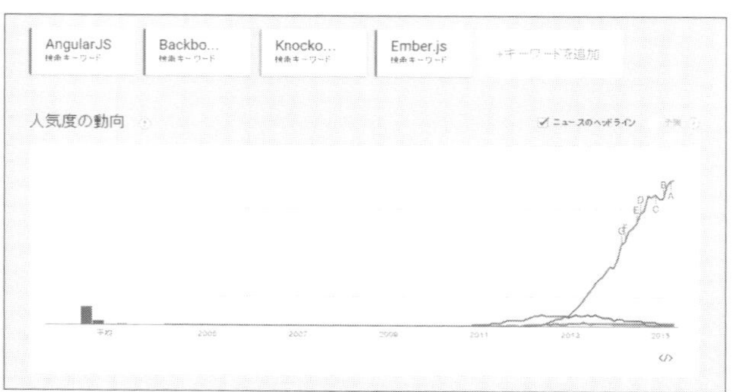

＊7
React については一般用語であることから、正しい結果が得られなかったため、比較からも除外しています。

人気やシェアは、フレームワークとしての善しあしを左右する決定的な基準ではありませんが、重要な要素ではあります。というのも、シェアの大きさは、さまざまなユーザーの目にさらされ、実績を積み、支援されていることの証左でもあり、そのまま「品質の高さ」「資料の豊富さ」「実績の蓄積」を物語っているからです。

そうした意味で、AngularJS は今もっとも熱く、JavaScript でフロントエンド開発を進める人間が将来にわたって習得するに足るフレームワークと言えるでしょう。

それでは以下に、AngularJS の特徴を挙げていきます。

(1) Model－View－Controller パターンを採用

AngularJS は、いわゆる **MVC（Model－View－Controller）パターン**と呼ばれるアーキテクチャを採用しています*8。MVC パターンとは、一言でいうならば、アプリを Model（ビジネスロジック）、View（ユーザーインターフェイス）、Controller（Model／View の制御）という役割で明確に分離しようという設計モデルです（表 1-3）。以下の図は、AngularJS の構成を MVC パターンに即して表したものです（図 1-6）。

＊8
いわゆる、と留保している理由は少しあとで述べます。

▼ 図 1-6　Model－View－Controller パターン

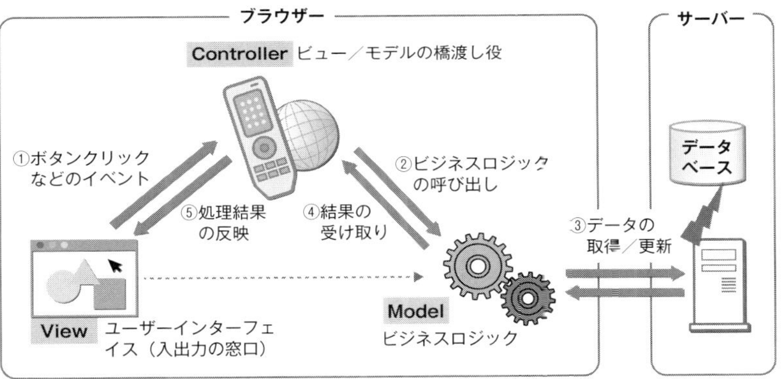

▼ 表 1-3　MVC を構成する 3 つの要素

要素	概要
M（モデル）	サーバーサイド（外部サービス）との通信など、データの管理／操作を担当。ビジネスロジック領域
V（ビュー）	ユーザーインターフェイス。データ入力のためのフォームや、処理結果の表示を担当するアプリのフロントエンド
C（コントローラー）	Model と View の仲介役。View から受け取ったデータを Model に渡し、Model での処理結果を View にフィードバック

それぞれの役割が明確に分かれていることから、MVC パターンには、以下のようなメリットがあります。

- プログラマとデザイナーとで作業を並行しやすい
- デザインとロジックそれぞれの修正が相互に影響しにくい（保守が容易）
- 機能単位のテストを独立して実施できる（テストを自動化しやすい）

もっとも、MVC パターンはなにも AngularJS 固有の概念というわけではありません。むしろ Web の世界では、MVC パターンを前提としたフレームワークが一般的です*9。もちろん、フレームワークそれぞれに設計思想は異なるので、そのままというわけにはいかないでしょうが、AngularJS を学んでおけば、その知識は他のフレームワークを学ぶ際の手助けになるはずです。

*9
たとえば、本節冒頭で挙げた Backbone.js、Knockout.js、Ember.js なども MVC フレームワークです。

NOTE MVW（Model－View－Whatever）パターン

MVC（Model－View－Controller）には、MVVM（Model－View－View Model）、MVP（Model－View－Presenter）など、さまざまな派生パターンが存在します。たとえば、AngularJS も、Model と View の橋渡しをするスコープは、ビューの状態を管理する ViewModel（ビューモデル）であるため、MVVM パターンであると紹介されることもあります。

しかし、細かなパターンの相違、Controller の厳密な定義を議論することは、大概、不毛な空論になりがちです。そこで AngularJS の開発チームでは、Model と View 以外の部分はなんでもあり（Whatever）という意味で、**MVW（Model－View－Whatever）**パターンという呼称を採用しています。MV* パターンと呼ばれる場合もあります*10。

*10
これが、本項冒頭で「いわゆる MVC」と述べた理由です。

(2) フルスタックのフレームワークである

AngularJS では、Model － View － Controller に対応して、アプリを構成するのに必要となる要素があまねく用意されています。これが、フルスタック（全部入り）のフレームワークと呼ばれる所以です。つまり、AngularJS をインストールするだけで、ひととおりのアプリ（フロントエンド）を開発するための環境が揃いますので、開発の準備に手間暇がかかりません。また、ライブラリ同士の相性やバージョンの不整合などを意識することなく、開発を進めることができます。

以下に、AngularJS で提供される主な機能をまとめておきます。

- HTML ベースのテンプレートエンジン（2.2 節）
- テンプレートを動的に操作するためのディレクティブ（第３章）
- 表示すべき値を加工するためのフィルター（第４章）
- ビジネスロジックを実装するためのサービス（第５章）
- モデル／ビューを橋渡しするコントローラー／スコープ（第６章）
- ビュー／モデルを同期する双方向データバインディング（2.3.3 項）
- URL に応じてページを振り分けるルーティング機能（5.4 節）

- コンポーネント同士の依存関係を解決するDIコンテナー（2.3.2項）
- 単体テスト／シナリオテストのためのモック（第8章）

これらの機能を、Model－View－Controllerの関係に沿って図示したものが以下です。AngularJSでは、これら潤沢に用意されている機能群を作法に沿って組み合わせることで、ビュー（見た目）とモデル（コード）とを自然に分離できます（図1-7）。

▼図1-7　AngularJSの構成

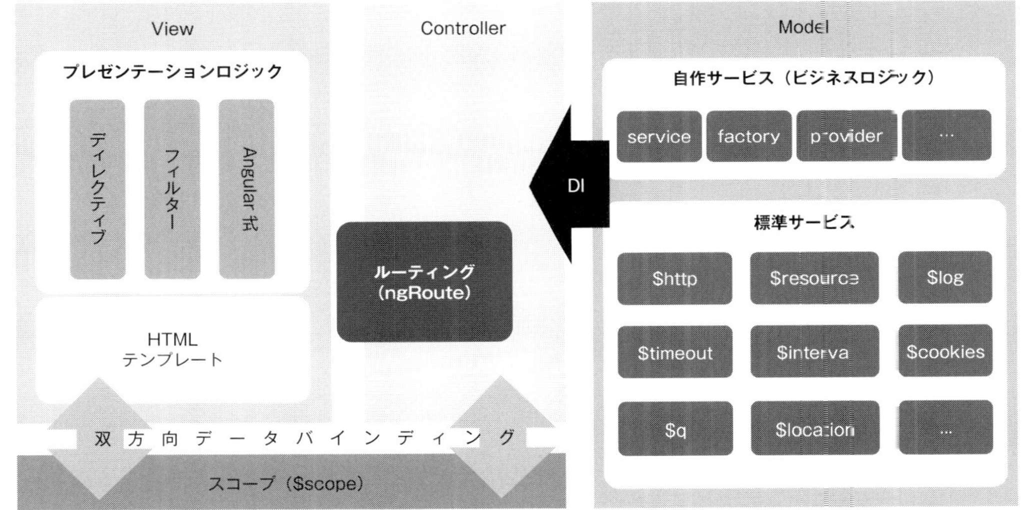

また、標準で用意されている機能だけではありません。フレームワークを拡張するための機能も充実しており、アプリの要件に応じて、ディレクティブ／フィルター／サービスといったコンポーネントを自ら実装することも可能です（第7章）。

(3) ドキュメント／周辺ライブラリが充実している

本節の冒頭で述べたように、あまたあるJavaScriptフレームワークの中で、現時点では、AngularJSが頭一つ抜きんでている状況です。このため、他のフレームワークと比べて、コミュニティの活動が活発で、関連する情報やライブラリが充実しています。

まず、ドキュメントは、本家サイト（https://angularjs.org/）の「Developer Guide」「API Reference」「Tutorial」などに充実した情報がまとめられています。内容的に難しい個所もありますが、本書で学習しながら、理解できたものから本家サイトの情報も並行して読み解いていくことで、理解をより深めることができるでしょう。なお、ページ左肩にバージョン選択のボックスがありますので、利用している環境に応じて切り替えて参照してください（図1-8）。

▼ 図 1-8　API Reference (https://docs.angularjs.org/api)

英語の読解に自信がないという人は、「AngularJS 1.2 日本語リファレンス（js STUDIO）」（http://js.studio-kingdom.com/angularjs）もおすすめです。対応バージョンはやや古めですが、日本語で読みやすく、1.3 以降の環境でも十分に活用できる内容となっています*11。その他、日本語でまとまった情報として、「AngularJS Ninja」（http://angularjsninja.com/）は最新の動向を追うという意味で便利です。

*11
一部に互換性のない機能変更はありますが、1.2 から 1.3／1.4 への変更のほとんどが互換性のある変更です。

関連ライブラリについても、jQuery の jQuery UI／プラグインに相当する拡張モジュールがあまた公開されています。「Angular UI」（https://angular-ui.github.io/）、「Angular Modules」（http://ngmodules.org/）などがそれです。たとえば、以下の図のようなチャート、グリッド表、アコーディオンパネルなども、これらライブラリと連携すれば、ごく少ないコード量で実装できてしまうのです。詳しくは、9.1 節でも解説します（図 1-9）。

▼ 図 1-9　Angular UI／Angular Modules を利用したページの例

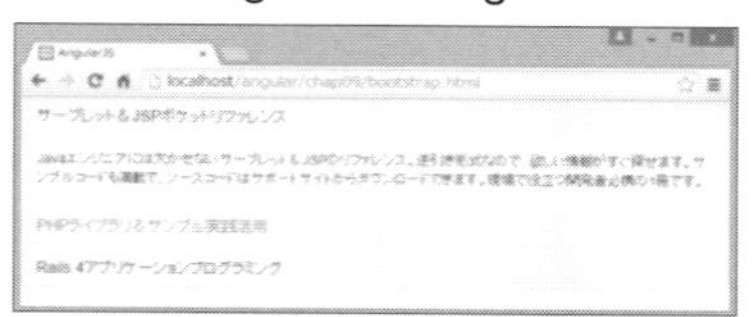

Bootstrap を利用したアコーディオンパネル

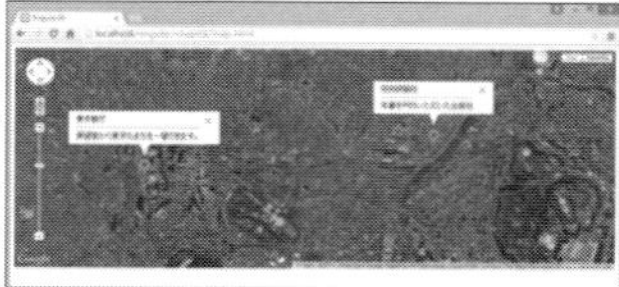

Google マップとの連携

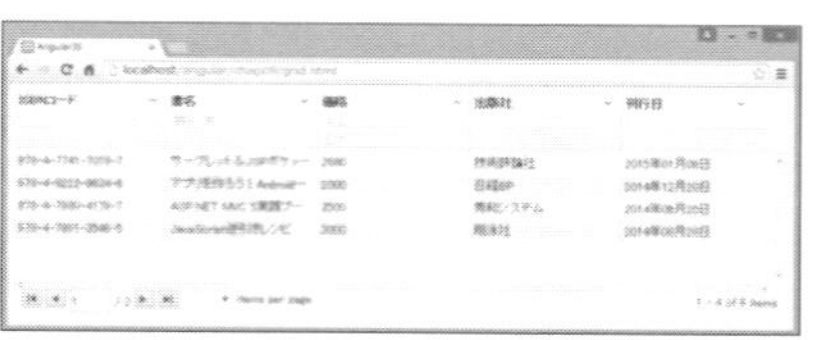

ソート／ページング／フィルター機能付きのグリッド表

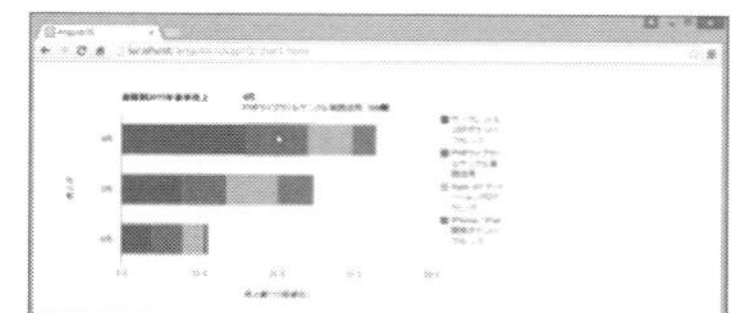

積み上げ棒グラフの実装

さらに、ビルドツールである Grunt（http://gruntjs.com/）でも AngularJS アプリ開発に対応したプラグインがさまざまに提供されていますし、Yeoman（http://yeoman.io/）のような AngularJS アプリを Scaffolding（自動生成）するツールなどもあり、AngularJS による開発／学習を手軽に導入できる環境が整っています。

第2章

AngularJSの基本

AngularJSの概要を理解できたところで、本章からはいよいよ、実際にAngularJSを利用したプログラムを作成していきましょう。

基本的な構文を理解することももちろん大切ですが、自分の手を動かすことはそれ以上に大切です。単に説明を追うだけでなく、自分でコードをタイプして実際にブラウザーからアクセスしてみてください。その過程で、本を読むだけでは得られないさまざまな発見がきっとあるはずです。

2-1 AngularJS を利用するための準備

AngularJS を利用するには、CDN（Content Delivery Network）[*1] 経由でライブラリをインポートするのが、もっとも手軽です。以下は、AngularJS を利用するための最低限の構成です。

＊1
コンテンツ配布に最適化されたネットワークです。事前準備が不要、（一般的には）自前のサーバーからダウンロードさせるよりもレスポンスに優れる、などのメリットがあります。

▼ リスト 2-1　template.html

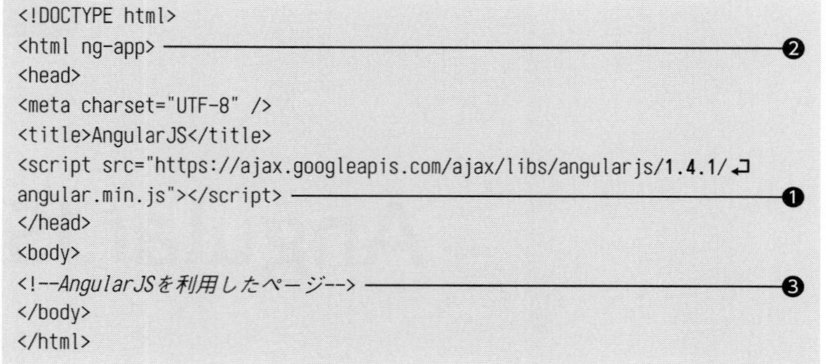

```
<!DOCTYPE html>
<html ng-app> ――――――――――――――――――――――――――――――――――――――― ❷
<head>
<meta charset="UTF-8" />
<title>AngularJS</title>
<script src="https://ajax.googleapis.com/ajax/libs/angularjs/1.4.1/⏎
angular.min.js"></script> ――――――――――――――――――――――――――――――― ❶
</head>
<body>
<!--AngularJSを利用したページ--> ―――――――――――――――――――――――― ❸
</body>
</html>
```

ポイントとなるのは、以下の点です。

❶ AngularJS をインポートする

AngularJS のコアとなる機能は、angular.min.js として提供されています。太字の部分は、適宜、利用するバージョンによって切り替えてください。

<script> 要素は、<head> 要素の配下に記述するのが一般的です。ライブラリのダウンロードによって、ページの描画がブロックされるのを防ぐため、<body> 閉じタグの直前でインポートするというお作法もありますが、その場合、一部の機能に制限が出ることもありますので、注意してください[*2]。

＊2
具体的には、ng-cloak 属性（3.2.2 項）のように、AngularJS が内部的に生成するスタイルシートを利用している場合です。対応策は該当項で解説します。

❷ AngularJS を有効化する

<html> 要素で指定されている ng-app という属性に注目です。ng-app 属性は、AngularJS で提供される命令（=ディレクティブ）の一種で、「現在のページで AngularJS の機能を有効化しなさい」という意味です。AngularJS では、このように、独自の要素／属性でページに機能を付与しているのです。具体的なディレクティブについては、今後、徐々に解説していきます。

ng-app 属性がない場合、また、ng-app 属性が指定された要素の配下以外では、

AngularJS の機能は利用できませんので、注意してください。その性質上、特別な理由がないかぎりは、<html> または <body> 要素で ng-app 属性を指定するのが一般的です。

NOTE

src 属性のプロトコルは省略可能

src 属性は「http:～」のようなプロトコルを省略して、以下のように表すこともできます。

```
<script src="//ajax.googleapis.com/ajax/libs/angularjs/1.4.1/angular.min.js"></script>
```

これによって、現在のページで利用しているプロトコルに応じて、ライブラリをインポートするプロトコルも切り替えることが可能になります（ページが「https://～」であれば、ライブラリも「https://～」でインポートしようとします）。一般的には、ページ本体とライブラリで扱うプロトコルを揃えるために、プロトコルを省略して表すことをおすすめします。

ただし、本書では、Windows エクスプローラーから .html ファイルを直接開いた時にも正しく動作するよう[*3]、「http://～」でインポートするようにしています。さもないと、「file://～」でアクセスしようとするからです。

＊3　ただし、HTTP 通信を伴うサンプルなど、Apache／nginx のような HTTP サーバーを介さないと正しく動作しないものもありますので、注意してください。

2.1.1 AngularJS アプリの実行

AngularJS が正しく動作していることを確認するために、リスト 2-1 の❸に具体的なコード（コンテンツ）を追加してみましょう。

▼ リスト 2-2　template.html

```
<body>
{{3 + 5}}
</body>
```

▼ 図 2-1　演算の結果を表示

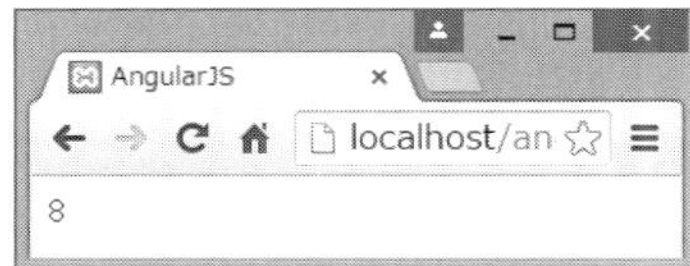

{{...}} は **Angular 式**（Expression）と呼ばれる構文で、ページに簡単な出力コード（式）を埋め込むためのしくみです。この例では「3+5」という数式を指定していますので、結果として「8」を得られれば、AngularJS は正しく動作しています（図 2-1）。

試しに❷の ng-app 属性を削除すると、{{3+5}}（Angular 式）がそのまま表示される（＝AngularJS が動作していない）ことが確認できます（図 2-2）。

▼ 図 2-2　Angular 式をそのまま露出 (＝AngularJS が動作していない)

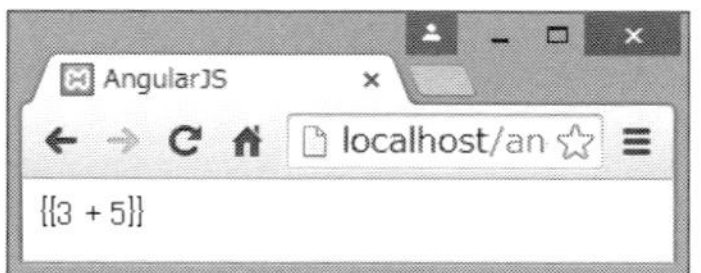

2.1.2 補足：オフライン環境で AngularJS を動作する

リスト 2-1 では、CDN（Content Delivery Network）経由での動作を前提にしていますが、もちろん、あらかじめライブラリをダウンロードしておいて、オフラインで AngularJS を動作させることもできます。ダウンロードページは、以下です。

▼ 図 2-3　AngularJS 公式サイト (https://angularjs.org/)

▼ 図 2-4 ダウンロードのためのダイアログ

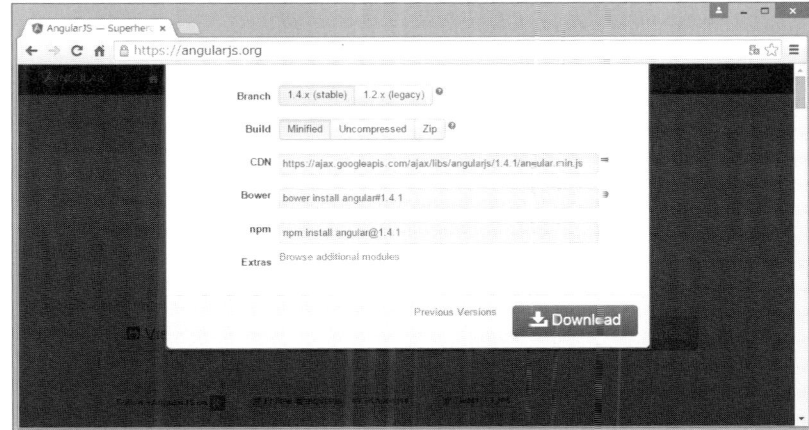

[Download] ボタンをクリックすると（図 2-3）、ダウンロードダイアログが開きますので、図のように必要な項目を選択した上で、[Download] ボタンをクリックしてください（図 2-4）。

[Branch] はバージョン 1.4、1.2 系いずれを利用するかを選択します。本書では、執筆時の最新安定版である 1.4 を選択しておきます。

[Build] はダウンロードするライブラリの種類です。以下から選択できます（表 2-1）。

▼ 表 2-1 ダウンロード可能なライブラリの種類

種類	概要
Minified（angular.min.js）	オリジナルのコードコメント／改行を除去した縮小版
Uncompressed（angular.js）	コメント／改行をそのままに残した非圧縮版
Zip（angular-1.4.x.zip）	AngularJS の関連するファイルをアーカイブにまとめたもの

Uncompressed 版のサイズが約 1MB であるのに対して、Minified 版のサイズは約 140KB。本番環境で利用するには、サイズも小さく、ダウンロード時間を節減できる Minified 版を利用するのが有利です[*4]。一方、開発時にソースコードを確認しながら開発を進めたいという人には、Uncompressed 版の利用をおすすめします。

＊4
CDN 環境でも Minified 版を利用していました。もし Uncompressed 版を利用したいならば、「.min.js」を「.js」としてください。

ライブラリ（angular.min.js）をダウンロードできたら、これを任意のフォルダーに配置した上で、以下のようにインポートします。パスは配置先に応じて読み替えてください（リスト 2-3）。

▼ リスト 2-3 offline.html

```
<script src="lib/angular.min.js"></script>
```

NOTE 障害時の備えに

CDN 障害の備えとして、ダウンロードファイルを利用することもできます。以下のコードを利用する場合には、あらかじめ angular.min.js をダウンロードし、公開フォルダーに配置してください。

```
<script src="https://ajax.googleapis.com/ajax/libs/angularjs/1.4.1/angular.min.js"></script>
<script>window.angular || document.write('<script src="lib/angular.min.js"><¥/script>');</script>
```

これで、window.angular が存在しない（= AngularJS がインポートできない）場合に、ローカルからライブラリをインポートしなさい、という意味になります。

Column　アプリ開発に役立つ支援ツール（1）- AngularJS Sublime Text Package

Sublime Text（http://www.sublimetext.com/3）はテキストエディターのひとつで、「標準対応しているプログラミング言語が潤沢である」「機能拡張のためのプラグインが豊富に提供されている」などの理由から、近年耳目を集めています。Angular UI でも Sublime Text 向けのプラグイン（AngularJS Sublime Text Package）を提供しており、これを導入することで、構文ハイライト、コード補完リストの表示、コードスニペットなど、おなじみの機能が有効になります。

▼図 2-5　Sublime Text で AngularJS アプリを編集

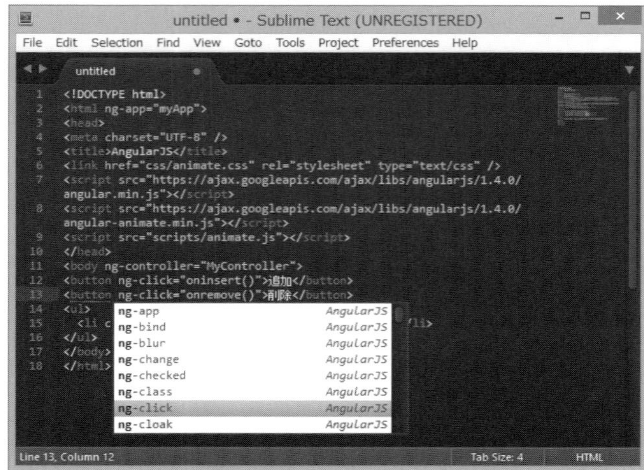

Sublime Text にプラグイン（パッケージ）を導入する方法については、「Sublime Text 入門」（http://www.buildinsider.net/small/sublimetext/01）が参考になりますので、初めての人は参照することをおすすめします。AngularJS Sublime Text Package そのものは、パッケージリストから「AngularJS」を選択することでインストールできます。

2-2 コントローラー／サービスの基本

2.1 節の例では説明の便宜上、テンプレート（ビュー）で出力を直接生成しましたが、Model － View － Controller の考え方からすると、これはあるべき姿ではありません。ビューの役割はあくまで出力に留め、データの準備はコントローラー（Controller）に委ねるのが基本です。

2.2.1 コントローラー／ビューの連携

それではさっそく、具体的なサンプルを見ていくことにします。

リスト 2-4 は、コントローラーで準備した文字列「こんにちは、AngularJS !」をビュー（テンプレート）に反映させる、ごく基本的な例です。誤解のしようもない初歩的なサンプルで、AngularJS アプリの骨格を理解しましょう。

▼ リスト 2-4　上：controller.html／下：controller.js

```
<!DOCTYPE html>
<html ng-app="myApp"> ―――――――― ❹
<head>
<meta charset="UTF-8" />
<title>AngularJS</title>
<script src="https://ajax.googleapis.com/ajax/libs/angularjs/1.4.1/angular.min.js"></script>
<script src="scripts/controller.js"></script>
</head>
<body ng-controller="MyController"> ―――――――― ❹
<div>{{msg}}</div> ―――――――― ❺
</body>
</html>
```

```
angular.module('myApp', []) ―――――――― ❶
  .controller('MyController', function($scope) { ―┐
    $scope.msg = 'こんにちは、AngularJS !'; ―― ❸  ├― ❷
  }); ――――――――――――――――――――――――――――――――――――――┘
```

▼ 図 2-6　コントローラーで指定された文字列を表示

シンプルなコードですが、ポイントとなるべき点は盛りだくさんです。

❶モジュールを定義する

ある程度の規模のアプリを開発する上で、コードを**モジュール**[*5]という単位で分類することは重要です。モジュールとしてオブジェクト／関数を束ねることで、アプリの規模が大きくなった場合にも名前の衝突を防ぎやすくなるからです。

＊5
他の言語では、パッケージ／名前空間などと呼ばれることもあります。

標準の JavaScript では、モジュール（もしくはそれに相当する機能）を持たないため、関数オブジェクト、またはハッシュ（オブジェクトリテラル）を利用して、擬似的なモジュールを定義するのが一般的でした。

しかし、AngularJS ではモジュールを作成するための専用メソッドとして、angular.module メソッドを提供しています。AngularJS では、アプリを構成するすべてのコンポーネントをモジュールの配下で管理すべきです。

構文　module メソッド

```
module(name [,requires [,config]])
```

name：モジュール名　　*requires*：依存するモジュール（配列）
config：構成の定義（3.3.3 項）

引数 requires については 2.3.1 項であらためて解説しますので、新規のモジュールを作成するならば、まずはモジュール名（引数 name）と空の配列（引数 requires）を渡すと覚えておきましょう。ここではモジュール名を myApp としていますが、より大きなアプリになった場合には、「myApp.main.service」のように階層的な名前づけをするのが一般的です。

❷コントローラーを定義する

module メソッドの戻り値はモジュール（Module オブジェクト）です。Module オブジェクトでは、表 2-2 のようなメソッドを提供しており、AngularJS アプリを構成するコンポーネントを作成できるようになっています[*6]。

＊6
アプリの構成部品（**コンポーネント**）はすべてモジュールで管理すべきという考え方からすれば、この仕様はごく自然です。詳しくは、それぞれ関連する項で解説します。

▼ 表 2-2　Module オブジェクトの主なメソッド

メソッド	概要
animation	アニメーションを定義
controller	コントローラーを定義
directive	ディレクティブを定義
filter	フィルターを定義
service	サービスを定義
factory	
provider	
value	
constant	
config	モジュールの構成情報を定義
run	アプリの初期化情報を定義

❷では controller メソッドを利用して、新たに MyController コントローラーを作成しています。

構文　controller メソッド

```
controller(name, constructor)
```

name：コントローラー名　*constructor*：コントローラーのコンストラクター関数

controller をはじめとして、Module オブジェクトのメソッドのほとんどは、戻り値として自分自身（Module オブジェクト）を返します。この性質を利用することで、複数のコンポーネントをまとめて 1 つの文で登録することもできます。

```
angular.module('myApp', [])
  .controller('MyController', function($scope) {
    ...コントローラーの定義...
  })
  .service('MyService', function() {
    ...サービスの定義...
  });
```

❸スコープオブジェクトを定義する

コンストラクター（引数 constructor）の引数に渡している $scope は**スコープオブジェクト**（**スコープ**）です。スコープ（$scope）とは、テンプレート（HTML）と JavaScript によるモデルとを橋渡しするためのオブジェクトです。AngularJS の世界では、テンプレートで利用する値や挙動[*7]は、スコープを介して受け渡しするのが基本です（図 2-7）[*8]。

＊7
いわゆるイベントリスナーです。具体的なコードは 3.4 節で解説します。

＊8
スコープについては、今後、AngularJS 2.x では大きく変化する予定です。詳しくは、P.44 のコラム「コントローラーのプロパティにアクセスする」も合わせて参照してください。

▼図 2-7　スコープオブジェクトとは?

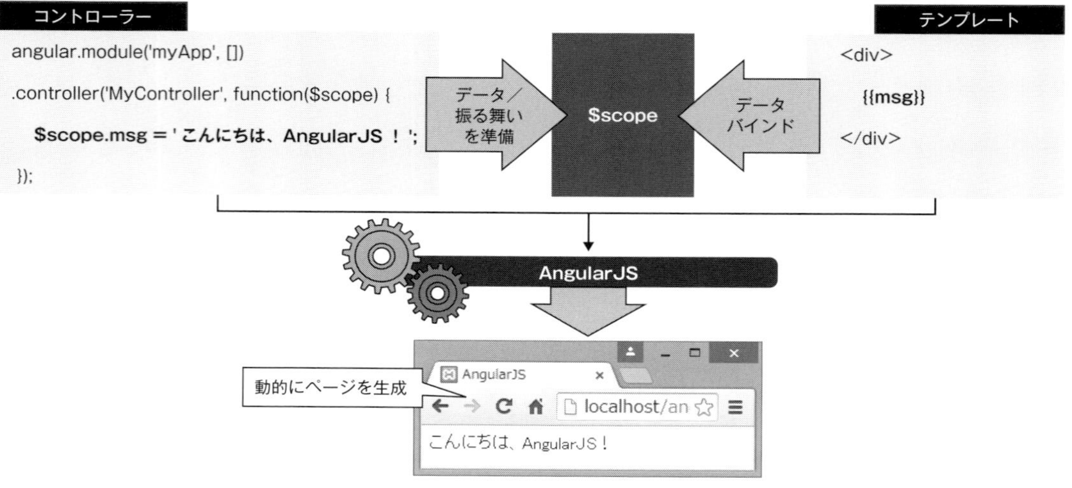
コントローラー
angular.module('myApp', [])
.controller('MyController', function($scope) {
$scope.msg = ' こんにちは、AngularJS ! ';
});
データ／振る舞いを準備
$scope
データバインド
テンプレート
<div>
{{msg}}
</div>
AngularJS
動的にページを生成
AngularJS
localhost/an
こんにちは、AngularJS !

AngularJS の世界では、コントローラーは

スコープをセットアップするためのコンポーネント

と言っても良いでしょう。

スコープに値を登録する一般的な構文は、以下のとおりです。

構文　スコープの設定

```
$scope.name = value
```

name：変数名　　*value*：値

ここでは msg という変数（プロパティ）に「こんにちは、AngularJS !」という文字列を 1 つ設定しているだけですが、もちろん、複数の変数を列記することもできますし、値にも文字列だけでなく、配列やオブジェクト、関数などを指定できます。

❹モジュール／コントローラーをテンプレートに紐づける

作成したモジュール／コントローラーは、それぞれ ng-app／ng-controller 属性を使って、テンプレートに明示的に紐づけます。2.1.1 項でも値なしの ng-app 属性を指定しましたが、モジュールを利用した場合には値も必須である点に注意してください。

ng-controller 属性は、この例では <body> 要素に付与していますが、任意の要素に付与できます。ただし、先ほどセットアップしたスコープにアクセスできるのは、ng-controller の配下だけです。コントローラーを 1 つしか持たない単純なページでは、まずは <body> 要素に付与しておくのが無難でしょう。

1 つのページに複数のコントローラーを配置する例については、スコープの有効範囲などの概念も絡んでくるため、6.1 節で解説します。

❺スコープオブジェクトにアクセスする

❸で準備したスコープにアクセスするには、2.1.1 項でも解説した Angular 式で {{ プロパティ名 }} のように表します。Angular 式では暗黙的にスコープのプロパティを参照しますので、

```
{{$scope.msg}}
```

とは書か**ない**点に注意してください。

2.2.2 コントローラー／ビューの連携 - オブジェクト配列

前項でも触れたように、スコープには文字列だけでなく、配列／オブジェクトのような構造化データを渡すこともできます。本項では、書籍情報を表すオブジェクト配列から書籍リストを生成する例を通じて、その具体的な方法を確認すると共に、ディレクティブ／フィルターといったビューの主要コンポーネントについても見ていきます。

▼ リスト 2-5　上：books.html／下：books.js

```
<!DOCTYPE html>
<html ng-app="myApp">
<head>
<meta charset="UTF-8" />
<title>AngularJS TIPS</title>
<link rel="stylesheet" href="https://maxcdn.bootstrapcdn.com/↵
bootstrap/3.3.4/css/bootstrap.min.css" />*9
<script src="https://ajax.googleapis.com/ajax/libs/angularjs/↵
1.4.1/angular.min.js"></script>
<script src="./scripts/books.js"></script>
</head>
<body ng-controller="MyController">
<table class="table">
  <tr>
    <th>ISBNコード</th><th>書名</th><th>価格</th>
    <th>出版社</th><th>刊行日</th>
  </tr>
  <tr ng-repeat="book in books"> ――――――――――――――――――― ❶
    <td>{{book.isbn}}</td>
    <td>{{book.title}}</td>
    <td>{{book.price}}円</td>
    <td>{{book.publish}}</td>
    <td>{{book.published | date: 'yyyy年MM月dd日'}}</td> ――――― ❷
  </tr>
</table>
</body>
</html>
```

＊9
本サンプルでは、テーブル整形のためにBootstrap（http://getbootstrap.com/）というライブラリを利用しています。Bootstrapを利用するだけで、class属性を付与することで見栄えのするデザインを手軽に適用できます。

```
angular.module('myApp', [])
  .controller('MyController', ['$scope', function($scope) {
    // 書籍情報を準備
    $scope.books = [
      {
        isbn: '978-4-7741-7078-7',
        title: 'サーブレット＆JSPポケットリファレンス',
        price: 2680,
        publish: '技術評論社',
        published: new Date(2015, 0, 8)
      },
      ...中略...
      {
        isbn: '978-4-7741-6127-3',
        title: 'iPhone／iPad開発ポケットリファレンス',
        price: 2780,
        publish: '技術評論社',
        published: new Date(2013, 10, 23)
      }
    ];
  }]);
```

▼ 図 2-8　オブジェクト配列 books を表組みに整形

AngularJS TIPS
localhost/angular/chap02/books.html

ISBNコード	書名	価格	出版社	刊行日
978-4-7741-7078-7	サーブレット＆JSPポケットリファレンス	2680円	技術評論社	2015年01月08日
978-4-8222-9634-6	アプリを作ろう！Android入門	2000円	日経BP	2014年12月20日
978-4-7980-4179-7	ASP.NET MVC 5実践プログラミング	3500円	秀和システム	2014年09月20日
978-4-7981-3546-5	JavaScript逆引きレシピ	3000円	翔泳社	2014年08月28日
978-4-7741-6566-0	PHPライブラリ＆サンプル実践活用	2480円	技術評論社	2014年06月24日
978-4-8222-9836-4	.NET開発テクノロジ入門	3800円	日経BP	2014年06月05日
978-4-7741-6410-6	Rails 4アプリケーションプログラミング	3500円	技術評論社	2014年04月11日
978-4-7741-6127-3	iPhone／iPad開発ポケットリファレンス	2780円	技術評論社	2013年11月23日

コントローラーの生成からスコープのセットアップまでは、オブジェクト配列になってもなんら変わるものではありません。以下では、オブジェクト配列を受け取ったビュー（テンプレート）の側に着目してみましょう。

❶配列を処理するのは ng-repeat 属性の役割

オブジェクト配列の内容を順に取り出すのは、ng-repeat 属性（ディレクティブ）の役割です。ディレクティブとは、テンプレート上で要素／属性の形式で指定できる命令の一種で、AngularJS でビューを生成する際に中心となるコンポーネントです[*10]。

＊10
標準で提供されているものだけでも、さまざまなものがあります。詳しくは第 3 章で解説します。

構文 ng-repeat 属性

```
<element ng-repeat="var in list">...</element>
```

element：繰り返し対象の要素　*var*：仮変数　*list*：処理対象の配列

この例では、配列 books（引数 list）から順に書籍オブジェクト（仮変数 book）を取り出して、その内容を出力しています。ng-repeat 属性の配下では、book.isbn のような形式で、オブジェクトのプロパティ値にアクセスできます（図 2-9）。

▼ 図 2-9　ng-repeat 属性による出力

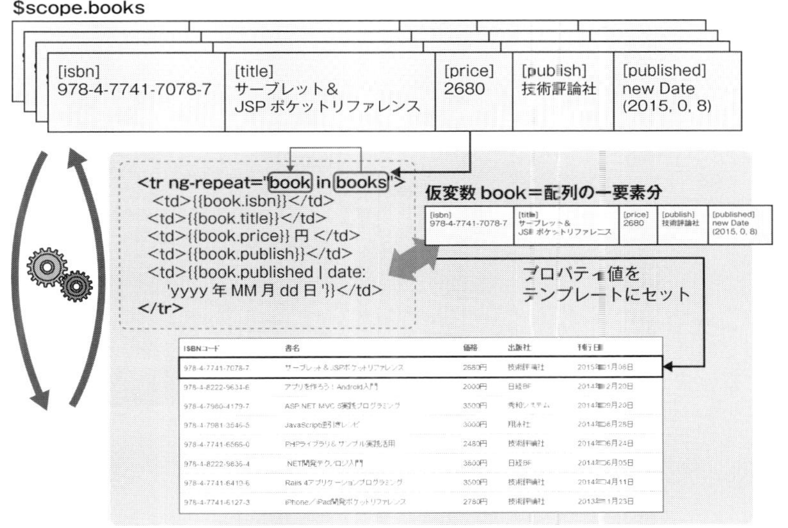

❷日付値を加工する date フィルター

フィルターとは、式の値を加工／整形するための簡易な命令です。Angular 式の中で、以下のようにパイプ（|）区切りで呼び出すことができます。

構文 フィルター

```
{{exp | filter : args}}
```

exp：任意の式　*filter*：フィルター　*args*：フィルターのパラメーター

ここでは、AngularJS 標準で用意されている date フィルターを利用して、published プロパティの値を「yyyy 年 mm 月 dd 日」の形式に整形しています。

他にも AngularJS で用意されているフィルターはたくさんありますので、第 4 章で詳しく解説します。

2.2.3 サービスへの分離

リスト 2-5 では、コントローラーですべてのコードを記述していました。しかし、(たとえば) 書籍情報をサーバーサイド、もしくは外部の Web API から取得したい場合はどうでしょう。通信のためのロジック (また、データ内容によっては取得したものを整形／加工しなければならないかもしれません!) をコントローラーにまとめてしまうのは望ましくありません。複雑なアプリになった場合、コントローラーの見通しが著しく低下するからです。

一般的には、コントローラーはスコープの設定に徹して、アプリ固有のビジネスロジックはサービスに委ねるべきです (図 2-10)。

▼ 図 2-10　コントローラー／サービスの役割分担

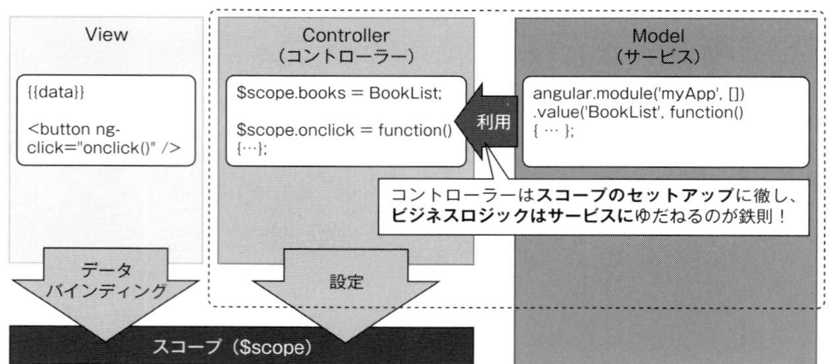

以下では、先ほどのリスト 2-5 をコントローラー／サービスに分離してみましょう。

*11
サンプルを実行するには service.html からアクセスしてください。service.html は、books.html とほぼ同じなので、紙面上は割愛します。

▼ リスト 2-6　service.js [*11]

```
angular.module('myApp', [])
  .controller('MyController', function($scope, BookList) {   ─┐
    $scope.books = BookList();  ───────────────────────── ❸  ├─❷
  })  ────────────────────────────────────────────────────────┘
  .value('BookList', function() {  ───────────────────────────┐
    return [                                                   │
      {                                                        │
        isbn: '978-4-7741-7078-7',                             │
        title: 'サーブレット＆JSPポケットリファレンス',           │
        price: 2680,                                           ├─❶
        publish: '技術評論社',                                  │
        published: new Date(2015, 0, 8)                        │
      },                                                       │
      ...中略...                                                │
    ];                                                         │
  });  ───────────────────────────────────────────────────────┘
```

サービスを定義するには、value／service／factoryなどさまざまなメソッドが用意されていますが、valueメソッドはもっとも簡易な手段です（❶）。

構文 valueメソッド

```
value(name, object)
```

name：サービス名　*object*：サービスのインスタンス（任意の型）

valueメソッドの詳細、その他のメソッドとの使い分けなどについては、7.2項で解説します。ここでは、まず書籍情報（オブジェクト配列）を返すBookListサービスが登録された、とだけ理解しておいてください。

なお、ここではBookListサービスの戻り値として、オブジェクト配列をハードコーディングしていますが、一般的には、ここでなんらかの通信／処理を実行し、データを取得／整形することになるでしょう。

以上のように定義されたBookListサービスは、❷のようにコントローラーなどのコンポーネントから呼び出せます。サービスを利用するにあたっては、コントローラー（コンストラクター）の引数リスト（太字部分）に、サービス名を追加するだけです*12。これでサービスが自動的に渡されますので、あとは❸のように通常の関数のように呼び出すことが可能です。

*12
じつは、さきほどコントローラーの引数に$scopeを渡していたのも、AngularJS標準の$scope（スコープ）というサービスを引き渡しなさいという意味だったのです。

NOTE AngularJS標準のサービス

サービスは自ら定義するばかりではありません。AngularJSでは、標準でも$http（HTTP通信）、$log（ロギング）、$route（ルーティング）など、さまざまなサービスを提供しており、これらを組み合わせることで、定型的な機能を簡単に実装できます。

これらの標準サービスについては、第5章で解説します。

2-3 AngularJS を理解する 3 つのしくみ

AngularJS アプリを構成する主要なコンポーネント——テンプレート（ディレクティブ、フィルター）／コントローラー／サービスについて理解できたところで、本節では、これらを支える 3 個のしくみについて理解していきます。

- モジュール
- DI コンテナー
- 双方向データバインディング

いずれのトピックも、今後学習を進めるうえで欠かせない知識です。ここで、基本的なしくみ、考え方をきちんとおさえておきましょう。

2.3.1 モジュール

モジュールは、アプリを構成するコンポーネント部品の入れ物です。モジュールについては既に 2.2.1 項で解説していますが、その性質上、今後も頻々と登場することから、ここでいま一度、構文をつまびらかにしておきます。

構文　module メソッド

```
module(name [,requires [,config]])
```

name：モジュール名　　*requires*：依存するモジュール（配列）
config：構成の定義（3.3.3 項）

新規モジュールの作成

構文上、引数 requires は任意ですが、新しくモジュールを作成する場合にはかならず指定します。指定すべき値がない場合にも、リスト 2-7 のように、空の配列を渡さなければならない点に注意してください。

▼ リスト 2-7　controller.js

```
angular.module('myApp', [])
```

というのも、引数 requires を省略した場合、module メソッドは**既存のモジュールを取得**しようとするからです。たとえばリスト 2-4 の場合は、その時点で myApp モジュールは存在しないはずなので、空の配列を削除すると、「Module 'myApp' is not available!」のようなエラーが発生します。

既存モジュールの取得

上でも触れたように、引数 requires を省略した場合、module メソッドは指定されたモジュールを取得します。よって、先ほどのリスト 2-4 は、以下のように書き換えても同じ意味になります。

▼ リスト 2-8　controller.js

```
angular.module('myApp', [])
  .controller('MyController', function($scope) { ... });
```

↓

```
angular.module('myApp', []);  ❶
angular.module('myApp')  ❷
  .controller('MyController', function($scope) { ... });
```

❶で新規に作成した myApp モジュールを、❷で取得しているわけです。もちろん、1 つのファイルの中で、このような書き方をする必要はありませんが、アプリの規模が大きくなると、モジュール宣言と、その他のコンポーネントの宣言を異なるファイルで管理したいというケースも出てきます。その際、このような書き方を知っておくと便利です（図 2-11）。

▼ 図 2-11　複数ファイルへの分割（例）

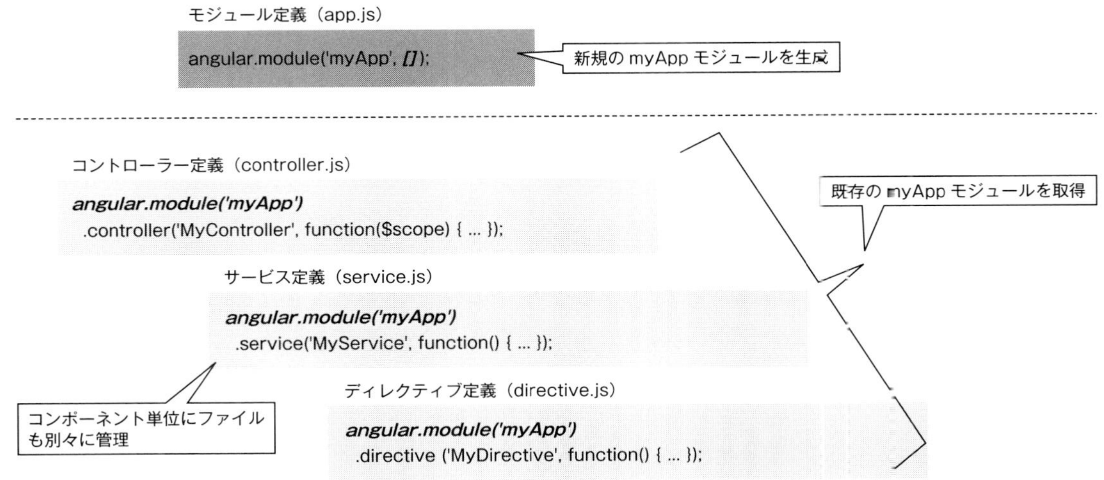

モジュール定義（app.js）
angular.module('myApp', []);
新規の myApp モジュールを生成
コントローラー定義（controller.js）
angular.module('myApp')
.controller('MyController', function($scope) { ... });
既存の myApp モジュールを取得
サービス定義（service.js）
angular.module('myApp')
.service('MyService', function() { ... });
ディレクティブ定義（directive.js）
angular.module('myApp')
.directive ('MyDirective', function() { ... });
コンポーネント単位にファイルも別々に管理

ちなみに、❷で誤って「angular.module('myApp', **[]**)」と書いてしまうと、myApp モジュールを作成する意味になってしまい、❶で作成したモジュールが上書きされてしまいます。❶で [] を忘れた場合には明確に例外が発生しますが、こちらの誤りは発見しにくいので要注意です。

NOTE 本文コードの別解

本文のコードは、以下のように書き換えることもできます。

```
var app = angular.module('myApp', []);
app.controller('MyController', function($scope) { ... });
```

module メソッドの戻り値をいったん変数 app に格納した上で、controller メソッドを呼び出しているわけです。これでも意味的にはほぼ同じですが、グローバル変数を 1 つでも少なくするという意味では、あまりおすすめはしません。まずは、本文の書き方を基本と考えてください。

依存モジュールの設定 - 引数 requires

より複雑なアプリでは、1 つのアプリを複数のモジュールで管理することはよくあります。たとえば

- myApp.main（メイン機能）
- myApp.sub1（サブ機能 1）
- myApp.sub2（サブ機能 2）

のように、アプリの機能単位にモジュールを分割する場合もありますし、

- myApp.controller（コントローラーの定義）
- myApp.service（サービスの定義）
- myApp.directive（ディレクティブの定義）

のように、コンポーネントの種類別に分割する場合もあります。

そのような場合、あるモジュールから別のモジュールのコンポーネントを利用するには、モジュールの依存関係を設定しなければなりません。

これが、先ほどから説明してきた引数 requires の本来の意味です。引数 requires には、[名前 , ...] の配列として、依存するモジュールを列挙します。

以下は、次のような依存関係にある myApp.main／myApp.sub モジュールの例です。

- myApp.main モジュールは、myApp.sub モジュールに依存
- myApp.sub モジュールは、ngMessages／ngCookies モジュールに依存

▼ リスト 2-9　上：dep.html／下：dep.js

```
<!DOCTYPE html>
<html ng-app="myApp.main">
<head>
<meta charset="UTF-8" />
<title>AngularJS</title>
<script src="https://ajax.googleapis.com/ajax/libs/angularjs/1.4.1/angular.min.js"></script>
<script src="https://ajax.googleapis.com/ajax/libs/angularjs/1.4.1/angular-messages.min.js">⏎
</script>
<script src="https://ajax.googleapis.com/ajax/libs/angularjs/1.4.1/angular-cookies.min.js">⏎
</script>
<script src="scripts/dep.js"></script>
</head>
<body ng-controller="SubController">
<div>{{msg}}</div>
</body>
</html>
```

```
angular.module('myApp.sub', [ 'ngMessages', 'ngCookies' ])
  .controller('SubController', function($scope) {
    $scope.msg = 'はじめまして、AngularJS！';
  });

angular.module('myApp.main', [ 'myApp.sub' ])
  .controller('MainController', function($scope) {
    $scope.msg = 'こんにちは、AngularJS！';
  });
```

▼ 図 2-12　myApp.sub モジュールで定義された SubController コントローラーを myApp.main モジュールから利用できる

これで、myApp.main モジュールから myApp.sub モジュール（SubController コントローラー）が、myApp.sub モジュールから ngMessages／ngCookies モジュールが、それぞれ利用できるようになります。

＊13
モジュールとして細かく分割することで、AngularJS では、不要なモジュールをインポートする必要がありません。結果、ダウンロード時間を短縮できます。

「ng」ではじまるモジュールは、AngularJS の標準モジュールです。自作のアプリだけでなく、AngularJS そのものが複数のモジュールから構成されているのです[＊13]。以下に、AngularJS を構成する主なモジュールをまとめます（表 2-3）。

▼ 表 2-3　AngularJS を構成する主なモジュール

モジュール名	ファイル名	概要
ng	angular.min.js	AngularJS のコア機能
ngAnimate	angular-animate.min.js	アニメーション機能
ngAria	angular-aria.min.js	アクセシビリティにかかわる ARIA（Accessible Rich Internet Applications）属性を追加
ngCookies	angular-cookies.min.js	クッキー機能
ngMessageFormat	angular-messageFormat.min.js	複数形／性別などに応じた文字列の整形
ngMessages	angular-messages.min.js	メッセージ表示のための諸機能
ngMock	angular-mocks.js	ユニットテストのためのモック
ngMockE2E	angular-mocks.js	E2E テストのためのモック
ngResource	angular-resource.min.js	サーバーサイドへの RESTful なアクセス
ngRoute	angular-route.min.js	ルーティング機能
ngSanitize	angular-sanitize.min.js	サニタイジング機能
ngTouch	angular-touch.min.js	タッチスクリーンにおけるタッチ／スワイプなどの機能

AngularJS のコアである ng モジュールは、angular.min.js をインポートするだけで有効になりますので、特に依存関係を意識する必要はありません。

しかし、その他のモジュールは追加で対応する .js ファイルをインポートした上で、module メソッドでも明示的に依存関係を宣言しなければなりません。個々のモジュールの用法については、それぞれ関連する項であらためて解説します。

2.3.2 DI コンテナー

あるオブジェクトが別のオブジェクトを利用する場合、呼び出しのコードをその場で書いてしまうのは望ましいことではありません。オブジェクト同士が密に絡み合うことで、

- **実装の変更がそのまま互いのコードに影響する（=メンテナンスしにくい）**
- **オブジェクト単位の単体テストを実行しにくい**

などの問題が発生するためです。

そこでよく利用されるのが **DI（Dependency Injection）**[＊14] **コンテナー**とい

＊14
日本語で、**依存性注入**と訳します。

うしくみです。DI コンテナーは、オブジェクト同士の依存関係を橋渡しするためのしくみ――あるいは、あるオブジェクトが動作するのに必要なオブジェクトを外から引き渡すための機能、と言っても良いでしょう。依存性（Dependency）を注入する（Injection）というわけです（図 2-13）。

▼ 図 2-13　DI コンテナーとは?

クラス同士が強く依存関係を持つ状態

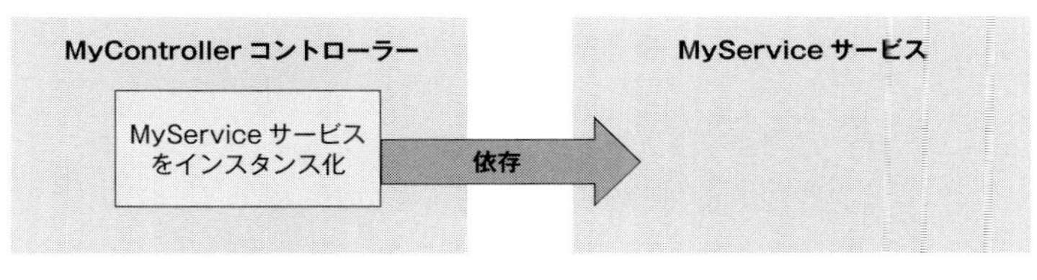

DI による依存性注入

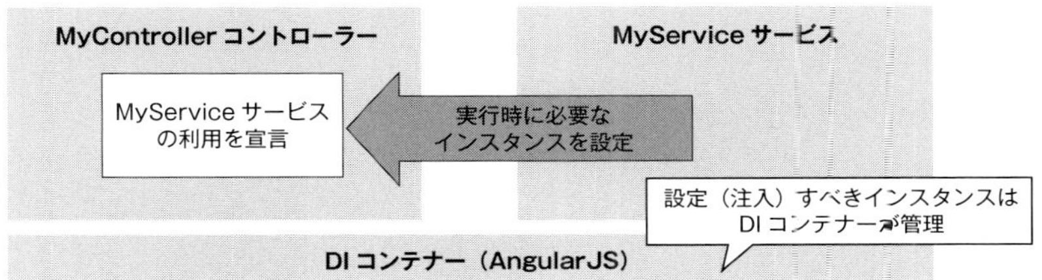

AngularJS では、この DI コンテナーを標準で備えており、フレームワークの至るところで活用しています。本項ではコントローラーを例に依存性注入を説明しますが、本項で解説する内容は、サービス／ディレクティブ／フィルターなどの開発でも共通です。

依存性注入の基本

たとえば 2.2.1 項のリスト 2-4 は、既に依存性注入を利用したコードです。

▼ リスト 2-10　controller.js

```
angular.module('myApp', [])
  .controller('MyController', function($scope) {
    $scope.msg = 'こんにちは、AngularJS！';
  });
```

先ほどは、「コントローラー（コンストラクター）の引数に $scope と明記することで、スコープオブジェクトを利用できるようになる」とさりげなく説明しました。しかし、依存性注入を意識して表現するなら、「コントローラーが依存するスコープ（$scope）を、AngularJS が実行時に注入している」ということになります[*15]。

＊15
2.2.3 項の BookList サービスも、同様のしくみで注入しています。

AngularJS では、

引数の名前でもって注入すべきオブジェクト（サービス）を決定する[*16]

という決まりがあるのです。これによって、AngularJS では、オブジェクト同士の依存関係を別ファイルで設定するなどの手間をかけることなく、解決できます。

*16
引数名の前後をアンダースコア（_）で括るアンダースコアラッピングという記法もあります。詳しくは、8.3.1 項で触れます。

配列アノテーションによる注入

引数による依存性注入は手軽ではあるものの、1 つ致命的な問題があります。

というのも、JavaScript で記述したアプリは、いったんクライアントサイドにダウンロードしてから実行するという性質上、本番環境では、**ミニフィケーション**（圧縮）という操作を介するのが一般的です。ミニフィケーションとは、元のコードからコメント／空白を除去したり、ローカル変数を短縮[*17]することで、コードそのもののサイズを小さくすることです。これによって、ソースコードのダウンロード時間が短縮され、結果として、ページ表示までの時間を節減できます。

*17
たとえば $scope のような変数を a に変換します。

▼ 図 2-14　ミニフィケーションの問題

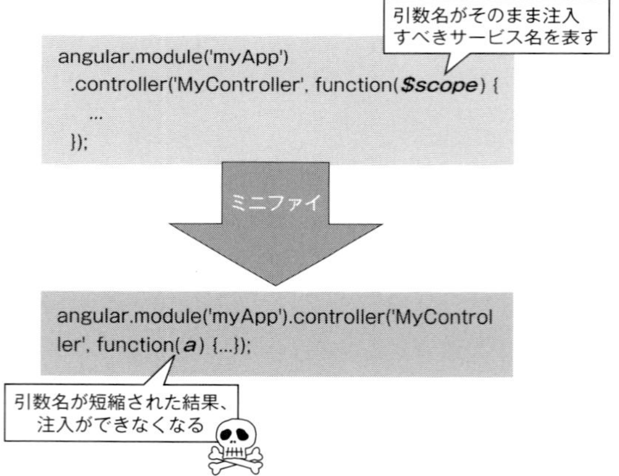
引数名がそのまま注入
すべきサービス名を表す
angular.module('myApp')
.controller('MyController', function($scope) {
...
});
ミニファイ
angular.module('myApp').controller('MyController', function(a) {...});
引数名が短縮された結果、
注入ができなくなる

この結果、引数名がそのままサービスの名前を表す、先ほどの方法では

開発環境では問題なく動作していたのに、本番環境でいきなりエラーになる

という問題が発生してしまうのです（図 2-14）。

これを回避するのが、**配列アノテーション**を利用した依存性注入です。特別な理由がないかぎり、まずは（引数リストではなく）配列アノテーションを利用することを強くおすすめします。

具体的な例も見てみましょう。以下は、2.2.3 項のリスト 2-6 を配列アノテーションを使って書き換えた例です。

▼ リスト 2-11　annotation.js[*18]

```
angular.module('myApp', [])
```

*18
サンプルを実行するには annotation.html からアクセスしてください。annotation.html は、books.html とほぼ同じなので、紙面上は割愛します。

```
.controller('MyController',
['$scope', 'BookList', function($scope,BookList) {
  $scope.books = BookList();
}])
```

controller メソッドの引数に、[サービス名 1, ..., コンストラクター関数] の配列を渡しています。これによって、「サービス名 1, ...」の部分が順に、コンストラクター関数の引数として渡されるわけです（図 2-15）。

▼ 図 2-15　配列アノテーション

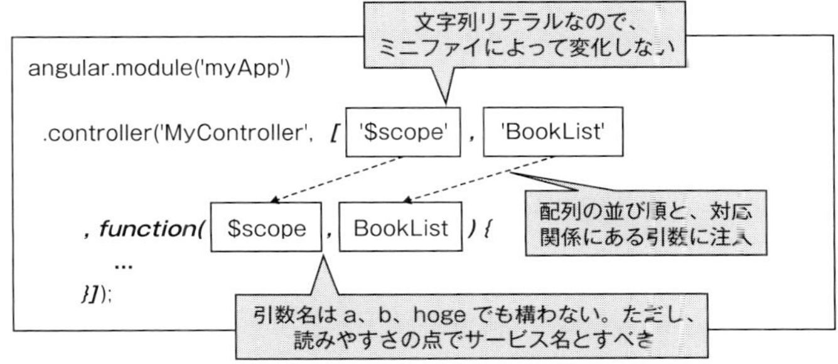
文字列リテラルなので、
ミニファイによって変化しない
angular.module('myApp')
.controller('MyController', ['$scope' , 'BookList'
, function($scope , BookList) {
...
}]);
配列の並び順と、対応
関係にある引数に注入
引数名は a、b、hoge でも構わない。ただし、
読みやすさの点でサービス名とすべき

配列アノテーションでは、サービス名が（仮引数としてではなく）文字列リテラルとして指定されていますので、ミニフィケーションの対象にも**なりません**。

サンプルでは、コンストラクターの引数も $scope／BookList とサービス名と同名にしていますが、こちらは適宜変更しても構いません[*19]。ただし、コードの読みやすさを考慮するなら、できるだけサービス名と同名とするのが**望ましい**でしょう。

＊19
引数の順序だけで、注入する先が決まるからです。

NOTE ng-annotate ライブラリ

特別な理由がないかぎり、依存性注入には、まず配列アノテーションを利用すべきですが、その記法はいささか癖が強く、馴染みにくいという人もいるでしょう。そもそも同じ名前を二度書かなければならないことから、コードが冗長になります。

そこで本格的な開発では、ng-annotate ライブラリ（https://github.com/olov/ng-annotate）を使って、シンプルな引数リストの記法を配列アノテーションに変換できます。ng-annotate ライブラリのインストールには、npm[*20] を利用します。コマンドプロンプトから、以下のコマンドを実行してください。

```
> npm install -g ng-annotate
```

インストールすると、以下のような ng-annotate コマンドを利用できるようになります。これで annotation.js を配列アノテーション処理した結果を output.js に出力しなさいという意味になります。-ar はアノテーションを削除（remove）したうえ

＊20
Node Package Manager。Node.js で利用できるパッケージ管理ツールです。Node.js については 8.2.2 節を参照してください。

で作成（add）しなさい、-o は指定のファイルに結果を出力（output）しなさい、という意味です[*21]。

```
ng-annotate -ar annotation.js -o output.js
```

*21
デフォルトでは、結果は標準出力にそのまま出力されます。

$inject プロパティによる注入

引数リスト／配列アノテーションの他、$inject プロパティでサービスを注入する方法もあります。先ほどのリスト 2-11 を、$inject プロパティで書き換えると、以下のようになります。

▼ リスト 2-12　inject.js[*22]

```
// コントローラー（コンストラクター）を準備
var My = function($scope, BookList) {
  $scope.books = BookList();
};

// 依存関係を登録
My.$inject = ['$scope', 'BookList']; ―――――――――――――――― ❶

// コントローラーをモジュールに登録
angular.module('myApp', [])
  .controller('MyController', My)
  .value('BookList', function() {
    return [
      {
        isbn: '978-4-7741-7078-7',
        title: 'サーブレット&JSPポケットリファレンス',
        price: 2680,
        publish: '技術評論社',
        published: new Date(2015, 0, 8)
      },
      ...中略...
    ];
  });
```

*22
サンプルを実行するには inject.html からアクセスしてください。inject.html は、books.html とほぼ同じなので、紙面上は割愛します。

配列アノテーションと同じく、[サービス名 1,...] の形式の配列を、コンストラクター関数の $inject プロパティにセットするわけです（❶）。本書では、まずは配列アノテーションを利用した注入を基本としていますので、まずは、このような書き方もある、という程度におさえておくようにしてください。

配列アノテーションの強制 - ng-strict-di 属性

先ほども触れたように、依存性注入にあたって、少なくとも引数リスト記法は利用すべきではありません。しかし、複数人で開発を行うようなケースでは、誰かの不注意を目視チェックだけで完全に防ぐことは難しいものです。

そこで AngularJS 1.3 以降では ng-strict-di 属性（ディレクティブ）が追加されました。ng-strict-di 属性を ng-app 属性と同じ要素（=本書では、原則として <html> 要素）に指定することで、誤って引数リスト記法を利用してしまった場合でも、AngularJS がエラーとして検出してくれます。

たとえば、リスト 2-4 の controller.html を、以下のように書き換えてみましょう。controller.js では、引数リスト記法を利用しています。

▼ リスト 2-13　controller.html

```
<!DOCTYPE html>
<html ng-app="myApp" ng-strict-di>
```

サンプルを実行し、ブラウザーの開発者ツールを開くと、確かに、以下のようなエラーメッセージを確認できます。

```
Error: [$injector:strictdi] http://errors.angularjs.org/1.4.1/$injector/strictdi?p0=MyController
```

NOTE 詳細なエラー情報

AngularJS アプリでエラーが発生した場合、開発者ツールのコンソールに表示されたエラーメッセージから URL (太字部分) をクリックしてみましょう。ブラウザーから詳細なエラー情報を確認できます。英語ではありますが、具体的なエラー原因がサンプルコードと共に記載されていますので、敬遠せずに確認することをおすすめします（図 2-16）。

▼ 図 2-16　エラーメッセージからリンクしたエラーページ

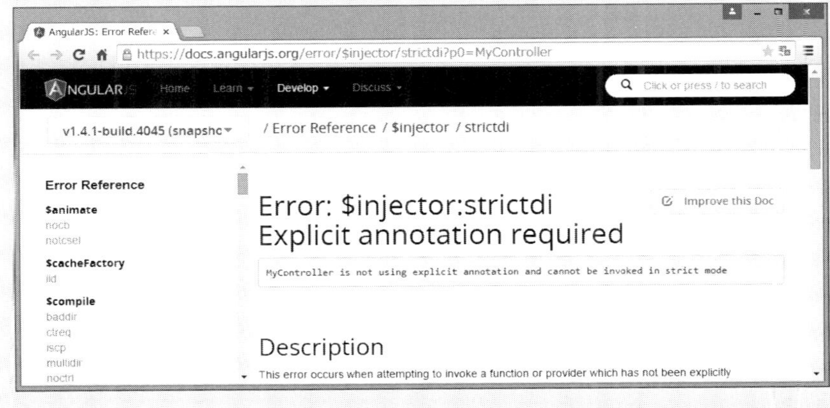

2.3.3 双方向データバインディング

データバインディングとは、JavaScript のオブジェクト（モデル）をHTML のテンプレート（ビュー）に紐づけるためのしくみのことです。考え方そのものは、伝統的なテンプレートエンジンから見られるものですので、なじみ深いという人も多いでしょう。

もっとも、従来のテンプレートエンジンは、基本、モデルを一度だけビューに引き渡したら、それで終わり。ビューの変更（たとえば、ユーザーからの入力など）をモデルに書き戻すような処理を自動で行ってはくれません。ビューとモデルとを同期するのは、あくまでアプリ開発者の責任なのです。このようなデータバインディングのことを、**片方向データバインディング**と言います。

▼図 2-17　双方向データバインディング

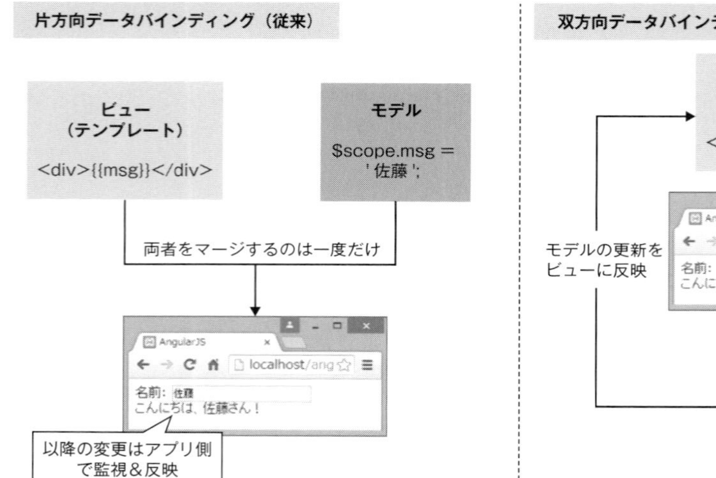

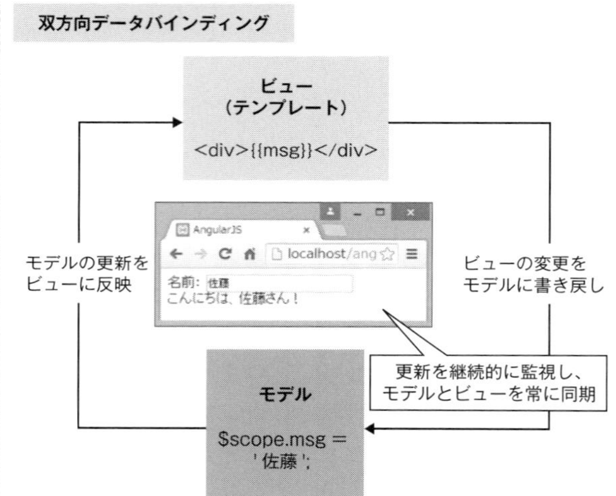

一方、AngularJS のそれは、**双方向データバインディング**と呼ばれます。一度モデルとビューを紐づけると、その後は、ビューの変更はモデルに反映され、モデルの変更もまた、ビューに反映されます。モデル／ビュー双方の同期を（アプリ開発者ではなく）フレームワークが保証してくれるわけです（図 2-17）。

双方向データバインディングによって、アプリ開発者はさまざまな処理の結果をいちいちページに反映する必要はありません。フレームワークが、ページの更新を半自動化してくれるからです。

双方向データバインディングの基本

以下は、双方向データバインディングのもっともシンプルな例です。テキストボックスに入力された名前に応じて、「こんにちは、○○さん!」という挨拶メッセージを生成します。

▼ リスト 2-14　上：binding.html／下：binding.js

```
<!DOCTYPE html>
<html ng-app="myApp">
<head>
<meta charset="UTF-8" />
<title>AngularJS</title>
<script src="https://ajax.googleapis.com/ajax/libs/angularjs/1.4.1/angular.min.js"></script>
<script src="scripts/binding.js"></script>
</head>
<body ng-controller="MyController">
<form>
  <label for="name">名前：</label>
  <input id="name" name="name" type="text" ng-model="myName" /> ――❶
  <div>こんにちは、{{myName}}さん！</div> ――❷
</form>
</body>
</html>
```

```
angular.module('myApp', [])
  .controller('MyController', ['$scope', function($scope) {
  }]);
```

▼ 図 2-18　入力された名前に応じて、メッセージが変化

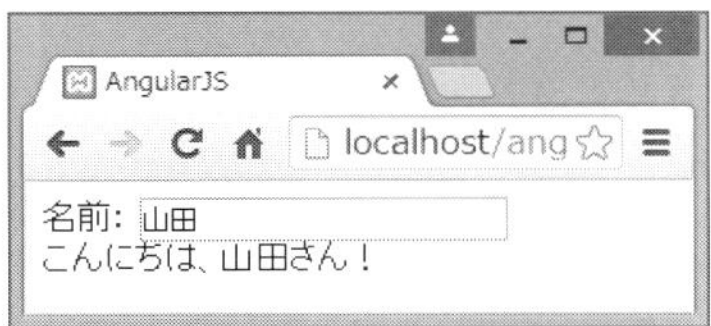

<input>／<textarea>／<select> などのフォーム要素をモデル（＝スコープオブジェクトのプロパティ）に紐づけるには、ng-model 属性（ディレクティブ）を利用します。❶では「ng-model="myName"」としていますので、テキストボックスでの入力値が $scope.myName プロパティに反映されるという意味になります。

テキストボックスからの入力によって myName プロパティ（モデル）が更新されると、AngularJS はビューに更新を反映させようとします。結果、Angular 式によってビューに紐づいた {{myName}} も合わせて変化することになります（❷）。

入力値をモデル／ビューに反映させるために、一切のコードが不要である点と、テキストボックスの値を何度更新しても、モデル／ビューが常に同期される点に注目してください。

補足：テキストボックスのデフォルト値

ng-model 属性によってフォーム要素とモデルとを紐づけた場合、フォーム要素側で設定したデフォルト値[*23] は無視されますので、注意してください。理屈を考えれ

＊23　たとえば <input> 要素では value 属性で表されます。

ば当然ですが、ng-model 属性が付与された時点で、フォーム要素の値はモデルの値と同期しているからです。

よって、フォーム要素にデフォルト値を与えるには、以下のように、モデルの値を明示的に設定する必要があります。以下は、リスト 2-14 で、テキストボックスのデフォルト値として「佐藤」を設定する例です。

▼ リスト 2-15　binding.js

```
angular.module('myApp', [])
  .controller('MyController', function($scope) {
    $scope.myName = '佐藤';
  }]);
```

▼ 図 2-19　テキストボックスのデフォルト値を設定

One-time Binding

AngularJS では、双方向バインディングを実現するために、裏側で、モデル（スコープオブジェクト）の変化を監視し、変更があったらビューに反映する作業を黙々と実行しています。この監視／反映の反復は、ページが複雑になればオーバーヘッドも大きく、パフォーマンスを低下させる原因ともなっていました。

そこで AngularJS 1.3 以降では、**One-time Binding**（**ワンタイムバインディング**）と呼ばれる機能を実装しています。One-time Binding とは、名前のとおり、式の値が undefined の間だけ監視を実行し、一度、値をバインドしたら、監視を打ち切るしくみです。これによって、初期化時にしかバインドしない式も延々と監視し、負荷を掛け続けるという問題を解消できます。

One-time Binding は、式の直前に「::」（コロン 2 個）を付与するだけです。

構文　One-time Binding

```
{{::expression}}                 … Angular 式
<div ng-bind="::expression">     … 属性*24
```

expression：任意の式

＊24
構文では、ng-bind 属性を例にしていますが、他にも ng-bind-html 属性など式を受け取るディレクティブも同様です。詳しい構文は 3.2.4 項で触れます。

たとえば、リスト 2-15 に、以下のようにコードを追加してみましょう。

▼ リスト 2-16　binding.html

```
<input id="name" name="name" type="text" ng-model="myName" />
<div>こんにちは、{{myName}}さん！</div>
<div>はじめまして、{{::myName}}さん！</div>
```

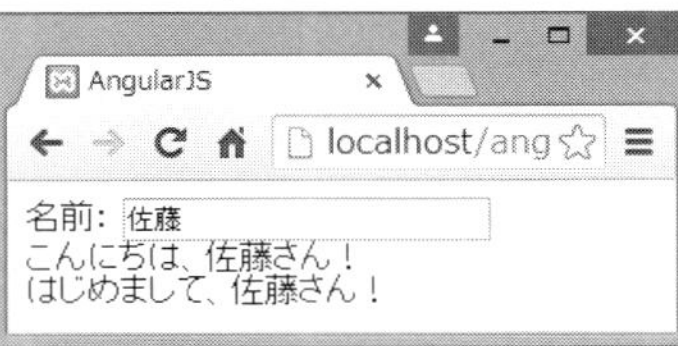

▼ 図 2-20　テキストボックスへの初回入力時（双方に反映される）

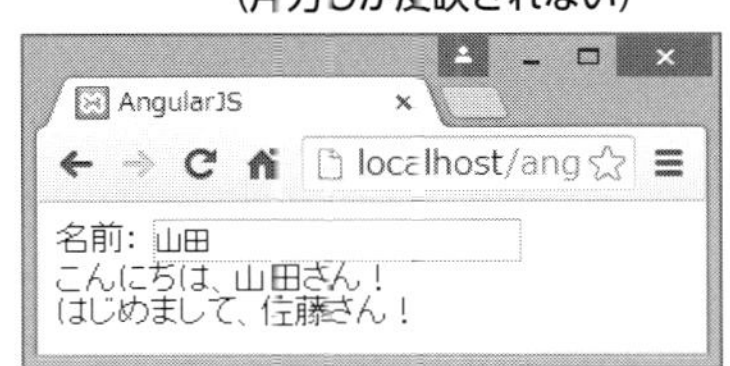

▼ 図 2-21　テキストボックスの内容を変更した時（片方しか反映されない）

果たして、{{::...}} では一度だけテキストボックスの内容を反映したあとは、変化しないことが確認できます。

また、ng-repeat 属性（2.2.2 項）であれば、以下のように表記します。リスト 2-17 は、リスト 2-5 を One-time Binding を使って書き換えたものです。

▼ リスト 2-17　books.html

```
<tr ng-repeat="book in ::books">
  <td>{{::book.isbn}}</td>
  <td>{{::book.title}}</td>
  <td>{{::book.price}}円</td>
  <td>{{::book.publish}}</td>
  <td>{{::book.published | date: 'yyyy年MM月dd日'}}</td>
</tr>
```

Column コントローラーのプロパティにアクセスする - controller as 構文

AngularJS 1.x の中心的な役割を果たす $scope ですが、来るべき Angular 2.0 では廃止が予定されています。6.1.4 項でも後述しますが、$scope オブジェクトのプロトタイプ継承はわかりにくく、思わぬ箇所に値の変更が影響する可能性があるためです。

そのような理由から、AngularJS 1.x でも既に $scope を利用しない方が良い、という意見もありますが、本書では「本家ドキュメントをはじめ、多くの資料が $scope 中心に解説している」「2.x の仕様がまだ固まっているわけではない」などの理由から、従来の $scope で解説しています。とはいえ、$scope を利用しない書き方を知らなくて良いわけではありません。ここでは、基本的な記法をおさえておきます。

以下は、リスト 2-4 (P.21) を $scope を利用せずに書き換えた例です。

▼リスト 2-18　上：controller_as.html／下：controller_as.js

```
<body ng-controller="MyController as my"> ――― ❷
  <div>{{my.msg}}</div> ――― ❸
</body>
```

```
angular.module('myApp', [])
 .controller('MyController', function() {
   this.msg = 'こんにちは、AngularJS！'; ――― ❶
 });
```

$scope を利用する代わりに、コントローラーのプロパティ(this.～) を利用するわけです (❶) 。これにアクセスするには、ng-controller 属性で「as 別名」の形式でコントローラーの別名を指定します (❷) 。これで❸のように「別名 . プロパティ名」の形式でアクセスできるようになります。

基本編

第 3 章

ディレクティブ

ディレクティブは、テンプレートで利用できる AngularJS の命令です。要素（タグ）、属性などの形式で、テンプレートを操作するためのさまざまな命令を指定できます。

本章では、冒頭でディレクティブの基本的な構文を学んだあと、AngularJS 標準で提供されるディレクティブを、バインド、外部リソース、イベント、制御、フォームと、用途別に解説していきます。なお、ディレクティブを自作する方法については、あらためて第 7 章で解説します。

3-1 ディレクティブの基本

AngularJSでは、ビューとしてHTMLをベースとしたテンプレートエンジンを採用しています。標準的なHTMLに対して、ng-app／ng-repeatなど独自の要素／属性を追加していくことで、ページに機能を付与しているのです。このようなカスタム要素／属性のことを**ディレクティブ**と言います。

本章では、AngularJS標準で提供されるあまたのディレクティブを学ぶに先立って、ディレクティブの基本的な記法を理解しておくことにします。

3.1.1 ディレクティブの記法

ここまでのサンプルでは、ディレクティブとして「ng-*directive*」のような表記を採用してきました。たとえば、ng-app、ng-controller、ng-repeatなどです[*1]。この記法を便宜上、ハイフン形式と呼ぶことにします。

＊1
「ng-」はAngularJSの名前空間で、それ以降がディレクティブ個別の名前です。

ハイフン形式は、AngularJS関連の資料で、おそらく最もよく使われている記法ですが、これが唯一の記法というわけではありません。具体的には、表3-1のような記法が許されています。

▼ 表3-1　ディレクティブのさまざまな記法（ns：名前空間、directive：ディレクティブ名）

種別	記法	記述例
AngularJS	*ns-directive*	ng-style="myStyle"
HTML5	data-*ns-directive*	data-ng-style="myStyle"
XML	*ns:directive*	ng:style="myStyle"
XHTML	x-*ns-directive*	x-ng-style="myStyle"

これらの記法は、意味的にすべて等価であり、好みに応じていずれを利用しても構いません。ただし、AngularJSのドキュメントでは、ハイフン形式の利用を推奨しており[*2]、本書でもこれに沿うものとします。

＊2
ただし、HTML検証ツールを利用する場合は、HTML5形式（data-ns-directive）を利用しても構わない、としています。その他の記法はレガシーな環境のために残されているにすぎません。

NOTE

ディレクティブの正規化

AngularJSは、以下のような方法でディレクティブを内部的に正規化します。

- ディレクティブの前方から「x-」「data-」を除去
- 「:」「-」「_」で区切られた名称をcamelCaseに変換

つまり、data-ng-styleであれば、まず「data-」を除去して「ng-style」とし、その後、camelCase形式に変換することでngStyleとします。AngularJSの公式ドキュメントでは、最終的に正規化されたcamelCase記法が採用されていますので、正規化の理屈を理解しておくことは大切です。

ただし本書では、コードと見比べた時のわかりやすさを優先して、ディレクティブ名を表す場合にも、非正規化状態のハイフン形式で表記しています。

3-2 バインド関連のディレクティブ

2.2.1 項でも触れたように、AngularJS におけるデータバインドの基本は、Angular 式の {{...}} です。

ただし、Angular 式によるバインドには、ほんの少し問題がある場合があります。本節では 2.2.1 項での理解を前提に、この問題を解決する方法と、バインドに関してより詳細に、踏み込んで解説します。

3.2.1 バインド式を属性値として指定する - ng-bind

Angular 式では、要素配下のテキストとして、バインド式を指定するという性質上、**ページを起動した最初のタイミングで、一瞬だけ生の式表現（{{...}}）が表示されてしまう**という問題があります。これは、AngularJS が初期化処理を終えて、Angular 式を処理するまでのごくわずかなタイムラグによって生じる不具合です。大概は本当にごく一瞬ですが、生のコードがエンドユーザーの目に触れるのは望ましい状態ではありません。

そこで利用するのが、モデルをビューにバインドするためのディレクティブ ng-bind 属性です。たとえば、P.41 のリスト 2-14 binding.html は、ng-bind 属性を使って以下のように書き換えることができます（リスト 3-1）。

▼ リスト 3-1　bind.html

```
<label for="name">名前：</label>
<input id="name" name="name" type="text" ng-model="myName" />
<div ng-bind="'こんにちは、' + myName + 'さん！'"></div>
```

Angular 式に較べると、属性名を明記しなければならないだけ冗長にも思えます。しかし、ng-bind は属性なので、Angular 式のように処理前の式が表示されてしまうという不具合は防げます。

一般的には、初期表示されるテンプレートには ng-bind 属性を利用し、あとから動的に処理されるテンプレートには Angular 式を使用する、という使い分けをおすすめします。

3.2.2 Angular 式による画面のチラツキを防ぐ - ng-cloak

Angular 式を利用する場合でも、ng-cloak 属性を利用することで、初期化前に

{{...}} が露出してしまうのを防げます。リスト 3-2 は、リスト 3-1 を ng-cloak 属性で置き換えた例です。

▼ リスト 3-2　cloak.html

```
<div ng-cloak>{{"こんにちは、" + myName + "さん！"}}</div>
```

ng-cloak 属性は、AngularJS が内部的に生成する以下のスタイルシートによって、現在の要素を非表示にします。

```
[ng:cloak],[ng-cloak],[data-ng-cloak],[x-ng-cloak],.ng-cloak,⏎
.x-ng-cloak,.ng-hide{display:none !important;}
```

AngularJS は、初期化のタイミングで ng-cloak 属性を見つけると、これを破棄し、要素を表示状態にします。これによって、初期化**前**に Angular 式を含んだ要素がそのまま表示されてしまうのを防げるわけです。

以上、用法としては誤解のしようのない属性ですが、利用に当たっては、いくつか注意すべき点もあります。

(1) AngularJS はページの先頭でインポートすること

ng-cloak 属性では、AngularJS が生成するスタイルシートを利用するという性質上、AngularJS をページの先頭（= <head> 要素の配下）でインポートする必要があります。たとえば、<body> 要素の閉じタグ直前で AngularJS をインポートした場合、そこまでスタイルシートが有効になりませんので、結局、ng-cloak 属性の付いた要素は表示されてしまいます*3。

＊3
ng-cloak 属性のためのスタイルシートを、AngularJS 本体とは別に、ページの先頭でインポートする方法もあります。詳しくは、3.7.3 項も参照してください。

(2) ng-cloak 属性は Angular 式を指定した要素に付与すること

ng-cloak 属性を <body> 要素に対して付与することもできますが、その場合、AngularJS が初期化を完了するまですべての要素が非表示になります。つまり、ページ表示までの体感速度が悪化します。

ng-cloak 属性は、面倒でもできるだけ個別の要素に対して付与するべきです。

3.2.3 データバインドを無効化する - ng-non-bindable

{{...}} を Angular 式としてではなく、そのまま文字列として表示したい（=式を無効化したい）場合には、ng-non-bindable 属性を利用します。

先ほどのリスト 3-2 を、以下のように修正してみましょう。確かに {{...}} がそのまま表示され、Angular 式が無効化されていることが確認できます。

▼ リスト 3-3　no_bind.html

```
<div ng-non-bindable>{{"こんにちは、" + myName + "さん！"}}</div>
```

▼ 図 3-1　Angular 式がそのまま表示される

3.2.4 HTML 文字列をバインドする - ng-bind-html

AngularJS では、Angular 式によるテキストの埋め込みにも、セキュリティ的な考慮がなされています。具体的な例を見てみましょう。

▼ リスト 3-4　上：bind_html_no.html／下：bind_html_no.js

```
<div ng-bind="memo"></div>
```

```
angular.module('myApp', [])
  .controller('MyController', ['$scope', function($scope) {
    $scope.memo = '<p onmouseover="alert(¥'OK!¥')">ようこそ</p>'
                + '<a href="http://www.wings.msn.to">WINGSへ</a>'
                + '<script>var x = 1;</script>'
                + '<button>応募</button>';
  }]);
```

▼ 図 3-2　HTML 文字列がそのまま表示される

文字列がバインドされる際に、内部的にエスケープ処理されて、（タグではなく）単なる文字列としてページに埋め込まれているのです。意図しない HTML をページに混入させないという意味では、これはもちろん、正しい挙動です。しかし、時として、動的に生成した HTML 文字列をページに反映させたいというケースもあります。

そのような場合に利用するのが、ng-bind-html 属性です。リスト 3-4 の例を、ng-bind-html 属性を利用して書き換えてみます（リスト 3-5）。果たして、今度は HTML 文字列が HTML としてページに反映されることが確認できます（図 3-3）。

▼ リスト 3-5　上：bind_html.html／下：bind_html.js

```
<script src="https://ajax.googleapis.com/ajax/libs/angularjs/↵
1.4.1/angular-sanitize.min.js"></script> ――――――❷
...中略...
<div ng-bind-html="memo"></div> ――――――❶
```

```
angular.module('myApp', [ 'ngSanitize' ]) ――――――❸
  .controller('MyController', ['$scope', function($scope) {
    $scope.memo = '<p onmouseover="alert(¥'OK!¥')">ようこそ</p>'
                + '<a href="http://www.wings.msn.to">WINGSへ</a>'
                + '<script>var x = 1;</script>'
                + '<button>応募</button>';
  }]);
```

▼ 図 3-3　HTML 文字列を HTML としてページに反映

ng-bind-html 属性には、ng-model 属性と同じく、属性値としてバインドすべきモデルを指定します（❶）。ただし、そのままでは動作しません。ng-bind-html 属性が内部的に ngSanitize モジュールに依存しているため、あらかじめこれを有効化しておく必要があるのです。これには、ngSanitize（angular-sanitize.min.js）をインポートした上で（❷）、モジュールを宣言する際に ngSanitize モジュールへの依存関係を宣言（❸）してください。

ngSanitize は、文字列から特定のタグ／属性を除去し、無害化（sanitize）するためのモジュールです。この例では、HTML 文字列に含まれる <script>、<button> 要素をはじめ、onmouseover 属性などが除去されていることが確認できます。

▼ 図 3-4　一部の要素／属性が除去された（開発者ツール）

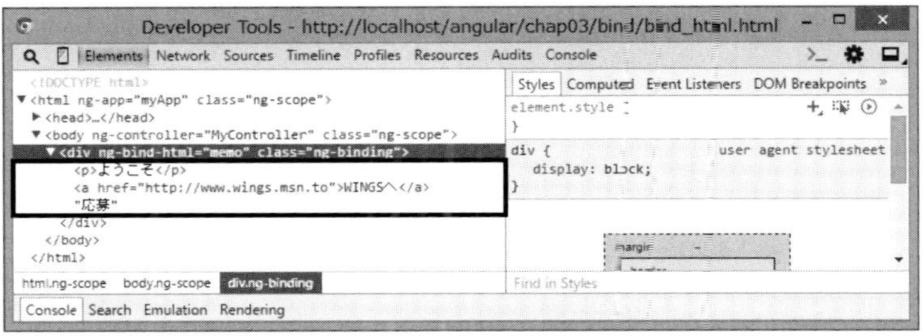

このように、ng-bind-html 属性を利用した場合にも、最低限、危険と思われる要素／属性を除去することで、意図せぬセキュリティホールの発生を未然に防いでいるわけです。

ちなみに、ngSanitize モジュールを有効化しなかった場合には、ng-bind-html 属性の呼び出しによって、以下のようなエラーが発生します（図 3-5）。

▼ 図 3-5　ngSanitize モジュールを有効化しなかった場合（開発者ツール）

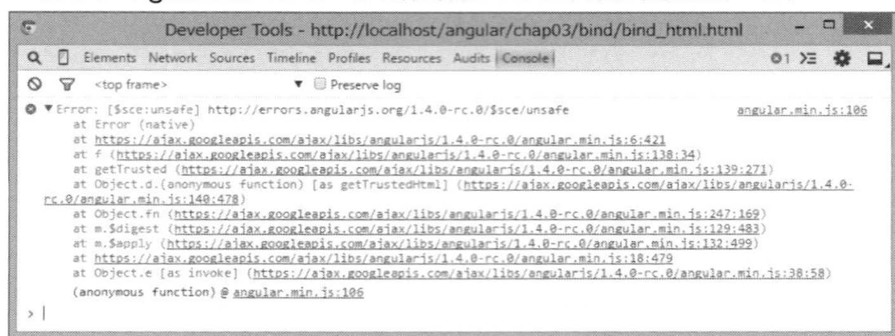

補足：<script>／<button> などの要素をバインドする

もっとも、<script>／<button> などの要素が無条件に危険であるわけではありません。「安全な内容」であることがあらかじめわかっている場合、これらの要素／属性が勝手に除去されてしまうのは、むしろ問題です。

そのような場合には、文字列にあらかじめ**信頼済みマーク**を付与することで、ngSanitize モジュールによるサニタイズを回避できます。

具体的な例を見てみましょう。リスト 3-6 は、リスト 3-5 を修正して、すべての要素／属性をページに反映させる例です。

▼ リスト 3-6　上：bind_html_trust.html／下：bind_html_trust.js

```
<div ng-bind-html="memo"></div>
```

```
angular.module('myApp', [])
  .controller('MyController', ['$scope', '$sce', function($scope, $sce) {
    var memo = '<p onmouseover="alert(¥'OK!¥')">ようこそ</p>'
                   + '<a href="http://www.wings.msn.to">WINGSへ</a>'
                   + '<script>var x = 1;</script>'
                   + '<button>応募</button>';
    $scope.memo = $sce.trustAsHtml(memo);
  }]);
```

▼ 図 3-6 <script>／<button> などの要素もページに反映

＊4
ngSanitize モジュールを介さずに ng-bind-html 属性を利用した場合にエラーとなったのも、SCE が裏で働いていたためです。

文字列に対して信頼済みマークを付与するには、$sce オブジェクトの trustAsHtml メソッドを呼び出すだけです。$sce は、AngularJS 標準で提供されるサービスの 1 つで、**SCE（Strict Contextual Escaping）**の機能を提供します。SCE とは、文脈に応じて、安全でない可能性がある文字列、もしくは信頼されていないドメインからのデータを制限するためのしくみです[＊4]。

trustAs メソッドによって、変数 memo は信頼済み（trust）であることがマークされましたので、ng-bind-html 属性はその内容をそのままページに反映させます。

ただし、ここで注意しなければならないのは、trustAsHtml メソッドが文字列の中身を検証しているわけでは**ない**という点です。trustAsHtml は、あくまで「文字列が信用できる」ことをマーキングするだけのメソッドで、文字列の内容をチェックするのは開発者自身の責任です。無条件に trustAs メソッドを呼び出すのは、セキュリティホールの原因になるので、注意してください。

なお、trustAsHtml メソッドは、以下のように trustAs メソッドで置き換えることも可能です。

```
$scope.memo = $sce.trustAs($sce.HTML, memo);
```

NOTE trustAs メソッドの第 1 引数

trustAs メソッドでは、$sce.HTML の他にも、以下のようなコンテキストを指定できます。対応するショートカットメソッドと合わせてまとめておきます。

▼ 表 3-2 $sce サービスで利用できるコンテキスト

コンテキスト	メソッド	概要
$sce.HTML	trustAsHtml	アプリにとって安全な HTML（ng-bind-html で利用）
$sce.CSS	trustAsCss	アプリに適用しても安全なスタイルシート（現在未使用）
$sce.URL	trustAsUrl	アプリにとって安全なリンク先（現在未使用）
$sce.RESOURCE_URL	trustAsResourceUrl	リンク先として安全であるだけでなく、アプリにインポートするリソースとして安全なリンク先（<iframe> の src／ng-src などで利用）
$sce.JS	trustAsJs	アプリで実行しても安全な JavaScript（現在未使用）

ただし、よく利用するのは$sce.HTML／RESOURCE_URLくらいです。$sce.RESOURCE_URLについては3.3.3項も参照してください。

3.2.5 テンプレートをビューにバインドする - ng-bind-template

ng-bind属性がモデル（=スコープオブジェクトのプロパティ）をバインドするのに対して、ng-bind-template属性はテンプレートをバインドします。よって、以下は同じ意味となります。

```
<div ng-bind="memo"></div>
          ⇕
<div ng-bind-template="{{memo}}"></div>
```

もちろん、上のような例であればng-bind属性を利用した方がシンプルなので、一般的には、ng-bind-template属性は、複数のAngular式を組み合わせるような用途で利用します*5。

リスト3-7は、［名前］［年齢］欄に応じて、指定されたテンプレートからメッセージを整形するサンプルです。

*5
もちろん、要素配下のテキストとしてテンプレートを表せば良い場合にはそうします。そうできないケースについては、3.2.1項で説明したとおりです。

▼リスト3-7 bind_template.html

```
<div>
  <label for="name">名前：</label>
  <input id="name" name="name" type="text" ng-model="name" />
</div>
<div>
  <label for="age">年齢：</label>
  <input id="age" name="age" type="text" ng-model="age" />
</div>
<div ng-bind-template="{{name}}さんは{{age}}歳です。"></div>
```

▼図3-7 ［名前］［年齢］欄からメッセージを生成

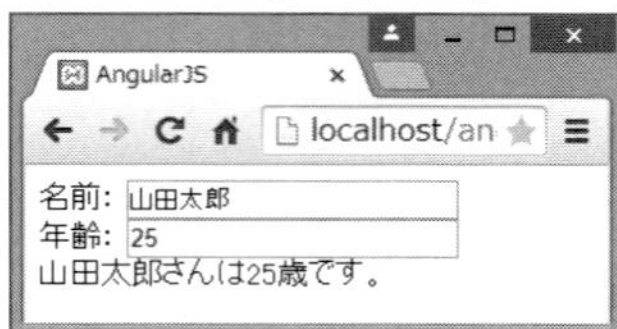

3.2.6 数値によってバインドする文字列を変化させる - ng-plurlize

ng-plurlize 属性は、名前のとおり、単数形／複数形（plurlize）に応じて、表現を切り替えるためのディレクティブです。

たとえば、記事に対して付与された［いいね!］の件数を表記する場合、件数に応じて、表 3-3 のようにメッセージを変化させたいかもしれません。

▼ 表 3-3　件数によって変化する文字列

件数	メッセージ
0	［いいね!］されていません。
1	○○さんが［いいね!］と言っています。
2	○○さん、○○さんが［いいね!］と言っています。
3	○○さん、○○さんとあと 1 名が［いいね!］と言っています。
4 以上	○○さん、○○さん、他×人が［いいね!］と言っています。

このような表現を有効にするには、以下のようなコードを書きます（リスト 3-8）。

▼ リスト 3-8　上：plurize.html／下：plurize.js

```
<div ng-pluralize count="favs.length" offset="2"
  when="{
    '0': '［いいね！］されていません。',
    '1': '{{favs[0]}}さんが［いいね！］と言っています。',
    '2': '{{favs[0]}}さん、{{favs[1]}}さんが［いいね！］と言っています。',
    'one': '{{favs[0]}}さん、{{favs[1]}}さんとあと1名が［いいね！］と言っています。',
    'other': '{{favs[0]}}さん、{{favs[1]}}さん、他{}名が［いいね！］と言っています。'
  }"></div>
```

```
angular.module('myApp', [])
  .controller('MyController', ['$scope', function($scope) {
    $scope.favs = [ '山田理央', '鈴木洋平', '腰掛奈美', '田中哲市', '佐藤令' ];
  }]);
```

▼ 図 3-8　配列 favs の要素数に応じて、メッセージが変化（左から 0 件、1 件、5 件の場合）

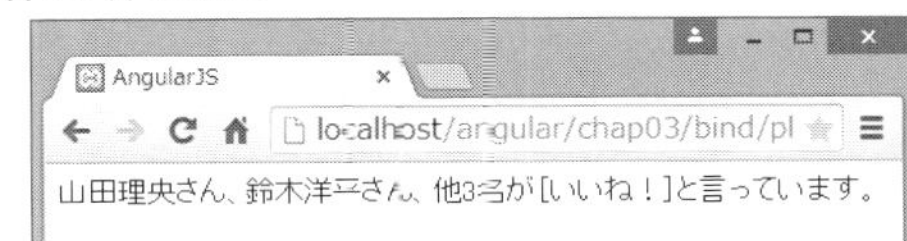

ng-plurize属性はこれまでのディレクティブと異なり、複数の属性とセットで利用します（表3-4）。

▼表3-4　ng-plurizeディレクティブと合わせて利用する属性

属性	概要
count	メッセージ判定のためのカウント数（必須）
when	カウント（count属性）に応じたメッセージのパターン（必須）
offset	カウント（count属性）から削除する値（デフォルトは0）

when属性では「カウント数：メッセージ」のハッシュとして、count属性の値に応じたメッセージのセットを定義します。この例では、0、1、2、other（それ以上）の場合のメッセージを定義しています。メッセージには、テンプレートと同じく{{...}}の形式でAngular式を埋め込めます。また、{}は「count属性 - offset属性」の値を表します。

配列（太字）の要素数を変更してみて、図のようにメッセージが変化することを確認してください。

補足：AngularJS 1.4での新しい記法 - ngMessageFormatモジュール

AngularJS 1.4では、新たにngMessageFormatモジュールが導入され、（ディレクティブを利用しなくても）Angular式だけで単数形／複数形の分岐を表現できるようになりました。リスト3-9は、リスト3-8を新規構文で書き換えたものです。

▼リスト3-9　上：plurize.html／下：plurize.js

```
<script src="https://ajax.googleapis.com/ajax/libs/angularjs/1.4.1/angular-message-format.⏎
min.js"></script>                                                         ❶
...中略...
<div>{{favs.length, plural, offset:2
  =0   { [いいね！] されていません。}
  =1   {{{favs[0]}}さんが [いいね！] と言っています。}
  =2   {{{favs[0]}}さん、{{favs[1]}}さんが [いいね！] と言っています。}     ❸
  one  {{{favs[0]}}さん、{{favs[1]}}さんとあと1名が [いいね！] と言っています。}
  other{{{favs[0]}}さん、{{favs[1]}}さん、他#名が [いいね！] と言っています。}
  }}</div>
```

```
angular.module('myApp', [ 'ngMessageFormat' ])                            ❷
  .controller('MyController', ['$scope', function($scope) {
    ...中略...
  }]);
```

新規構文は内部的にngMessageFormatモジュールに依存しているため、あらかじめこれを有効化しておく必要があります。これには、ngMessageFormat（angular-message-format.min.js）をインポートした上で（❶）、モジュールを宣言する際にngMessageFormatモジュールへの依存関係を宣言してください（❷）。

あとは、Angular式（favs.length）のあとに、カンマ区切りでメッセージフォーマットを指定します（❸）。従来のng-plurize属性とはごくシンプルな対応関係にありますので、記述にあたって迷うところはないでしょう。唯一、メッセージに含まれる{}（数値が埋め込まれる個所）が#になっている点だけ注意してください。

NOTE 性別の区別も可能

同様の構文で、性別の識別も可能です。以下は$scope.genderの値に応じて、メッセージを変更する例です。たとえば、genderプロパティがmaleの場合、「彼は男です。」というメッセージを表示します。

```
{{gender, select,
     male { 彼は男です。 }
   female { 彼女は女です。 }
    other { 彼/彼女は… }
}}
```

3▸3 外部リソース関連のディレクティブ

本節では、リンク／画像／テンプレートなど、外部リソースを利用するディレクティブについて解説します。<a>／<img> 要素を生成するもの、テンプレートを再利用するものなどがあります。

3.3.1 アンカータグを動的に生成する - ng-href

アンカータグで href 属性を動的に設定する場合、リスト 3-10 のようなコードを書いてはいけません。

▼ リスト 3-10　上：href.html／下：href.js

```
<a href="{{url}}">出版社の電子書籍サイトへ</a>
```

```
angular.module('myApp', [])
  .controller('MyController', ['$scope', function($scope) {
    $scope.url = 'https://gihyo.jp/dp';
  }]);
```

▼ 図 3-9　リンク先を AngularJS から動的に設定

一見すると問題なく動作しているように見えます。しかし、AngularJS が初期化を完了する前にリンクをクリックすると、意図しないページにジャンプします。href 属性が設定されていなくても、リンクそのものは有効だからです。

これをあからさまに表したのが、リスト 3-11 のコードです。以下では、スコープオブジェクトに site プロパティを設定する前に 3000 ミリ秒の遅延を挟んでいます*6。本来のアプリでは、この部分が非同期通信をはじめ、初期化のためのコードになるでしょう。

*6
$timeout は AngularJS で提供されているサービスの一種で、window.setTimeout メソッドのラッパーです。詳細は 5.5.2 項を参照してください。

▼ リスト 3-11　href.js

```
angular.module('myApp', [])
  .controller('MyController', ['$scope', '$timeout',  function($scope, $timeout) {
```

```
  $timeout(function() {
    $scope.url = 'https://gihyo.jp/dp';
  }, 3000);
}]);
```

▼ 図 3-10　リンク先が意図したものとは違っている

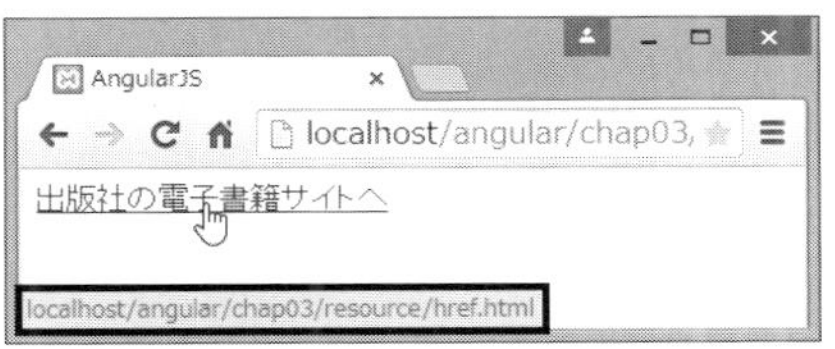

果たして、3000 ミリ秒が経過する前にリンクをクリックしようとすると、確かに意図しないリンク先を指していることが確認できます（図 3-10）。

わずかな時間とはいえ、これは望ましい状況ではありません。そこで、このように href 属性を動的に設定する場合には、（本来の href 属性ではなく）ng-href 属性を利用します。

ng-href 属性で値を設定するには、{{...}} で Angular 式を指定するだけです（リスト 3-12）。ただし、この場合、AngularJS が本来の href 属性を生成するまでは、リンクはただの文字列として表示されます（図 3-11）。よって、意図せず処理前のリンクがクリックされてしまう、という問題を防げるわけです。

▼ リスト 3-12　href.html

```
<a ng-href="{{url}}">出版社の電子書籍サイトへ</a>
```

▼ 図 3-11　初期化前はリンクがただの文字列として表示される

href 属性を動的に設定する際には、かならず ng-href 属性を利用してください。

NOTE　テンプレートの利用には注意

ng-href 属性に設定できるのは、正確には（Angular 式ではなく）テンプレートです。たとえば、Angular 式を含んだ「http://www.wings.msn.to/{{isbn}}」のような値も指定できます。

ただし、この場合、変数 isbn が解決される前に、最初からリンクとなってしまいます（=「http://www.wings.msn.to/」というリンクが有効になる期間があります）。これが問題である場合には[*7]、本文の例のように、ng-href 属性全体が Angular 式になるように、値を設定してください。

＊7
大概、意図したリンク先ではないはずです。

3.3.2 画像を動的に生成する - ng-src／ng-srcset

ng-src／ng-srcset 属性もまた、前項で解説した ng-href 属性と同じく、<img> 要素の src／srcset 属性を Angular 式で動的に設定するために利用します。src／srcset 属性を利用してはいけない理由も前項と同じで、初期化前の <img> 要素が処理されてしまうのを防ぐためです。アンカータグと異なり、<img> 要素はユーザーの操作を伴わず、画像を表示しようとする（＝src／srcset 属性に基づいて画像を取得しようとする）ため、壊れた画像、もしくは意図しない画像を表示する原因になります[*8]。

＊8
たとえば以下の例であれば、「http://www.wings.msn.to/books/{{isbn}}/{{isbn}}.jpg」でリクエストしようとします。

以下に、ng-src 属性経由で画像を生成する例を示します。画像 URL は、変数 isbn（ISBN コード）の値に基づいて「http://www.wings.msn.to/books/*ISBN コード*/*ISBN コード*.jpg」の形式で決まるものとします。

▼ リスト 3-13　上：img.html／下：img.js

```
<img ng-src="http://www.wings.msn.to/books/{{isbn}}/{{isbn}}.jpg" />
```

```
angular.module('myApp', [])
  .controller('MyController', ['$scope', function($scope) {
    $scope.isbn = '978-4-7741-7078-7';
  }]);
```

▼ 図 3-12　動的に生成された画像を表示

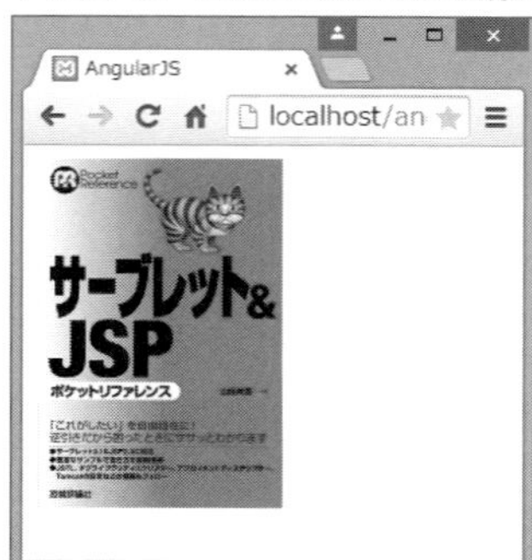

画像をレスポンシブ対応する srcset 属性

srcset 属性は HTML5 から追加された属性なので、あまり馴染みがないという人もいるでしょう。AngularJS とは直接関係ありませんが、ここで補足しておきます。

まずは、具体的な例を見てみましょう。

```
<img src="images/hoge.jpg"
     srcset="images/hoge.jpg 1x,
             images/hoge2.jpg 2x" />
```

srcset属性は、カンマ区切りで「画像URL 条件」の形式で表すのが基本です。xはデバイスピクセル比を表します。よって、この例では、通常のデバイスであればhoge.jpgを、高解像度なデバイスであればhoge2.jpgを、それぞれ読み込もうとします。

src属性は下位互換性のための指定で、srcset属性に対応したブラウザーでは無視されます（＝srcset属性を未サポートのブラウザーだけが、この値で画像を取得しようとします）。

srcset属性を利用することで、解像度に応じて画像を切り替える場合にも（＝レスポンシブ対応する場合にも）JavaScriptを使わずに実装できるというわけです。

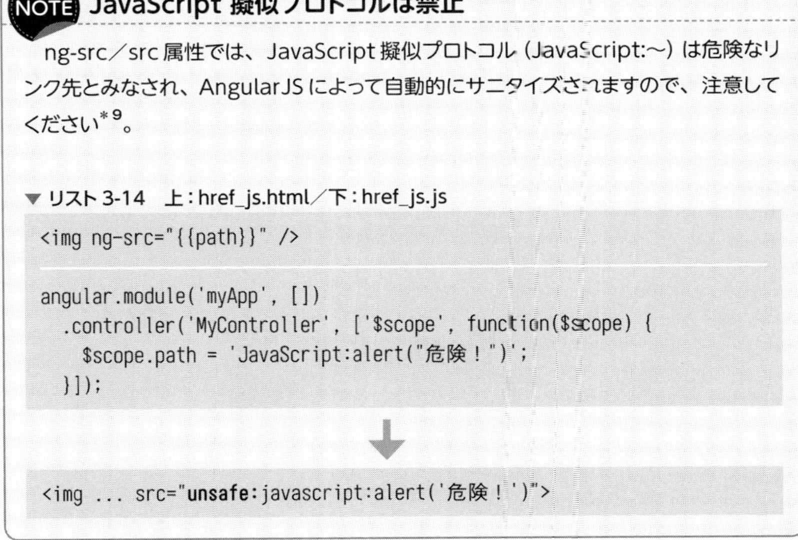

NOTE **JavaScript擬似プロトコルは禁止**

ng-src／src属性では、JavaScript擬似プロトコル（JavaScript:～）は危険なリンク先とみなされ、AngularJSによって自動的にサニタイズされますので、注意してください[*9]。

▼ リスト3-14　上：href_js.html／下：href_js.js

```
<img ng-src="{{path}}" />
```

```
angular.module('myApp', [])
  .controller('MyController', ['$scope', function($scope) {
    $scope.path = 'JavaScript:alert("危険！")';
  }]);
```

↓

```
<img ... src="unsafe:javascript:alert('危険！')">
```

＊9　<a>要素のng-href／href属性も同様です。

3.3.3 補足：<iframe>／<object>などで別ドメインのリソースを取得する - $sce

AngularJSでは、<iframe>／<object>のsrc／ng-src属性、ng-includeディレクティブ（3.3.4項）などに対して、別ドメインのURLを埋め込むことを許していません。以下は、その具体的な例です。

▼ リスト3-15　上：iframe.html／下：iframe.js

```
<iframe src="{{url}}"></iframe>
```

```
angular.module('myApp', [])
  .controller('MyController', ['$scope', function($scope) {
    $scope.url = 'http://www.wings.msn.to/';
  }]);
```

リスト3-15のコードはエラーで動作しないはずです。往々にして、確認されない外部サイトのリソースはセキュリティ上危険な可能性があるため、AngularJSでは、デフォルトで禁止しているわけです。

このようなコードを動作させるには、以下のような方法があります。

(1) trustAsメソッドで信頼済みマークを付与する

3.2.4項でも登場した$sce.trustAsメソッドで、$sce.RESOURCE_URL（リソースを表すURL）として信頼できるものであることを宣言します（リスト3-16）。

▼ リスト3-16　iframe_trust.js

```
angular.module('myApp', [])
  .controller('MyController', ['$scope', '$sce', function($scope, $sce) {
    $scope.url = $sce.trustAs($sce.RESOURCE_URL, 'http://www.wings.msn.to/');
  }]);
```

▼ 図3-13　指定されたサイトの内容を正しくインラインフレームに表示

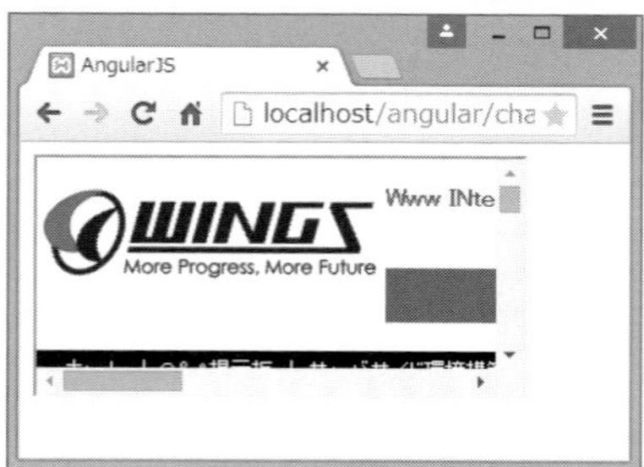

果たして、指定されたサイトの内容が正しくフレーム内に表示されることが確認できます（図3-13）。なお、trustAsメソッドは、以下のようにtrustAsResourceUrlメソッドで置き換えることも可能です。

```
$scope.url = $sce.trustAsResourceUrl('http://www.wings.msn.to/');
```

3.2.4項でも触れましたが、trustAsメソッドは引数の内容をマーキングするだけで、内容を検証してくれるものではありません（マークするのはアプリ開発者の責任です）。無条件に trustAs メソッドを呼び出すのは、セキュリティホールの原因になるので、注意してください。

(2) ホワイトリストを準備する

ホワイトリストとは、信頼するドメイン（URL）をあらかじめ宣言しておく方法を言います。これによって、個別の URL に対していちいち trustAs メソッドを呼び出さなくてもよくなります。信頼できるドメインが限定されている場合には、まずホワイトリストによる方法を採用することをおすすめします。

▼ リスト 3-17　iframe_whitelist.js

```
angular.module('myApp', [])
  .config(['$sceDelegateProvider', function($sceDelegateProvider) {
    $sceDelegateProvider.resourceUrlWhitelist([        ─┐
      'self',                                           ├─❶
      'http://www.wings.msn.to/**'                      │
    ]);                                                ─┘
  }])
  .controller('MyController', ['$scope', function($scope) {
    $scope.url = 'http://www.wings.msn.to/';           ──❷
  }]);
```

ホワイトリストは、$sceDelegateProvider プロバイダーの resourceUrlWhitelist メソッドから設定できます（❶）。**プロバイダー**とは、サービスの挙動を変更するためのコンポーネントです*10。

*10
詳しいしくみについては、7.2.5 項でサービス自作の過程であらためて学びます。

> **構文** resourceUrlWhitelist メソッド
>
> `resourceUrlWhitelist(list)`
>
> *list*：信頼する URL のリスト（配列）

$sceDelegateProvider に限らず、すべてのプロバイダーは、（コントローラー配下ではなく）config メソッド配下で設定しなければならない点に注意してください。config メソッドは、サービスのインスタンスが生成される前に呼び出されるメソッドです。プロバイダーは、その性質上、サービスが呼び出される前に準備を終えていなければなりません。

引数 list では、self（現在のドメイン）は実質必須です。self が抜けてしまうと、現在のドメインのリソースすら引用できなくなってしまうので、要注意です。

また、以下のようなワイルドカードを含めることもできます（表 3-5）。

▼ 表 3-5　$sceDelegateProvider プロバイダーで利用できるワイルドカード

ワイルドカード	概要
*	0 文字以上の文字列（「:」「/」「.」「?」「&」「;」を除く）
**	0 文字以上の文字列（すべて）

＊11
より複雑なパターンを指定するために、正規表現リテラルを渡すこともできます。ただし、パターンのミスによって、意図せぬ URL を許可する原因にもなることから、利用に当たっては十分に注意してください。

「**」はマッチする対象が無制限にすぎるので、ドメインやパスの途中で指定するのは避けるべきです。たとえば「http://**.wings.msn.to/」のような URL は、「http://clacker.com/hoge/?ignore=.wings.msn.to/」のような、本来意図していない（はずの）URL にもマッチしてしまいます。一般的には「*」を優先して利用し、「**」は URL の末尾でのみ利用するようにしてください＊11。

以上を理解できたら、今度は❷のように、trustAs メソッドで修飾しなくても、インラインフレームの内容が表示されることを確認してください。

NOTE　ブラックリストを併用する

resourceUrlWhitelist メソッドで宣言したホワイトリストの一部を制限したい場合には、resourceUrlBlacklist メソッドでブラックリストを宣言することもできます。たとえばリスト 3-17 ❶の直後に、以下のようなコードを追記してみましょう。

▼ リスト 3-18　iframe_blacklist.js

```
$sceDelegateProvider.resourceUrlBlacklist([
  'http://www.wings.msn.to/index.php/-/A-07/**'
]);
```

これで「http://www.wings.msn.to/」配下のリソースは認めるが、例外的に「http://www.wings.msn.to/index.php/-/A-07/」配下のリソースは認めない、という意味になります。

3.3.4　別ファイルのテンプレートを取得する - ng-include

ng-include 属性（ディレクティブ）を利用することで、別ファイルで用意されたテンプレートを動的にインクルードできます。

挙動そのものは自明なので、さっそく例を見てみましょう。以下は、選択ボックスで指定されたテンプレートを読み込み、ページ下部に表示するサンプルです。また、テンプレートを読み込んだ際に、そのテンプレートの情報をコンソール（開発者ツール）に出力します。

▼ リスト 3-19　上：include.html／下：include.js

```
<div>
  <label for="temp">テンプレート：</label>
  <!--モデルtemplatesの情報を元に選択ボックスを生成（3.6.6項）-->
  <select id="temp" name="temp" ng-model="template"
    ng-options="t.url as t.title for t in templates">
    <option value="">以下から選択してください。</option>
  </select>
</div>
...中略...
<div class="box" ng-include="template" onload="onload()"></div>
```

```
angular.module('myApp', [])
  .controller('MyController', ['$scope', function($scope) {
    // テンプレート情報（オプションラベルと読み込み先URL）を準備
    $scope.templates = [
      { title: 'execution', url: 'templates/execution.html' },
      { title: 'tempo', url: 'templates/tempo.html' }
    ];

    // テンプレートを読み込んだ際に実行されるコード
    $scope.onload = function() {
      console.log($scope.template);
    };
  }]);
```

▼ 図 3-14　指定されたテンプレートを動的に取得（読み込み情報はコンソールに表示[*12]）

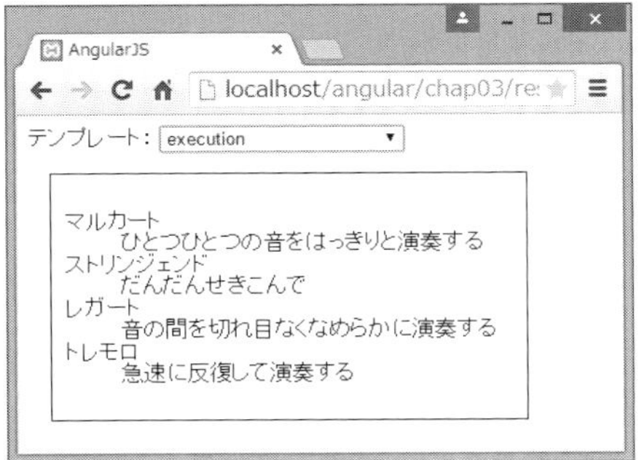

＊12
エクスプローラーから直接起動した場合（＝file://～ でのアクセスの場合）、ng-include属性は正しく動作しませんので、注意してください。

読み込むべきテンプレートのパスは、ng-include属性の値として指定するのが基本です。この例では、変数template（選択ボックスの値）をもとに読み込むべきテンプレートを指定しています。

ただし、ng-include属性とは別に、src属性を指定しても構いません。よって、以下のコードはいずれも同じ意味です。

```
<div ng-include="template"></div>
    ⇕
<div ng-include src="template"></div>
```

また、テンプレートを反映させるべき親要素（コンテナー要素）がない場合には、ng-includeを要素として指定することもできます。この場合は、src属性が必須です。

```
<ng-include src="template"></ng-include>
```

ng-includeディレクティブの属性

ng-includeディレクティブでは、src属性の他にも、以下の属性を利用できます。

▼表3-6 ng-includeディレクティブの主な属性

属性	概要
onload	テンプレート呼び出しのタイミングで実行する式（コード[*13]）
autoscroll	自動スクロール機能（$anchorScroll）を有効にするか

＊13
リクエストの前処理／読み込みエラー処理を実装するなら、$includeContentXxxxxイベントを利用してください。詳しくは6.2.5項で解説します。

autoscroll属性はブール属性なので、単に「autoscroll」と属性名を追加するだけで有効になります（値は不要です）。もしも値を明示する場合には、

- autoscroll=""
- autoscroll="式"

のようにします。前者は冗長なだけであまり意味はありません。後者の記法では、式がtrueと判定された場合にだけ、オートスクロールが有効になります。

3.3.5 インクルードするテンプレートを先読みする - <script>

ng-include／ng-view（5.4.1項）属性などを利用することで、別ファイルのテンプレートを現在のテンプレートに動的に組み込むことが可能です。もっとも、「テンプレートのサイズが大きくなると読み込み時にタイムラグが発生する」、「そもそも1つのファイルとしてまとめた方が管理しやすい」などのケースもあります。

このようなケースでは、<script>要素を利用することで、あとから利用するためのテンプレートを現在のテンプレートの一部として読み込んでおくことができます。

リスト3-20は、リスト3-19を<script>要素を使って書き換えた例です。

▼リスト3-20 上：script.html／下：script.js

```
<!--execution.html、tempo.htmlテンプレートを準備-->
<script type="text/ng-template" id="templates/execution.html">
```

```
  <dl>
    <dt>マルカート</dt>
    <dd>ひとつひとつの音をはっきりと演奏する</dd>
    ...中略...
  </dl>
</script>
<script type="text/ng-template" id="templates/tempo.html">
  <dl>
    <dt>アッチェレランド</dt>
    <dd>だんだんはやく</dd>
    ...中略...
  </dl>
</script>
<div>
  <label for="temp">テンプレート：</label>
  <!--モデルtemplatesの情報を元に選択ボックスを生成（3.6.6項）-->
  <select id="temp" name="temp" ng-model="template"
    ng-options="t.url as t.title for t in templates">
    <option value="">以下から選択してください。</option>
  </select>
</div>
<div class="box"ng-include="template" onload="onload()"></div>
```

```
angular.module('myApp', [])
  .controller('MyController', ['$scope', function($scope) {
    // テンプレート情報（オプションラベルと読込先URL）を準備
    $scope.templates = [
      { title: 'execution', url: 'templates/execution.html' },
      { title: 'tempo', url: 'templates/tempo.html' }
    ];

    // テンプレートを読み込んだ際に実行されるコード
    $scope.onload = function() {
      console.log($scope.template);
    };
  }]);
```

テンプレートを定義する場合、type／id属性は必須です。type属性はテンプレートを表す「text/ng-template」で固定とし、id属性はng-include属性などから識別できるよう、ページ内で一意でなければなりません。

なお、<script>要素がAngularJSの管理下になければなりませんので、ng-app属性が宣言された要素の配下に記述しなければならない点に注意してください。

補足：JavaScriptからテンプレートを登録する

<script>要素は、内部的には$templateCache／$templateRequestというサービスを利用してテンプレートをキャッシュしています。よって、もしも

JavaScriptからテンプレートを登録したい場合には、$templateCache／$templateRequestサービスを呼び出すことでも可能です（リスト3-21）。

▼ リスト3-21 template.js[*14]

```
angular.module('myApp', [])
  .run(['$templateCache', function($templateCache) {
    $templateCache.put('templates/execution.html',
      '<dl><dt>マルカート</dt>...</dl>');
    $templateCache.put('templates/tempo.html',
      '<dl><dt>アッチェレランド</dt>...</dl>');
  }])
  .controller('MyController', ['$scope', function($scope) {
    $scope.templates = [
      { title: 'execution', url: 'templates/execution.html' },
      { title: 'tempo', url: 'templates/tempo.html' }
    ];

    $scope.onload = function() {
      console.log($scope.template);
    };
  }]);
```

＊14
template.htmlはscript.html（リスト3-20）とほぼ同じなので、紙面上は割愛します。完全なコードは配布サンプルから参照してください。

runメソッドは、すべてのモジュールを読み込み終えたところで実行されるメソッドです。この例のように、アプリで利用するリソースを初期化するような用途で利用します[*15]。

＊15
jQueryを使ったことのある人なら、readyイベントに相当するメソッドと考えるとわかりやすいかもしれません。

$templateCacheサービスのgetメソッドを利用することで、登録済みのテンプレートをJavaScriptから参照することもできます。

```
console.log($templateCache.get('templates/execution.html'));
```

同じく、$templateRequestサービスで外部ファイルからテンプレートを読み込むなら、以下のように表します（リスト3-22）。

▼ リスト3-22 template.js

```
angular.module('myApp', [])
  .run(['$templateRequest', function($templateRequest) {
    $templateRequest('templates/execution.html');
    $templateRequest('templates/tempo.html');
```

3-4 イベント関連のディレクティブ

AngularJSでは、イベントリスナーもまたディレクティブを使って設定します。以下は、テキストボックスに入力した名前をもとに、「こんにちは、○○さん!」と挨拶するサンプルです。

基本編 1 2 3 4 5 6 7 8 9

▼ リスト3-23 上:event.html/下:event.js

```
<form>
  <label for="name">名前:</label>
  <input id="name" name="name" type="text" ng-model="myName" />
  <button ng-click="onclick()">送信</button>
</form>
<div>{{greeting}}</div>
```

```
angular.module('myApp', [])
  .controller('MyController', ['$scope', function($scope) {
    // 変数greetingを初期化
    $scope.greeting = 'こんにちは、権兵衛さん!';

    // ボタンクリック時に呼び出されるイベントリスナー
    $scope.onclick = function() {
      $scope.greeting = 'こんにちは、' + $scope.myName + 'さん!';
    };
  }]);
```

▼ 図3-15 ボタンクリック時に「こんにちは、○○さん!」を表示

イベントリスナーを設定するための構文は、以下のとおりです。

構文 イベントリスナーの設定

```
<element ng-event="...">~</element>
```

element:任意の要素
event:任意のイベント名

旧来からのJavaScriptを知っている人は、「<body onload="onload()">」のような記法[*16]によく似ていると思ったかもしれません。しかし、on~属性とng-~属性とは（当たり前ですが）明確に異なるものです。AngularJSでは、これらon~属性は利用できません（エラーとなります）ので、注意してください。

ここでは、ng-click属性で［送信］ボタンをクリックしたタイミングで実行されるべきonclickメソッドを紐づけているわけです。テキストボックスはモデルmyNameに紐づいていますので、イベントリスナー（onclick）の中でも$scope.myNameでアクセスできます。ここでは、その値をもとに「こんにちは、○○さん!」のような文字列を整形し、モデルgreetingに渡すことで、ページに挨拶メッセージを反映させています。

＊16
同様に、onclick、onmouseover、onfocusなどの属性があります。

NOTE　ng-*event* 属性にもコードを書ける

ng-*event*属性では直接のコードを表すことも可能です[*17]。たとえば、リスト3-23の太字は、以下のように書き換えても、同様に動作します。

```
<button ng-click="greeting = 'こんにちは、' + myName + 'さん！'">
  送信</button>
```

属性値の中では、変数は（グローバル変数ではなく）スコープオブジェクトのメンバーとみなされますので、$scope.greetingではなく、greetingである点に注意してください。

＊17
ビューの中にコードを混在させるのは、本来あるべき姿ではありません。あくまで「このようなコードも可能」というレベルと考えてください。

3.4.1　イベント関連の主なディレクティブ

イベント関連のディレクティブは、ng-click属性の他にも、以下のようなものがあります（表3-7）。JavaScriptで利用可能なイベントを、ほぼサポートしていることがわかります。

▼表3-7　イベント関連の主なディレクティブ

ディレクティブ名	概要
ng-click	クリック時
ng-dblclick	ダブルクリック時
ng-mousedown	マウスボタンを押した時
ng-mouseup	マウスボタンを離した時
ng-mouseenter	マウスポインターが要素に入った時
ng-mouseover	マウスポインターが要素に乗った時
ng-mousemove	マウスポインターが要素内を移動した時
ng-mouseleave	マウスポインターが要素から離れる時

ディレクティブ名	概要
ng-focus	要素にフォーカスした時
ng-blur	要素からフォーカスが外れた時
ng-keydown	キーを押した時
ng-keypress	キーを押し続けている時
ng-keyup	キーを離した時
ng-change	値の変更時
ng-copy	コピー時
ng-cut	カット時
ng-paste	ペースト時
ng-submit	サブミット時

以下は、ng-mouseenter／ng-mouseleave属性を利用して、画像にマウスが出入りしたタイミングで画像を差し替える例です。

▼ リスト 3-24　上：event_mouse.html／下：event_mouse.js

```
<img ng-src="{{path}}" alt="ロゴ画像"
  ng-mouseenter="onmouseenter()" ng-mouseleave="onmouseleave()" />
```

```
angular.module('myApp', [])
  .controller('MyController', ['$scope', function($scope) {
    // 初期画像
    $scope.path = 'http://www.web-deli.com/image/linkbanner_l.gif';

    // 画像にマウスポインターが乗った時
    $scope.onmouseenter = function() {
      $scope.path = 'http://www.web-deli.com/image/home_chara.gif';
    };

    // 画像からマウスポインターが外れた時
    $scope.onmouseleave = function() {
      $scope.path = 'http://www.web-deli.com/image/linkbanner_l.gif';
    };
  }]);
```

▼ 図 3-16　マウスの出入りで表示画像を切り替え

⇔

その他のイベントについても用法は同じなので、具体的な用例は、以降のサンプルを参照してください。

なお、AngularJS標準でサポートしていないイベントを利用するには、UI Eventというライブラリのお世話になる必要があります。詳しくは9.1.2項を参照してください。

3.4.2 イベント情報を取得する - $event

標準のJavaScriptでは、イベントリスナーの第1引数にeventを与えることで、イベントオブジェクトを参照できます。**イベントオブジェクト**とは、イベントの発生元（要素／座標）、キーの種類など、イベントにかかわる情報を管理するオブジェクトで、JavaScriptによって自動的に生成されます。

しかし、AngularJSのイベントリスナーで以下のコードを書くのは不可です（リスト3-25）。

▼ リスト3-25　上：event_mouse.html／下：event_mouse.js

```
<img ng-src="{{path}}" alt="ロゴ画像"
  ng-mouseenter="onmouseenter(event)" ng-mouseleave="onmouseleave()" />
```

```
$scope.onmouseenter = function(e) {
  console.log(e);                                    // 結果：undefined
  $scope.path = 'http://www.web-deli.com/image/home_chara.gif';
};
```

リスト3-25では、console.logメソッドの結果がundefined（未定義）のため、イベントオブジェクトを参照できていないことがわかります。

AngularJSでイベントオブジェクトを扱うには、ng-*event*属性に対して、$eventオブジェクトを渡す必要があります。$eventはJavaScript標準のイベントオブジェクトを拡張した――言うなれば、AngularJS版のイベントオブジェクトです[*18]。

＊18
正しくは、jQueryをインポートしている場合はjQuery版のイベントオブジェクト、さもなくばjqLite（5.8.9項）のイベントオブジェクトです。

先ほどのリストをリスト3-26のように書き換えると、確かにイベントオブジェクトを参照できていることが確認できます。

▼ リスト3-26　上：event_mouse.html／下：event_mouse.js

```
<img ng-src="{{path}}" alt="ロゴ画像"
  ng-mouseenter="onmouseenter($event)" ng-mouseleave="onmouseleave()" />
```

```
$scope.onmouseenter = function($event) {
  console.log($event);
  $scope.path = 'http://www.web-deli.com/image/home_chara.gif';
};
```

▼ 図 3-17 イベントオブジェクトの内容を参照（開発者ツール）

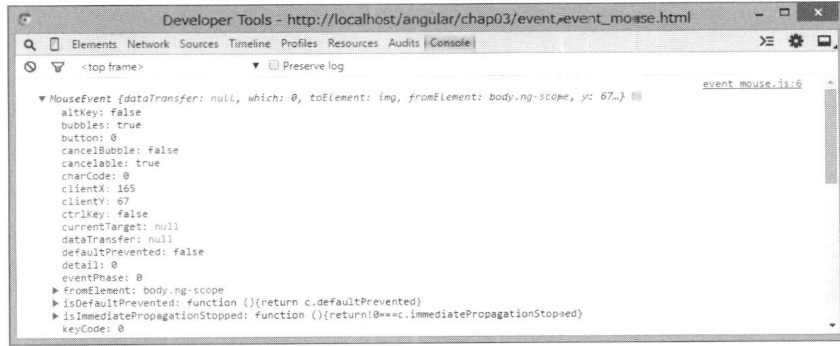

イベントオブジェクトの主なメンバーを表 3-8 にまとめます。

▼ 表 3-8 イベントオブジェクトの主なメンバー

分類	メンバー	概要
基本	type	イベントの種類
	which	キーコード、マウスボタンの種類
	timeStamp	イベントの発生時刻（1970/01/01 からの経過ミリ秒）
	altKey	Alt キーを押したか
	ctrlKey	Ctrl キーを押したか
	shiftKey	Shift キーを押したか
座標	screenX	スクリーン上の X 座標
	screenY	スクリーン上の Y 座標
	pageX	ページ上の X 座標
	pageY	ページ上の Y 座標
	clientX	ブラウザー表示領域上の X 座標
	clientY	ブラウザー表示領域上の Y 座標
	offsetX	要素上の X 座標
	offsetY	要素上の Y 座標
操作	preventDefault()	デフォルト動作をキャンセル
	stopPropagation()	バブリングを止める
	stopImmediatePropagation()	バブリングを止めて以降のイベントも中止

ほとんどが直感的に理解できるものばかりですが、以降では、主なメンバーについて補足しておきます。

イベント発生時のマウス情報を取得する

イベントオブジェクトでは、イベントが発生した時のマウス位置を取得するために、screenX／screenY、pageX／pageY、clientX／clientY、offsetX／offsetY などのプロパティを用意しています。これらプロパティの違いは、それぞれの基点です。

▼ 図 3-18　イベント発生時のマウス情報

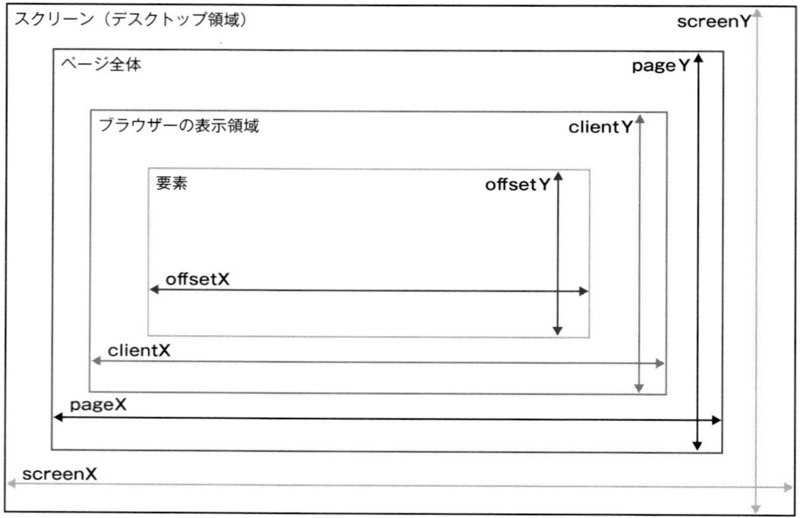

以下は、<div>要素配下のマウス座標を表示する例です。

▼ リスト 3-27　上：event_xy.html／下：event_xy.js

```
<div id="main" style="position:absolute; margin:50px; width:300px; ⏎
height:300px; border:solid 1px #000" ng-mousemove="onmousemove($event)">
  <p>screen：{{screenX}}×{{screenY}}</p>
  <p>page：{{pageX}}×{{pageY}}</p>
  <p>client：{{clientX}}×{{clientY}}</p>
  <p>offset：{{offsetX}}×{{offsetY}}</p>
</div>
```

```
angular.module('myApp', [])
  .controller('MyController', ['$scope', function($scope) {
    $scope.onmousemove = function($event) {
      $scope.screenX = $event.screenX;
      $scope.screenY = $event.screenY;
      $scope.pageX = $event.pageX;
      $scope.pageY = $event.pageY;
      $scope.clientX = $event.clientX;
      $scope.clientY = $event.clientY;
      $scope.offsetX = $event.offsetX;
      $scope.offsetY = $event.offsetY;
      $scope.layerX = $event.layerX;
      $scope.layerY = $event.layerY;
    };
  }]);
```

▼ 図 3-19 <div> 要素配下のマウス位置を取得

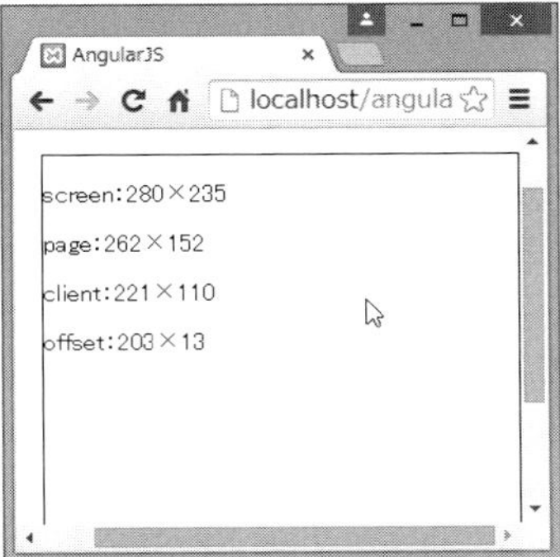

ただし、Firefox 環境では、offsetX／offsetY プロパティを利用できません。代わりに、layerX／layerY プロパティを利用してください。

イベント発生時のキー情報を取得する

イベント発生時に押されたキーコードを取得するには which プロパティを、押された特殊キーの種類を取得するには altKey／ctrlKey／shiftKey プロパティを、それぞれ利用します。

以下は、押下されたキーコードを判定するサンプルです。Alt Ctrl Shift キーが押された場合には、その旨を表示します。

▼ リスト 3-28 上：event_key.html／下：event_key.js

```
<form>
  <label for="key">キー入力：</label>
  <input id="key" name="key" ng-keydown="onkeydown($event)" />
</form>
<div ng-show="altKey"> [Alt] </div>
<div ng-show="ctrlKey"> [Ctrl] </div>
<div ng-show="shiftKey"> [Shift] </div>
<div>キーコード：{{which}}</div>
```

```
$scope.onkeydown = function($event) {
  $scope.altKey = $event.altKey;
  $scope.ctrlKey = $event.ctrlKey;
  $scope.shiftKey = $event.shiftKey;
  $scope.which = $event.which;
};
```

↓

▼ 図3-20　押されたキーの種類を表示

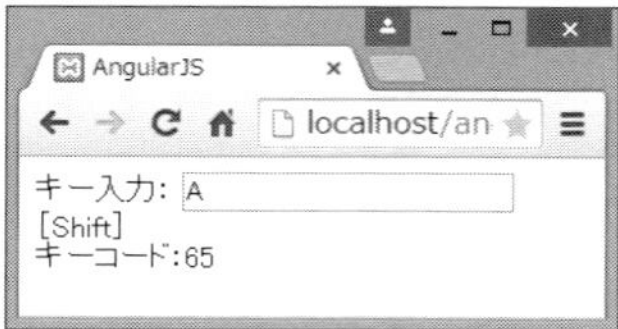

ng-show属性は、値（ここではaltKey、ctrlKey、shiftKeyプロパティ）がtrueの場合に、配下の要素を表示状態にします。詳しくは3.5.4項で解説します。

イベントのデフォルト動作をキャンセルする

イベントのデフォルト動作とは、イベントに伴ってブラウザー上で発生する動作のことです。たとえば、リンクをクリック（click）したら別ページに移動する、サブミットボタン（submit）を押したら入力値を送信する、テキストボックスでキーを入力したら（keypress）対応する文字が反映されるなどです。

イベント処理後、これらデフォルト動作をキャンセルするには、preventDefaultメソッドを利用します。以下は、テキストボックスで0~9、ハイフン（-）の入力だけを認め、それ以外の文字は入力できないようにする例です（=入力されても無視します[*19]）。

＊19
その他、preventDefaultメソッドを利用した例は、6.2.3項でも触れています。

▼ リスト3-29　上：event_prevent.html／下：event_prevent.js

```
<form>
  <label for="zip">郵便番号：</label>
  <input id="zip" name="zip" type="text" size="10" ng-model="zip"
    ng-keypress="onpress($event)" />
</form>
```

```
angular.module('myApp', [])
  .controller('MyController', ['$scope', function($scope) {
    $scope.onpress = function($event) {
      var k = $event.which;
      // 決められたキーコード以外はイベント本来の動作をキャンセル
      if (!((k >= 48 && k <= 57) || k ===45 || k=== 8 || k === 0)) {  ❶
        $event.preventDefault();
      }
    };
  }]);
```

▼ 図 3-21　決められた文字だけを入力可能（その他は入力できない）

ng-keypress 属性で、キーボードからキーが押された時（keypress）の処理を実装できます。押されたキーの種類を取得するのは、イベントオブジェクトの which プロパティの役割です。

❶では、キーコードが 45～57、0、8、45――つまり、0～9、もしくは BackSpace delete などの制御キー以外である場合に preventDefault メソッドを呼び出し、keypress イベント本来の動作をキャンセルします。この場合、keypress イベント本来の動作とは、押されたキーの内容をテキストボックスに反映させることです。そして、キャンセルによって、キー入力がテキストボックスに反映されない（=無視される）ことになります。

イベントのバブリングをキャンセルする

イベントの**バブリング**とは、文書ツリーの下位の要素で発生したイベントが、上位要素に伝播していくことを言います（図 3-22）。イベントが上へ上へと昇っていく様子を泡（bubble）になぞらえて、このように呼ばれます。

▼ 図 3-22　イベントバブリング

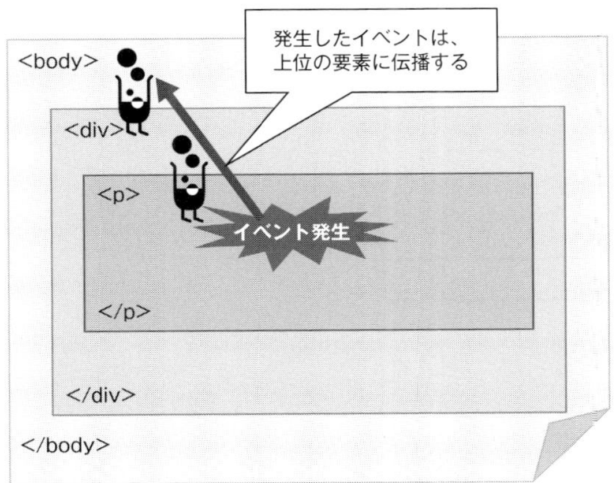

もっとも、バブリング動作によって、親要素で子要素のイベントを拾ってしまうのは望ましくないこともあります。このような場合には、stopPropagation メソッドでバブリングを止めることもできます。

以下は、その具体的な例です。内部の要素（id="inner"）で発生した click イベントが外部の要素（id="outer"）では処理**されない**ことを確認してみましょう。

▼ リスト 3-30　上：event_bubble.html／下：event_bubble.js

```
<div id="outer" ng-click="onclick1()">outer
  <div id="inner" ng-click="onclick2($event)">inner</div>
</div>
```

```
angular.module('myApp', [])
  .controller('MyController', ['$scope', function($scope) {
    $scope.onclick1 = function() {
      console.log("outerをクリックしました！");
    };
    $scope.onclick2 = function($event) {
      $event.stopPropagation();
      console.log("innerをクリックしました！");
    };
  }]);
```

▼ 図 3-23　内部の要素のイベントだけが処理された

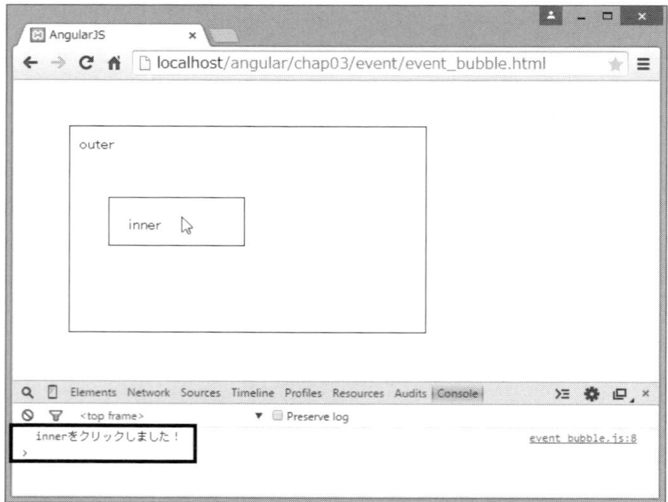

stopPropagation メソッド（太字部分）をコメントアウトすることで、図 3-24 のように結果が変化することも確認してください。

▼図 3-24 内外双方の要素のイベントが処理された

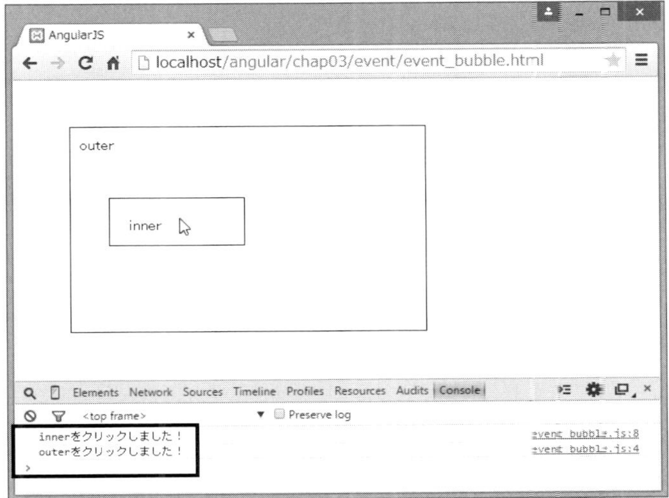

3▸5 制御関連のディレクティブ

本節では、条件式に要素の表示／スタイルを制御するためのさまざまなディレクティブについて解説します。一般的なスタイルプロパティを操作するものから、条件式に応じて表示／非表示を切り替えるもの、配列の内容を展開するものなどがあります。

3.5.1 要素にスタイルプロパティを付与する - ng-style

AngularJSで、要素に対してスタイルプロパティを設定する最もシンプルな方法は、ng-styleディレクティブを利用することです。ng-styleディレクティブは、適用すべきスタイル情報を「プロパティ名：値」のハッシュとして指定します。

以下は、それぞれのボタンをクリックすることで、パネルに対応するスタイルを適用する例です。

▼リスト3-31　style.html

```
<form>
  <button ng-click="myStyle={ backgroundColor: '#f00', color: '#fff' }">
    赤</button>
  <button ng-click="myStyle={ backgroundColor: '#0f0' }">緑</button>        ❶
  <button ng-click="myStyle={ backgroundColor: '#00f', color: '#fff' }">
    青</button>
</form>
<div ng-style="myStyle">                                                   ❷
  <p>WINGSプロジェクトは、当初、ライター山田祥寛の...</p>
</div>
```

▼図3-25　ボタンクリックでパネルのスタイルを動的に変更

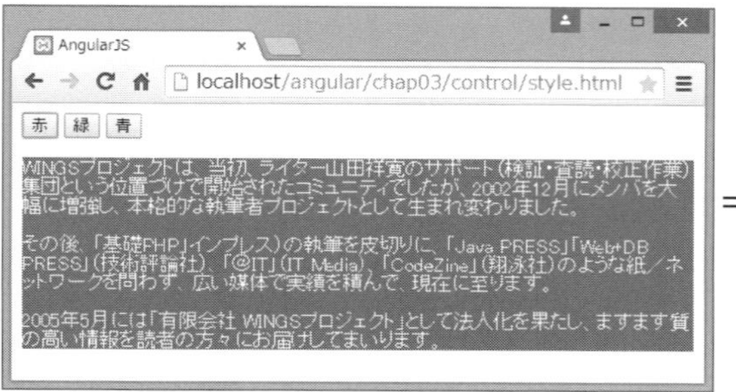

⇒

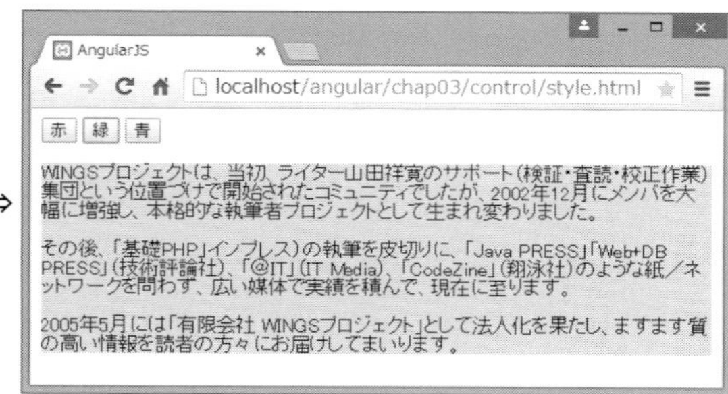

スタイルプロパティをハッシュで指定する場合、（background-color ではなく）backgroundColor のように camelCase 形式を用いる点に注意してください。プロパティ名（識別子）にハイフンを利用できないためです。プロパティ名をクォートで括ることで、ハイフン形式を利用することもできます。

ここでは、ng-click 属性（3.4.1 項）でボタンがクリックされたタイミングで、myStyle プロパティにハッシュを設定しています（❶）[*20]。myStyle プロパティは、<div> 要素の ng-style 属性にも紐づいていますので（❷）、結果、クリックしたボタンに応じて <div> 要素のスタイルが変更されるわけです。

＊20
ここでは簡単化のために直接、代入式を書いていますが、一般的にはスタイル操作のコードはイベントリスナーの中で記述すべきです。

3.5.2 要素にスタイルクラスを付与する - ng-class

ng-style ディレクティブによるスタイルの操作は手軽で便利ですが、問題もあります。それは、テンプレート、もしくはイベントリスナーの中にスタイルの情報が混在してしまうという点です。スタイルを修正するために、スタイルシートとコードの双方を見なければならないのは、あまり望ましい状態ではありません[*21]。

＊21
スタイルの修正に、結局はプログラマーが携わらなければなりません!

そこで、基本的には ng-style ディレクティブは手軽なスタイル操作の手段と割り切り、本格的なアプリでは ng-class ディレクティブを利用することをおすすめします。ng-class は、あらかじめ用意したスタイルクラスを現在の要素に割り当てるためのディレクティブです。

以下は、前項のリスト 3-31 を ng-class ディレクティブで書き換えた例です。

▼ リスト 3-32　上：class.html／下：class.css

```
<link rel="stylesheet" href="css/class.css" />
...中略...
<form>
  <button ng-click="myStyle='red'">赤</button>
  <button ng-click="myStyle='green'">緑</button>
  <button ng-click="myStyle='blue'">青</button>
</form>
<div ng-class="myStyle">
  <p>WINGSプロジェクトは、当初、ライター山田祥寛の...</p>
</div>
```

```
.red {
  background-color: #f00;
  color: #fff
}
.green {
  background-color: #0f0;
}
.blue {
  background-color: #00f;
```

```
  color: #fff
}
```

▼ 図 3-26　ボタンクリックでパネルのスタイルを動的に変更

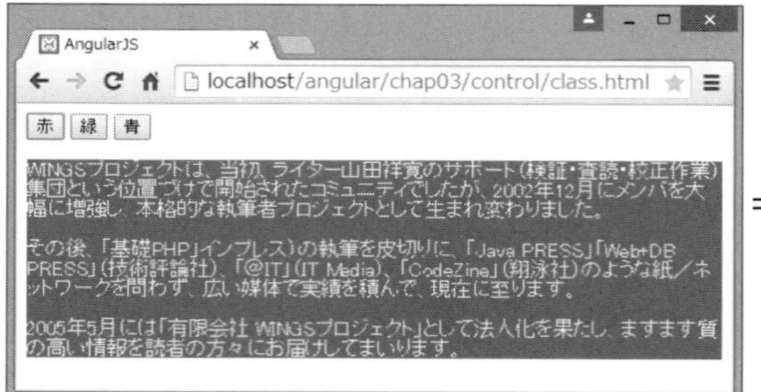

⇒

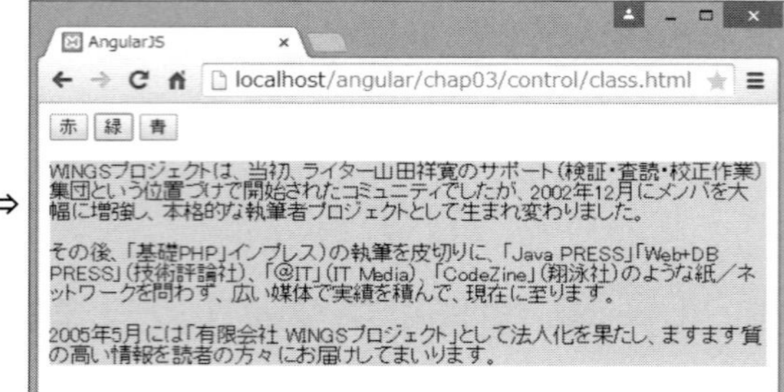

スタイルの定義がテンプレートから取り除かれたことで（太字）、コードが随分とすっきりしました。これならば、スタイルの変更があった場合にも、スタイルシートだけを修正すれば良いので、プログラマー／デザイナーの分業もしやすくなります。

ちなみに、ここでは「ng-class="myStyle"」で、ng-class属性に対してmyStyleプロパティの値を渡していますが、もしもリテラル値として渡したい場合には、以下のようにリテラルをクォートで括ります。

```
<div ng-class="'red'">
```

ng-class属性は値として式を受け取るので、当たり前といえば当たり前なのですが、意外と間違えやすいところなので、注意してください。

ng-classディレクティブのさまざまな設定方法

ng-classディレクティブには、クラス名を文字列として渡す他に、配列／ハッシュとして渡すこともできます。

(1) 複数のクラスを渡す（配列）

ng-classディレクティブに文字列配列を渡すことで、複数のスタイルクラスを渡すことができます。

▼ リスト 3-33　上：class2.html／下：class2.css

```
<div ng-class="['back', 'chara', 'space']">
  <p>WINGSプロジェクトは、当初、ライター山田祥寛の...</p>
</div>
```

```
.back {
  background-color: #f00;
  color: #fff;
}

.chara {
  font-size: x-large;
  font-weight: bold;
}

.space {
  margin: 15px;
  padding: 15px;
}
```


▼ 図 3-27　back／chara／space クラスが適用された

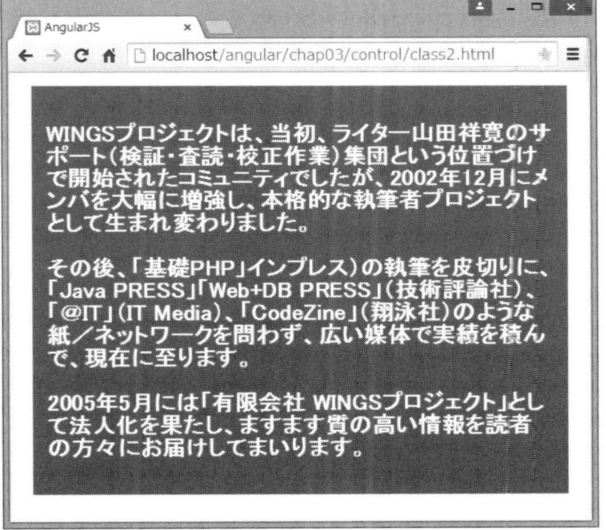

これは、「class="back chara space"」属性を指定したのと同じ意味です。

(2) 複数クラスのオンオフを制御する（ハッシュ）

「クラス名：値」のハッシュ形式で指定することもできます。この場合、値が true であるスタイルクラスだけが適用されます。

以下は、チェックボックスのオンオフに応じて back／chara／space スタイルを適用／解除する例です。

▼ リスト 3-34 class3.html

```
<form>
  <label><input type="checkbox" ng-model="bBack" />背景</label>
  <label><input type="checkbox" ng-model="bChara" />フォント</label>
  <label><input type="checkbox" ng-model="bSpace" />余白</label>
</form>
<div ng-class="{ back: bBack, chara: bChara, space:bSpace }">
  <p>WINGSプロジェクトは、当初、ライター山田祥寛の...</p>
</div>
```

▼ 図 3-28 背景／余白だけをチェックした場合

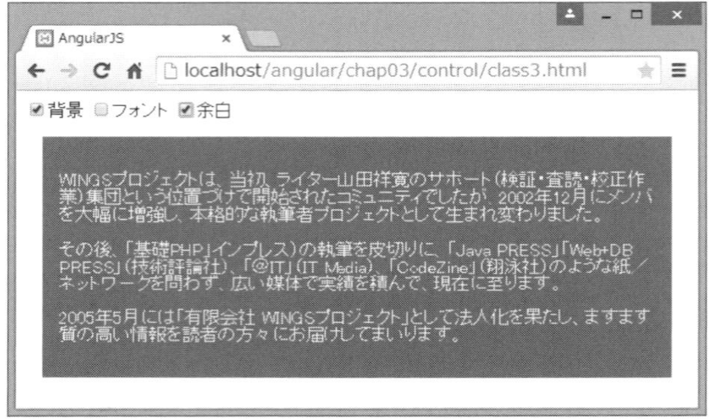

(3) 配列／ハッシュ記法を混在させる

AngularJS 1.4 では、配列／ハッシュ記法を混在することも可能になりました。以下は、back／chara クラスは固定で適用し、space クラスだけをオンオフできるようにした例です。

▼ リスト 3-35 class4.html

```
<form>
  <label><input type="checkbox" ng-model="bSpace" />余白</label>
</form>
<div ng-class="['back', 'chara', { space: bSpace }]">
  <p>WINGSプロジェクトは、当初、ライター山田祥寛の...</p>
</div>
```

▼ 図 3-29　余白だけをオンオフ可能に

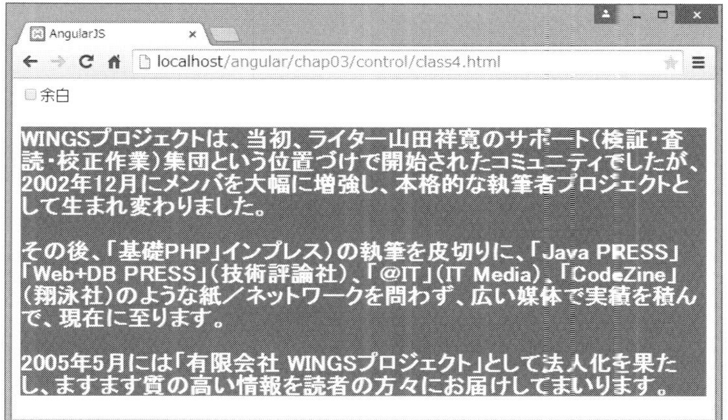

3.5.3 式の真偽によって表示／非表示を切り替える（1）- ng-if

ng-if ディレクティブは、JavaScript での if 命令に相当します。指定された条件式が true の場合にだけ、現在の要素を表示します。

以下は、チェックボックスのオンオフに対応して <div id="panel"> 要素の表示／非表示を切り替える例です。

▼ リスト 3-36　上：if.html／下：if.js

```
<form>
  <label for="show">表示／非表示：</label>
  <!--チェックボックスをshowプロパティに紐づけ-->
  <input id="show" type="checkbox" ng-model="show" /> ――❷
  <!--ボタンクリックでonclickメソッドを実行-->
  <button ng-click="onclick()">背景反転</button>
</form>
<!--showプロパティの値に応じて、パネルの表示／非表示を切り替え-->
<div id="panel" class="panel panel-default" ng-if="show"> ――❶
  <p>WINGSプロジェクトは、当初、ライター山田祥寛の ..</p>
</div>
```

```
angular.module('myApp', [])
  .controller('MyController', ['$scope', function($scope) {
    // パネルの表示／非表示を表すフラグ
    $scope.show = true;

    // ［背景反転］ボタンクリックでパネルのスタイルを設定
    $scope.onclick = function() {
      angular.element(document.getElementById('panel'))
```

```
        .css({
          backgroundColor: '#000',
          color: '#fff'
        });*22
    };
}]);
```

＊22
elementは、標準の要素オブジェクトをjQuery互換のjqLiteオブジェクトに変換するためのメソッドです。詳細は、5.8.9項にて解説します。

▼図3-30　チェックボックスのオンオフに応じてパネルを表示／非表示

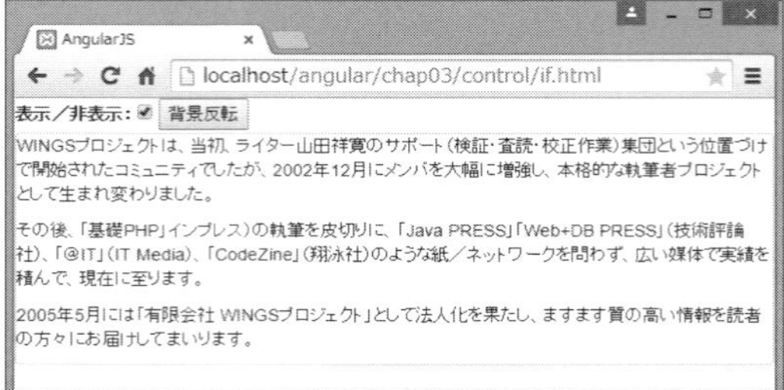

⇔

ng-ifディレクティブには、true／false値として評価できる式を指定します。この例では、スコープオブジェクトのshowプロパティを渡しています（❶）。showプロパティはチェックボックスに紐づいていますので（❷）、結果として、チェックボックスのオンオフに連動して、パネルの表示／非表示が切り替わるというわけです。

補足：ng-ifディレクティブの注意点

パネルを表示／非表示にした時の文書ツリーの様子を、ブラウザーの開発者ツールから確認してみましょう（図3-31）。

▼図3-31　パネル表示（上）／非表示（下）時の文書ツリー（開発者ツール）

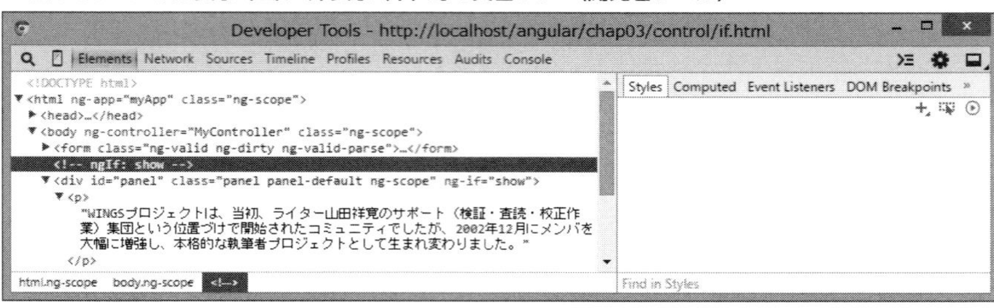

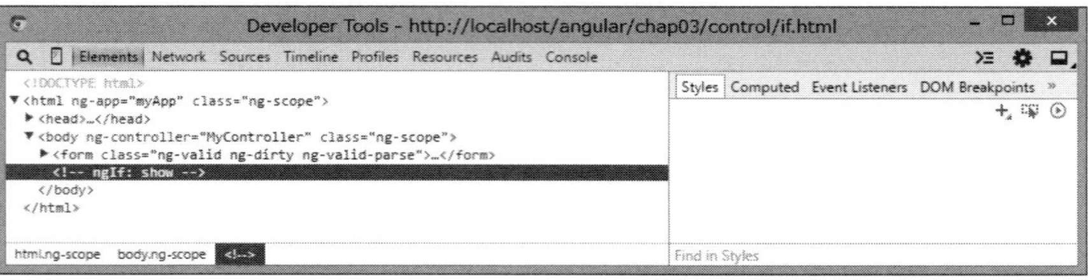

ng-if ディレクティブによる表示／非表示は、（スタイルシートによる操作ではなく）該当の要素そのものを文書ツリーから破棄していることがわかります。ng-if とは、より正確には「条件式が false の場合に、該当する要素を破棄する」ディレクティブです。

この性質は、表示状態にある要素に対して、動的にスタイルを付与した場合に、思わぬ挙動の原因になります。たとえば、リスト 3-36 では、［背景反転］ボタンでパネルの背景を反転できます（図 3-32）。

▼ 図 3-32　パネルの背景を反転した状態

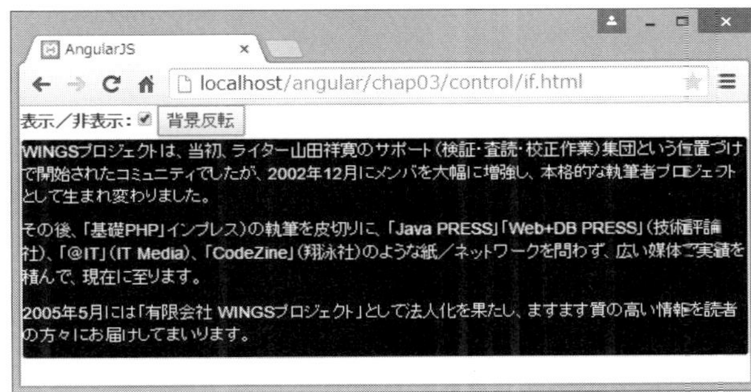

この状態でパネルを非表示→再表示させると、パネルが初期状態に戻っている（＝反転していない）ことが確認できます。これは、ng-if ディレクティブが該当の要素を再作成しているために起こる現象です。

これを避けるためには、ng-if ディレクティブの代わりに、ng-show／ng-hide ディレクティブを利用してください。

3.5.4 式の真偽によって表示／非表示を切り替える（2）- ng-show／ng-hide

ng-show／ng-hide ディレクティブは、条件式の真偽に応じて要素を表示／非表示にします。先ほどのリスト 3-36 は、ng-show／ng-hide ディレクティブを利用することで、それぞれ以下のように書き換えが可能です[*23]。

＊23
書き換え箇所だけを抜粋しますので、コード全体はリスト 3-36 を参照してください。

▼ リスト 3-37　show.html

```
<div id="panel" class="panel panel-default" ng-show="show">
...中略...
</div>
```

▼ リスト 3-38　hide.html

```
<div id="panel" class="panel panel-default" ng-hide="!show">
...中略...
```

```
</div>
```

ng-showは式がtrueの場合に、ng-hideではfalseの場合に、それぞれ要素を表示状態にします。式のわかりやすさに応じて、ng-show／ng-hideのいずれを利用するかを判断すると良いでしょう*24。

*24
否定の表現は人間にとってわかりにくいものです。できれば、条件式からは否定を除外することをおすすめします。

補足：ng-ifディレクティブとの差異

ng-show／ng-hideディレクティブで要素を非表示にした場合の文書ツリーの状態を、開発者ツールで確認してみましょう（図3-33）。

▼図3-33　パネル非表示時の文書ツリー（開発者ツール）

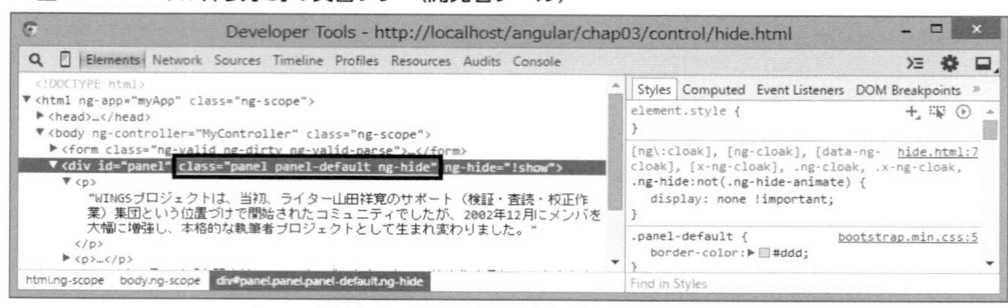

該当の要素に対して「class="ng-hide"」属性が付与されていることが見て取れます。ng-ifディレクティブ（図3-31）が要素そのものを破棄していたのに対して、ng-show／ng-hideディレクティブはスタイルシートでもって表示／非表示を制御しているわけです。

このような性質の違いから、表示／非表示を頻繁に切り替える（そして、スタイルを動的に操作する）ような要素はng-show／ng-hideディレクティブを、特定の条件で要素の表示／非表示を振り分けたい（=非表示のものを再表示することはあまりない）状況では、ng-ifディレクティブを、という使い分けをしていくと良いでしょう。

3.5.5 式の真偽に応じて詳細の表示／非表示を切り替える - ng-open

ng-openは、ng-if／ng-show／ng-hideと同じく、表示／非表示のためのディレクティブです。ただし、対象となる要素が<details>要素だけであるという点が異なります。<details>要素は、HTML5で新たに追加された要素で、追加（詳細）情報を見せるためのUIを提供します。<details>要素自体がまだInternet Explorer／Firefoxなどのブラウザーでは動作しないことから、使える場所は限定されますが、このようなディレクティブもある、という程度でおさえておきましょう。

以下は、チェックボックスのオンオフに連動して、詳細情報を開閉するサンプルです*25。

*25
チェックボックスでなく、サマリー部分をクリックすることでも詳細情報を開閉できます。

▼ リスト 3-39　上：open.html／下：open.js

```
<form>
  <label for="show">表示／非表示：</label>
  <input id="show" type="checkbox" ng-model="show" />
</form>
<!--サマリー／追加情報を含んだコンテナー要素-->
<details id="panel" class="panel panel-default" ng-open="show"> ——❶
  <summary>WINGSプロジェクトは、執筆コミュニティです。</summary>
  <p>当初、ライター山田祥寛のサポート（検証・査読・校正作業）集団...</p>
</details>
```

```
angular.module('myApp', [])
  .controller('MyController', ['$scope', function($scope) {
    $scope.show = true;
  }]);
```

▼ 図 3-34　チェックボックスのオンオフで詳細情報を開閉

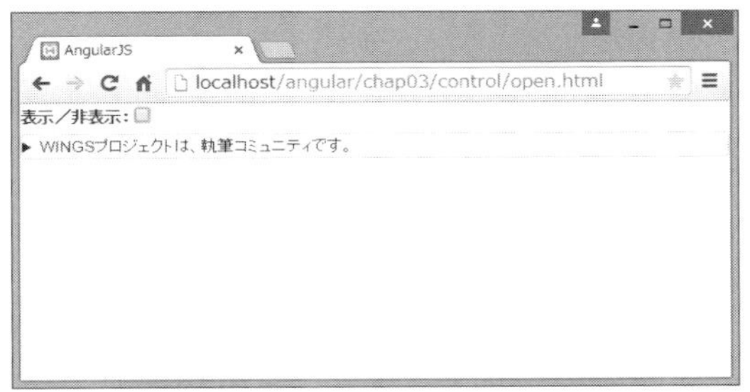

⇔

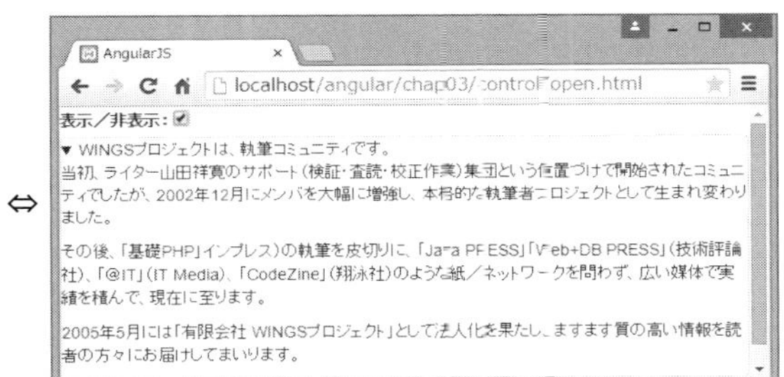

<details>要素の配下では、常に表示されるべきサマリー部分を<summary>要素で、その直後に開閉可能な詳細情報を表します。あとは、<details>要素に対してng-openディレクティブを付与することで、その値がtrueの場合に詳細情報が表示されます（❶）。

詳細情報を表示した場合の文書ツリーの様子を、開発者ツールでも確認しておきます（図 3-35）。

▼ 図 3-35　詳細情報を表示した時の文書ツリー（開発者ツール）

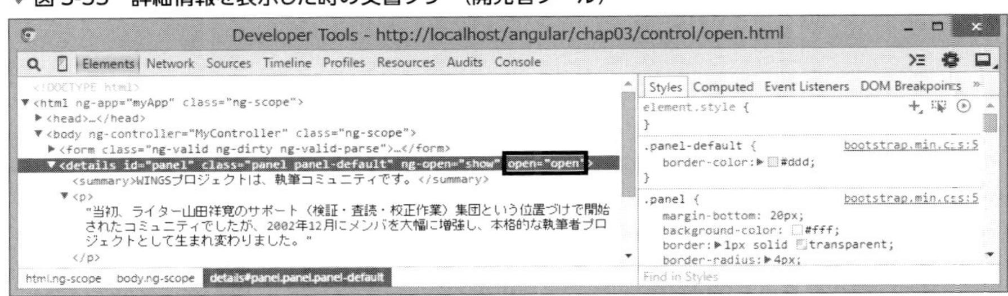

<details>要素に対してopen属性が付与されていることが確認できます。open属性は、<details>要素配下の詳細情報を表示することを意味します。

3.5.6 式の値によって表示を切り替える - ng-switch

ng-switchディレクティブは、JavaScriptでのswitch命令に相当します。指定された式の値に応じて、表示すべきコンテンツを切り替えます。

以下は、選択ボックスで指定された値（春夏秋冬）に応じて、対応するテキストを表示する例です。

▼リスト3-40　switch.html

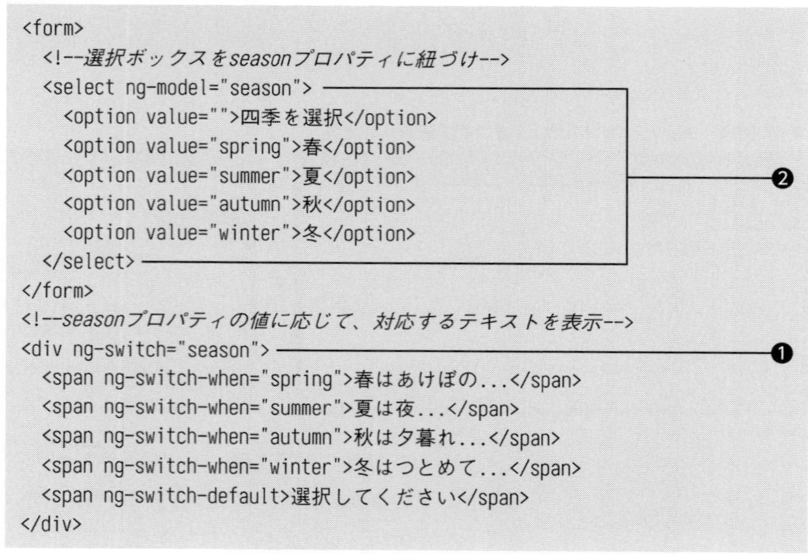

```
<form>
  <!--選択ボックスをseasonプロパティに紐づけ-->
  <select ng-model="season">                              ❷
    <option value="">四季を選択</option>
    <option value="spring">春</option>
    <option value="summer">夏</option>
    <option value="autumn">秋</option>
    <option value="winter">冬</option>
  </select>
</form>
<!--seasonプロパティの値に応じて、対応するテキストを表示-->
<div ng-switch="season">                                   ❶
  <span ng-switch-when="spring">春はあけぼの...</span>
  <span ng-switch-when="summer">夏は夜...</span>
  <span ng-switch-when="autumn">秋は夕暮れ...</span>
  <span ng-switch-when="winter">冬はつとめて...</span>
  <span ng-switch-default>選択してください</span>
</div>
```

▼図3-36　春夏秋冬に応じて、テキストを表示

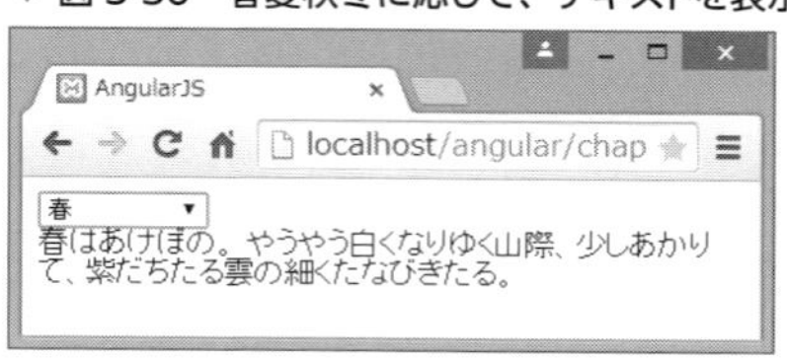

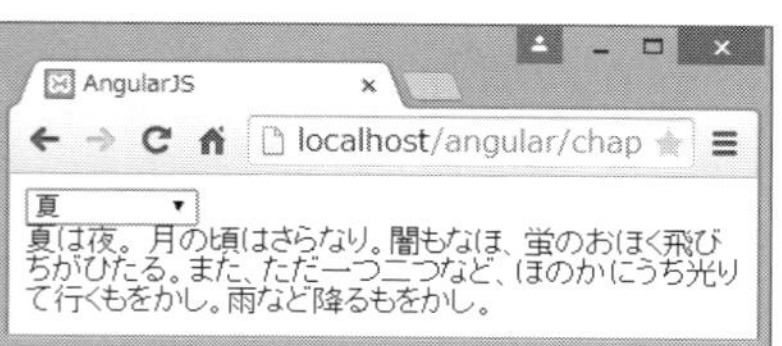

ng-switchディレクティブの一般的な構文は、以下のとおりです。

構文 ng-switch ディレクティブ

```
<parent ng-switch="exp">
  <child ng-switch-when="value1">...</child>
  <child ng-switch-when="value2">...</child>
  <child ng-switch-default>...</child>
</parent>
```

parent、*child*：任意の要素　*exp*：式　*value1*、*value2*：値

これによって、式（ng-switch 属性）の値に合致する ng-switch-when 属性を持つ要素が表示されます[*26]。もしも合致するものがない場合には、最終的に ng-switch-default 属性の要素を表示します。ng-switch-default 属性は省略することもできますが、想定しない値が与えられた時に備えて、明示しておくのが望ましいでしょう。

＊26
複数の ng-switch-when 属性が合致する場合には、合致したものすべてが表示されます。

この例であれば、式の値として season プロパティが指定されており（❶）、さらに、その season プロパティは選択ボックスに紐づいていますので（❷）、結果として、選択ボックスの値に応じてテキストを選択表示するわけです。

ng-if／ng-show／ng-hide ディレクティブでも置換できますが、条件式を個別に記述しなければならない分、コードは冗長になります。式の値に基づいて多岐分岐するのであれば、ng-switch ディレクティブを優先して利用してください。

3.5.7 配列／オブジェクトをループ処理する - ng-repeat

ng-repeat ディレクティブは、指定された配列／ハッシュから順に要素を取り出し、その内容をループ処理します。オブジェクト配列を利用した例については 2.2.2 項でも触れましたので、本項では、その理解を前提により詳しい解説を進めます。

オブジェクトのプロパティを順に処理する

ngRepeat ディレクティブでは、配列だけでなくオブジェクトを処理することもできます。以下は、オブジェクト author の内容を順にリスト表示する例です。

▼ リスト 3-41　上：repeat_obj.html／下：repeat_obj.js

```
<table class="table">
  <tr ng-repeat="(key, value) in author">
    <th>{{key}}</th>
    <td>{{value}}</td>
  </tr>
</table>
```

```
angular.module('myApp', [])
```

```
.controller('MyController', ['$scope', function($scope) {
  // 著者情報 (author) を準備
  $scope.author = {
    name: 'YAMADA, Yoshihiro',
    gender: 'male',
    birth: new Date(1950, 11, 4)
  };
}]);
```

▼ 図 3-37 オブジェクトのプロパティ(キー)/値をテーブルに整形

オブジェクト(ハッシュ)をng-repeatディレクティブで処理するには、ループ式を以下の形式で指定してください。

(キー変数 , 値変数) in オブジェクト

これによって、オブジェクトのキー(プロパティ名)、値が、それぞれ順にキー変数/値変数にセットされるわけです。この例であれば、キー変数がkey、値変数がvalueです。

ng-repeat配下で利用できる特殊変数

ng-repeatループの配下では、表3-9のような特殊変数を利用して、ループにかかわる情報にアクセスできます*27。これらの情報を利用することで、たとえば、交互に行のスタイルを変更したり、配列の最初/末尾でだけ異なる処理を実行したり、といった操作が可能になります。

*27
ループの外ではこれらの変数は空となります。

▼ 表 3-9 ng-repeatループ配下で利用できる特殊変数

変数名	概要
$index	インデックス番号 (0...length-1)
$first	最初の要素であるか
$middle	最初/最後の要素でないか (=中間の要素であるか)
$last	最後の要素であるか
$even	$index (インデックス) が偶数であるか
$odd	$index (インデックス) が奇数であるか

以下は、配列値をループ処理する過程で、特殊変数の値の変化を確認するサンプルです。

▼ リスト 3-42　上：repeat_var.html／下：repeat_var.js

```
<table class="table">
  <tr>
    <th>値</th><th>$index</th><th>$first</th><th>$middle</th>
    <th>$last</th><th>$odd</th><th>$even</th>
  </tr>
  <tr ng-repeat="value in years">
    <td>{{value}}</td>
    <td>{{$index}}</td>
    <td>{{$first ? '○' : '—'}}</td>
    <td>{{$middle ? '○' : '—'}}</td>
    <td>{{$last ? '○' : '—'}}</td>
    <td>{{$odd ? '○' : '—'}}</td>
    <td>{{$even ? '○' : '—'}}</td>
  </tr>
</table>
```

```
angular.module('myApp', [])
  .controller('MyController', ['$scope', function($scope) {
    $scope.years = [ '子', '丑', '寅', '卯', '辰', '巳',
      '午', '未', '申', '酉', '戌', '亥' ];
  }]);
```

▼ 図 3-38　配列を出力する際に、特殊変数の変化を確認

AngularJS TIPS
localhost/angular/chap03/control/repeat_var.html

値	$index	$first	$middle	$last	$odd	$even
子	0	○	—	—	—	○
丑	1	—	○	—	○	—
寅	2	—	○	—	—	○
卯	3	—	○	—	○	—
辰	4	—	○	—	—	○
巳	5	—	○	—	○	—
午	6	—	○	—	—	○
未	7	—	○	—	○	—
申	8	—	○	—	—	○
酉	9	—	○	—	○	—
戌	10	—	○	—	—	○
亥	11	—	—	○	○	—

異なる要素のセットを繰り返し出力する

ng-repeat ディレクティブは、それが指定された開始タグから閉じタグまでを 1 つの塊として、要素を繰り返し出力します。その性質上、複数の要素セットをそのまま ng-repeat で出力することはできません。図 3-39（左）の例では、ng-repeat ディレクティブは <header> 要素だけを出力しようとします。

▼図 3-39　ng-repeat 属性と ng-repeat-start／ng-repeat-end 属性

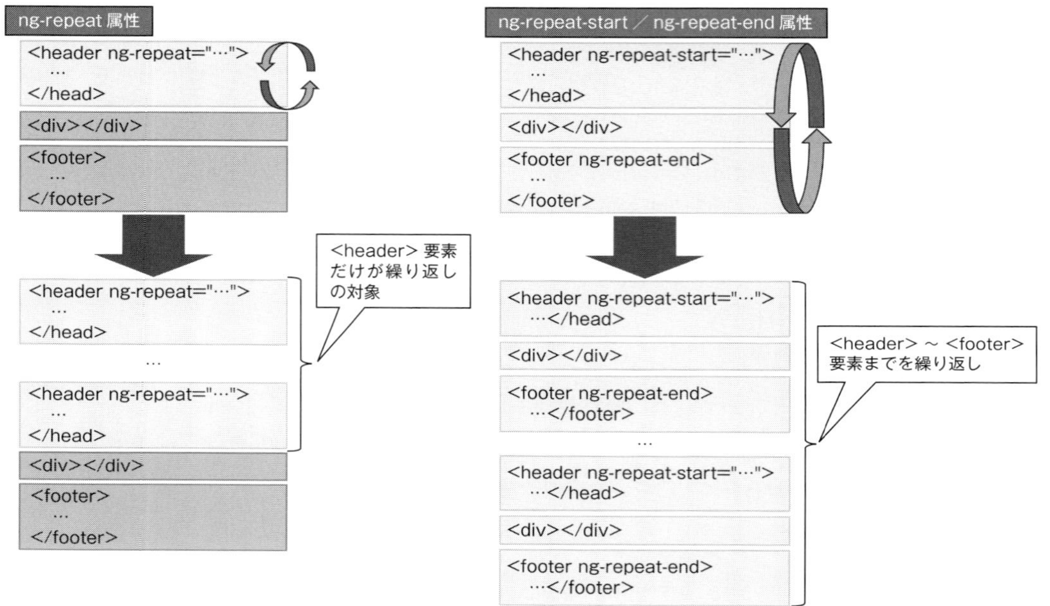

*28
別解として、要素セット（図の例であれば、<header>～<footer> 要素）をまとめて <div> 要素などで括っても構いません。しかし、プログラムの都合で余計な要素を増やすのはあまりおすすめできません。

このような場合には、ng-repeat-start／ng-repeat-end ディレクティブを利用することで、ループの開始／終了を明示的に（=要素をまたいで）宣言できます（図 3-39 右）*28。

以下は、<header>～<footer> 要素を繰り返し出力するための例です。結果を見ても、確かに <header>～<footer> 要素がそのまま展開されていることが確認できます（リスト 3-43）。

▼リスト 3-43　上：repeat_start.html／下：repeat_start.js

```
<header ng-repeat-start="article in articles">{{article.title}}</header>
<div>{{article.body}}</div>
<footer ng-repeat-end> ({{article.author}}) </footer>
```

```
angular.module('myApp', [])
  .controller('MyController', ['$scope', function($scope) {
    $scope.articles = [
      {
```

```
      title: 'サーブレット＆JSPポケットリファレンス',
      body: 'Javaエンジニアには欠かせないサーブレット＆...',
      author: '山田祥寛'
    },
    {
      title: 'iPhone／iPad開発ポケットリファレンス',
      body: 'スマホやタブレットの代名詞といえるiPhone/iPadで...',
      author: '片渕彼富'
    },
    {
      title: 'Java ポケットリファレンス',
      body: '忘れてしまいがちな基本情報をコンパクトなサイズに...',
      author: '高江賢'
    },
  ];
}]);
```

```
<header ng-repeat-start="article in articles" ...>サーブレット＆JSP...</header>
<div ...>Javaエンジニアには欠かせない...</div>
<footer ng-repeat-end="" class="ng-binding ng-scope">（山田祥寛）</footer>

<header ng-repeat-start="article in articles"...>iPhone／iPad開発...</header>
<div class="ng-binding ng-scope">スマホやタブレットの...</div>
<footer ng-repeat-end="" ...>（片渕彼富）</footer>

<header ng-repeat-start="article in articles" ...>Java ポケット...</header>
<div ...>忘れてしまいがちな基本情報を...</div>
<footer ng-repeat-end=""...>（高江賢）</footer>
```

重複した配列を出力する - トラッキング式

以下は、重複した配列要素をng-repeatディレクティブでループ処理する例です（リスト3-44）。

▼ リスト3-44　上：repeat_track.html／下：repeat_track.js

```
<ul>
  <li ng-repeat="book in books">{{book}}</li> ――❶
</ul>
```

```
angular.module('myApp', [])
  .controller('MyController', ['$scope', function($scope) {
    $scope.books = [
      'サーブレット＆JSPポケットリファレンス',
      'アプリを作ろう！Android入門',
      'ASP.NET MVC 5実践プログラミング',
      'JavaScript逆引きレシピ',
```

```
      'サーブレット&JSPポケットリファレンス'
    ];
  }]);
```

一見、なんの変哲もないシンプルな例ですが、以下のようなエラーが発生します。

Duplicates in a repeater are not allowed. Use 'track by' expression to specify unique keys. Repeater: book in books, Duplicate key: string: サーブレット& JSP ポケットリファレンス , Duplicate value: サーブレット& JSP ポケットリファレンス

ng-repeat ディレクティブは、デフォルトで、配列内の要素値をキーに繰り返し項目の増減等を管理／追跡しています。そのため、同じ文字列に対しては「既にその値は管理に使われているよ!」と怒られてしまうわけです。

これを避けるのが、**トラッキング式**の役割です。トラッキング式とは、この管理のためのキーを決める式です。この式が一意になれば、先ほどの問題は解消できるというわけです。リスト 3-44 の❶を、リスト 3-45 のように書き換えてみましょう。

▼ リスト 3-45　repeat_track.html

```
<li ng-repeat="book in books track by $index">{{book}}</li>
```

トラッキング式は track by 句で表現できます。この例は、配列のインデックス値（$index）で要素を管理しなさい、という意味です。インデックス値は重複しないはずなので、今度は、配列の内容が正しくリスト表示されることが確認できます（図 3-40）。

▼ 図 3-40　重複した値も正しく列挙できる

3.5.8 偶数／奇数行に対してだけスタイルを適用する - ng-class-even／ng-class-odd

ng-class-even／ng-class-odd は、ng-repeat とセットで利用することを想定したディレクティブで、それぞれ偶数（Even）／奇数（Odd）行で適用すべきスタイルを設定します。

以下は、2.2.2 項のリスト 2-5 に対して、行交互に異なるスタイルを適用した例です。

＊29
class_evenodd.jsは、books.js（P.25）とほぼ同じ内容なので、紙面上は割愛します。

▼ リスト 3-46　上：class_evenodd.html／下：class_evenodd.css＊29

```
<table class="table">
  <tr>
    <th>ISBNコード</th><th>書名</th><th>価格</th>
    <th>出版社</th><th>刊行日</th>
  </tr>
  <tr ng-repeat="book in books"
    ng-class-even="'even'"  ng-class-odd="'odd'">
    <td>{{book.isbn}}</td>
    <td>{{book.title}}</td>
    <td>{{book.price}}円</td>
    <td>{{book.publish}}</td>
    <td>{{book.published | date: 'yyyy年MM月dd日'}}</td>
  </tr>
</table>
```

```
.even {
  background-color: #fcf;
}
.odd {
  background-color: #ccc;
}
```

▼ 図 3-41　偶数／奇数行に対してそれぞれ異なるスタイルを適用

AngularJS TIPS
localhost/angular/chap03/control/class_evenodd.html

ISBNコード	書名	価格	出版社	刊行日
978-4-7741-7078-7	サーブレット＆JSPポケットリファレンス	2680円	技術評論社	2015年01月08日
978-4-8222-9634-6	アプリを作ろう！Android入門	2000円	日経BP	2014年12月20日
978-4-7980-4179-7	ASP.NET MVC 5実践プログラミング	3500円	秀和システム	2014年09月20日
978-4-7981-3546-5	JavaScript逆引きレシピ	3000円	翔泳社	2014年08月28日
978-4-7741-6566-0	PHPライブラリ＆サンプル実践活用	2480円	技術評論社	2014年06月24日
978-4-8222-9836-4	.NET開発テクノロジ入門	3800円	日経BP	2014年06月05日
978-4-7741-6410-6	Rails 4アプリケーションプログラミング	3500円	技術評論社	2014年04月11日
978-4-7741-6127-3	iPhone／iPad開発ポケットリファレンス	2780円	技術評論社	2013年11月23日

3.5.9 モデルの初期値を設定する - ng-init

ng-init属性を利用することで、モデル（スコープオブジェクトのプロパティ）の初期値をテンプレート上で設定できます。一般的に、モデルの初期値はコントローラーで設定するのが基本ですが、たとえば、テキストボックスの初期値など、その場限りで利用するような値を設定するために利用すると、便利です。

以下は、ng-init属性でモデルuser.mailをセットする例です。

▼リスト3-47　init.html

```
<div>
  <label for="mail">メールアドレス：</label><br />
  <input id="mail" name="mail" type="email" ng-model="user.mail"
    ng-init="user.mail = 'hoge@examples.com'" />
<div>
入力された値：{{user.mail}}
```

▼図3-42　ng-init属性で代入された値がテキストボックスにも反映

ng-init属性でモデルuser.mailに代入した結果、user.emailを紐づけたテキストボックスにも値が反映されていることが確認できます*30。

*30
ng-init属性の実行タイミングは、AngularJSの初期化時です。

3-6 フォーム関連のディレクティブ

AngularJSでは、標準的な<form>／<input>要素を拡張しており、値検証機能を備えたリッチな入力フォームを、ごくシンプルなコードで実装できます。個々のディレクティブについて解説を進める前に、まずは具体的なサンプルで大まかなフォームの用法を概観しておきます。

▼リスト3-48　上：form.html／下：form.js

```
<form name="myForm" ng-submit="onsubmit()" novalidate> ❶
  <div>
    <label for="mail">メールアドレス：</label><br />
    <input id="mail" name="mail" type="email" ng-model="user.mail"
      required /> ❷
    <span ng-show="myForm.mail.$error.required">
      メールアドレスは必須です。</span>
    <span ng-show="myForm.mail.$error.email">
      メールアドレスを正しい形式で入力してください。</span> ❸
  </div>
  <div>
    <label for="passwd">パスワード：</label><br />
    <input id="passwd" name="passwd" type="password" ng-model="user.passwd"
      required ng-minlength="6" />
    <span ng-show="myForm.passwd.$error.required">
      パスワードは必須です。</span>
    <span ng-show="myForm.passwd.$error.minlength">
      パスワードは6文字以上で入力してください。</span>
  </div>
  <div>
    <label for="name">名前（漢字）：</label><br />
    <input id="name" name="name" type="text" ng-model="user.name"
      required ng-minlength="3" ng-maxlength="10" />
    <span ng-show="myForm.name.$error.required">
      名前（漢字）は必須です。</span>
    <span ng-show="myForm.name.$error.minlength">
      名前（漢字）は3文字以上で入力してください。</span>
    <span ng-show="myForm.name.$error.maxlength">
      名前（漢字）は10文字以内で入力してください。</span>
  </div>
  <div>
    <label for="memo">備考：</label><br />
    <textarea id="memo" name="memo" rows="5" cols="30"
```

```
      ng-model="user.memo" ng-maxlength="10"></textarea>
    <span ng-show="myForm.memo.$error.maxlength">
      備考は10文字以内で入力してください。</span>
  </div>
  <div>
    <input type="submit" value="登録"                    ❹
      ng-disabled="myForm.$invalid" />
  </div>
</form>
```

```
angular.module('myApp', [])
  .controller('MyController', ['$scope', function($scope) {
    $scope.onsubmit = function() {
      console.log('メールアドレス：' + $scope.user.mail);
      console.log('パスワード：' + $scope.user.passwd);
      console.log('名前（漢字）：' + $scope.user.name);
      console.log('備考：' + $scope.user.memo);
    };
  }]);
```

▼ 図 3-43　入力値を動的にチェックし、不正な値を検出

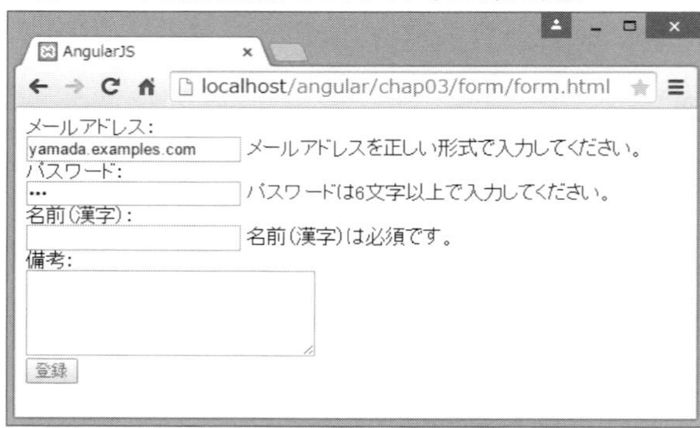

ポイントは、以下の 4 点です。

❶入力フォームを準備する <form> 要素

冒頭触れたように、AngularJS では標準的な <form> 要素を拡張しています。あとで利用できるよう、以下のような属性を指定しておきましょう（表 3-10）。

▼ 表 3-10　<form> 要素で指定すべき属性

属性	概要
name	フォームの名前。あとから検証結果を検出するために利用
ng-submit	サブミット時に呼び出す処理
novalidate	HTML5 で提供される検証処理を無効化

ng-submit属性は、<form>要素にaction属性がない場合、サーバーへのデータ送信をキャンセルします。1つのページ（Single Page）でアプリを完結させるという点からすれば、これは理に適った仕様です。ここでは、単に入力内容をログに出力しているだけですが、一般的なアプリでは、$httpサービス（5.2.1項）などを利用したサーバーへのデータ送信などの処理を記述することになるでしょう。

novalidate属性は、（AngularJSではなく）HTML5で定義された属性で、HTML5による検証機能を無効化します。AngularJSの検証機能とHTML5のそれとがバッティングするのは不具合の原因ともなりますので、AngularJSでフォームを定義する際には、無条件にnovalidate属性を付与するのがお作法です。

❷入力ボックスを配置する<input>要素

<form>要素と同じく、AngularJSでは<input>要素もtype（入力型）別にさまざまな機能が拡張されています。すべての属性についてはあらためて解説しますので、ここではサンプルで利用しているものだけに着目します。

まず、AngularJSの検証機能を有効にするために、ng-model属性（2.3.3項）は必須です。これによって、入力値がスコープオブジェクトのプロパティに紐づけられます。また、name属性は、あとで検証結果を参照する際に入力ボックスを識別するためのキーとなりますので、これもかならず指定します。

あとは、必要に応じて、具体的な検証属性を指定します。ここでは

- required（必須）
- ng-minlength（文字列の最小長）
- ng-maxlength（文字列の最大長）

を指定しています。required属性は、正確には（AngularJSではなく）HTML5の属性ですが、AngularJSはこれを認識して、入力ボックスが必須であるかどうかを判別します。

❸検証結果を参照する$errorオブジェクト

検証の成否（true／false）は、以下のような構文で参照できます。

```
フォーム名.入力要素名.$error.検証型
```

たとえば、「myForm.mail.$error.required」で『myFormフォームの入力ボックスmailの値が入力されていないか（＝必須検証でエラーがあるか）』を確認できます。ここでは、この式をng-show属性に渡すことで、検証エラーが発生した場合にだけ現在の要素（ここでは<span>要素）を表示しているわけです。

これは、フォームで検証エラーメッセージを表示する際のイディオムです[*31]。

*31
AngularJS 1.3以降では、メッセージをより効率的に制御するためにng-messages／ng-message属性も用意されています。こちらについては3.7.1項で後述します。

❹検証エラー時にサブミットボタンを無効にするng-disabled属性

ng-disabled属性は、HTMLにおけるdisabled属性（要素無効）の拡張です。trueを渡すことでdisabled属性を出力します。

この例では、フォーム全体の入力値が妥当であるか（＝「フォーム名.$invalid」がfalseであるか）を判定し、その値をng-disabled属性に渡しています。これによって、入力値に問題がない場合にだけボタンをクリックできるというわけです（図3-44）。

▼図3-44　検証エラー時にはボタンを無効化（左）／すべての検証を通過すると有効化（右）

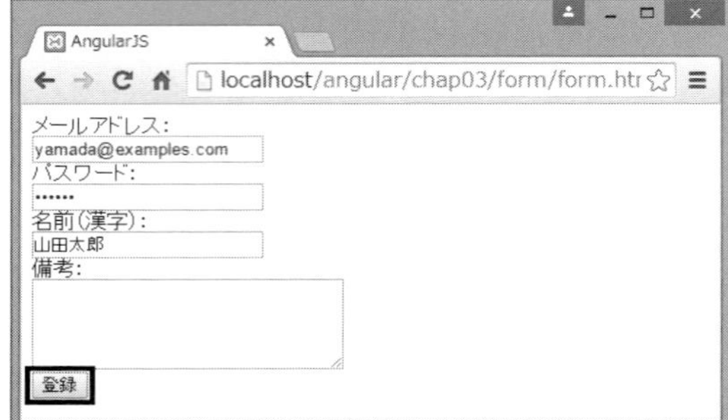

フォームの基本を理解できたところで、個別の要素をつまびらかにしていきます。

3.6.1 入力ボックスで利用できる属性 - <input>／<textarea>

AngularJSでは、入力型（type属性）ごとに<input>要素を拡張しており、検証機能付きのリッチなフォームをより作成しやすくなっています。リスト3-48でも一部の属性を紹介しましたが、ここでtype別に利用可能な属性をまとめます[*32]（表3-11）。

＊32
type属性がdate／time／datetime-local／month／weekはAngularJS 1.3以降で対応しています。

▼表3-11　<input>／<textarea>要素で利用可能な主な属性

分類	属性名	概要
共通	ng-model	入力ボックスにバインドするための式（必須。2.3.3項参照）
	name	要素名
	ng-change	入力値に変更があった場合に実行される式
	required	必須であるか
	ng-required	必須であるか
text	ng-trim	入力値をトリミングするか（falseでトリミングしない）

分類	属性名	概要
number／date／time／datetime-local／month／week	min	最小値
	max	最大値
text／number／email／url／<textarea>	ng-minlength	最小の文字数
	ng-maxlength	最大の文字数
	ng-pattern	文字列パターン（正規表現式）

ほとんどが読んでそのままの意味を持ちますが、3点だけ補足しておきます。

(1) required／ng-required 属性の相違点

いずれもその要素が必須であるかどうかをチェックするための属性です。required属性は、正確には（AngularJSではなく）HTML5の属性ですが、AngularJSはこれを認識して、必須チェックを有効にしますので、通常はこれを利用すれば問題ありません。

ng-required属性はAngularJS式を渡す場合（＝式の値によって、動的に必須／任意を変更したい場合）にだけ利用します。

以下は、［メール送信］欄にチェックが入っている場合にだけ、［メールアドレス］欄を必須にする例です。

▼ リスト 3-49 form_required.html

```
<div>
  <label for="send">メール送信：</label><br />
  <input id="send" name="send" type="checkbox" ng-model="user.send" /> ――❶
</div>
<div>
  <label for="mail">メールアドレス：</label><br />
  <input id="mail" name="mail" type="email" ng-model="user.mail"
    ng-required="user.send" /> ――❷
  <span ng-show="myForm.mail.$error.required">
    メールを送信する場合、メールアドレスは必須です。</span>
  <span ng-show="myForm.mail.$error.email">
    メールアドレスを正しい形式で入力してください。</span>
</div>
```

▼ 図 3-45 チェックボックスがオンの場合だけ必須検証が有効

この例であれば、チェックボックスの値をuser.sendプロパティ（❶）にバインドし、同じくその値をテキストボックスのng-required属性に紐づけています（❷）。これによって、チェックボックスのオンオフがそのままテキストボックスの必須／任意に連動するというわけです。

(2) 正規表現で入力パターンを指定する

ng-pattern属性では、正規表現式を指定することで、正規表現パターンに合致しない入力値を検出できます。正規表現パターンは、正規表現リテラル（/..../）で表す他、変数（RegExオブジェクト）を渡すことも可能です。

以下の例では、郵便番号の形式チェックに利用していますが、たとえば、パスワードのポリシーチェックなどにも応用できるでしょう。

▼ リスト3-50　form_pattern.html

```
<div>
  <label for="zip">郵便番号：</label><br />
  <input id="zip" name="zip" type="text" ng-model="user.zip"
    ng-pattern="/^[0-9]{3}-[0-9]{4}$/" />
  <span ng-show="myForm.zip.$error.pattern">
    郵便番号は「999-9999」の形式で入力してください。</span>
</div>
```

▼ 図3-46　正規表現パターンに反する値はエラー

(3) 日付／時刻のmax／min属性はISO-8601形式で

日付／時刻ボックスでmin／max属性を指定する場合、それぞれISO-8601で規定された形式で値を指定しなければなりません。具体的には、表3-12のとおりです。

▼ 表3-12　日付／時刻の形式

type属性	形式	例
datetime-local	yyyy-MM-ddTHH:mm:ss	2015-12-04T11:04:15
date	yyyy-MM-dd	2015-06-25
time	HH:mm:ss	21:17:11
month	yyyy-MM	2015-08
week	yyyy-W##	2015-W11

以下にも具体的な例を示しておきます。ng-model 属性を指定する際には、（文字列ではなく）JavaScript 標準の Date オブジェクトで指定する点に注意してください。

▼ リスト 3-51　上：datetime.html／下：datetime.js

```
<div>
<label for="now">日時：</label>
<input id="now" name="now" type="datetime-local" ng-model="current"
  min="1990-01-01T00:00:00" max="2050-12-31T23:59:59" required />
<span ng-show="myForm.now.$error.required">日時は必須です。</span>
<span class="error" ng-show="myForm.now.$error.datetimelocal">
      日時は「XXXX-XX-XXTXX:XX:XX」の形式で入力してください。</span>
<span class="error" ng-show="myForm.now.$error.min">
      日時は「1990-01-01T00:00:00」以降で入力してください。</span>
<span class="error" ng-show="myForm.now.$error.max">
      日時は「2050-12-31T23:59:59」以前で入力してください。</span>
</div>
```

```
angular.module('myApp', [])
  .controller('MyController', ['$scope', function($scope) {
    $scope.current = new Date();
  }]);
```

▼ 図 3-47　日付時刻入力ボックスを表示（不正な値にはエラー）

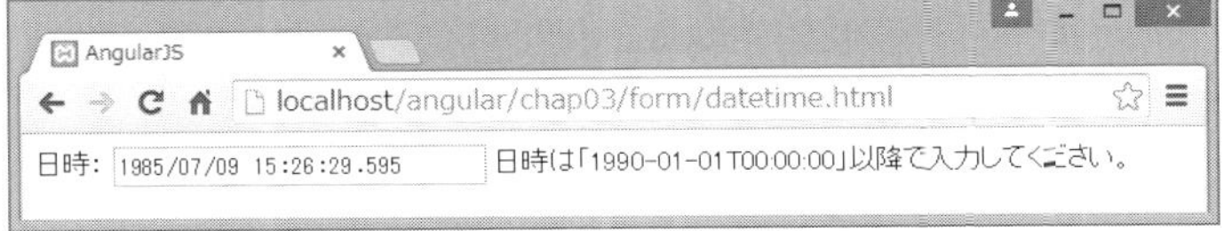

3.6.2 フォーム要素の値が変更された時の処理を定義する - ng-change

ng-change は、すべてのフォーム要素で利用できるディレクティブで、フォーム要素への入力値に変更があった場合に行うべき処理を規定します。

以下は、テキストエリアへの入力文字数を監視し、140 文字までの残り文字数を表示するサンプルです。また、残り 10 文字になったところで文字色を紫に、140 文字を越えたところで赤+太字にします。Twitter クライアントなどでよく見かけるしかけです。

▼ リスト 3-52　上：change.html／下：change.js

```
<div>
<textarea cols="70" rows="5" ng-model="tweet"
```

```
  ng-change="onchange()"></textarea>
<div ng-style="myStyle">{{count}}</div>
</div>
```

```
angular.module('myApp', [])
  .controller('MyController', ['$scope', function($scope) {
    var max = 140;                                        // 入力可能な最大長
    $scope.count = max;                                   // 入力可能な残り文字数
    $scope.myStyle = { color: '#00f' };                   // 残り文字数のスタイル

    // テキストエリアの変更を監視
    $scope.onchange = function() { ―――――――――――――――――――――――――――――――――――― ❶
      // 残り文字数を反映
      $scope.count = max - $scope.tweet.length; ――――――――――――――――――― ❷
      // 残り文字数に応じて、スタイルを変更
      if ($scope.count > 10) { ――――――――――――――――――――――――――――――――――――― ❸
        $scope.myStyle = { color: '#00f' };
      } else if ($scope.count > 0) {
        $scope.myStyle = { color: '#f0f' };
      } else {
        $scope.myStyle = { color: '#f00', fontWeight: 'bold' };
      }
    }
  }]);
```

▼図3-48　入力文字数に応じて残りの文字数を通知

しかけは簡単。changeイベントリスナー（❶）の中で、入力可能な残り文字数を反映するだけです。残り文字数は、「最大文字数（max）－現在の入力文字数（$scope.tweet.length）」で求めることができます（❷）。

❸はオマケです。残り文字数に応じてモデルmyStyle（ng-style属性の値）を変更します。これによって、残り文字数に応じて表示スタイルを変更できるわけです。もちろん、入力文字数を超えた場合にエラーメッセージを表示するなどのしかけも、同じ要領で実装できます。

3.6.3 ラジオボタンを設置する - <input> (radio)

ラジオボタン（<input type="radio">）では、<input>要素共通で利用できる

ng-model／ng-change属性の他、ラジオボタンの値を表すng-value属性を利用できます。ng-value属性にAngularJS式を指定することで、スカラー値だけでなく、配列／ハッシュなどをラジオボタンの値としてセットすることができます[*33]。

以下は、ラジオボタンで選択された値を、ページ下部にそのまま表示する例です。文字列だけでなく、配列／ハッシュも正しく認識できていることを確認してください。

＊33
ng-value属性は、<select>－<option>要素でも利用できます。

▼リスト3-53　上：radio_hash.html／下：radio_hash.js

```
<div>
  <label>
    <input type="radio" ng-model="value" ng-value="scalarValue" name="exp" />
    スカラー値</label>
  <label>
    <input type="radio" ng-model="value" ng-value="arrayValue" name="exp" />
    配列</label>
  <label>
    <input type="radio" ng-model="value" ng-value="hashValue" name="exp" />
    ハッシュ</label>
</div>
選択された値：{{value}}
```

```
angular.module('myApp', [])
  .controller('MyController', ['$scope', function($scope) {
    $scope.scalarValue = 'スカラー値';
    $scope.arrayValue = [ 'あいうえお', 'かきくけこ', 'さしすせそ' ];
    $scope.hashValue = { name: '山田理央', sex: '男', age: 8 };
  }]);
```

▼図3-49　選択された値をページ下部に表示

太字の部分をたとえば、{{value.name}}とすることで、ハッシュ値のnameプロパティだけを取り出すこともできます。このことからも、配列／ハッシュが単なる文字列ではなく、構造化データとして認識できていることがわかります。

ng-repeat属性とセットで利用する場合の注意点

あらかじめ用意された配列からラジオボタンのリストを生成するのは、よくあることです。これには、3.5.7項でも触れたng-repeat属性を利用しますが、独特の癖がありますので、ここで補足しておきます。

▼ リスト3-54　上：radio_list.html／下：radio_list.js

```
<div>
  書籍：<br />
  <label ng-repeat-start="book in books">
    <input type="radio" ng-model="data.book"
      ng-value="book.isbn" id="isbn{{book.isbn}}" name="book" />
    {{book.title}}</label>
  <br ng-repeat-end />
</div>
選択された値：{{data.book}}
```

```
angular.module('myApp', [])
  .controller('MyController', ['$scope', function($scope) {
    $scope.data = { book: '978-4-7741-7078-6' };

    $scope.books = [
      {
        isbn: '978-4-7741-7078-7',
        title: 'サーブレット＆JSPポケットリファレンス',
        price: 2680,
        publish: '技術評論社',
        published: new Date(2015, 0, 8)
      },
      ...中略...
    ];
  }]);
```

▼ 図3-50　オブジェクト配列の内容をラジオボタンのリストとして表示

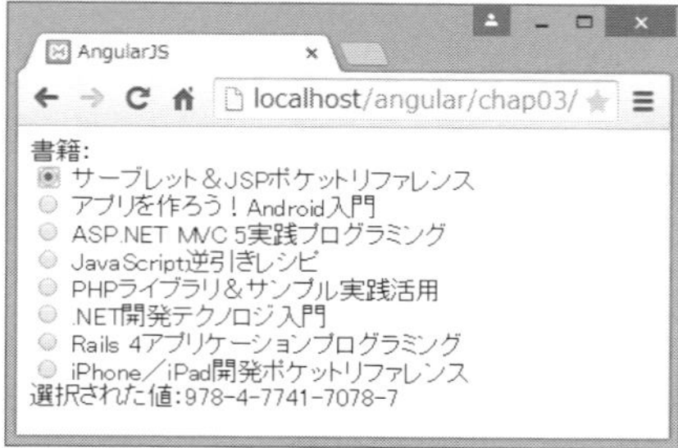

ポイントは、太字の部分です。一見して、ラジオボタンのデフォルト値を指定しているだけに見えますが、この一文をなくしてしまうとラジオボタンの値がページ下部

に正しく反映されなく（＝値を取得できなく）なってしまいます。

これは、ng-repeat属性によって繰り返し要素の単位に新たなスコープを作成してしまうためです。これを避けるために、太字部分で新たなコンテナーオブジェクトを生成しているわけです。これによって、現在のスコープに（ここでは）dataプロパティが生成され、子スコープ側でもまずこちらを参照しにいくようになります。

ラジオボタンリストを生成する場合のはまりどころなので、イディオムとしておさえておきたいところです。

基本編 1 2 3 4 5 6 7 8 9

3.6.4 チェックボックスを設置する - <input>（checkbox）

チェックボックス（<input type="checkbox">）では、<input>要素共通で利用できるng-model／ng-change属性の他、チェックボックスのオンオフでの値を表すng-true-value／ng-false-value属性を利用できます。

以下は、オブジェクト配列をもとにチェックボックスのリストを作成する例です。

▼リスト3-55 上：check_list.html／下：check_list.js

```
<div>
  書籍：<br />
  <label ng-repeat-start="book in books">
    <input type="checkbox" ng-model="data.book[book.isbn]" ────❷
      ng-true-value="true" ng-false-value="false" ────❶
      id="isbn{{book.isbn}}" name="book{{book.isbn}}" />
    {{book.title}}</label>
  <br ng-repeat-end />
</div>
選択された値：{{data.book}}
```

```
angular.module('myApp', [])
  .controller('MyController', ['$scope', function($scope) {
    // コンテナーオブジェクトを準備
    $scope.data = { book: { } };

    $scope.books = [
      {
        isbn: '978-4-7741-7078-7',
        title: 'サーブレット＆JSPポケットリファレンス',
        price: 2680,
        publish: '技術評論社',
        published: new Date(2015, 0, 8)
      },
      ...中略...
    ];
  }]);
```

▼ 図 3-51　チェックボックスの内容をハッシュで管理

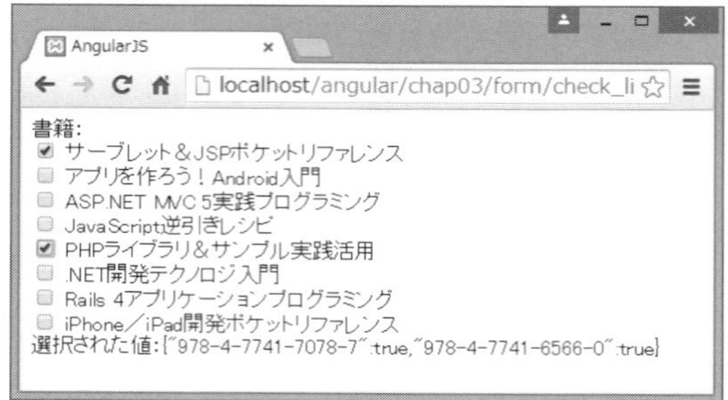

ng-repeat属性でリストを実装する場合の注意点は、ラジオボタンと共通です。詳しくは前項も参照してください。

ここでは、ng-true-value／ng-false-value属性にブール値（true／false）を指定していますが（❶）、文字列としてたとえば、On／Offなどの文字列リテラルを指定する場合には、「ng-true-value="'ON'"」のようにクォートで括るのを忘れないようにしてください。

チェックリストの値は、ハッシュで管理するのが直感的です。❷であれば、data.bookプロパティに対してbook.isbn（書籍情報のisbnプロパティ値）をキーに、それぞれのチェック状態を渡しています。

3.6.5 チェックボックスのオンオフを切り替える - ng-checked

チェックボックス（<input type="checkbox">）のオンオフを切り替えるには、ng-checked属性を利用します。ng-checked属性で指定されたAngular式がtrueの場合に、チェックボックスはチェック状態になります。

以下は、よくあるチェックボックスリストを［すべてチェック］でまとめてオンにするサンプルです。チェックボックスリストの作成については前項で触れているので、詳しくは前項を参照してください。

▼ リスト 3-56　上：checked.html／下：checked.js

```
<div>
  <label><input type="checkbox" name="all" ng-model="all"  ─┐
    ng-change="onchange()" />すべてチェック</label><br />   ─┴─❶
  <!--書籍情報のリストを生成-->
  <label ng-repeat-start="book in books">
    <input type="checkbox" ng-model="data.book[book.isbn]" ng-checked="all" ──❷
      ng-true-value="true" ng-false-value="false" id="isbn{{book.isbn}}"
      name="book{{book.isbn}}" />
    {{book.title}}</label>
  <br ng-repeat-end />
</div>
```

```
選択された値：{{data.book}}
```

```
angular.module('myApp', [])
  .controller('MyController', ['$scope', function($scope) {
    $scope.data = { book: { } };

    // ［すべてチェック］がオンオフされた時の挙動
    $scope.onchange = function() {
      for (var i = 0; i < $scope.books.length; i++) {
        var isbn = $scope.books[i].isbn;
        $scope.data.book[isbn] = $scope.all;          ❸
      }
    };

    $scope.books = [
      {
        isbn: '978-4-7741-7078-7',
        title: 'サーブレット＆JSPポケットリファレンス',
        price: 2680,
        publish: '技術評論社',
        published: new Date(2015, 0, 8)
      },
      ...中略...
    ];
  }]);
```

▼ 図 3-52 ［すべてチェック］のオンオフですべてのチェックボックスのオンオフを切り替え

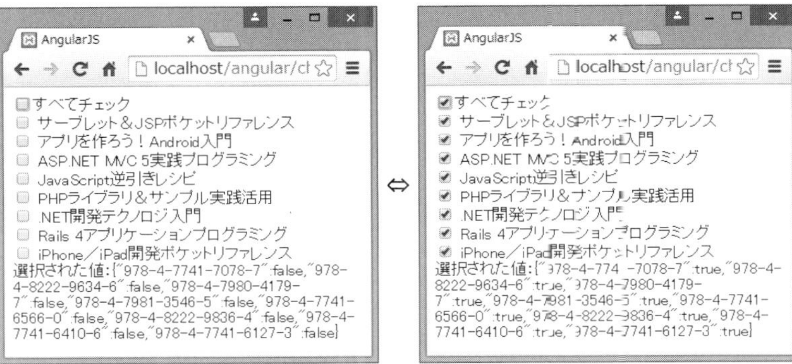

［すべてチェック］機能を実装するには、［すべてチェック］欄にモデル all を紐づけます（❶）。これを個別のチェックボックスの ng-checked 属性に紐づけることで（❷）、［すべてチェック］欄のオンオフに応じて、個別のチェックボックスのオンオフが切り替わります。

一見すると、これだけで正しく動作しているように見えますが、じつはこのままでは不足です。というのも、このままでは個別のチェックボックスのモデル（ng-model="data.book[book.isbn]") に値が反映されないのです[*34]。

そこで、❸のように［すべてチェック］欄のオンオフが切り替わったタイミングで[*35]、モデルも強制的に更新する必要があるわけです。❸では、個別のチェックボックスに紐づいたモデル（$scope.data.book[isbn]）に対して、［すべてチェック］のモデル値（$scope.all）を代入しています。

＊34
試しに❸のコードを削除してみると、ページ下部にモデル値が正しく表示されないことが確認できます。

＊35
ng-change属性については3.6.2項を参照してください。

3.6.6 選択ボックスを設置する - <select> (ng-options)

<select>要素では、<input>要素と同じくng-model、required／ng-required属性が利用できる他、配列から動的に<option>要素を生成するためのng-options属性が用意されています。

ng-options属性の構文にはパターンによってさまざまな例がありますので、以下に主なものをサンプルと共にまとめます。

(1) ラベルテキスト for 要素 in 配列

まずは、もっともシンプルなパターンです。「配列」から順に「要素」を取り出し、「ラベルテキスト」をオプションラベルとして表示します。この際、ng-model属性で指定したモデルに対して渡されるのは、式の中で指定された「要素」そのものです[*36]。

なお、全般に言えることですが、ng-options属性では選択オプションのプレイスホルダー[*37]は生成されません。❶のように自分で用意しておきます。

＊36
結果でも要素（オブジェクト）そのものが反映されていることを確認してみましょう。

＊37
プレイスホルダーとは、選択ボックスのヘッダーとして表示される空値のオプションのことです。

▼リスト3-57　上：select.html／下：select.js

```
<div>
  <label for="book">書籍：</label>
  <select id="book" name="book" ng-model="data.book"
    ng-options="book.title for book in books">
    <option value="">以下から選択してください。</option> ———❶
  </select>
</div>
選択された値：{{data.book}}
```

```
angular.module('myApp', [])
  .controller('MyController', ['$scope', function($scope) {
    $scope.books = [
      {
        isbn: '978-4-7741-7078-7',
        title: 'サーブレット＆JSPポケットリファレンス',
        price: 2680,
        publish: '技術評論社',
        published: new Date(2015, 0, 8),
        deleted: false
```

```
    },
    ...中略...
  ];
}]);
```

▼ 図 3-53 書籍一覧ボックスを生成

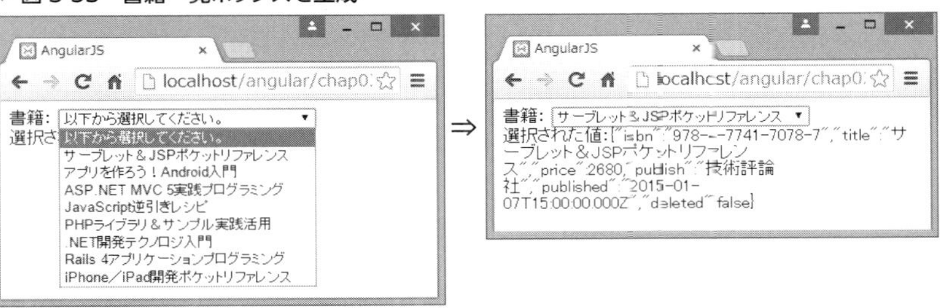

(2) 選択値 as ラベルテキスト for 要素 in 配列

選択時にモデルに渡される値（選択値）を指定します。以下は、ラベルテキストとして title プロパティ（書籍タイトル）を表示し、モデルには isbn プロパティ（ISBN コード）を渡す例です。結果は開発者ツールから確認した HTML のコードです。

▼ リスト 3-58 select.html

```
<select id="book" name="book" ng-model="data.book"
  ng-options="book.isbn as book.title for book in books">
```

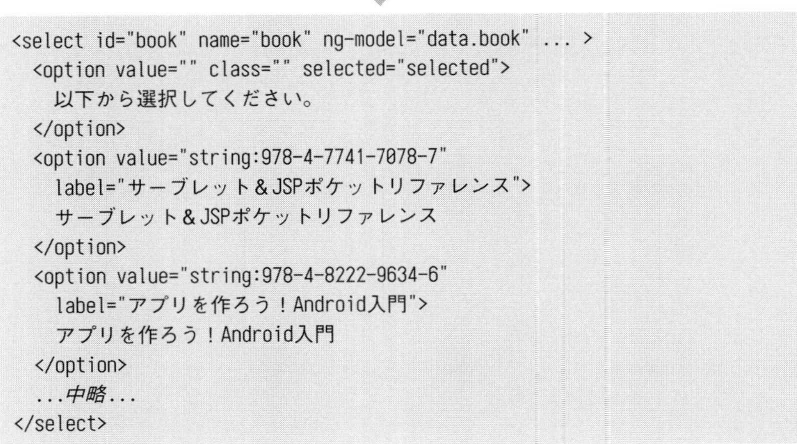

```
<select id="book" name="book" ng-model="data.book" ... >
  <option value="" class="" selected="selected">
    以下から選択してください。
  </option>
  <option value="string:978-4-7741-7078-7"
    label="サーブレット＆JSPポケットリファレンス">
    サーブレット＆JSPポケットリファレンス
  </option>
  <option value="string:978-4-8222-9634-6"
    label="アプリを作ろう！Android入門">
    アプリを作ろう！Android入門
  </option>
  ...中略...
</select>
```

選択ボックスから書籍を選択すると、その ISBN コード（isbn プロパティ）がページ下部に反映される（＝モデルに渡される）ことを確認できます。

▼ 図 3-54　モデルには ISBN コード（isbn プロパティ）が渡される

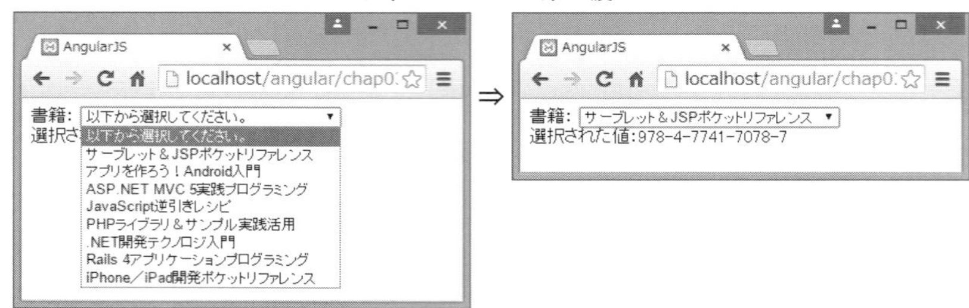

(3) ラベルテキスト group by グループ化キー for 要素 in 配列

group by 句を利用することで、特定のキーで配列の内容をグループ化します。グループ化を有効にした場合、選択オプションは <optgroup> 要素でグループ化され、グループ化キーの値がそのまま <optgroup> 要素のラベルテキストとなります。

以下は、出版社（publish プロパティ）の単位に書籍をまとめる例です。

▼ リスト 3-59　select_group.html

```
<select id="book" name="book" ng-model="data.book"
  ng-options="book.title group by book.publish for book in books">
```

```
<select id="book" name="book" ng-model="data.book" ...>
  <option value="" class="" selected="selected">
    以下から選択してください。
  </option>
  <optgroup label="技術評論社">
    <option value="object:3" label="サーブレット＆JSPポケットリファレンス">
      サーブレット＆JSPポケットリファレンス
    </option>
    <option value="object:7" label="PHPライブラリ＆サンプル実践活用">
      PHPライブラリ＆サンプル実践活用
    </option>
    ...中略...
  </optgroup>
  ...中略...
  <optgroup label="翔泳社">
    <option value="object:6" label="JavaScript逆引きレシピ">
      JavaScript逆引きレシピ
    </option>
  </optgroup>
</select>
```

▼ 図 3-55　出版社単位にグループ化された書籍情報

この例では、for 句に指定された要素（ここでは book）がそのままモデルに反映されますが、もし、特定のプロパティをモデルに反映させたいなら、次のように表すこともできます。以下は isbn プロパティの値をモデルに反映させる例です。

```
<select id="book" name="book" ng-model="data.book"
  ng-options="book.isbn as book.title group by book.publish for book in books">
```

(4) 特定のオプションだけを無効化する

AngularJS 1.4 では、新たに disable when 句が追加され、指定された式が true の場合に、そのオプションを無効化（＝disabled 属性を付与）できるようになりました。

▼ リスト 3-60　select_disable.html

```
<select id="book" name="book" ng-model="data.book"
  ng-options="book.isbn as book.title disable when book.deleted for book in books">
```

▼ 図 3-56　deleted プロパティが true の書籍情報は無効化

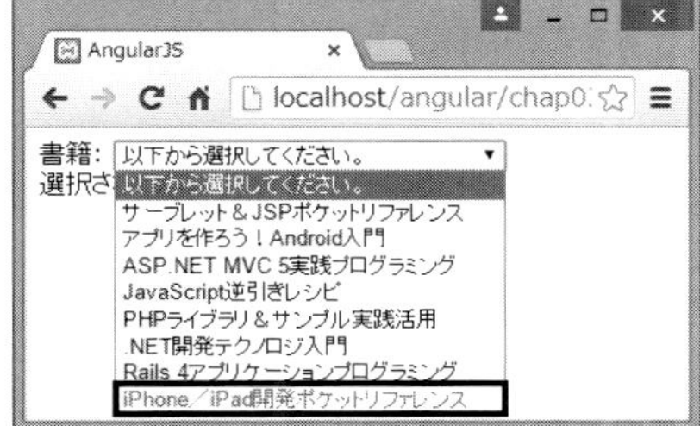

(5) 選択値 as ラベル for (キー , 値) in オブジェクト

（配列ではなく）オブジェクトのキー／値を元に選択オプションを列挙する場合に利用する構文です。以下は、ISBN コードをキーに、書籍オブジェクトを値に持つ

shelfオブジェクトを選択ボックスに展開する例です。

▼ リスト3-61 上：select_obj.html／下：select_obj.js

```
<div>
  <label for="book">書籍：</label>
  <select id="book" name="book" ng-model="data.book"
    ng-options="key as value.title for (key, value) in shelf">
    <option value="">以下から選択してください。</option>
  </select>
</div>
選択された値：{{data.book}}
```

```
angular.module('myApp', [])
  .controller('MyController', ['$scope', function($scope) {
    // shelfオブジェクトを定義
    $scope.shelf = {
      '978-4-7741-7078-7': {
        title: 'サーブレット&JSPポケットリファレンス',
        price: 2680,
        publish: '技術評論社',
        published: new Date(2015, 0, 8)
      },
      ...中略...
    };
  }]);
```

▼ 図3-57 オブジェクト（ハッシュ）をもとに選択ボックスを生成

この例では、keyがISBNコードを、valueがキーに紐づくオブジェクト（書籍情報）を表しますので、value.titleプロパティで個別書籍のタイトルを取得できます。ISBNコードが選択値、タイトルがラベルテキストです。

(6) 選択値 as ラベルテキスト group by グループ化キー for（キー, 値）in ハッシュ

配列と同じ要領で、ハッシュで <optgroup> 要素付きの選択ボックスを生成することもできます。

▼ リスト 3-62　select_obj_group.html

```
<select id="book" name="book" ng-model="data.book"
  ng-options="key as value.title group by value.publish for (key, value) in shelf">
```

▼ 図 3-58　選択オプションを出版社単位にグループ化

特定のオプションを選択状態にする - ng-selected

選択ボックスの特定のオプションを選択状態にするには、ng-selected ディレクティブ（属性）を利用します。ng-selected 属性で指定された Angular 式が true の場合に、<option> 要素には selected 属性が付与されます。

以下は、チェックボックスのオンオフに連動して、選択状態を変更するためのコードです。

▼ リスト 3-63　selected.html

```
<label>
  <input type="checkbox" ng-model="selected" />標準を選ぶ
</label>
<select>
  <option value="easy">かんたんコース</option>
  <option value="usually" ng-selected="selected">ふつうコース</option>
```

```
  <option value="difficulty">むずかしいコース</option>
</select>
```

▼ 図 3-59　チェックボックスをオンにすると、「ふつうコース」を選択状態に

⇔

3.6.7 テキストボックスの内容を区切り文字で分割する - ng-list

ng-list属性は、テキストボックスに入力されたテキストを指定の区切り文字で分割し、配列化する――やや変り種のディレクティブです。以下は、テキストボックスに入力された文字列をセミコロン（;）で分割し、リスト表示する例です。メールアドレスなどを1つのボックスで続けて入力させるような用途でよく利用します。

▼ リスト 3-64　list.html

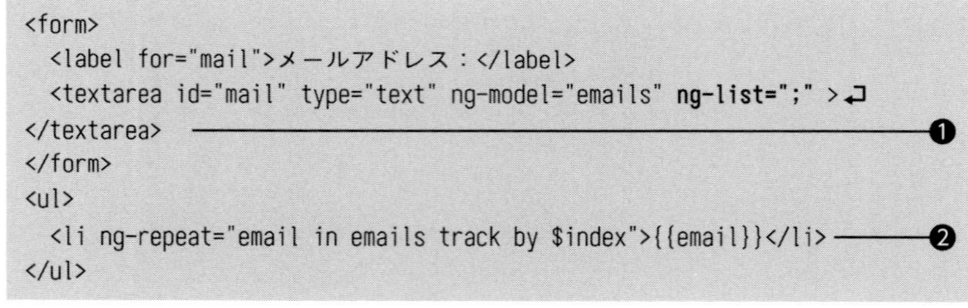

```
<form>
  <label for="mail">メールアドレス：</label>
  <textarea id="mail" type="text" ng-model="emails" ng-list=";" >⏎
</textarea> ―――――――――――――――――――――――――❶
</form>
<ul>
  <li ng-repeat="email in emails track by $index">{{email}}</li> ――❷
</ul>
```

▼ 図 3-60　セミコロンで分割されたメールアドレスをリスト表示

区切り文字は、<input>要素に対して「ng-list="区切り文字"」のように指定します（❶）。属性値を省略して、単に「ng-list」と書いた場合には、デフォルトの区切り文字としてカンマ（,）を採用します。

この例では、分割された結果配列がemailsプロパティに渡されますので、これをng-repeat属性で列挙しているわけです（❷）。ng-repeat属性に対して、

＊38
3.5.7 項でも触れたように、ng-repeat属性はそのままでは重複した文字列を処理できません。

track by 句でインデックス値（$index）を渡しているのは、文字列が重複した場合に備えてです[＊38]。track by 句を省略して「email in emails」として、重複した文字列を入力した場合、図 3-61 のようなエラーが発生することも確認してみましょう。

▼図 3-61　重複時に発生するエラー（開発者ツール）

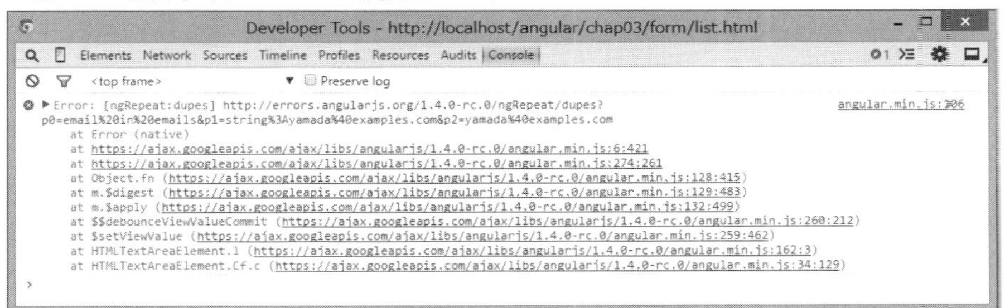

3.6.8 フォーム要素を読み取り専用／利用不可にする - ng-disabled／ng-readonly

ng-disabled／ng-readonly 属性を利用することで、式に応じてフォーム要素の有効／無効、入力可能／読み取り専用を切り替えることができます。

ng-disabled 属性を利用した例はリスト 3-48 で紹介していますので、ここでは ng-readonly 属性を利用した例として、チェックボックスをチェックしている場合にだけ編集可能なテキストボックスを作成してみます。

▼リスト 3-65　readonly.html

```
<div>
  <label for="mail">メールアドレス：</label><br />
  <input id="mail" name="mail" type="email" ng-model="user.mail"
    ng-readonly="!canedit" />
  <label>
    <input type="checkbox" ng-model="canedit" />
    編集可
  </label>
</div>
```

↓

 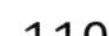

▼ 図 3-62 チェック済みの場合にだけテキストボックスを編集可能に

この例では、チェックボックスをcaneditプロパティに紐づけ、そのcaneditの否定（!canedit）をテキストボックスのng-readonly属性に紐づけていますので、チェックボックスを外した場合にだけ、テキストボックスは読み取り専用になります。

3.6.9 フォームの状態を検知する

AngularJSでは、フォームの状態を監視するためにさまざまなプロパティを用意しています。

(1) 検証項目の単位でエラーの有無をチェックする

個別の入力項目で指定された検証項目の成否は、以下の構文で参照できます。

```
フォーム名.入力要素名.$error.検証型
```

P.99のリスト3-48でも、この構文を利用することで対応するエラーメッセージを表示しました。

▼ リスト 3-66 form.html

```
<label for="mail">メールアドレス：</label><br />
<input id="mail" name="mail" type="email" ng-model="user.mail"
  required />
<span ng-show="myForm.mail.$error.required">
  メールアドレスは必須です。</span>
<span ng-show="myForm.mail.$error.email">
  メールアドレスを正しい形式で入力してください。</span>
```

表3-13に、「検証型」で指定できる値をまとめておきます。基本は、検証属性から（あるものは）「ng-」を除いた値となります。

▼表 3-13 利用可能な検証型

検証型	概要
email	メールアドレスの妥当性検証
max	最大値検証
maxlength	文字列の最大長検証
min	最小値検証
minlength	最小長検証
number	数値検証
pattern	正規表現検証
required	必須検証
url	URL の妥当性検証
date	日付検証
datetimelocal	日付時刻検証
time	時刻検証
week	週検証
month	月検証

(2) フォーム／入力項目の単位でエラーの有無をチェックする

もし、検証型にかかわらず、特定の項目で検証エラーがあったかどうかを確認したいなら、以下のように $valid／$invalid プロパティにアクセスします。

```
フォーム名.入力要素名.$valid ――― 入力値が正しいか
フォーム名.入力要素名.$invalid ――― エラーがあるか
```

$valid プロパティは入力値が正しいか、$invalid プロパティは入力値が不正であるかを、それぞれ true／false で返します。つまり、その項目の検証がすべて通過したら、$valid プロパティは true を、$invalid プロパティは false を返します（互いに反対の意味のフラグということです）。

入力項目の単位ではなく、フォーム全体で検証エラーの有無を確認したいなら、以下のようにします。

```
フォーム名.$valid ――― 入力値が正しいか
フォーム名.$invalid ――― エラーがあるか
```

これはP.99 のリスト 3-48 で、ng-disabled 属性とセットで利用した構文ですね。入力値に 1 つでも不正な値がある場合、サブミットボタンを無効にしています。

▼リスト 3-67 form.html

```
<input type="submit" value="登録"
  ng-disabled="myForm.$invalid" />
```

(3) 入力の有無を判定する

$pristine／$dirty プロパティを利用することで、フォーム、もしくは特定の入力ボックスに対して入力が行われたか（＝入力によって値が変更されたか）を判定できます。

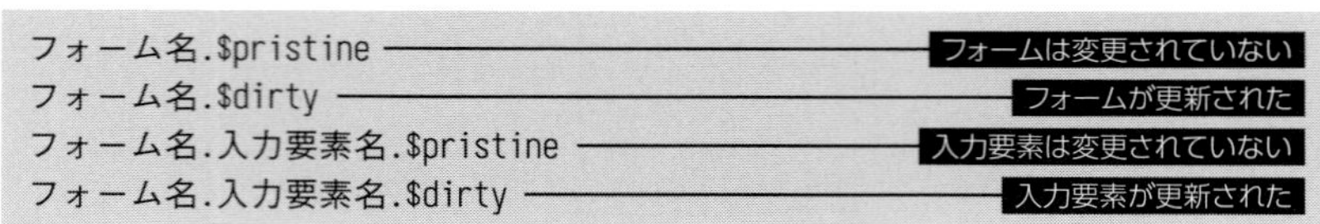

フォーム名.$pristine
フォームは変更されていない
フォーム名.$dirty
フォームが更新された
フォーム名.入力要素名.$pristine
入力要素は変更されていない
フォーム名.入力要素名.$dirty
入力要素が更新された

これらのプロパティを利用することで、たとえば、なにかしらフォームの内容が変更された場合にだけ、リセットボタンを有効にする、といった操作も簡単にできます。

▼ リスト 3-68　form.html

```
<input type="reset" value="リセット"
  ng-disabled="myForm.$pristine" />
```

▼ 図 3-63　入力する前はリセットボタンは無効

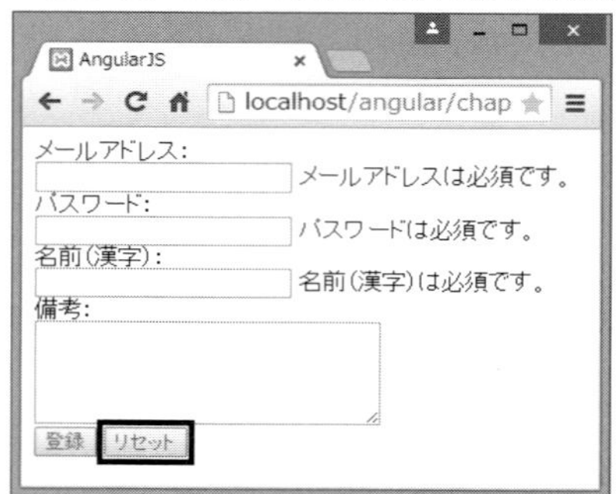

$pristine／$dirty プロパティは、$valid／$invalid プロパティと同じく、互いに反対の意味を持つフラグです。よって、上のコードは $dirty プロパティを利用することで、以下のように書き換えることもできます。

```
<input type="reset" value="リセット"
  ng-disabled="!myForm.$dirty" />
```

(4) サブミット済みかどうかを判定する

$submitted プロパティを利用することで、フォームがサブミット済みであるかどうかを判定できます。たとえば、一度フォームを送信したら、再度クリックできないサブミットボタンは、以下のように表現できます。

```
<input type="submit" value="登録"
  ng-disabled="myForm.$invalid || myForm.$submitted" />
```

(5) 検証エラー時に入力ボックスのスタイルを変更する

AngularJSでは、フォームの状態に応じて、以下のようなスタイルクラスを付与します。

▼ 表 3-14 フォーム関連のスタイルクラス[*39]

スタイルクラス	概要
ng-valid	入力値が妥当である
ng-valid-*key*	入力値が妥当である(特定キーだけ。たとえばng-valid-required)
ng-invalid	入力値が不正である
ng-invalid-*key*	入力値が不正である(特定キーだけ。たとえばng-invalid-required)
ng-pristine	入力値が初期値から変更されていない
ng-dirty	入力値が初期値から変更された
ng-touched	フォーム要素にフォーカスが当たったことがある
ng-untouched	フォーム要素にフォーカスが当たったことがない
ng-pending	$asyncValidators(7.4.2項)が保留状態である
ng-submitted	フォームがサブミットされた(<form>要素のみ)

＊39
ng-touched/ng-untouched/ng-pendingについても、他と同じく、対応する$touched/$untouched/$pendingプロパティがあります。

これを利用することで、たとえば、検証エラーが発生している項目だけ背景色を赤くハイライトすることも可能です。これには、該当するページに対して以下のようなスタイルシートをインポートするだけです。

▼ リスト 3-69 form.css

```
input.ng-invalid { background-color: #fee; }
```

▼ 図 3-64 検証エラーのある項目の背景を赤くハイライト

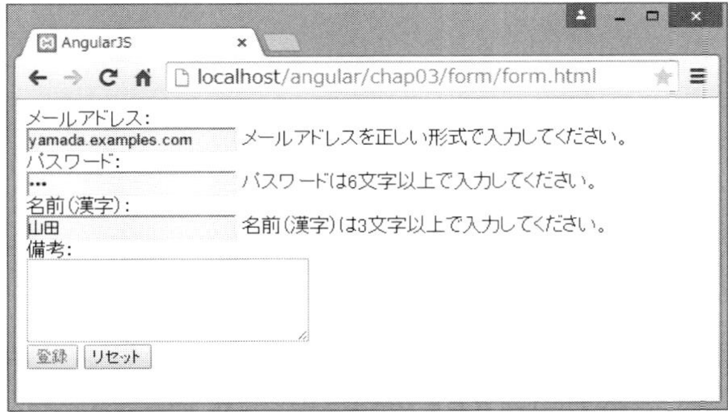

ただし、この例では必須(required)項目に対しては最初からハイライトが適用されてしまいます。これを避けたい(=ユーザー入力でエラーである箇所だけを明

示的に示したい）場合には、スタイルシートを以下のように編集してください（リスト3-70）。

▼リスト3-70　form.css

```
input.ng-dirty.ng-invalid { background-color: #fee; }
```

▼図3-65　未入力の必須項目はハイライトされなくなった

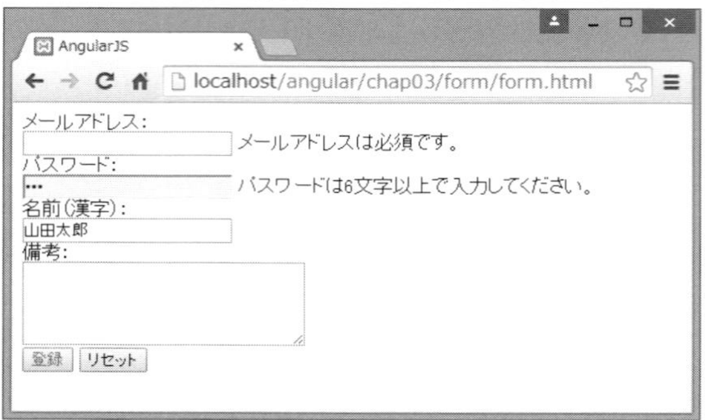

3-7 その他のディレクティブ

本節では、ここまでの節では扱えなかったその他のディレクティブについてまとめます。

基本編 1 2 3 4 5 6 7 8 9

3.7.1 メッセージの表示/非表示を条件に応じて切り替える - ng-messages

ng-messagesディレクティブを利用することで、条件式の値に応じてメッセージの表示/非表示を切り替えることができます[*40]。ng-switchディレクティブにも似ていますが、メッセージを扱うことに特化しており、その用途ではより使いやすくなっています。入力値検証に対するエラーメッセージのように、定型的で、なおかつ、フォームの状態(エラーの有無)に応じて表示を切り替えるような用途で、威力を発揮するでしょう。

＊40
ng-messagesディレクティブはAngularJS 1.3で導入され、1.4で一部の仕様が変更/強化されました。本項では、基本的に、1.4環境を前提に、コードを記述しています。

ng-messagesディレクティブの基本

以下は、[メールアドレス]欄の検証エラーメッセージを表示する例です。ng-messagesディレクティブを利用する典型的な状況を例に、ng-messagesディレクティブの基本を理解します。

▼ リスト3-71 上:messages.html/下:messages.js

```
<script src="https://ajax.googleapis.com/ajax/libs/angularjs/1.4.1/angular-messages.min.js">⏎
</script> ―――――――――――――――――――――――――――――――――――――――――――――――――― ❶
...中略...
<form name="myForm" novalidate>
  <div>
    <label for="mail">メールアドレス:</label><br />
    <input id="mail" name="mail" type="email" ng-model="user.mail"
      required ng-minlength="10" ng-maxlength="20" />
    <span ng-messages="myForm.mail.$error"> ―――――――――――――――――――┐
      <span ng-message="required">入力は必須です。</span>                │
      <span ng-message="minlength, maxlength"> ――――――――┐            │
        入力値が短すぎるか、長すぎます。</span> ――――――――┴― ❹ ―――――┼― ❸
      <span ng-message="email">正しいメール形式で入力してください。</span> │
    </span> ―――――――――――――――――――――――――――――――――――――――――――――――┘
  </div>
</form>
```

```
angular.module('myApp', [ 'ngMessages' ]) ――――――――――――――――――――――――❷
  .controller('MyController', ['$scope', function($scope) {
  }]);
```

▼図 3-66 ［メールアドレス］欄の入力が正しくない場合にエラーメッセージを表示

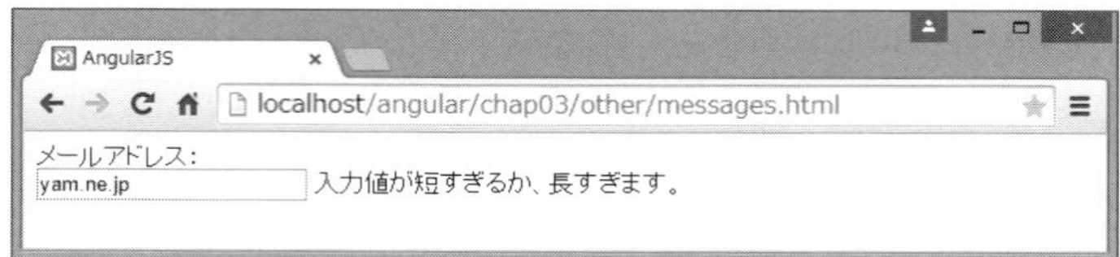

ng-messages ディレクティブ（ngMessages モジュール）は、AngularJS のコア（angular.min.js）には含まれていません。あらかじめ angular-messages.min.js をインポート（❶）した上で、メインモジュールからも ngMessages モジュールへの依存関係を宣言してください（❷）。

ngMessages モジュールを有効化できたら、あとは ng-messages ディレクティブでメッセージと、メッセージに紐づける条件式を指定するだけです（❸）。ng-messages ディレクティブの構文は、以下のとおりです。

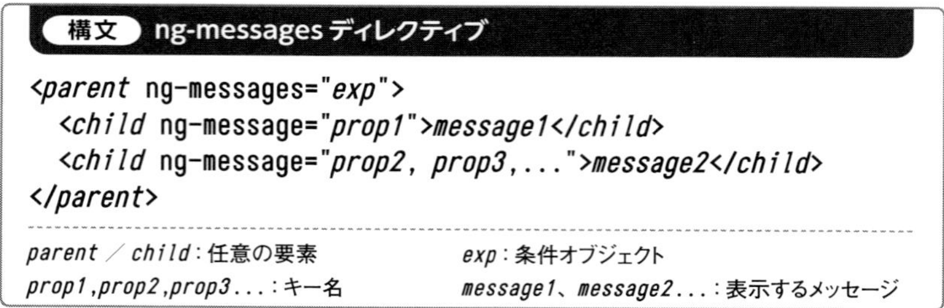

構文 ng-messages ディレクティブ

```
<parent ng-messages="exp">
  <child ng-message="prop1">message1</child>
  <child ng-message="prop2, prop3,...">message2</child>
</parent>
```

parent ／ *child*：任意の要素　*exp*：条件オブジェクト
prop1,*prop2*,*prop3*...：キー名　*message1*、*message2*...：表示するメッセージ

ng-messages／ng-message ディレクティブは、親子セットで利用するのが基本です[*41]。ng-messages 属性で「キー名：表示の有無」形式のハッシュを準備しておき、ng-message 属性でどのキーを参照するかを指定するわけです。

＊41
ng-switch／ng-switch-when ディレクティブと同じです。

▼ 図 3-67　$error 情報をもとに ng-messages 属性を設定

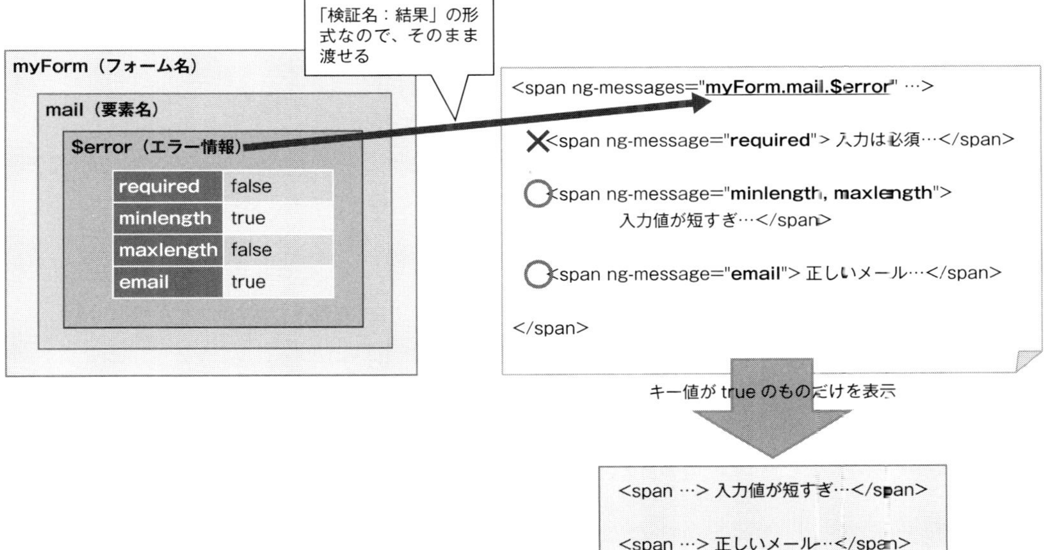
「検証名：結果」の形式なので、そのまま渡せる
myForm（フォーム名）
mail（要素名）
$error（エラー情報）
required false
minlength true
maxlength false
email true
<span ng-messages="myForm.mail.$error" …>
<span ng-message="required"> 入力は必須…</span>
<span ng-message="minlength, maxlength">
入力値が短すぎ…</span>
<span ng-message="email"> 正しいメール…</span>
</span>
キー値が true のものだけを表示
<span …> 入力値が短すぎ…</span>
<span …> 正しいメール…</span>

この例では、myForm.mail.$error が「検証名: エラーの有無」を表すハッシュになっていますので、これをそのまま利用して、エラーである項目だけをメッセージ表示しているわけです。

ng-message 属性にはカンマ区切りで複数のキーを渡すこともできます（❹）。その場合、いずれか片方のキーが true である場合に、メッセージを表示します（この場合は minlength／maxlength 検証いずれかがエラーの場合にメッセージを表示[*42]）。

＊42
AngularJS 1.3 環境では、ng-message 属性に複数のキーは渡せません。1 つのキーに対して 1 つのメッセージを準備するようにしてください。

NOTE **<ng-messages>／<ng-message> 要素**

ng-messages／ng-message ディレクティブは、(属性ではなく) 要素の形式で呼び出すこともできます。メッセージの親となる要素がない場合に、こちらの構文を利用してください。以下は、リスト 3-71 の❸を要素構文で書き換えた例です。

▼ リスト 3-72　messages.html

```
<ng-messages for="myForm.mail.$error">
  <ng-message when="required">入力は必須です。</ng-message>
  <ng-message when="minlength, maxlength">
    入力値が短すぎるか、長すぎます。</ng-message>
  <ng-message when="email">正しいメール形式で入力してください。</ng-message>
</ng-messages>
```

条件オブジェクトは for 属性で、キー名は when 属性で、それぞれ表します。

複数のメッセージを表示する - ng-messages-multiple

リスト 3-71 を実行してみて、奇妙に感じた点はありませんか。そう、複数の検証エラーがあった場合にも、メッセージは 1 つしか表示されないのです[*43]。ng-messages／ng-message 属性では、最初に条件式が true であったメッセージを表示するのがデフォルトの挙動です。

もしも複数のメッセージを同時に表示するなら、ng-messages-multiple 属性を指定してください。以下は、リスト 3-71 の❸を書き換えた例です。

*43
たとえば P.124 の図 3-65 でも、minlength 検証エラーだけが表示され、email 検証エラーは表示されていません。

▼ リスト 3-73　messages.html

```
<span ng-messages="myForm.mail.$error" ng-messages-multiple>
  ...中略...
</span>
```

▼ 図 3-68　複数のメッセージを同時に表示

果たして、minlength／email 検証エラーが同時に表示されることが確認できます。

メッセージ情報をテンプレート化する - ng-messages-include

よく利用するメッセージは、テンプレートとして切り出すこともできます。リスト 3-74 は、リスト 3-71 の❸をテンプレートとして書き換えた例です。

▼ リスト 3-74　messages_template.html

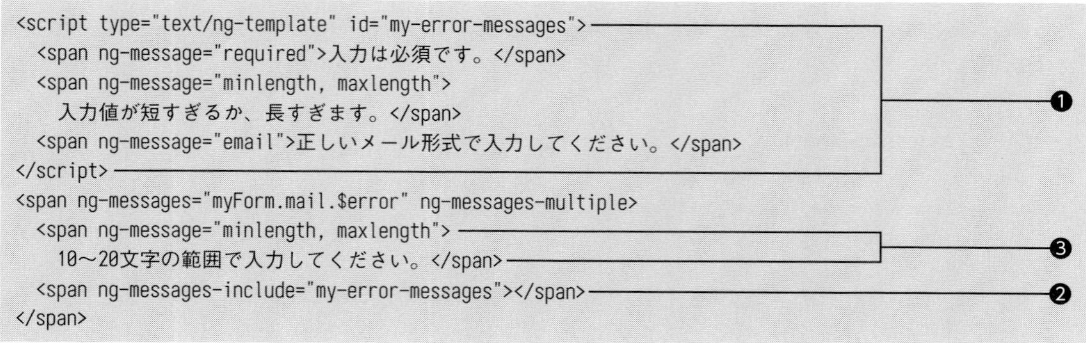

```
<script type="text/ng-template" id="my-error-messages">   ─┐
  <span ng-message="required">入力は必須です。</span>        │
  <span ng-message="minlength, maxlength">                 ├─❶
    入力値が短すぎるか、長すぎます。</span>                │
  <span ng-message="email">正しいメール形式で入力してください。</span>
</script>                                                   ─┘
<span ng-messages="myForm.mail.$error" ng-messages-multiple>
  <span ng-message="minlength, maxlength">                 ─┐
    10～20文字の範囲で入力してください。</span>            ─┴─❸
  <span ng-messages-include="my-error-messages"></span>    ───❷
</span>
```

テンプレートの書き方は、ng-include ディレクティブ（3.3.4 項）と同じです（❶）。ng-messages 属性配下で列挙していた ng-message 属性のリストを切り出します。

あとは、もともとng-message属性を列挙していた側から、ng-messages-include属性でテンプレートを呼び出すだけです（❷）。属性値には、テンプレートのid値を指定します[*44]。

＊44
テンプレートは外部ファイルとして用意することもできます。その場合、ng-messages-include属性には、（id値の代わりに）ファイル名を指定します。

❸のように、ng-message属性で、テンプレートで用意されているメッセージを上書きすることもできます。これを利用すれば、テンプレートでデフォルトのメッセージを用意しておいて、個別の呼び出しで必要に応じて書き換える使い方も可能です。

NOTE **AngularJS 1.3環境では?**

AngularJS 1.3では、ng-messages-include属性はng-messages属性と同じ要素で表していました。AngularJS 1.4では親子関係になり、AngularJS 1.3のコードそのままでは動作しない点に注意してください。

▼ リスト3-75　messages_include.html

```
<span ng-messages="myForm.mail.$error" ng-messages-multiple
  ng-messages-include="my-error-messages">
  <span ng-message="minlength">10文字以上で入力してください。</span>
  <span ng-message="maxlength">20文字以内で入力してください。</span>
</span>
```

メッセージをJavaScript側で管理する - ng-message-exp

ng-messages属性で利用するメッセージをJavaScript側で管理し、実行時に展開することも可能です。

▼ リスト3-76　上：messages_exp.html／下：messages_exp.js

```
<span ng-messages="myForm.mail.$error" ng-messages-multiple>
  <span ng-message="minlength, maxlength">
    10～20文字の範囲で入力してください。</span>
  <span ng-repeat="error in errors">                                   ─❷
    <span ng-message-exp="error.type">{{error.message}}</span>
  </span>
</span>
```

```
angular.module('myApp', [ 'ngMessages' ])
  .controller('MyController', ['$scope', function($scope) {
    $scope.errors = [                                                   ─❶
      { type: 'required', message: '入力は必須です。' },
      { type: ['minlength', 'maxlength'], message: '入力値が短すぎます。' },  ─❸
      { type: 'email', message: '正しいメール形式で入力してください。' }
    ];
  }]);
```

＊45
ng-message-exp 属性は、AngularJS 1.4 以降で利用できます。

＊46
属性値はあくまで Angular 式であるからです。

あらかじめ用意しておいた errors モデル（❶）を、ng-repeat 属性（3.5.7 項）で展開しています（❷）。コード自体はシンプルですが、メッセージのキーを表しているのが、（ng-message 属性ではなく）ng-message-exp 属性である点に注目してください[＊45]。両者の違いは、ng-message 属性ではキー名を文字列で表しているのに対して、ng-message-exp 属性では式で表せるという点です。ここでは「error.type」という式の値 required、minlength、maxlength、email などがキーとなりますので、ng-message-exp 属性を利用する必要があります。複数のキーを渡したい場合には、❸のように配列形式で渡します。

ちなみに、リスト 3-71 のコードをあえて ng-message-exp 属性で表すには、以下のようにキー値をクォートで括ります[＊46]（リスト 3-77）。

▼ リスト 3-77　messages_exp.html

```
<span ng-messages="myForm.mail.$error">
  <span ng-message-exp="'required'">入力は必須です。</span>
  <span ng-message-exp="['minlength', 'maxlength']">
    10～20文字の範囲で入力してください。</span>
  <span ng-message-exp="'email'">正しいメール形式で入力してください。</span>
</span>
```

3.7.2 モデルの更新方法を設定する - ng-model-options

ng-model-options 属性を利用することで、モデルを更新するタイミング／方法などを設定できます。属性の値は「パラメーター名 : 値」のハッシュ形式で、表 3-15 のようなパラメーターを利用できます。

▼ 表 3-15　ng-model-options ディレクティブの主なパラメーター

パラメーター	概要
updateOn	モデルを更新するトリガーとなるイベント（空白区切りで複数指定も可）
debounce	モデルの更新まで待機する時間（ミリ秒）
allowInvalid	不正なモデル値を許容するか
getterSetter	モデルに値を設定する際、getter／setter を利用するか
timezone	タイムゾーンを指定

ng-model-options 属性の設定は、現在の要素だけでなく、子孫要素にも影響します。したがって、フォーム全体の挙動を制御したいなら、（<input>／<select> 要素ではなく）上位の <form> 要素で指定しても構いません。

モデルを特定のイベントでのみ更新する

updateOn パラメーターを利用することで、どのイベントによってモデルが更新されるかを限定できます。たとえば、標準の挙動では、テキストボックスにデータを入力したタイミングで即座にモデルが更新されます。これをテキストボックスからフォーカスが外れた（＝blur イベントが発生した）タイミングでだけモデルを更新するには、以下のようにします。

▼ リスト 3-78　model_opts_update.html

```
<label for="name">名前：</label>
<input id="name" name="name" type="text" ng-model="myName"
  ng-model-options="{ updateOn: 'blur' }" />
<div>こんにちは、{{myName}}さん！</div>
```

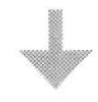

▼ 図 3-69　テキストボックスに入力しただけでは反映されない

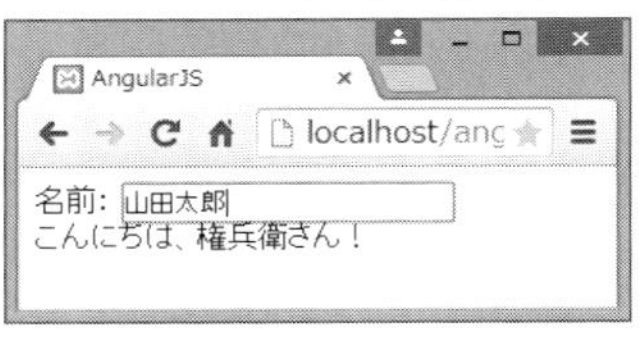

⇒

▼ 図 3-70　フォーカスを外したタイミングでモデルに反映

モデルの更新を遅延させる

デフォルトでは、フォーム要素への入力は即時モデルにも反映されます。ただ、頻繁にページが更新されるのがかえって目障りというケースもあります。そのような場合には、debounce パラメーターを指定することで、一定時間、モデルの更新を遅延できます。

リスト 3-79 は、テキストボックスへの変更から 2000 ミリ秒後にモデルを更新する例です。入力からメッセージへの反映までにタイムラグがあることを確認してください。

▼ リスト 3-79　model_opts_debounce.html

```
<label for="name">名前：</label>
<input id="name" name="name" type="text" ng-model="myName"
  ng-model-options="{ debounce: 2000 }" />
<div>こんにちは、{{myName}}さん！</div>
```

ng-model-options 属性では、複数のパラメーターを同時に設定することもできます。リスト 3-80 は、debounce／updateOn パラメーターと組み合わせた例です。これで、キー入力時は 2000 ミリ秒更新を遅延し、フォーカスを外した場合には即座に更新する、という意味になります。

updateOn パラメーターの default は特別な値で、フォーム要素に紐づいたデフォルトのイベントを表します。

▼ リスト 3-80　model_opts_debounce2.html

```
<label for="name">名前：</label>
<input id="name" name="name" type="text" ng-model="myName"
 ng-model-options="{ updateOn: 'default blur',
                      debounce: {'default': 2000, 'blur': 0}
                    }" />
<div>こんにちは、{{myName}}さん！</div>
```

不正なモデル値を反映させる

デフォルトでは、フォーム要素の値が不正である場合、AngularJSは対応するモデル（ng-model属性）に対してundefined値をセットします。しかし、不正な値でもいったんアプリ側で受け取って、なんらかの処理を施したいという場合には、allowInvalidパラメーターをtrueに設定します。

以下は、入力したメールアドレスをそのままページ下部に反映させる例です。

▼ リスト 3-81　model_opts_invalid.html

```
<form name="myForm" novalidate>
<div>
  <input id="mail" name="mail" type="email" ng-model="email"
    ng-model-options="{ allowInvalid: false }" required /> ―――❶
</div>
<div>入力値：{{email}}</div>
</form>
```

▼ 図 3-71　不正なメールアドレスは反映されない

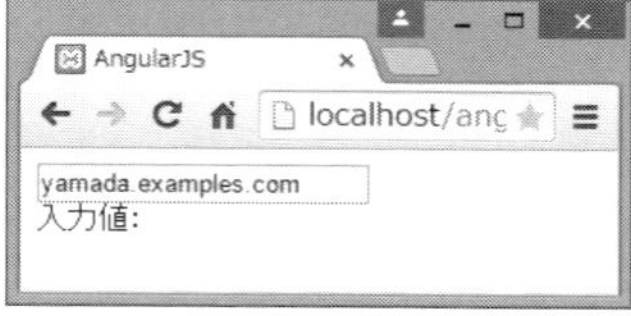

確かに、正しくないメールアドレスを入力した場合には、ページ下部に値が反映**されない**ことが確認できます。ここでallowInvalidパラメーター（❶）をtrueに変更してみましょう。今度は、正しいアドレスはもちろん、不正なアドレスもページ下部に反映されることが確認できます（図3-72）。

▼ 図 3-72　不正なメールアドレスでも反映される

モデルに値を出し入れする際にgetter／setterを利用する

gettersetterパラメーターをtrueに指定した場合、ng-model属性に紐づいた関数をgetter／setterとして処理します。

▼ リスト3-82 上：model_opts_setter.html／下：model_opts_setter.js

```
<label for="name">名前：</label>
<input id="name" name="name" type="text" ng-model="my.name"
  ng-model-options="{ getterSetter: true }" />
<div>こんにちは、<span ng-bind="my.name()"></span>さん！</div>
```

```
angular.module('myApp', [])
  .controller('MyController', ['$scope', function($scope) {
    $scope.my = {
      _name: '権兵衛',
      name: function(name) {
        // 引数nameが省略された場合、現在値を返す
        if (angular.isUndefined(name)) {
          return this._name;
        // 引数nameが指定された場合、変数_nameに設定
        } else {
          this._name = name;
        }
      }
    };
  }]);
```

▼ 図3-73 入力値に応じて、ページ下部の表示にも反映

日付時刻値のタイムゾーンを宣言する

timezoneパラメーターを利用することで、<input type="date">／<input type="time">要素を扱う際のタイムゾーンを「+HHMM」の形式で指定できます[*47]。

＊47
UTC／GMT、またはPST／ESTなどのUSタイムゾーンも指定できますが、汎用性からすれば「+HHMM」の表記を優先して利用すべきです。

▼ リスト3-83 上：model_opts_timezone.html／下：model_opts_timezone.js

```
<input id="today" name="today" type="time" ng-model="today"
  ng-model-options="{ timezone: '+0800' }" />
<div>{{today | date: 'medium'}}</div>
```

```
angular.module('myApp', [])
  .controller('MyController', function($scope) {
    $scope.today = new Date();
  });
```

▼ 図 3-74　時差を認識してモデルにも反映（結果は、現在のタイムゾーンが +0900 の場合）

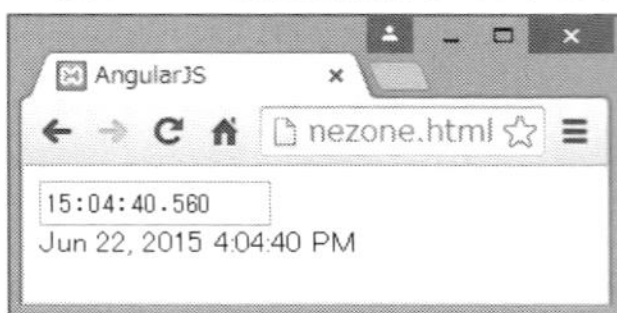

補足：モデル遅延更新した場合の注意点

updateOn／debounce パラメーターを指定した場合、フォーム要素（ビュー）とモデル間で見た目の値が異なる時間が発生します。結果、以下のような問題が発生する可能性があります。

▼ リスト 3-84　上：model_opts_rollback.html／下：model_opts_rollback.js

```
<form name="myForm">
  <label for="myName">名前：</label>
  <input id="myName" name="myName" type="text" ng-model="myName"
    ng-model-options="{ debounce: 5000 }" />
  <div ng-bind="'こんにちは、' + myName + 'さん！'"></div>
  <button ng-click="onclick()">ログ出力</button>
</form>
```

```
angular.module('myApp', [])
  .controller('MyController', ['$scope', function($scope) {
    $scope.onclick = function() {      ─┐
      console.log($scope.myName);       ├─❶
    };                                 ─┘
  }]);
```

▼ 図 3-75　画面上の入力値とログの内容が異なっている

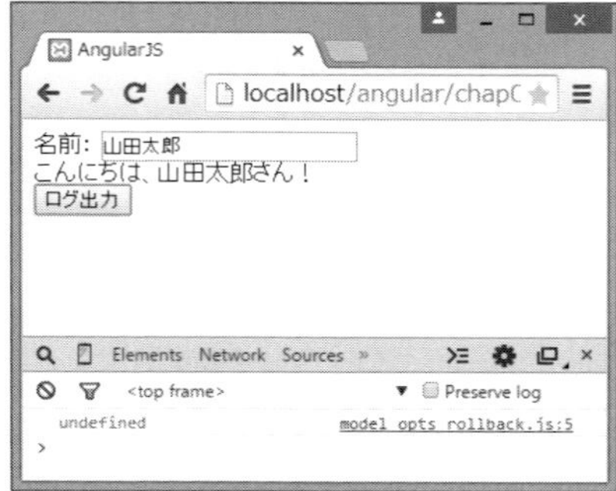

上は、入力値がモデルに反映される前に（＝入力から5000ミリ秒以内に）［ログ出力］ボタンをクリックした例です。画面上では入力値「山田太郎」が見えますが、ログ上のmyNameモデルの値は「undefined」。見た目の値が食い違ってしまっているのです。

これはもちろん、意図した状態ではありませんので、モデルを参照／変更する前に、変更をロールバックしなければなりません。これを行うのが$rollbackViewValueメソッドの役割です[*48]。リスト3-84の❶をリスト3-85のように書き換えます。

＊48
保留中の更新をコミットする$commitViewValueメソッドもあります。

▼ リスト3-85　model_opts_rollback.js

```
$scope.onclick = function() {
  $scope.myForm.myName.$rollbackViewValue();
  console.log($scope.myName);
};
```

▼ 図3-76　保留状態の更新をロールバック

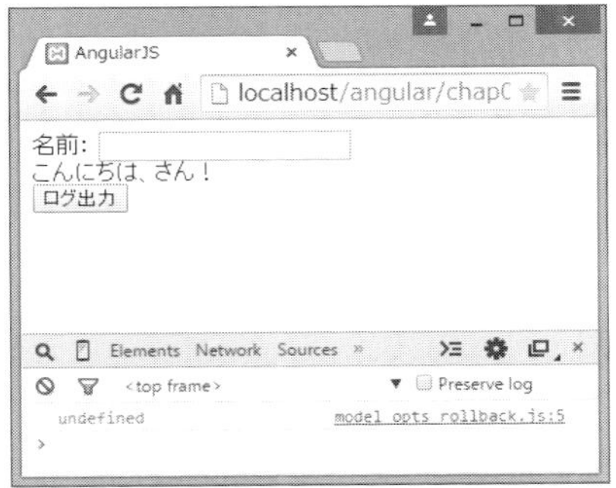

「フォーム名.要素名.$rollbackViewValue()」の形式で呼び出せます。これで、確かに保留中の変更がキャンセルされ、ビュー／モデルが一致します。

3.7.3 Content Security Policyを利用する - ng-csp

CSP（Content Security Policy）とは、クロスサイトスクリプティングをはじめとして、よくあるアプリへの攻撃の可能性を軽減するためのセキュリティフレームワークです。具体的には、以下のような機能を制限することで、アプリの安全性を高めます。

- 異なるドメインのスクリプト／スタイルシート読み込みを禁止[*49]
- インラインスクリプト（.htmlファイル内のJavaScript）を禁止
- JavaScript擬似プロトコル[*50]を禁止
- eval関数／Functionコンストラクターの禁止

＊49
異なるドメインを指す<script>要素を動的に生成するのも不可です。

＊50
「href="javascript:~"」のような表記のことです。

＊51
function型として指定しなければならない、ということです。

- setTimeout／setInterval関数への文字列コード引き渡しを禁止＊51
- プラグイン（Java／Flash／Silverlightなど）の利用を禁止
- Worker／SharedWorkerオブジェクトによる外部スクリプトの読み込みを禁止

　これらの制限はレスポンスヘッダーによってブラウザーに通知され、ブラウザー側で制御されます。

▼図3-77　Content Security Policyとは?

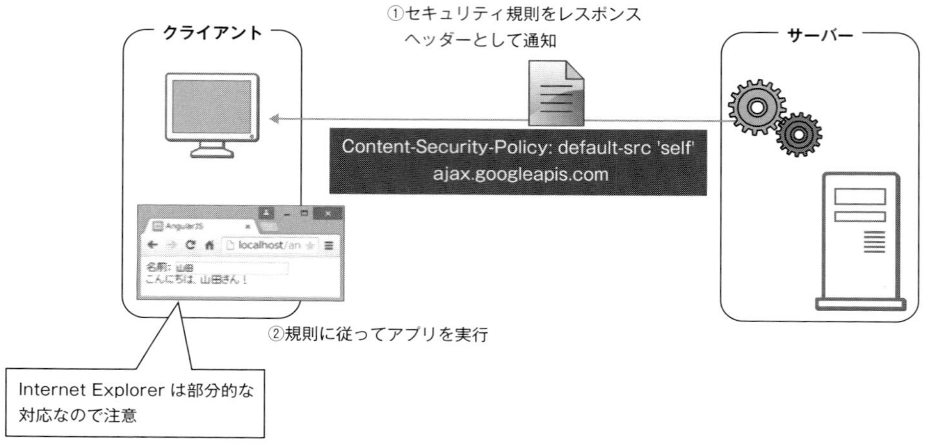
①セキュリティ規則をレスポンスヘッダーとして通知
クライアント
サーバー
Content-Security-Policy: default-src 'self' ajax.googleapis.com
AngularJS
localhost/an
名前: 山田
こんにちは、山田さん！
②規則に従ってアプリを実行
Internet Explorerは部分的な対応なので注意

＊52
執筆時点でバージョン11です。その時どきのサポート状況は「Can I use」（http://caniuse.com/#feat=contentsecuritypolicy）などから確認できます。

　執筆時点で、Chrome／Firefox／Safari／Operaなど主要なほとんどのブラウザーの最新安定版がCSPをサポートしていますが、Internet Explorer＊52だけが部分的なサポートに留まっている点に注意してください。もっとも、未サポートのブラウザーでもCSPによる制限が利かないだけで、アプリそのものが利用できなくなるわけではありません。

AngularJSアプリでCSPを有効にする

　先ほども触れたように、CSPによる制限ポリシーはレスポンスヘッダーによってブラウザーに通知します。ここでは、リスト3-2（P.49）をリスト3-86のように修正します。

▼リスト3-86　csp.php

```
<?php
header("Content-Security-Policy: default-src 'self' ajax.googleapis.com");
?>
<!DOCTYPE html>
<html ng-app="myApp">
```

これで、以下のようなヘッダーが生成されます。ここではサーバー技術としてPHPを利用していますが、もちろん、異なる言語／フレームワークを利用しても構いません。

```
Content-Security-Policy: default-src 'self' ajax.googleapis.com
```

このリストでは現在のホストとajax.googleapis.comの参照だけを許可しています[*53]。Content-Security-Policyヘッダーの細かな記法については、本書の守備範囲を越えますので、詳しくは「CSP (Content Security Policy)」(https://developer.mozilla.org/ja/docs/Security/CSP) などを参照してください。

＊53 「ajax.googleapis.com」を明示しているのは、AngularJSのライブラリをCDNから取得するためです。

この状態でサンプルを実行すると、以下のようなエラーが確認できます。

```
Refused to evaluate a string as JavaScript because 'unsafe-eval' is not an allowed source of ↵
script in the following Content Security Policy directive: "default-src 'self' ajax.googleapis.↵
com". Note that 'script-src' was not explicitly set, so 'default-src' is used as a fallback.
```

AngularJSは、おおよそCSPに即した行儀の良いコードを提供していますが、それでも、以下のケースでCSPの制約に抵触しているのです。

- ng-cloak属性（3.2.2項）のためにインラインスタイルシートを出力
- パフォーマンス最適化のためにFunctionコンストラクターを利用（Angular式による深いオブジェクト階層の参照時）

これを解消するのが、ng-csp属性の役割です。ng-csp属性をルート要素に指定することで、Functionコンストラクターの利用と、インラインスタイルシートの出力を抑制しますので、上記のエラーが解消されます。

ただし、ng-csp属性を明示した場合には、以下の点に注意しなければなりません。

(1) ng-cloak属性で利用するスタイルシートを明示的にインポートすること

ng-cloak属性を利用する際には、これまで自動的に生成されていたスタイルシートを明示的にインポートしなければなりません。

▼ リスト3-87　csp.php

```
<?php
header("Content-Security-Policy: default-src 'self' ajax.googleapis.com");
?>
<!DOCTYPE html>
<html ng-app="myApp" ng-csp>
```

```
<head>
<meta charset="UTF-8" />
<title>AngularJS</title>
<link rel="stylesheet" href="https://ajax.googleapis.com/ajax/⏎
libs/angularjs/1.4.1/angular-csp.css" />
```

(2) パフォーマンスが若干低下する

最適化のために利用されていたeval／Functionコンストラクターが利用できなくなりますので、おおよそ30%程度*54のパフォーマンス低下が発生する可能性があります。ただし、パフォーマンスに影響する局面はごく限られていますので、アプリ全体としては、さほど気にする必要はないでしょう。

*54
AngularJSのドキュメントに書かれている数値です。

(3) アプリのコードではCSP制約を意識すること

ng-csp属性はあくまでAngularJSそのものをCSP制約に即したモードで動作するためのディレクティブで、CSPの制約を取り払うものでは**ありません**。アプリを開発する際には、本項冒頭で挙げたような制限を意識しなければならない点に注意してください。

3.7.4 要素の表示／非表示時にアニメーションを適用する - ngAnimate

以下のディレクティブは、標準でアニメーション（ngAnimateモジュール）に対応しており、要素の表示／非表示、追加／削除など決められたタイミングで、アニメーションを再生できるようになっています。

- ng-repeat（3.5.7項）
- ng-view（5.4.1項）
- ng-include（3.3.4項）
- ng-switch（3.5.6項）
- ng-if（3.5.3項）
- ng-class（3.5.2項）
- ng-show（3.5.4項）
- ng-hide（3.5.4項）

さっそく、具体的な例を見てみましょう。以下は、ng-repeatディレクティブで列挙されたボックスを追加／削除する際にアニメーションを追加する例です。背景色を変化させながら、徐々に表示（非表示）になる様子を表現します。

▼リスト3-88　上：animate.html／中：animate.css／下：animate.js

```
<link rel="stylesheet" href="css/animate.css" />
```

```
...中略...
<script src="https://ajax.googleapis.com/ajax/libs/angularjs/⏎
1.4.1/angular-animate.min.js"></script> ——❶
...中略...
<button ng-click="oninsert()">追加</button>
<button ng-click="onremove()">削除</button>
<ul>
  <li class="box" ng-repeat="str in data">{{str}}</li>
</ul>
```

```
.box {
  list-style-type: none;
  float:left;
  margin: 15px;
  padding: 5px;
  border: solid 1px #000;
  width: 80px;
  height: 80px;
}

.box.ng-enter {
  transition: all 2s ease-in-out; ——❸
  opacity: 0;
  background-color: #000;
}

.box.ng-enter.ng-enter-active {
  opacity: 1;
  background-color: #ff0;
}

.box.ng-leave {
  transition: all 2s ease-in-out; ——❸
  opacity: 1;
}

.box.ng-leave-active {
  opacity: 0;
}
```

```
angular.module('myApp', [ 'ngAnimate' ]) ——❷
  .controller('MyController', ['$scope', function($scope) {
    $scope.data = [ 'い', 'ろ', 'は', 'に', 'ほ', 'へ', 'と' ];
    var count = 0;

    // [追加] ボタンで、末尾に [Add x] ボックスを追加
    $scope.oninsert = function() {
      $scope.data.push('Add' + count);
      count++;
```

```
    };

    // ［削除］ボタンで、先頭のボックスを削除
    $scope.onremove = function() {
      $scope.data.shift();
    };
  }]);
```

▼図 3-78　ボックスの追加／削除時にアニメーションを実行（色を変えながら、徐々に表示／非表示）

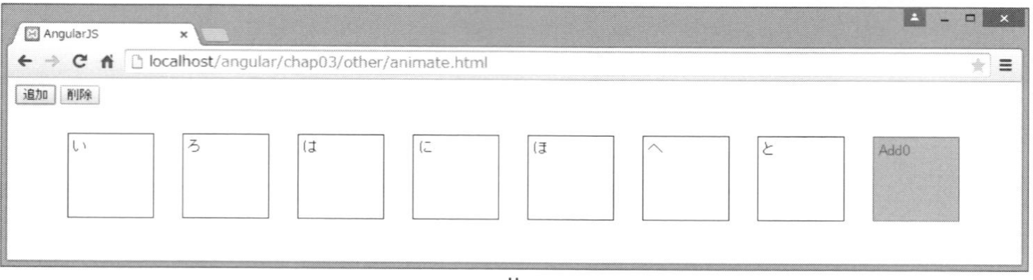

⇓

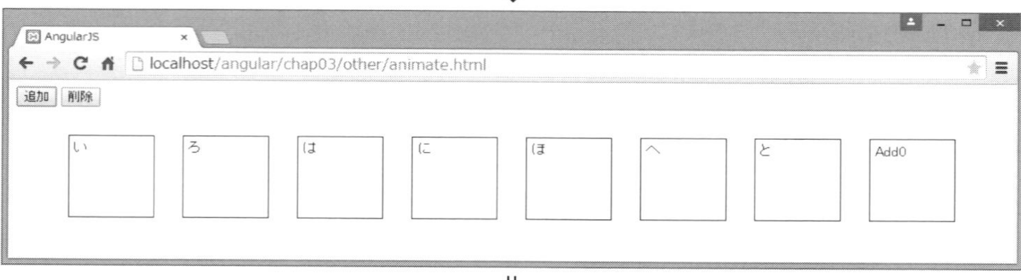

⇓

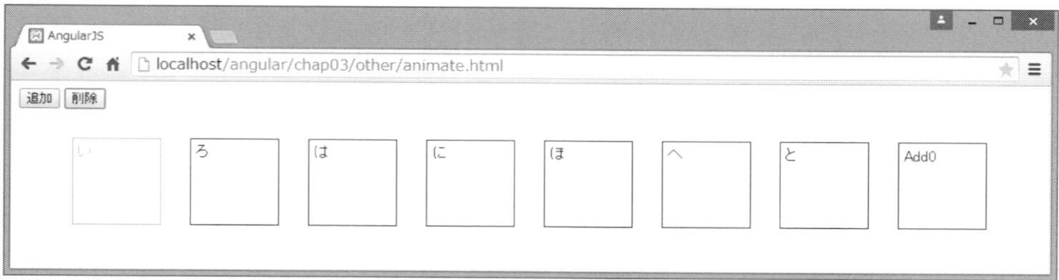

アニメーションを管理するngAnimateモジュールは、AngularJSのコア（angular.min.js）には含まれていません。あらかじめangular-animate.min.jsをインポート（❶）した上で、メインモジュールからもngAnimateモジュールへの依存関係を宣言してください（❷）。

あとは、アニメーション定義をCSSのTranstions／Animations機能を利用して、スタイルシートで記述するだけです[*55]。なお、Transitions／Animationsに関しては、本書の守備範囲を超えるため、本項では最低限の解説に留めます。詳しくは「CSS3だけで実現するアニメーションとは?」（http://thinkit.co.jp/

＊55
ngAnimationモジュールのアニメーション機能は、あくまでスタイルシートの機能をディレクティブに紐づけているにすぎません。ブラウザーがCSS3のアニメーション機能をサポートしていない場合には動作しない点に注意してください。

story/2012/04/19/3527）などの記事を参考にしてください。

たとえば、ng-repeatディレクティブでは、要素の追加／削除などのタイミングで実行すべきアニメーションを、以下のスタイルクラスで表します（表3-16）。

▼表3-16　アニメーション関連のスタイルクラス（ng-repeatディレクティブ）

スタイルクラス	タイミング
ng-enter	要素が追加された時（開始点）
ng-enter-active	要素が追加された時（終了点）
ng-leave	要素が削除された時（開始点）
ng-leave-active	要素が削除された時（終了点）
ng-move	要素の並びが変更された時（開始点）
ng-move-active	要素の並びが変更された時（終了点）

この例では、以下のようなアニメーションを宣言しています。

- 要素追加時：透明度を0（非表示）→1（表示）に／背景色を黒から黄色に
- 要素削除時：透明度を1（表示）→0（非表示）に

transtionプロパティ（❸）では、以下の構文でアニメーションの方法を宣言します。

構文　transitionプロパティ

```
transition: property duration timing delay, ...
```

property：アニメーション対象のスタイルプロパティ
duration：アニメーションの処理時間
timing：変化の度合い（設定値は以下の表）
delay：再生までの遅延時間

引数propertyにallを指定した場合には、すべてのプロパティがアニメーションの適用対象となります。

引数timingで指定できる値には、以下のようなものがあります（表3-17）。

▼表3-17　引数timingの主な設定値

設定値	概要
ease	最初と最後をゆっくり（デフォルト）
linear	直線的な変化
ease-in	ゆっくり開始
ease-out	ゆっくり終了
ease-in-out	最初と最後をゆっくり（easeとほぼ同様）
cubic-bezier(*x1*, *y1*, *x2*, *y2*)	制御点（x1, y1）／（x2, y2）から成るベジェ曲線

その他のディレクティブで適用されるアニメーション関連のスタイルクラスを表3-18にまとめます[*56]。

*56
ng-repeatと同様、対になるxxxxx-activeもありますが、表では省略しています。

▼表3-18 アニメーション機能に対応するディレクティブ

ディレクティブ	スタイルクラス	タイミング
ng-view／ng-include	ng-enter	新規テンプレートを表示する時
	ng-leave	既存テンプレートを非表示にする時
ng-if／ng-switch	ng-enter	新規の要素を追加した時
	ng-leave	既存の要素を文書ツリーから破棄する前
ng-class	*clazz*-add	クラスclazzを適用した時
	clazz-remove	クラスclazzを除外した時
ng-show／ng-hide	ng-hide-add	要素を非表示にする時
	ng-hide-remove	要素を表示状態にする時

補足：アニメーションをJavaScriptで登録する

一般的には、AngularJSのアニメーションはスタイルシートで表現しますが、jQuery／jQuery UIなどのライブラリに慣れている人は、JavaScriptからアニメーションを制御したいという時もあるでしょう。そのような場合には、Moduleオブジェクトのanimationメソッドを利用することで、特定の要素に対してアニメーションを適用することも可能です。

以下は、先ほどのサンプルをJavaScriptで書き換えた例です（リスト3-89）。アニメーションには、jQuery／jQuery UIのanimateメソッドを利用しています。

▼リスト3-89 上：animate_js.html／中：animate_js.css／下：animate_js.js

```
<link rel="stylesheet" href="css/animate_js.css" />
<script src="http://code.jquery.com/jquery-1.11.3.min.js"></script>
<script src="http://code.jquery.com/ui/1.11.4/jquery-ui.min.js"></script>
...中略...
<button ng-click="oninsert()">追加</button>
<button ng-click="onremove()">削除</button>
<ul>
  <li class="box" ng-repeat="str in data">{{str}}</li>
</ul>
```

```
.box {
  list-style-type: none;
  float:left;
  margin: 15px;
  padding: 5px;
  border: solid 1px #000;
  width: 80px;
```

```
  height: 80px;
}
```

```
angular.module('myApp', [ 'ngAnimate' ])
  .animation('.box', function() {                          ❶
    return {
      enter : function(element, done) {                    ❷
        element.css('opacity', 0);                         ⓐ
        element.css('background-color', '#000');
        $(element).animate({                               ⓑ
          opacity: 1,
          backgroundColor: '#ff0'
        }, 2000,
        function() {                                       ⓒ
          element.css('background-color', '#fff');
          done();
        });
        return function(cancelled) {                       ⓓ
          if(cancelled) {
            $(element).stop();
          }
        }
      },
      leave : function(element, done) {                    ❸
        $(element).fadeOut(2000, done);
        return function(cancelled) {
          if(cancelled) {
            $(element).stop();
          }
        };
      }
    }
  })
  .controller('MyController', ['$scope', function($scope) {
    ...中略（リスト3-88を参照）...
  }]);
```

アニメーションを定義するanimationメソッドの構文は、以下のとおりです（❶）。

構文　animationメソッド

```
animation(name, factory)
```

name：紐づける要素のスタイルクラス名　　*factory*：アニメーション定義

引数factoryには、アニメーション情報を「イベント名：アニメーション関数」のハッシュ（オブジェクト）として返すような関数を定義します。アニメーション情報の一般的な構造は、以下のとおりです。

```
return {
  イベント名 : function(element, done) {
    ...アニメーションを再生するためのコード...
    return function (element) {
      ...アニメーションをキャンセルするためのコード...
    }
  },
  ...
}
```

イベント名として、ここではenter／leaveを利用していますが、その他にもmove／addClass／removeClassなどのイベントを利用できます。enter／leave関数は、引数として

- element（対象の要素）
- done（アニメーション完了後の処理）

を受け取り、戻り値としてアニメーションがキャンセルされた時の処理関数を返します。

たとえば❷は要素が追加される時のアニメーションです。ⓐで要素の透明度を0（透明）、背景色を黒（#000）で初期化し、ⓑでanimateメソッド[*57]でアニメーションを実行します。ⓒはアニメーション終了後に呼び出されるコールバック関数です。背景色を白（#fff）に戻したあと、最初に渡されたdone関数を呼び出します。

また、戻り値のキャンセル関数（ⓓ）では、stopメソッド[*58]で実行中のアニメーションを停止します。

❸は要素が削除される時のアニメーションです。fadeOutメソッド[*59]で要素をフェードアウトしている他は、❷と同じような内容なので、特筆すべき点はありません。

＊57
animateはjQueryのメソッドで、指定されたスタイルになるまでをアニメーションとして実行します。再生時間はミリ秒で指定できます（ここでは2000）。

＊58
stopはjQueryで提供で提供されるメソッドです。

＊59
fadeOutはjQueryで提供されるメソッドです。

第4章

フィルター

フィルターとは、与えられた式の値を加工／整形するためのしくみを言います。主にテンプレート（Angular式）から利用しますが、コントローラー／サービスなどから利用することもできます。

本章では、冒頭でフィルターの基本的な構文を学んだあと、AngularJS標準で提供されるフィルターを、加工する対象——文字列、配列、数値、日付に分類して、解説していきます。なお、フィルターを自作する方法については、あらためて第7章で解説します。

4▸1 フィルターの基本

フィルターとは、テンプレート上に埋め込まれたデータを整形するためのしくみです。2.2.2項でも日付値を整形するためのフィルターとしてdateの例を学びました。

本節では、AngularJS標準で提供されるあまたのフィルターを学ぶに先だって、まずはフィルターの基本的な記法を理解しておきましょう。

4.1.1 テンプレートからのフィルター利用

テンプレート（ビュー）上で、フィルターを呼び出すには、一般的に、以下のような構文を利用します。

構文　フィルター（テンプレート）

```
{{expression | filter [:param1 [:param2...]]}}
```

expression：整形対象の式　*filter*：フィルター名
param1、*2...*：パラメーター

整形対象の式とフィルターとはパイプ（|）で区切ります。フィルターによってはパラメーターを持つものもあり、その場合はコロン（:）区切りで指定してください。

以下は、変数priceに対してcurrencyフィルター（パラメーターは'¥'）を適用するという意味です。これで、数値を通貨記号「¥」付きの文字列に整形します[*1]。

```
{{price | currency: '¥'}} ──── ¥1,523.12
  式      フィルター パラメーター
```

＊1
詳しくは4.4.2項で解説します。結果は、変数priceが1523.12の場合です。

「|」（パイプ）を連ねることで、1つの式に対して、複数のフィルターを適用することもできます。たとえば、以下は、変数priceをcurrencyフィルターで加工した結果を、hogeフィルター[*2]で加工しなさい、という意味になります（左から順に適用されていくわけです）。連結の詳しい例は、4.3.3項でも解説します。

＊2
hogeは実在しない、用例のためのフィルターです。

```
{{price | currency: '¥' | hoge}}
```

4.1.2 JavaScriptからのフィルター利用

フィルターは、JavaScript（コントローラーやサービス）から呼び出すこともできます。

構文 フィルター(JavaScript)

```
$filter(filter)(expression [,param1 [,param2...]])
```

filter：フィルター名　*expression*：整形対象の式
param1、*2...*：パラメーター

たとえば、上のコードをJavaScriptで表すと、以下のようになります。

```
angular.module('myApp', [])
  .controller('MyController',
  ['$scope', '$filter', function($scope, $filter) {
    var price = 1523.12;
    console.log($filter('currency')(price ,'¥'));
  }]);
```

$filterもサービスの一種ですので、利用に当たっては、配列アノテーションで明示的に注入しなければならない点に注意してください。

4.2 文字列関連のフィルター

フィルターの基本的な構文を理解できたところで、ここからはAngularJSが標準で提供するフィルターについて、用法を理解していきます。

まず、本節で扱うのは、文字列を操作するためのフィルター（表4-1）です。

▼表4-1　文字列関連のフィルター

フィルター名	概要
lowercase	大文字から小文字に変換
uppercase	小文字から大文字に変換
json	オブジェクトをJSON形式の文字列に変換
linky	URL／メールアドレスをリンクに整形

4.2.1 文字列を大文字⇔小文字に変換する - lowercase／uppercase

lowercase／uppercaseフィルターは、文字列の大文字⇔小文字を変換します。

▼リスト4-1　lowercase.html

```
<ul ng-init="name = 'Wings Project'">
  <li>元の文字列：{{name}}</li>
  <li>lowercase：{{name | lowercase}}</li>
  <li>uppercase：{{name | uppercase}}</li>
</ul>
```

```
元の文字列：Wings Project
lowercase：wings project
uppercase：WINGS PROJECT
```

4.2.2 オブジェクトをJSON形式に変換する - json

jsonフィルターは、JavaScriptのオブジェクトをJSON（JavaScript Object Notation）形式に変換します。デバッグ時にオブジェクトの内容をダンプするようなケースで利用します。

▼ リスト 4-2　上：json.html／下：json.js

```
<pre>{{obj | json}}</pre>
```

```
angular.module('myApp', [])
  .controller('MyController', ['$scope', function($scope) {
    $scope.obj = {
      name: 'トクジロウ',
      birth: new Date(2007, 7, 15),
      age: 3,
      family: ['リンリン', 'サチ', 'ニンザブロウ'],
      work: function() { /* メソッドの中身 */ },
      other: {
        favorite: 'ひまわり',
        memo: '偏屈爺さん'
      }
    };
  }]);
```

▼ 図 4-1　オブジェクトの内容を出力

オブジェクトにメソッド（この場合は work）が含まれる場合、json フィルターはこれを無視する点に注意してください。

4.2.3 URL／メールアドレスをリンクに整形する - linky

linky フィルターを利用することで、URL／メールアドレスなどの文字列をアンカータグに整形できます（リスト 4-3）。

▼ リスト 4-3　上：linky.html／下：linky.js

```
<script src="https://ajax.googleapis.com/ajax/libs/angularjs/1.4.1/⏎
angular-sanitize.min.js"></script> ―――❶
...中略...
<ul>
  <!--urlsプロパティの内容をリンク化しながら順に出力-->
  <li ng-repeat="url in urls" ng-bind-html="url | linky"></li> ―――❸
</ul>
```

```
angular.module('myApp', [ 'ngSanitize' ]) ―――❷
  .controller('MyController', ['$scope', function($scope) {
    $scope.urls = [
      'http://www.wings.msn.to/',
      'https://www.wings.msn.to/',
      'ftp://www.wings.msn.to/',
      'file://c:/data/wings/',
      'サポートサイトはこちら ( http://www.wings.msn.to/ )',
      'hoge@example.com',
      'mailto:hoge@example.com',
    ];
```

```
}]);
```

```
<ul>
  <li ...>
    <a href="http://www.wings.msn.to/">http://www.wings.msn.to/</a></li>
  <li ...>
    <a href="https://www.wings.msn.to/">https://www.wings.msn.to/</a></li>
  <li ...>
    <a href="ftp://www.wings.msn.to/">ftp://www.wings.msn.to/</a></li>
  <li ...>file://c:/data/wings/</li>
  <li ...>サポートサイトはこちら
     ( <a href="http://www.wings.msn.to/">http://www.wings.msn.to/</a> ) </li>
  <li ...>
    <a href="mailto:hoge@example.com">hoge@example.com</a></li>
  <li ...><a href="mailto:hoge@example.com">hoge@example.com</a></li>
</ul>
```

linkyは、ngSanitizeモジュールで提供されるフィルターです。angular-sanitize.min.jsをインポートした上で（❶）、現在のモジュールから依存関係を設定してください（❷）。

あとは、対象のテキストに対して、linkyフィルターを適用するだけです（❸）。linkyフィルターはアンカータグを出力するので、ng-bind-html属性で出力しなければならない点にも注目です。

構文　linkyフィルター

```
{{str | linky [:target]}}
```

str：変換対象の文字列
target：アンカータグの target 属性（_blank ｜ _self ｜ _parent ｜ _top など）

linkyフィルターが生成している結果にも注目してみましょう。以下のことがわかります。

- リンク化する対象は、http／https／ftp／mailtoの4種類
- メールアドレスには「mailto:」を付けても付けなくても、同じくメールリンクとして認識
- URLを含んだ文字列は、URL部分だけをリンク化

確かに「file://～」で始まるパスは、リンク化の**対象外**であることが確認できます。

4-3 配列関連のフィルター

配列を処理対象とするフィルターには、以下のようなものがあります（表 4-2）。その性質上、ng-repeat 属性（ディレクティブ）とセットで利用することの多いフィルターです。

▼表 4-2　配列関連のフィルター

フィルター名	概要
orderBy	配列を指定の条件でソート
limitTo	配列から先頭の n 件を抽出
filter	配列を指定の条件でフィルタリング

4.3.1 配列をソートする - orderBy

orderBy フィルターは、配列の内容を指定されたプロパティをキーにソートします。

構文 orderBy フィルター

```
{{expression | orderby: sort [:reverse]}}
```

expression：ソート対象の配列
sort：ソート式　*reverse*：配列を逆順に並べるか（デフォルトは false）

引数 sort はソート規則を決めるための式で、文字列／関数／配列のいずれかで指定できます。具体的な例は、以下でサンプルを交えながら説明していきます。

特定のキーでソートする（文字列式）

以下は、書籍情報（books モデル）を価格（price プロパティ）でソートする例です。

▼リスト 4-4　上：order.html／下：order.js

```
<table class="table">
  <tr>
    <th>書名</th><th>価格</th><th>出版社</th><th>刊行日</th>
  </tr>
  <tr ng-repeat="book in books | orderBy: 'price'">
```

```
    <td><a ng-href="http://www.wings.msn.to/index.php/-/A-03/{{book.isbn}}/">{{book.title}}</a></td>
    <td>{{book.price}}円</td>
    <td>{{book.publish}}</td>
    <td>{{book.published | date}}</td>
  </tr>
</table>
```

```
angular.module('myApp', [])
  .controller('MyController', ['$scope', function($scope) {
    $scope.books = [
      {
        isbn: '978-4-7741-7078-7',
        title: 'サーブレット＆JSPポケットリファレンス',
        price: 2680,
        publish: '技術評論社',
        published: new Date(2015, 0, 8)
      },
      {
        isbn: '978-4-8222-9634-6',
        title: 'アプリを作ろう！Android入門',
        price: 2000,
        publish: '日経BP',
        published: new Date(2014, 11, 20)
      },
      ...中略...
    ];
  }]);
```

▼ 図 4-2　価格について昇順でソート

AngularJS
localhost/angular/chap04/order.html

書名	価格	出版社	刊行日
アプリを作ろう！Android入門	2000円	日経BP	2014/12/20
PHPライブラリ＆サンプル実践活用	2480円	技術評論社	2014/06/24
サーブレット＆JSPポケットリファレンス	2680円	技術評論社	2015/01/08
iPhone／iPad開発ポケットリファレンス	2780円	技術評論社	2013/11/23
JavaScript逆引きレシピ	3000円	翔泳社	2014/08/28
ASP.NET MVC 5実践プログラミング	3500円	秀和システム	2014/09/20
Rails 4アプリケーションプログラミング	3500円	技術評論社	2014/04/11
.NET開発テクノロジ入門	3800円	日経BP	2014/06/05

降順にソートするなら、ソート式に「-price」のようにマイナス記号を付与します[*3]（リスト4-5）。

＊3
昇順の意味で「+price」とすることもできますが、一般的にはプラス記号を省略して、単に「price」と表記します。

▼ リスト 4-5 order.html

```
<tr ng-repeat="book in books | orderBy: '-price'">
  ...中略...
</tr>
```

▼ 図 4-3 価格について降順でソート

AngularJS
localhost/angular/chap04/order.html

書名	価格	出版社	刊行日
.NET開発テクノロジ入門	3800円	日経BP	2014/06/05
ASP.NET MVC 5実践プログラミング	3500円	秀和システム	2014/09/2
Rails 4アプリケーションプログラミング	3500円	技術評論社	2014/04/1
JavaScript逆引きレシピ	3000円	翔泳社	2014/08/28
iPhone／iPad開発ポケットリファレンス	2780円	技術評論社	2013/11/23
サーブレット＆JSPポケットリファレンス	2680円	技術評論社	2015/01/08
PHPライブラリ＆サンプル実践活用	2480円	技術評論社	2014/06/24
アプリを作ろう！Android入門	2000円	日経BP	2014/12/20

orderByフィルターの引数reverseをtrueに指定して、以下のようにしても同じ意味です（リスト4-6）。

▼ リスト 4-6 order.html

```
<tr ng-repeat="book in books | orderBy: 'price': true">
  ...中略...
</tr>
```

複数のキーでソートする（配列式）

ソート式（引数sort）に配列を指定することで、複数のキーで配列をソートできます。以下は、出版社（publish）／価格（price）について、昇順で書籍情報をソートするサンプルです。

▼ リスト 4-7 order_array.html

```
<table class="table">
  <tr>
    <th>書名</th><th>価格</th><th>出版社</th><th>刊行日</th>
  </tr>
  <tr ng-repeat="book in books | orderBy: ['publish', 'price']">
    <td><a ng-href="http://www.wings.msn.to/index.php/-/A-03/{{book.⏎
isbn}}/">{{book.title}}</a></td>
```

```
    <td>{{book.price}}円</td>
    <td>{{book.publish}}</td>
    <td>{{book.published | date}}</td>
  </tr>
</table>
```

▼ 図 4-4　出版社／価格について昇順でソート

AngularJS

localhost/angular/chap04/order_array.html

書名	価格	出版社	刊行日
PHPライブラリ＆サンプル実践活用	2480円	技術評論社	2014/06/24
サーブレット＆JSPポケットリファレンス	2680円	技術評論社	2015/01/08
iPhone／iPad開発ポケットリファレンス	2780円	技術評論社	2013/11/23
Rails 4アプリケーションプログラミング	3500円	技術評論社	2014/04/11
アプリを作ろう！Android入門	2000円	日経BP	2014/12/20
.NET開発テクノロジ入門	3800円	日経BP	2014/06/05
ASP.NET MVC 5実践プログラミング	3500円	秀和システム	2014/09/20
JavaScript逆引きレシピ	3000円	翔泳社	2014/08/28

ソート規則をカスタマイズする（関数式）

独自のソート規則を作成したい場合には、ソート式（引数 sort）に関数を指定します。まずは、具体的な例として、メンバー情報を役職でソートしてみましょう。役職は、部長→課長→主任→担当であるものとします。

▼ リスト 4-8　上：order_func.html／下：order_func.js

```
<ul>
  <li ng-repeat="member in members | orderBy : mySort"> ――❷
    {{member.name}} ({{member.role}}・{{member.old}}歳)
  </li>
</ul>
```

```
angular.module('myApp', [])
  .controller('MyController', ['$scope', function($scope) {
    $scope.members = [
      { name: '鈴木太郎', role: '課長', old: 55 },
      { name: '田中一郎', role: '部長', old: 58 },
      { name: '山田理央', role: '担当', old: 25 },
      { name: '腰掛奈美', role: '主任', old: 35 },
      { name: '佐藤大輔', role: '課長', old: 45 }
    ];
```

```
  // ソート式（役職順にソートするカスタム関数）
  $scope.mySort = function(member) {
    var roles = { '部長': 0, '課長': 1, '主任': 2, '担当': 3 };
    return roles[member.role];
  };
}]);
```

（上記 mySort 関数全体に ❶）

▼ 図 4-5　役職順にメンバーをソート

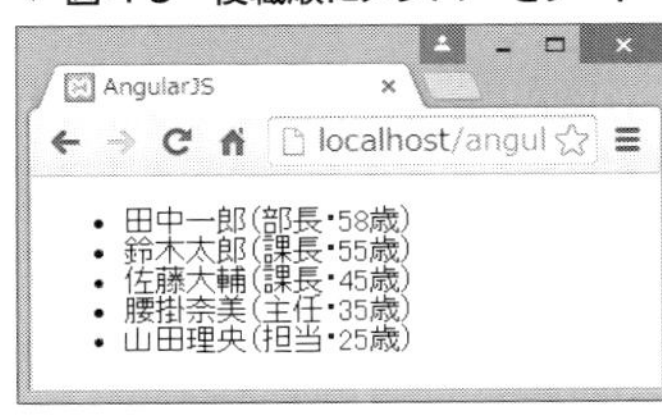

ソート関数は、以下の条件を満たす必要があります。

- 引数としてソート対象のオブジェクトを受け取ること
- 戻り値としてソートに利用される数値を返すこと

❶の例であれば、役職（member.role）を、変数rolesの対応づけに従って数値に変換することで[*4]、部長→課長→主任→担当というソート順を表現しています。

＊4
たとえば「部長」を0に、「課長」を1に変換しています。

ソート関数を逆順に判定したいならば、orderByフィルターの引数reverseをtrueに設定してください。具体的には❷のコードを、以下のように修正します。

```
<li ng-repeat="member in members | orderBy : mySort: true">
```

▼ 図 4-6　役職の低い順にメンバーをソート

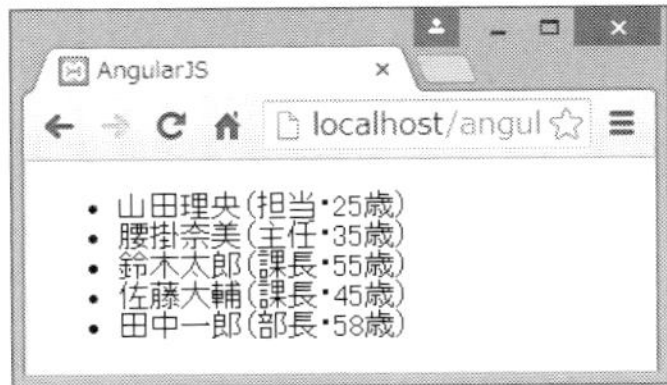

関数式を配列の一部として指定することもできます。

```
<li ng-repeat="member in members | orderBy : [mySort, 'old']">
```

▼ 図 4-7　役職昇順／年齢昇順にメンバーをソート

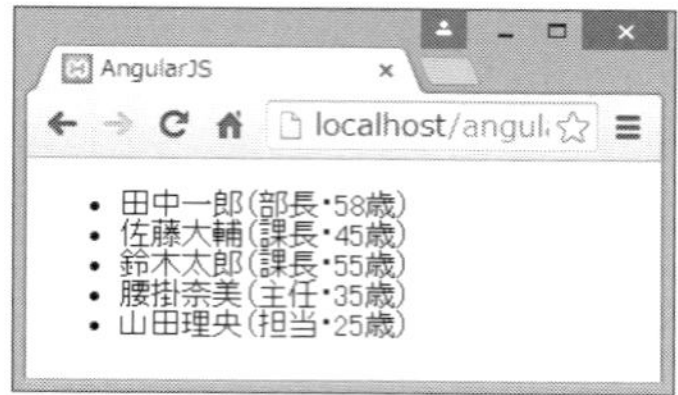

NOTE　配列をランダムに並べ替える

関数式を利用することで、配列をランダムに並べ替えることもできます。

```
$scope.mySort = function(member) {
  return Math.random();
};
```

Math.random メソッドによってソートの基準値として乱数が返されますので、これによって、ソート結果もランダムになるわけです。

4.3.2 例：ソート可能なテーブルを作成する

orderBy フィルターの応用として、タイトル行をクリックすることで、その列をキーとしてテーブルをソートするしかけを作成してみましょう。同じ列をクリックした場合、昇順／降順と交互に切り替えるものとします。

▼ リスト 4-9　上：order_table.html／下：order_table.js

```
<table class="table">
  <tr>
    <th ng-click="name=!name;sort('name', name)">名前</th>
    <th ng-click="role=!role;sort(mySort, role)">役職</th>    ❶
    <th ng-click="old =!old; sort('old',  old)">年齢</th>
  </tr>
  <tr ng-repeat="member in members">
    <td>{{member.name}}</td>
    <td>{{member.role}}</td>
    <td>{{member.old}}</td>
  </tr>
</table>
```

```
angular.module('myApp', [])
  .controller('MyController',
```

```
['$scope', '$filter', function($scope, $filter) {
  // メンバー情報を準備
  $scope.members = [
    { name: '鈴木太郎', role: '課長', old: 55 },
    { name: '田中一郎', role: '部長', old: 58 },
    { name: '山田理央', role: '担当', old: 25 },
    { name: '腰掛奈美', role: '主任', old: 35 },
    { name: '佐藤大輔', role: '課長', old: 45 }
  ];

  // 役職のソート規則を定義
  $scope.mySort = function(member) {
    var roles = { '部長': 0, '課長': 1, '主任': 2, '担当 : 3 };
    return roles[member.role];
  };

  // タイトル行をクリックした時にメンバー情報（配列）をソート   ❷
  $scope.sort = function(exp, reverse) {
    $scope.members = $filter('orderBy')($scope.members, exp, reverse);
  }
}]);
```

▼ 図 4-8　タイトル行のクリックで該当列をキーに並べ替え（「年齢」列をクリックした時）

名前	役職	年齢
田中一郎	部長	58
鈴木太郎	課長	55
佐藤大輔	課長	45
腰掛奈美	主任	35
山田理央	担当	25

⇒

名前	役職	年齢
山田理央	担当	25
腰掛奈美	主任	35
佐藤大輔	課長	45
鈴木太郎	課長	55
田中一郎	部長	58

ソート可能なテーブルを作成するには、まず❶でタイトル行でclickイベントに対応する処理を設置します。変数name／role／oldはいずれも各列が直前で昇順／降順ソートしたかを確認するものです。「name=!name」のようにすることで、クリックの都度、true／falseを反転させています。

そして、ng-click属性から呼び出しているsortメソッドが、このサンプルのキモです。sortメソッドは、引数として*exp*（ソート式）、*reverse*（逆順か）を受け取り、配列*members*をソートします（❷）。

メソッドの内容は簡単です。orderByフィルターを呼び出し、配列membersをソートした上で、その結果を$scope.membersに書き戻しているだけです。JavaScriptからフィルターを呼び出す方法については、4.1.2項も参照してください。

4.3.3 配列の件数を制限する - limitTo

limitTo フィルターを利用することで、配列の先頭（または末尾）から指定された件数だけ要素を取り出せます。

構文 limitTo フィルター

```
{{expression | limitTo: num}}
```

expression：操作対象の配列　　*num*：取得する件数

以下は、books モデルから刊行日の古いもの 3 件を出力するサンプルです。

＊5
対応する limit.js は、order.js（4.3.1 項）とほぼ同じなので、本項では割愛します。完全なコードは配布サンプルから参照してください。

▼ リスト 4-10　limit.html＊5

```
<table class="table">
  <tr>
    <th>書名</th><th>価格</th><th>出版社</th><th>刊行日</th>
  </tr>
  <tr ng-repeat="book in books | orderBy: 'published' | limitTo: 3">
    <td><a ng-href="http://www.wings.msn.to/index.php/-/A-03/{{book.↵
isbn}}/">{{book.title}}</a></td>
    <td>{{book.price}}円</td>
    <td>{{book.publish}}</td>
    <td>{{book.published | date}}</td>
  </tr>
</table>
```

▼ 図 4-9　配列の先頭 3 件だけを出力

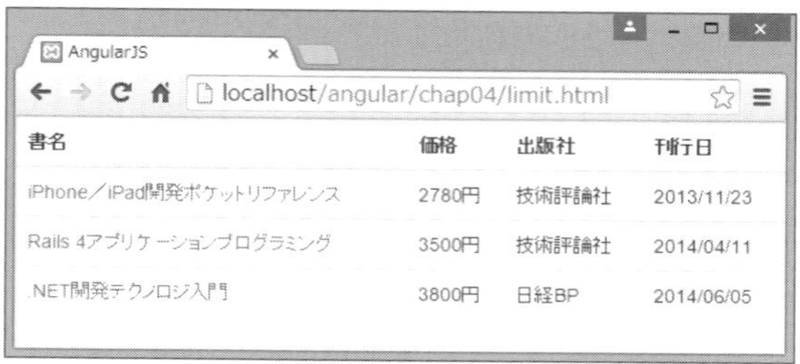

limitTo フィルターは、その性質上、orderBy フィルターとセットでよく利用します（構文規則ではありません）。配列の順番が決まっていないと、何番目であるかは意味がないからです。

AngularJS
localhost/angular/chap04/limit.html
書名
価格
出版社
刊行日
iPhone／iPad開発ポケットリファレンス
2780円
技術評論社
2013/11/23
Rails 4アプリケーションプログラミング
3500円
技術評論社
2014/04/11
.NET開発テクノロジ入門
3800円
日経BP
2014/06/05

配列の後方から取得する

limitToフィルターに負数を与えることで、「末尾からn件」を取得することもできます。たとえば、以下は、リスト4-10を書き換えたコード（リスト4-11）と、その結果です（図4-10）。配列の末尾3件——ここでは刊行日について昇順でソートしていますので、刊行日の新しいもの3件を出力します*6。

＊6
limitToフィルター自体は、降順に並び替えるものではありませんので、出力そのものは「新しいもの3件が古い順に」表示されます。

▼ リスト4-11　limit.html

```
<tr ng-repeat="book in books | orderBy: 'published' | limitTo: -3">
```

▼ 図4-10　刊行日の新しいもの3件を出力

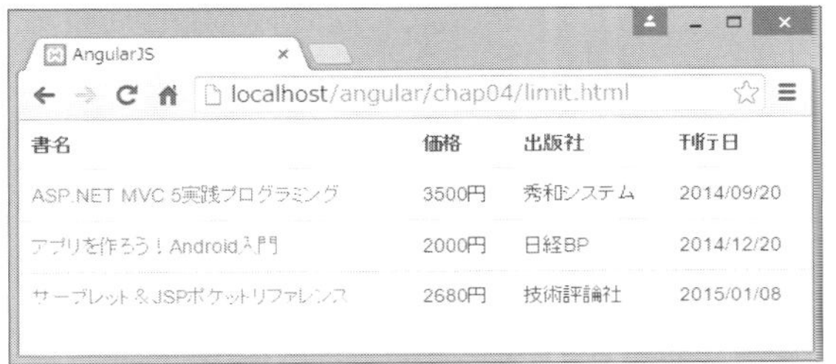

AngularJS
localhost/angular/chap04/limit.html
書名
価格
出版社
刊行日
ASP.NET MVC 5実践プログラミング
3500円
秀和システム
2014/09/20
アプリを作ろう！Android入門
2000円
日経BP
2014/12/20
サーブレット＆JSPポケットリファレンス
2680円
技術評論社
2015/01/08

ページング機能を実装する

AngularJS 1.4では、ページング機能を実装しやすいように、limitToフィルターに引数start（開始位置）が追加されました。これを利用することで、いわゆるページング機能も簡単に実装できます。

構文　limitToフィルター(2)

```
{{expression | limitTo: num: start}}
```

expression：操作対象の配列　　*num*：取得する件数
start：開始位置（デフォルトは0。負数で配列の末尾からのインデックス値）

以下は、先ほどのリスト4-10に対して、ページャー（ページングのためのリンク）を追加した例です。

▼ リスト4-12　上：limit_pager.html／下：limit_pager.js

```
<table class="table">
  <tr>
    <th>書名</th><th>価格</th><th>出版社</th><th>刊行日</th>
  </tr>
  <tr ng-repeat="book in books | orderBy: 'published' | limitTo: len: ⏎
start"> ――――――――――――――――――――――――――――――――――――――――❶
```

```
      ...中略...
  </tr>
</table>
<!--ページャーを準備-->
<ul class="pagination">
  <li><a href="#" ng-click="pager(0)">1</a></li>
  <li><a href="#" ng-click="pager(1)">2</a></li>
  <li><a href="#" ng-click="pager(2)">3</a></li>
</ul>
```

```
angular.module('myApp', [])
  .controller('MyController', ['$scope', function($scope) {
    $scope.len = 3;      // ページあたりの最大表示件数 ─┐
    $scope.start = 0;    // 表示開始位置 ──────────────┴─❷

    // ページャークリック時の処理
    $scope.pager = function(page){ ───────────┐
      $scope.start = $scope.len * page;        ├─❸
    }; ───────────────────────────────────────┘
    ...中略...
  }]);
```

▼図 4-11　ページャークリックで前後ページに移動

⇒

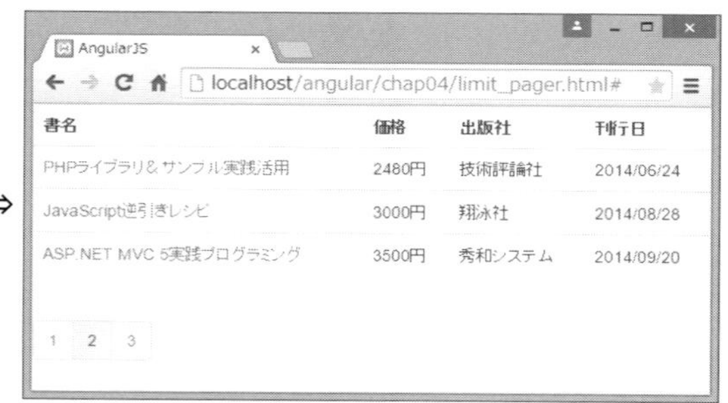

ページャーを実装するには、まずテンプレート側で「start 件目から len 件を表示する」limitTo フィルターを準備します（❶）。それぞれの初期値は開始位置 0 件目（変数 start）、表示件数 3 件（変数 len）です（❷）。

あとは、ページャークリック時に、変数 start の値を変えていくだけです（❸）。表示開始位置は「表示件数（len）×ページ数」で求められます。

部分文字列を取得する

limitTo フィルターは、文字列に対して適用することもできます。この場合、先頭から指定された文字数で、部分文字列を切り出します。負数を指定した場合には、文字列の末尾から指定された文字数で、部分文字列を切り出します。

▼ リスト 4-13 limit_str.html

```
<ul ng-init="msg = 'いろはにほへとちりぬるを'">
  <li>元の文字列：{{msg}}</li>
  <li>先頭5文字：{{msg | limitTo: 5}}</li>
  <li>末尾5文字：{{msg | limitTo:-5}}</li>
</ul>
```

```
元の文字列：いろはにほへとちりぬるを
先頭5文字：いろはにほ
末尾5文字：ちりぬるを
```


4.3.4 配列を特定の条件で絞り込む - filter

filter フィルターは、指定された条件で配列内の要素を検索し、マッチするものだけを取り出します。

構文 filter フィルター

```
{{ expression | filter: search: comparator }}
```

expression：検索対象の配列 *search*：検索式 *comparator*：比較オプション

指定できる検索条件にはさまざまなパターンがありますので、具体的なサンプルと共に動作を確認していきましょう。

文字列で部分一致検索する

もっとも単純な検索パターンです。引数 search に文字列を指定することで、配列内のオブジェクトを部分一致検索し、合致するものを返します。

以下は、「ポケット」というキーワードが含まれる書籍情報だけを返す例です[*7]。

▼ リスト 4-14 filter.html[*8]

```
<table class="table">
  <tr>
    <th>書名</th><th>価格</th><th>出版社</th><th>刊行日</th>
  </tr>
  <tr ng-repeat="book in books | filter : 'ポケット'">
    <td><a ng-href="http://www.wings.msn.to/index.php/-/A-03/{{book.⏎
isbn}}/">{{book.title}}</a></td>
    <td>{{book.price}}円</td>
    <td>{{book.publish}}</td>
```

＊7
ここでは書名（titleプロパティ）に合致していますが、他のプロパティで「ポケット」を含むものがあったとしても合致とみなします。

＊8
対応するfilter.jsはorder.js（4.3.1 項）とほぼ同じなので、本項では割愛します。完全なコードは配布サンプルから参照してください。

```
    <td>{{book.published | date}}</td>
  </tr>
</table>
```

▼ 図 4-12 「ポケット」という文字列を含んだ書籍情報を取得

書名	価格	出版社	刊行日
サーブレット & JSPポケットリファレンス	2680円	技術評論社	2015/01/08
iPhone／iPad開発ポケットリファレンス	2780円	技術評論社	2013/11/23

「! ポケット」のように、文字列の先頭に「!」を付与した場合には否定条件になります。たとえば、リスト 4-14 を以下のように書き換えた場合には（リスト 4-15）、「ポケット」という文字列が含まれない書籍情報だけが抽出されます（図 4-13）。

▼ リスト 4-15　filter.html

```
<tr ng-repeat="book in books | filter : '!ポケット'">
```

▼ 図 4-13 「ポケット」という文字列を含まない書籍情報を取得

書名	価格	出版社	刊行日
アプリを作ろう！Android入門	2000円	日経BP	2014/12/20
ASP.NET MVC 5実践プログラミング	3500円	秀和システム	2014/09/20
JavaScript逆引きレシピ	3000円	翔泳社	2014/08/28
PHPライブラリ & サンプル実践活用	2480円	技術評論社	2014/06/24
.NET開発テクノロジ入門	3800円	日経BP	2014/06/05
Rails 4アプリケーションプログラミング	3500円	技術評論社	2014/04/11

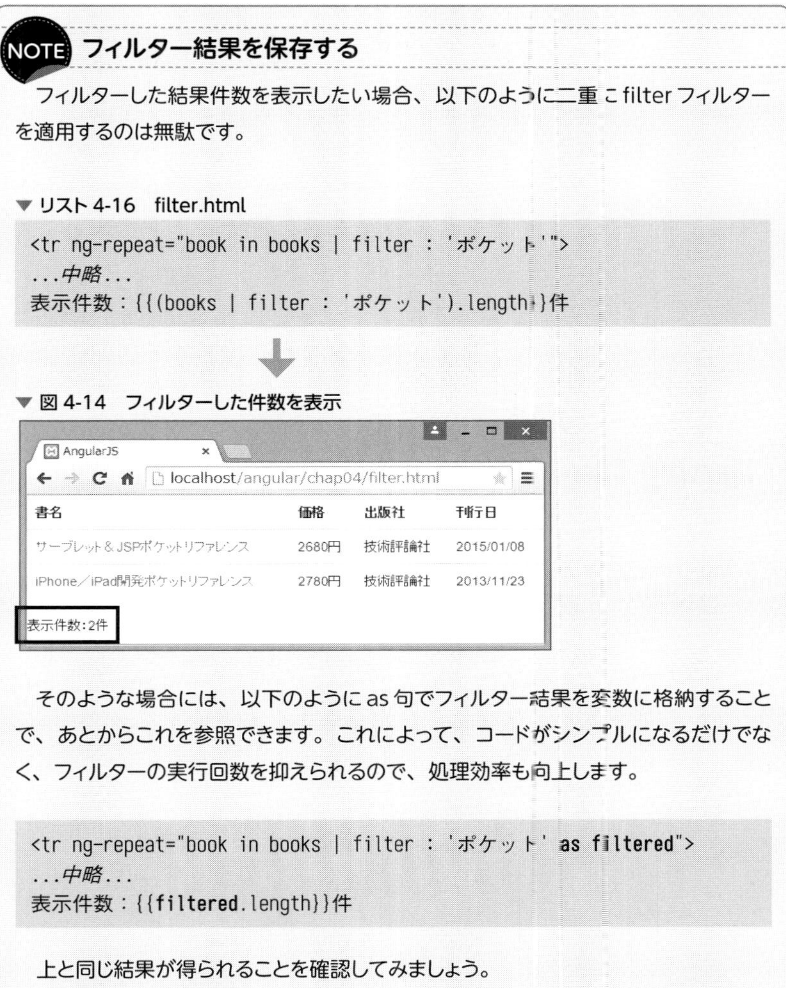

NOTE フィルター結果を保存する

フィルターした結果件数を表示したい場合、以下のように二重に filter フィルターを適用するのは無駄です。

▼ リスト 4-16　filter.html

```
<tr ng-repeat="book in books | filter : 'ポケット'">
...中略...
表示件数：{{(books | filter : 'ポケット').length}}件
```

▼ 図 4-14　フィルターした件数を表示

そのような場合には、以下のように as 句でフィルター結果を変数に格納することで、あとからこれを参照できます。これによって、コードがシンプルになるだけでなく、フィルターの実行回数を抑えられるので、処理効率も向上します。

```
<tr ng-repeat="book in books | filter : 'ポケット' as filtered">
...中略...
表示件数：{{filtered.length}}件
```

上と同じ結果が得られることを確認してみましょう。

文字列で完全一致検索する

filter フィルターのデフォルトは部分一致検索ですが、引数 comparator に true を指定することで、完全一致検索にすることもできます。先ほどのリスト 4-15 を、以下のように書き換えてみましょう（リスト 4-17）。

▼ リスト 4-17　filter.html

```
<tr ng-repeat="book in books | filter : 'ポケット' : true">
```

▼ 図 4-15　完全一致する書籍情報はない

果たして合致する要素がないので、空の結果が返されるはずです（図 4-15）。引数 search を「サーブレット& JSP ポケットリファレンス」のようにすることで、今度は、1 件のデータを取得できることも確認してみましょう。

なお、引数 comparator のデフォルト値は false（部分一致検索[*9]）です。明示的に false を指定しても構いませんが、一般的には部分一致検索では引数 comparator は省略します。

＊9
引数 comparator が false（または無指定）の場合、アルファベットの大文字小文字も区別しません。true の場合は区別します。

特定のプロパティに対して検索する

引数 search に文字列を指定した場合には、オブジェクトのすべてのプロパティを走査し、どこかに一致するものがあれば、これを抽出します。そのため、書名（title プロパティ）を検索しているつもりが、他のプロパティで合致する文字列があった場合にも、これを抽出してしまう可能性があります。

そこで、より厳密に、検索先のプロパティを指定したい場合には、引数 search を「プロパティ名 : 検索文字列」のハッシュ形式で指定します[*10]。以下は、書名に「.NET」、出版社に「日経」が含まれる書籍情報を取得する例です。

＊10
検索文字列には、先ほどと同じく「!」も指定できますし、引数 comparator を指定することで完全一致検索にすることもできます。

▼ リスト 4-18　filter.html

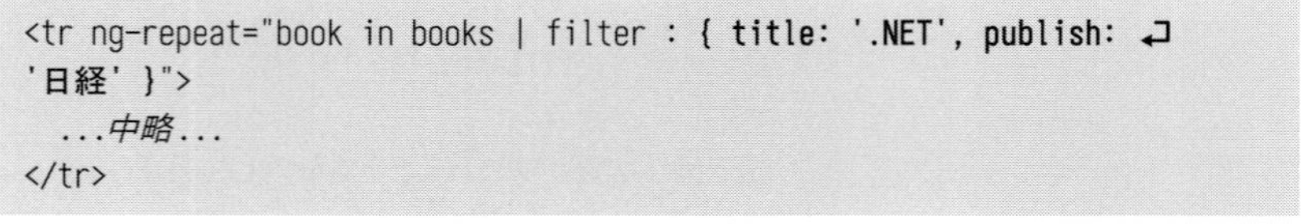

```
<tr ng-repeat="book in books | filter : { title: '.NET', publish: ↵
'日経' }">
  ...中略...
</tr>
```

▼ 図 4-16　条件に合致する書籍情報だけを取得

> **NOTE オブジェクト式の特殊な表現**
>
> オブジェクト式の特殊なキーとして、「$」を渡すこともできます。「$」はすべてのプロパティを表します。よって、以下は意味的に等価です。
>
> ```
> <tr ng-repeat="book in books | filter : 'ポケット'">
> ⇔ <tr ng-repeat="book in books | filter : { $: 'ポケット' }">
> ```
>
> あえて「$」単体で利用することはないと思いますが、ある文字列はオブジェクト全体から、ある文字列はプロパティを特定して検索したいといった場合には、便利なキーワードです。

自作の検索条件を適用する

引数searchに関数を指定することで、部分一致/完全一致以外の検索条件を適用することもできます。

まずは具体的な例として、価格(priceプロパティ)が3000円以上の書籍だけを取り出すサンプルを見てみましょう。

▼ リスト 4-19 上:filter_func.html/下:filter_func.js

```
<tr ng-repeat="book in books | filter : myFilter">
```

```
angular.module('myApp', [])
  .controller('MyController', ['$scope', function($scope) {
    ...中略...
    // 検索条件を表したmyFilterメソッド
    $scope.myFilter = function(value, index) {
      return value.price >= 3000;                    ❶
    };
  }]);
```

▼ 図 4-17 3000円以上の書籍を表示

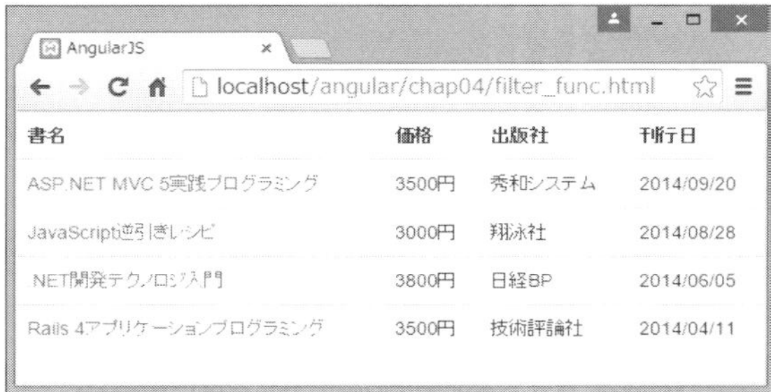

自作の検索条件を表すのは、❶の myFilter メソッドです。検索条件メソッドであることの条件は、以下のとおりです。

- 引数として、現在の要素値（value）とインデックス値（index）を受け取ること
- 結果配列に現在の要素を残す場合には、戻り値として true を返すこと

この例では、現在の要素の price プロパティが 3000 以上であるかどうかを判定し、その判定結果をそのまま戻り値としています。

独自の比較オプションを設定する

引数 comparator は、true／false 以外に関数を指定することもできます。関数を指定することで、期待値（検索式）と実際値（配列内の要素）とを、どのように比較すべきかをカスタマイズできます。

以下は、大文字小文字を区別して、部分一致する要素を取得する例です。filter フィルターは、引数 comparator が true の場合は「大文字小文字を区別した完全一致」、false なら「大文字小文字を区別しない部分一致」で検索します。

▼ リスト 4-20　上：filter_comp.html／下：filter_comp.js

```
  <tr ng-repeat="book in books | filter : { title: '.NET' } : ⏎
myComparator">
```

```
angular.module('myApp', [])
  .controller('MyController', ['$scope', function($scope) {
    ...中略...
    // 実際値と期待値の比較方法を決定するmyComparatorメソッド
    $scope.myComparator = function(actual, expected) {
      return actual.indexOf(expected) > -1;
    };                                                        ❶
  }]);
```

＊11
サンプル（リスト 4-20）の太字部分を小文字にして、結果が表示されない（＝ヒットしない）ことも確認してみましょう。

▼ 図 4-18　大文字小文字を区別して、指定された文字列で部分一致検索[＊11]

自作の比較オプションを表すのは、❶の myComparator メソッドです。メソッド

として、比較オプションを表すための条件は、以下のとおりです。

- 引数として、actual（実際の要素値）とexpected（検索式）を受け取ること
- 結果配列に現在の要素を残す場合には、戻り値としてtrueを返すこと

この例であれば、actualは「.NET」、expectedはtitleプロパティの値です。もしも検索式（引数expression）として、オブジェクトではなく文字列が渡された場合には、expectedには書籍情報のisbn～publishedプロパティの値が順に渡されて、比較関数が実行されます。

NOTE 引数comparatorがtrueであるとは?

引数comparatorにtrueを指定する（=完全一致検索にする）とは、じつは関数として、以下を指定したのと同じ意味になります。angular.equals（5.8.2項）は、指定されたオブジェクト同士が等しいかどうかを判定するメソッドです。

```
function(expected, actual){
 return angular.equals(expected, actual)
}
```

4-4 数値／日付関連のフィルター

AngularJSでは、数値／日付関連のフィルターとして、表4-3のようなものを提供しています。

▼表4-3　数値／日付関連のフィルター

フィルター名	概要
number	数値を文字列として整形（桁区切り文字、丸めなど）
currency	通貨形式に整形
date	日付を整形

なお、これらのフィルターは、いずれもI18n（Internationalization[*12]）に対応しており、ロケールに応じて適切な結果を返します。たとえば、日本語（ja_JP）を利用する場合には、国際化対応ファイルとして以下のファイルをインポートしてください[*13]。国際化対応ファイルは、あらかじめ2.1.2項の手順に従ってZipパッケージをダウンロードし、適当なフォルダーに配置しておいてください。

*12
国際化の意。Iとnとの間に18文字あることから、このように呼ばれます。

*13
本節のサンプルではすべて共通です。

```
<script src="i18n/angular-locale_ja-jp.js"></script>
```

その他、利用可能なロケールについては、以下のページから確認できます。

URL https://github.com/angular/angular.js/tree/master/src/ngLocale

4.4.1 数値を桁区切り文字で整形して出力する - number

numberフィルターは、指定された数値を桁区切り文字（たとえばカンマ[*14]）で区切ったものを出力します。また、引数を指定することで、小数点以下の桁数を丸めることもできます。

*14
ロケールによって区切り文字は異なります。たとえばde（ドイツ）では、桁区切り文字はピリオド（.）です。

構文 numberフィルター

```
{{expression | number [:fraction]}}
```

expression：整形対象の数値
fraction：小数点以下の最大桁数（日本語ロケールのデフォルトは3）

以下に、具体的な例を見てみます（リスト 4-21）。

▼ リスト 4-21　number.html

```
<ul ng-init="price = 3500.1256">
  <li>整形なし：{{price}}</li>
  <li>整形あり：{{price | number}}</li>
  <li>整形あり（桁数指定）：{{price | number: 0}}</li>
</ul>
```

```
整形なし：3500.1256
整形あり：3,500.126
整形あり（桁数指定）：3,500
```

引数 fraction を省略した場合には、小数点以下 3 位で数値を丸めます。整数として出力したい時は、引数 fraction に 0 を指定してください。

ちなみに、国際化対応ファイルとして、angular-locale_ja-jp.js の代わりに angular-locale_de.js（ドイツ語）をインポートすると、以下のように結果が変化します。ドイツ語では、桁区切り文字はピリオド、小数点はカンマで表されるからです。

```
整形なし：3500.1256
整形あり：3.500,126
整形あり（桁数指定）：3.500
```

4.4.2 数値を通貨形式に整形する - currency

単なる数値ではなく、通貨形式として整形したい場合には、currency フィルターを利用します。

構文　currency フィルター

```
{{expression | currency [:symbol [:fraction]]}}
```

expression：整形対象の数値　*symbol*：通貨記号
fraction：小数点以下の最大桁数（日本語ロケールのデフォルトは 2）

以下に、具体的な例を見てみます（リスト 4-22）。結果は、上が日本語ロケール（angular-locale_ja-jp.js）をインポートした場合と、下がロケールファイルをインポートしなかった場合（＝デフォルトの英語ロケール）です。

▼リスト4-22 currency.html

```
<ul ng-init="price = 3500.125">
  <li>整形なし：{{price}}</li>
  <li>整形あり：{{price | currency}}</li>
  <li>整形あり（通貨記号あり）：{{price | currency : '$'}}</li>
  <li>整形あり（桁数指定）：{{price | currency : '¥' : 0 }}</li>
</ul>
```

↓

```
整形なし：3500.125
整形あり：¥3,500.13
整形あり（通貨記号あり）：$3,500.13
整形あり（桁数指定）：¥3,500
```

```
整形なし：3500.125
整形あり：$3,500.13
整形あり（通貨記号あり）：$3,500.13
整形あり（桁数指定）：¥3,500
```

引数symbolを指定するのは、明示的にインポートされたロケールとは異なる通貨を採用したい場合（=ロケールにかかわらず、通貨記号を固定したい場合）です。なお、引数symbolを指定した場合にも、桁区切り文字は現在のロケールに応じて決まります。

4.4.3 日付を整形する - date

dateフィルターを利用することで、日付値を指定されたフォーマットで整形できます。

構文 dateフィルター

```
{{ datetime | date [:format [:timezone]] }}
```

datetime：日付時刻値 *format*：日付時刻書式（デフォルトはmediumDate）
timezone：タイムゾーン（+0430など）

日付時刻値には、JavaScript標準のDateオブジェクトの他、タイムスタンプ値（1970/01/01からの経過ミリ秒）、日付文字列[*15]などを指定できます。

引数formatには、あらかじめ決められた書式型の他、個別の書式指定子を組み合わせることで、独自の書式を指定することもできます（表4-4、4-5）。

*15
具体的には「yyyy-MM-ddTHH:mm:ss.SSSZ」、もしくは、その短縮版である「yyyy-MM-ddTHH:mmZ」「yyyy-MM-dd」「yyyyMMddTHHmmssZ」です。

▼表 4-4　あらかじめ用意された日付型（結果は「2015-01-01 08:01:03」の場合）

書式型	概要	結果例（ja-JP）	結果例（en-US）
medium	普通の日付時刻	2015/01/01 8:01:03	Jan 1, 2015 8:01:03 AM
short	短い日付時刻	2015/01/01 8:01	1/1/15 8:01 AM
fullDate	完全な日付	2015年1月1日木曜日	Thursday, January 1, 2015
longDate	長い日付	2015年1月1日	January 1, 2015
mediumDate	普通の日付	2015/01/01	Jan 1, 2015
shortDate	短い日付	2015/01/01	1/1/15
mediumTime	長い時刻	8:01:03	8:01:03 AM
shortTime	短い時刻	8:01	8:01 AM

▼表 4-5　引数formatで利用可能な書式指定子（結果は「2015-01-01 08:01:03:947」の場合）

指定子	概要	結果例（ja-JP）	結果例（en-US）
yyyy	4桁の年（0001～9999）	2015	
yy	2桁の年（01～99）	15	
MMMM	月の完全名（January～December）	1月	January
MMM	月の省略名（Jan～Dec）	1月	Jan
MM	月（01～12）	01	
M	月（1～12）	1	
dd	日（01～31）	01	
d	日（1～31）	1	
EEEE	曜日の完全名（Sunday～Saturday）	木曜日	Thursday
EEE	曜日の省略名（Sun～Sat）	木	Thu
ww	週（00～53）	01	
w	週（0～53）	1	
HH	時間（00～23）	08	
H	時間（0～23）	8	
hh	時間（01～12）	08	
h	時間（1～12）	8	
mm	分（00～59）	01	
m	分（0～59）	1	
ss	秒（00～59）	03	
s	秒（0～59）	3	
.sss／,sss	ミリ秒（000～999）	947／,947	
a	am／pm	午前	AM
Z	タイムゾーンのオフセット（-1200～+1200）	−0900	

では、具体的な例を見ていきましょう（リスト4-23）。結果は、現在の時刻が「2015-01-01 08:01:03」の例で、上が日本語ロケール（angular-locale_ja-jp.js）をインポートした場合、下がロケールファイルをインポートしなかった場合（＝デフォルトの英語ロケール）です。

▼ リスト 4-23　上：date.html／下：date.js

```
<ul>
  <li>整形なし：{{today}}</li>
  <li>整形あり（デフォルト）：{{today | date}}</li>
  <li>整形あり（medium）：{{today | date: 'medium'}}</li>
  <li>整形あり（書式指定）：{{today | date: 'yyyy年MM月dd日（EEEE） a ↵
hh:mm:ss'}}</li>
</ul>
```

```
angular.module('myApp', [])
  .controller('MyController', ['$scope', function($scope) {
    $scope.today = new Date();
  }]);
```

```
整形なし："2014-12-31T23:01:03.000Z"
整形あり（デフォルト）：2015/01/01
整形あり（medium）：2015/01/01 8:01:03
整形あり（書式指定）：2015年01月01日（木曜日） 午前 08:01:03
```

```
整形なし："2014-12-31T23:01:03.000Z"
整形あり（デフォルト）：Jan 1, 2015
整形あり（medium）：Jan 1, 2015 8:01:03 AM
整形あり（書式指定）：2015年01月01日（Thursday） AM 08:01:03
```

一般的には、引数 format はあらかじめ用意された日付型（medium、fullDate など）から指定するのが望ましいでしょう。というのも、結果を見てもわかるように、書式指定子でフォーマットを指定した場合には、現在のロケールにかかわらず、フォーマットが固定されてしまうためです（太字部分）。

基本編

第5章 サービス

サービスは、アプリの中で特定のタスクを担当するコンポーネントです。2.2.3項では説明の便宜上、サービスを自作する方法を先に紹介しましたが、AngularJS標準でも、定型的なタスクをサービスとして多数提供しています。たとえば、非同期通信を担当する$http／$resourceサービス、時間差で任意の処理を実行する$timeoutサービスなどは、AngularJSアプリを開発する際に真っ先にお世話になるサービスでしょう。車輪の再発明にならないためにも、標準のサービスを理解し、最大限活用していくことは重要です。

本章では、前半で基本的なサービスについて解説したあと、中盤ではサービスを活用するのに欠かせないPromiseの理解を、そして後半では（厳密にはサービスではありませんが）ロジックを記述する際に有効なAngularJSのグローバルAPIについて解説します。

5-1 サービスの基本

AngularJS では、アプリ開発に役立つ機能を**サービス**として提供しています。サービスを利用するには、依存性注入のしくみを利用して、サービスをインスタンス化&注入するだけです。これは、標準で提供される組み込みサービス、自作のサービスにかかわらず、同様です。

サービスについては 2.2.3 項で、依存性注入については 2.3.2 項で、それぞれ基礎を扱っていますので、忘れてしまった人は、あらためて確認してください。

```
angular.module('myApp', [])
  .controller('MyController',
  [ '$scope', 'BookList', function($scope, BookList) {
    $scope.books = BookList();
  }])
```

本章では、以上の理解を前提に、AngularJS の組み込みサービスについて解説します。いずれもアプリ開発には欠かせないものばかりですから、ここで用法を理解しておきましょう。表 5-1 は、本章で扱うサービスです。

▼表 5-1　AngularJS の主な組み込みサービス

サービス	概要
$http	非同期通信の実行
$resource	HTTP 経由での CRUD 処理
$interval	指定された時間単位に処理を実行
$timeout	指定時間の経過によって処理を実行
$location	ページのアドレス情報を取得／設定
$q	非同期処理のための機能群
$routeProvider	ルートの定義
$cookies	クッキーを登録／削除
$log	開発者ツールにログを出力
$exceptionHandler	アプリ共通の例外処理を定義
$injector	依存性注入に関わる機能を提供
$swipe	モバイルデバイスへの対応

5・2 非同期通信の実行 - $http サービス

昨今の JavaScript アプリに欠かせないのが **XMLHttpRequest（XHR）** オブジェクトによるサーバーとの非同期通信です。XHR オブジェクトを利用することで、ページの遷移を伴わず、現在のページだけですべての処理を完結させる――いわゆるシングルページアプリケーション（SPA）を実装できるわけです。そうした意味で、$http サービスは、Angular サービスの中でもコアとも言うべき立ち位置にあります。

▼図 5-1 $http サービス

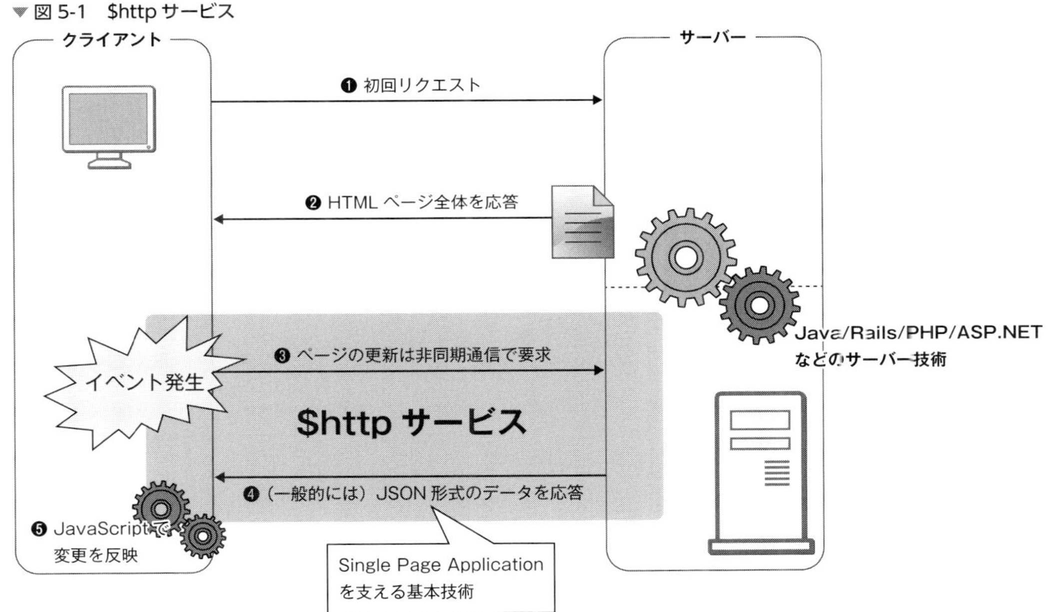

$http サービスは、XHR オブジェクトの AngularJS によるラッパーです[*1]。本節では、$http サービスの基本から個別のパラメーターの利用方法についてつまびらかにしていきます。

＊1
jQuery を知っている人は、$.ajax メソッドに相当する機能と考えればわかりやすいでしょう。

5.2.1 $http サービスの基本

まずは、$http サービスを利用した基本的なサンプルからです。以下は、テキストボックスに入力された名前に応じて、「こんにちは、○○さん!」というメッセージをサーバー側から受け取る例です（リスト5-1、リスト5-2）。

なお、本書ではサーバーサイドはPHPで実装していますが、もちろん、サーバーサイド技術に制約はありません。Ruby（Rails）、Java、ASP.NETなどでも置き換え可能です。本書では、サーバーサイド技術に関する解説は割愛しますので、詳細は拙著「独習PHP」（翔泳社）などの専門書を参照してください。

▼リスト5-1 上：http.html／下：http.js

```
<form name="myForm" novalidate>
  <label for="name">名前：</label>
  <input id="name" name="name" type="text" ng-model="name" />
  <button ng-click="onclick()">送信</button>
</form>
<div>{{result}}</div>
```

```
angular.module('myApp', [])
  .controller('MyController', ['$scope', '$http', function($scope, $http) {
    // ［送信］ボタンクリックで非同期通信を開始
    $scope.onclick = function() {
      $http({                                          ❶
        method: 'GET',
        url: 'http.php',
        params: { name: $scope.name }
      })
      // 通信成功時の処理
      .success(function(data, status, headers, config){   ❷
        $scope.result = data;
      })
      // 通信失敗時の処理
      .error(function(data, status, headers, config){     ❸
        $scope.result = '!!通信に失敗しました!!';
      });
    };
  }]);
```

▼リスト5-2 http.php

```
<?php
$n = $_GET['name'];
if (empty($n)) {
  // 名前が未入力の場合はサーバーエラーを応答
  header('HTTP/1.1 500 Internal Server Error');
} else {
  // さもなければ挨拶メッセージを応答
  print('こんにちは、'.$n.'さん！');
}
```

▼ 図 5-2 入力した名前に応じて、挨拶メッセージを表示

$http サービスの一般的な構文は、以下のとおりです。

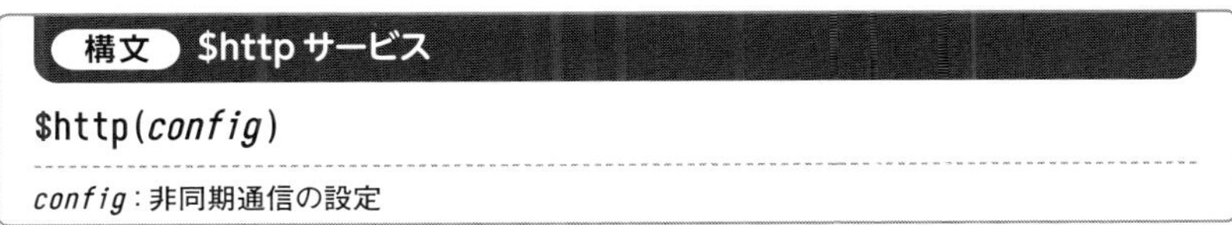

構文 $http サービス

```
$http(config)
```

config：非同期通信の設定

シンプルな構文ですが、引数 config には「パラメーター名 値 ,...」のハッシュ形式で非同期通信にかかわるさまざまなパラメーター情報を指定できます。以下に、主なものをまとめます（表 5-2）。

▼ 表 5-2 非同期通信のパラメーター情報（引数 config）

パラメーター名	概要
method	リクエストに使用するHTTPメソッド（GET、POST、PUT、DELETE など）
url	リクエスト先の URL
params	クエリ情報（「キー名：値 ,...」のハッシュ形式*2）
data	リクエスト本体として送信するデータ（「キー名：値 ,...」のハッシュ形式*3）
headers	リクエストヘッダー情報（「ヘッダー名：値 ,...」のハッシュ形式）
timeout	リクエストのタイムアウト時間
responseType	レスポンスの型（text、blob、document など。デフォルトは文字列型）
cache	HTTP GET リクエストをキャッシュするか（$cacheFactory で生成したキャッシュを指定も可）
xsrfHeaderName	CSRF トークンで利用するリクエストヘッダーの名前
xsrfCookieName	CSRF トークンを含んだクッキーの名前
paramSerializer	クエリ情報（params パラメーター）のシリアライズ方法
transformRequest	リクエスト変換関数（配列も可）
transformResponse	レスポンス変換関数（配列も可）
withCredentials	XHR オブジェクトに withCredentials フラグを設定するか*4

＊2
値がオブジェクトの場合は、内部的に JSON 形式に変換します。

＊3
ハッシュは JSON 形式に変換された上で送信されます。JSON リクエストを処理する例は、5.2.2 項で触れています。

＊4
クロスドメイン（オリジン）のアクセスを許可するかどうかを表すフラグです。

たとえば、リスト 5-1 の❶は「http.php?name= 入力値」に対して HTTP GET でアクセスしなさいという意味になります。

$http サービスによる非同期通信の結果は、以下のメソッドで処理できます（表 5-3）。

▼ 表 5-3 非同期通信の結果処理メソッド

メソッド	概要
success(*s_func*)	通信成功時に実行する成功コールバック関数 s_func を設定
error(*e_func*)	通信失敗時に実行するエラーコールバック関数 e_func を設定
then(*s_func*, *e_func*)	成功／エラーコールバック関数をまとめて設定

サーバーが HTTP ステータス 200 番台を返した場合には成功コールバックが、それ以外の HTTP ステータスを返した場合はエラーコールバックが、それぞれ呼び出されます。コールバック関数では、以下の引数に基づいて、通信後の処理を定義します（表 5-4）。

▼ 表 5-4 コールバック関数の引数

引数	概要
data	レスポンス本体（JSON 文字列の場合、JavaScript オブジェクトに変換）
status	HTTP ステータスコード
headers	レスポンスヘッダー＊5
config	リクエスト時に使用された構成オブジェクト

＊5
headers('Content-Type') のような形式で、アクセスできます。

サンプルでは、成功時に挨拶メッセージを（❷）、失敗時にエラーメッセージを（❸）、それぞれページに反映しています。

NOTE $http サービスのショートカットメソッド

$http サービスには、HTTP メソッドが限定された、いわゆるショートカットメソッドも用意されています。

▼ 表 5-5 $http サービスのショートカットメソッド (url : リクエスト先、config : 設定パラメーター)

メソッド	概要
$http.get(*url*, *config*)	HTTP GET でリクエスト
$http.post(*url*, *config*)	HTTP POST でリクエスト
$http.put(*url*, *config*)	HTTP PUT でリクエスト
$http.patch(*url*, *config*)	HTTP PATCH でリクエスト
$http.delete(*url*, *config*)	HTTP DELETE でリクエスト
$http.head(*url*, *config*)	HTTP HEAD でリクエスト
$http.jsonp(*url*, *config*)	JSONP＊6 としてリクエスト

＊6
JavaScript のオブジェクト形式でデータを交換するしくみで、別ドメインのサーバーと通信に用いられる技術です。

たとえば、本文のリスト 5-1 は、$http.get メソッドを利用することで、以下のように書き換えられます。

```
$http.get('http.php', { params: { name: $scope.name } })
```

5.2.2 HTTP POST による非同期通信

前項のサンプルを、HTTP POST による通信で書き換えてみましょう（太字が修正部分）。

▼ リスト 5-3　http.js

```
$http({
  method: 'POST',
  url: 'http.php',
  data: { name: $scope.name }
})
```

▼ リスト 5-4　http.php

```
$n = $_POST['name'];
```

一見すると、これで問題ないように見えますが、残念ながら、意図したように動作しません。テキストボックスに値を入力しているにもかかわらず、［送信］ボタンをクリックすると、「!! 通信に失敗しました !!」とエラーメッセージが表示されます。ポストデータが正しく受け渡しできていないのです。

果たして、ブラウザー標準の開発者ツールなどでリクエスト本体の内容を参照してみると、以下のようにポストデータが JSON 形式で送信されていることが確認できます（図 5-3）。

▼ 図 5-3　ポストデータの内容（開発者ツール）

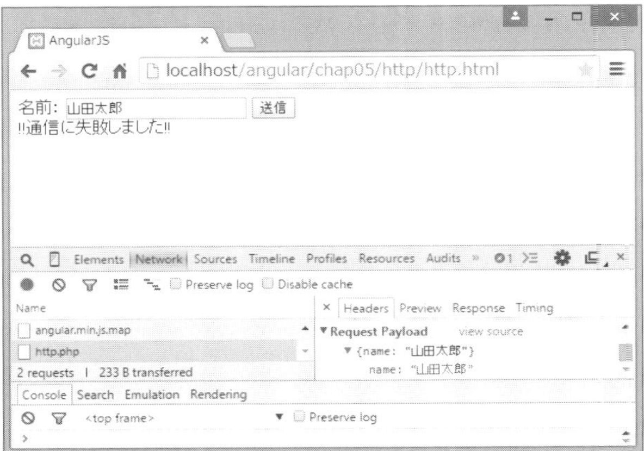

JSON 形式のデータを、スーパーグローバル変数 $_POST は解釈できませんので、$_POST['name'] も空となるわけです。これを解決するには、以下のような方法があります。

1. リクエスト本体（php://input）のデータを直接受け取る（PHP）
2. リクエストデータを本来の「キー名＝値」の形式に変換する（JavaScript）

2. については 5.2.4 項で解説します。

以下では、1. について具体的なコードを示します（リスト 5-5）。1. には JavaScript 側では特に意識することなく、サーバーサイドだけで問題を解決できるメリットがあります。

▼ リスト 5-5　http.php

```
<?php
$data = json_decode(file_get_contents('php://input'), true); ――――❶

if (empty($data['name'])) {
  header('HTTP/1.1 500 Internal Server Error');
} else {
  print('こんにちは、'.$data['name'].'さん！');
}
```

❶では、まず、file_get_contents 関数でリクエスト本体（php://input）の JSON 文字列を生の状態で読み込み、その結果を json_decode 関数でデコードし、連想配列に変換しています。連想配列ができてしまえば、あとは先ほどと同じようにその内容を読み込むだけです。

5.2.3 JSON 形式の Web API にアクセスする

$http（XMLHttpRequest オブジェクト）には、よく知られた制限として、**クロスドメイン制約**と呼ばれるものがあります。すなわち、JavaScript からは原則として異なるドメインに対して通信することはできません。

クロスドメイン制約を超える手段はいくつかありますが、その 1 つが **JSONP（JSON with Padding）** です。JSONP とは、JavaScript のオブジェクト形式でデータを交換するしくみのことです。内部的には XMLHttpRequest オブジェクトを利用しないため、クロスドメインの制約も受けません。

そして、$http サービスでは、$http（method: 'jsonp'）、または $http.jsonp メソッドを利用することで、ほとんどそれと意識することなく、JSONP を利用できます。

以下は、「はてなブックマークエントリー情報取得 API」（http://developer.hatena.ne.jp/ja/documents/bookmark/apis/getinfo）を利用して、指定された URL に付けられたはてなブックマークの件数とコメントを表示する例です。

▼ リスト 5-6　上：jsonp.html／下：jsonp.js

```
<form>
  <label for="url">URL : </label>
  <input id="url" type="url" size="50" ng-model="url" />
  <button ng-click="onclick()">検索</button>
</form>
<div>{{count}}</div>
<ul>
  <li ng-repeat="comment in comments track by $index">{{comment}}</li>
</ul>
```

```
angular.module('myApp', [])
  .controller('MyController',
    ['$scope', '$http', function($scope, $http) {
    // ［検索］ボタンクリックでWeb APIにリクエスト
    $scope.onclick = function() {
      // はてなブックマークエントリー情報取得APIにリクエスト
      $http.jsonp('http://b.hatena.ne.jp/entry/jsonlite/',
        {
          params : {
            callback: 'JSON_CALLBACK',                    // コールバック関数 ―― ❶
            url: $scope.url                               // 対象のURL
          }
        }
      )
      // 取得したデータ（件数とコメント）をページに反映
      .success(function(data) {                           ―┐
        var comments = [];                                  │
        $scope.count = data.count + '件';                   │
        // bookmarks.commentプロパティが空でない場合、配列に追加 │
        angular.forEach(data.bookmarks, function(value, index) { │
          if(value.comment !== '') {                        ├― ❷
            comments.push(value.comment);                   │
          }                                                 │
        });                                                 │
        $scope.comments = comments;                         │
      })                                                  ―┘
      // 通信に失敗した場合はエラーを表示
      .error(function(err) {
        $scope.count = '（エラー）';
        $scope.comments = [ '（エラー）' ];
      });
    };
  }]);
```

▼ 図5-4 指定されたURLに紐づいたブックマークの件数とコメントを表示

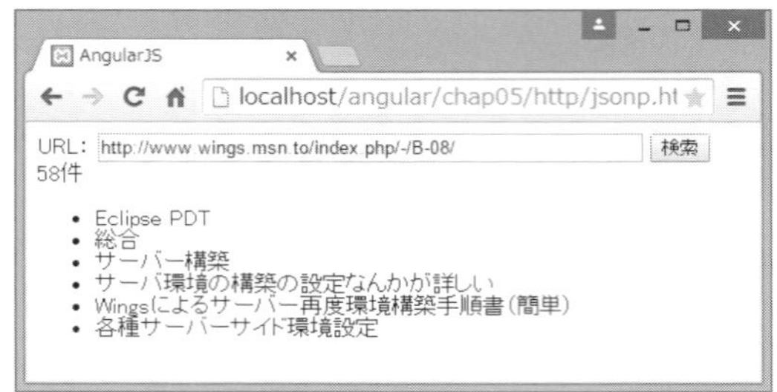

jsonpメソッドの構文は、$httpメソッドと共通なので、ここでは独自の部分について補足しておきます。

❶コールバック関数の名前「JSON_CALLBACK」は固定

jsonpメソッドでは、paramsパラメーターにコールバック関数の名称を指定しなければなりません。コールバック関数とは、この場合、応答を得られた時に内部的に実行される関数のことです。名前は、固定で「JSON_CALLBACK」とします*7。

*7
対応するパラメーター名は、一般的にcallbackですが、Web APIで指定されている場合にはそれに従ってください。

❷成功コールバックはJavaScriptオブジェクトを受け取る

jsonpメソッドの成功コールバックは、引数としてJavaScriptオブジェクトを受け取ります。受け取る内容は、もちろん、利用しているAPIによって異なりますが、「はてなブックマークエントリー情報取得API」であれば、以下のような情報が含まれます。

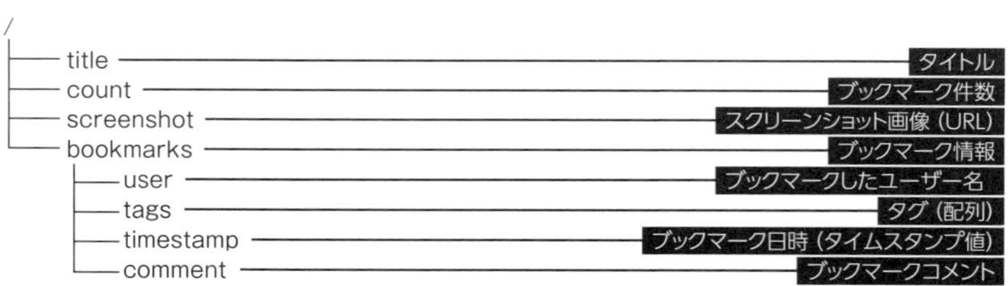

この例では、data.bookmarks配列をangular.forEachメソッド(5.8.6項)で順に走査して、配下のユーザーコメントを列挙しています。

5.2.4 非同期通信時のデフォルト値を設定する

$httpProviderプロバイダーを利用することで、$httpサービスにおけるデフォルトの挙動を設定できます。**プロバイダー**とは、サービスの挙動を変更するためのコンポーネントです*8。

*8
詳しいしくみについては、7.2.5項のサービス自作の過程であらためて学びます。

構文　$httpProvider プロバイダー

```
$httpProvider.defaults.param = value
```

param：パラメーター名　　*value*：値

引数 param で利用できるパラメーター（プロパティ）には、表 5-6 のようなものがあります。これらのパラメーターはP.177 でも見たように、$http メソッドからも設定できますので、個別のリクエストに限定した情報であれば、そちらで設定してください。

▼ 表 5-6　$httpProvider プロバイダーで設定できる主なパラメーター

パラメーター名	概要
cache	キャッシュに利用すべきオブジェクト
xsrfCookieName	CSRF トークンを含んだクッキー名（デフォルトは「XSRF-TOKEN」）
xsrfHeaderName	CSRF トークンを含んだヘッダー名（デフォルトは「X-XSRF-TOKEN」）
transformRequest	リクエスト本体を変換する関数
transformResponse	レスポンス本体を変換する関数
headers	リクエストに付与するヘッダー情報

リクエストヘッダーを追加する

headers プロパティを利用することで、$http サービスによるリクエスト時に自動的にヘッダー情報を付与できます。

構文　headers プロパティ

```
❶ $httpProvider.defaults.headers.method[header] = value
❷ $httpProvider.defaults.headers.method = { header : value, ... }
```

method：ヘッダーを付与する際の HTTP メソッド（common、get、post、put、patch、delete など）
header：ヘッダー名　　*value*：ヘッダー値

デフォルトでは、common（全メソッド共通）、post／put／patch にそれぞれ以下のリクエストヘッダーがセットされています。

- Accept: "application/json, text/plain, */*"（common）
- Content-Type: "application/json;charset=utf-8"（post／put／patch）

既にヘッダー情報を持つ HTTP メソッドにさらにヘッダーを追加／更新するには❶の構文を、（get のように）まだヘッダー情報のない HTTP ヘッダーを設定するには

❷の構文を利用してください。

以下は、すべてのリクエストヘッダーに対して X-Requested-With ヘッダー（値は XMLHttpRequest）を追加する例です。「X-Requested-With: XMLHttpRequest」は、XMLHttpRequest オブジェクトによるリクエストであることをサーバーサイドに通知するためのヘッダーです。たとえば、Ruby on Rails のようなフレームワークでは、X-Requested-With ヘッダーで通常の同期通信と非同期通信とを識別しています。本ヘッダーがない場合、非同期通信であることを正しく判別できないので注意してください。

＊9
サンプルを実行するには http_header.html からアクセスしてください。http_header.html は、http.html とほぼ同じなので、紙面上は割愛します。

▼ リスト 5-7　http_header.js＊9

```
angular.module('myApp', [])
  .config(['$httpProvider', function($httpProvider) {
    $httpProvider.defaults.headers.common['X-Requested-With'] = ⏎
'XMLHttpRequest';
  }])
```

▼ 図 5-5　リクエストヘッダーに X-Requested-With ヘッダーが付与された

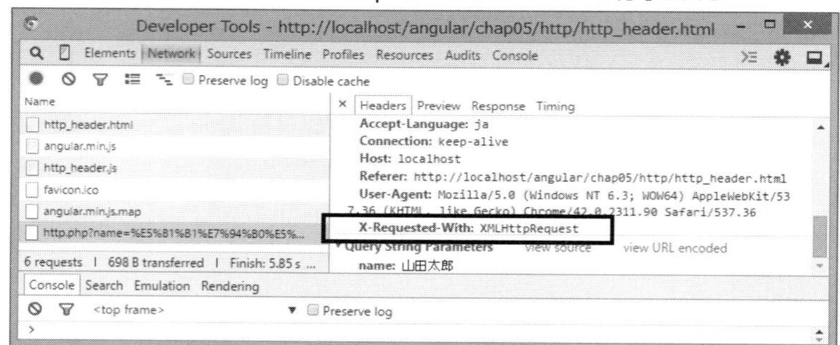

$httpProvider プロバイダーのプロパティは、モジュールオブジェクトの config メソッド配下で設定してください。config メソッドは、サービスのインスタンスが生成される前に呼び出されるメソッドです。プロバイダーを設定する際には、$httpProvider プロバイダーに限らず、config メソッドの中で記述しなければなりません。

リクエスト本体を操作する

5.2.2 項で触れたポストデータを送信するための手法の、もう 1 つの方法です。transformRequest プロパティを利用することで、リクエスト本体を「キー名＝値&...」の形式に変換できます（リスト 5-8）。

＊10
サンプルを実行するには http_request.html からアクセスしてください。http_request.html は、http.html とほぼ同じなので、紙面上は割愛します。

▼ リスト 5-8　http_request.js[*10]

```
angular.module('myApp', [])
  .config(['$httpProvider', function($httpProvider) {
    // HTTP POST時のコンテンツタイプを設定
    $httpProvider.defaults.headers.post['Content-Type'] = 'application/↵
x-www-form-urlencoded;charset=utf-8';
    // リクエスト本体の変換関数を追加
    $httpProvider.defaults.transformRequest.push(function(data) { ――❶
      data = JSON.parse(data);
      var query = [];
      // JavaScriptオブジェクトからキー／値を順に取得＆「キー=値」に整形
      for(var key in data) {
        query.push(encodeURIComponent(key) + "="
          + encodeURIComponent(data[key]));
      };
      // すべての「キー=値」を「&」で連結
      return query.join("&");
    });
  }])
```

＊11
NOTE「標準のリクエスト変換関数」を参照してください。

transformRequest プロパティは、配列の形式で変換関数を保持しているので、リスト 5-8 でも push メソッドで新たな変換関数を追加している点に注目してください（❶）。shift メソッドで既存の変換関数を削除することもできますし、そもそもプロパティそのものに変換関数を割り当てることで、デフォルトの変換関数[*11]も含めて、完全に挙動を置き換えることもできます。変換関数は、引数としてリクエスト本体を受け取り、変換した結果を返します。

以上のコードで、ポストデータが変換されましたので、リスト 5-4 のコード（$_POST）でリクエストデータを受け取ることが可能になります。

NOTE　標準のリクエスト変換関数

標準のリクエスト変換関数では、data プロパティ（リクエスト本体）にオブジェクトが設定されている場合、JSON 形式に変換します。具体的には、以下のようなコードで、これを実装しています（リスト 5-9）。データがオブジェクトで、かつ、ファイル／Blob／FormData 型でない場合に JSON に変換している様子が見て取れます。

▼ リスト 5-9　angular.js

```
transformRequest: [function(d) {
  return isObject(d) && !isFile(d) && !isBlob(d) && ↵
!isFormData(d) ? toJson(d) : d;
}],
```

補足：リクエスト情報のシリアライザー

AngularJS 1.4 では、標準でリクエスト情報をシリアライズするためのサービス（シリアライザー）が提供されるようになりました。

▼ 表 5-7　AngularJS 標準のシリアライザー

サービス	概要
$httpParamSerializer	$http サービスデフォルトのシリアライザー
$httpParamSerializerJQLike	jQuery 同様の機能を提供するシリアライザー

$httpParamSerializerJQLike を利用することで、リスト 5-8 のコードをよりシンプルに表現できます。用法は簡単、headers パラメーターでコンテンツタイプ（Content-Type ヘッダー）を、transformRequest パラメーターで $httpParamSerializerJQLike を、それぞれセットするだけです（config メソッドでの設定は不要です）。

先ほどと同じく、リスト 5-4 のコード（$_POST）でリクエストデータを受け取れることを確認してください。

▼ リスト 5-10　http_request.js

```
angular.module('myApp', [])
  .controller('MyController',
    ['$scope', '$http', '$httpParamSerializerJQLike',
    function($scope, $http, $httpParamSerializerJQLike) {
    $scope.onclick = function() {
      $http({
        method: 'POST',
        headers: {
          'Content-Type' : 'application/x-www-form-urlencoded;↵
charset=utf-8'
        },
        transformRequest: $httpParamSerializerJQLike,
        url: 'http_request.php',
        data: { name: $scope.name }
      })
      ...中略...
  }]);
```

レスポンス本体を操作する

リクエストを加工する transformRequest プロパティに対して、レスポンスを加工するのは transformResponse プロパティの役割です。以下では、AngularJS がデフォルトで適用しているレスポンス変換関数について、概要を確認しておきます（リスト 5-11）。

▼ リスト 5-11 angular.js

```
function defaultHttpResponseTransform(data, headers) {
  if (isString(data)) {
    // JSON_PROTECTION_PREFIX ()]}',¥n) ／空白を除去
    var tempData = data.replace(JSON_PROTECTION_PREFIX, '').trim(); ――❶

    // JSON形式のレスポンスはデシリアライズ
    if (tempData) {
      var contentType = headers('Content-Type');
      if ((contentType && (contentType.indexOf(APPLICATION_JSON) === 0)) || ⏎
isJsonLike(tempData)) {
        data = fromJson(tempData);
      }
    }                                                              ――❷
  }
  return data;
}
```

まず❶は脆弱性対策です。JSON データは、いわゆる JavaScript のコードでもあるため、<script> 要素を用いることでクロスドメインで読み出すことが可能です。これを利用することで、悪意の第 3 者が JSON データを不正に取得できてしまう可能性があります（図 5-6）。

▼ 図 5-6 JSON データの不正な読み込み

クライアント
❶ リクエスト
認証が必要なページでも**クライアントの権限**でそのままアクセスできる！
攻撃目標 のサイト（JSON サービス）
❷ <script> 要素経由でアクセス
罠の仕掛けられた悪意のページ
<script> では、クロスドメイン制約は無視できる
❸ 取得した JSON データを展開＆盗聴

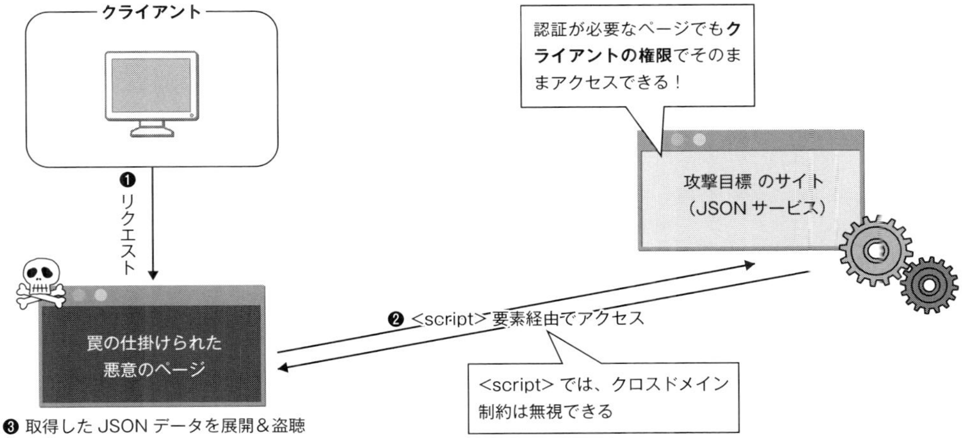

これを防ぐために、サーバーサイドではレスポンスを返す際に「)]}',¥n」のようなダミー文字列を先頭に付与することがあります。これによって、あえてレスポンスを JSON として不完全な文字列にし、<script> 要素によるデータ取得を失敗させているのです。

ただし、もちろん、このままでは $http サービスからもレスポンスを正しく処理で

きませんから、レスポンスに含まれる「)]}',¥n」をあらかじめ除去しているわけです。

❷は、レスポンスがJSON型である（Content-Typeヘッダーが「application/json」である）場合、レスポンスデータをデシリアライズし、JavaScriptオブジェクトに変換しています。

クロスサイトリクエストフォージェリー対策を実装する

クロスサイトリクエストフォージェリー（XSRF：Cross-Site Request Forgeries[*12]）とは、サイトに攻撃用のコード（一般的にはJavaScript）を仕込むことで、アクセスしてきたユーザーに対して意図しない操作を行わせる攻撃のことを言います。XSRF攻撃を受けると、たとえば、自分の日記や掲示板に勝手に投稿されてしまったり、オンラインショップで勝手に購入処理されたりといったことが起こる可能性があります。

＊12
CSRFと表記する場合もあります。しかし、AngularJSのドキュメントではもっぱらXSRFという表記が一般的ですので、検索の際には注意してください。

XSRF攻撃の怖いところは、ユーザーの現在の権限でもページにアクセスできてしまう点で、認証されたページであっても（ユーザーがログイン状態であれば）攻撃を防ぐことができません（図5-7）。

▼図5-7　クロスサイトリクエストフォージェリー攻撃

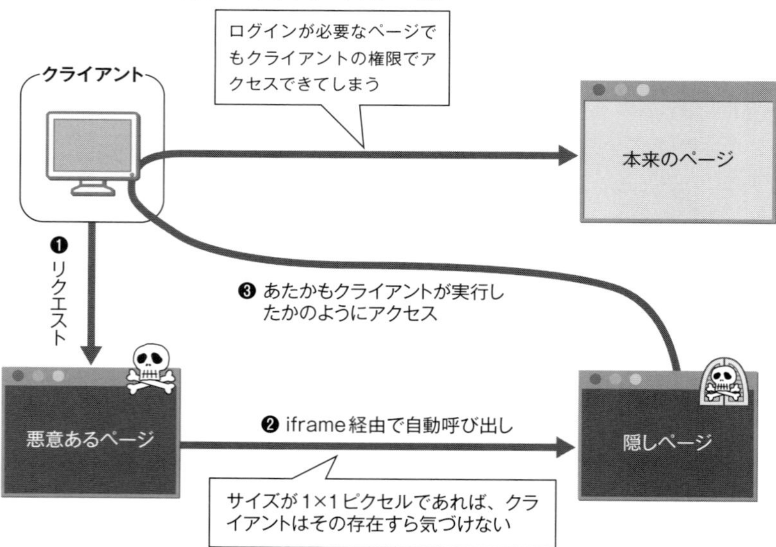

このようなXSRF対策を防ぐ一般的な手法は、以下のとおりです（図5-8）。

▼図 5-8 XSRF 対策のしくみ

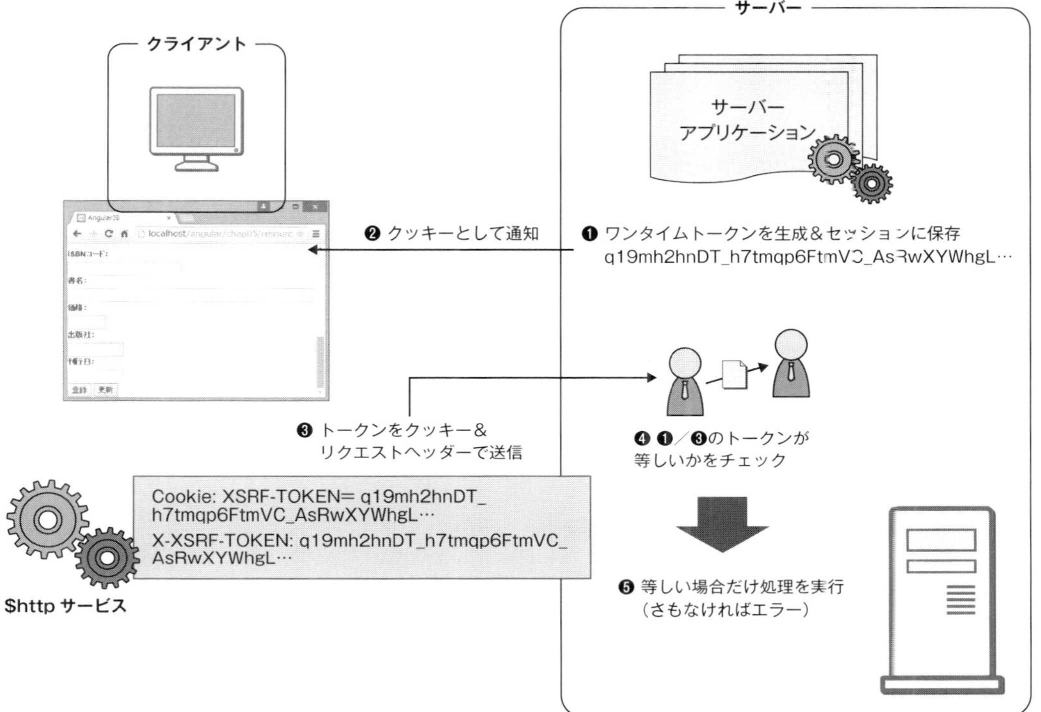
サーバー
クライアント
サーバー
アプリケーション
❷ クッキーとして通知
❶ ワンタイムトークンを生成＆セッションに保存
q19mh2hnDT_h7tmqp6FtmVC_AsRwXYWhgL…
❸ トークンをクッキー＆
リクエストヘッダーで送信
❹ ❶／❸のトークンが
等しいかをチェック
Cookie: XSRF-TOKEN= q19mh2hnDT_
h7tmqp6FtmVC_AsRwXYWhgL…
X-XSRF-TOKEN: q19mh2hnDT_h7tmqp6FtmVC_
AsRwXYWhgL…
❺ 等しい場合だけ処理を実行
（さもなければエラー）
$http サービス

サーバーサイドであらかじめランダムな文字列[*13]を生成し、クライアントに送信します。クライアントサイドでも、リクエスト時にこの文字列をヘッダーなどに乗せて送信することで、証明書替わりとするわけです。サーバーサイドでは、クライアント／サーバー双方のトークンを比較して合致しない場合には、リクエストを拒否します。

一般的に、このようなXSRF 対策はサーバーサイド主導で実施します[*14]。よって、$http サービスで提供するのは

決められたトークンをクッキー経由で受け取ったら、これをヘッダーで送信する

というところだけです。

トークンを授受するためのクッキー／リクエストヘッダーの名前は、それぞれデフォルトで「XSRF-TOKEN」「X-XSRF-TOKEN」です。もちろん、この値は、利用しているサーバーサイドフレームワークのルールに従って、適宜変更することもできます。これを行うのが、xsrfCookieName／xsrfHeaderName プロパティの役割です。

＊13
トークン、または**ワンタイムトークン**と呼ばれます。

＊14
Railsによる対策は「Ruby on Rails 4 アプリケーションプログラミング」（技術評論社）、ASP.NET MVCによる対策は「ASP.NET MVC 5 実践プログラミング」（秀和システム）などの専門書を参照してください。

＊15
サンプルを実行するにはhttp_xsrf.phpからアクセスしてください。http_xsrf.phpは、http.htmlとほぼ同じなので、紙面上は割愛します。

▼リスト5-12　http_xsrf.js＊15

```
angular.module('myApp', [])
  .config(['$httpProvider', function($httpProvider) {
    $httpProvider.defaults.xsrfCookieName = 'CSRF-TOKEN';
    $httpProvider.defaults.xsrfHeaderName = 'X-CSRF-TOKEN';
  }])
```

リクエスト／レスポンス時の共通処理を実装する

インターセプター（interceptor）とは、$httpサービスによるリクエスト／レスポンスの前後で任意の処理を差し挟むためのしくみです。インターセプターを利用することで、個別のページに手を加えることなく、たとえば、通信ログや認証などの補助的な処理を一元的に実装できます（図5-9）。

▼図5-9　インターセプター

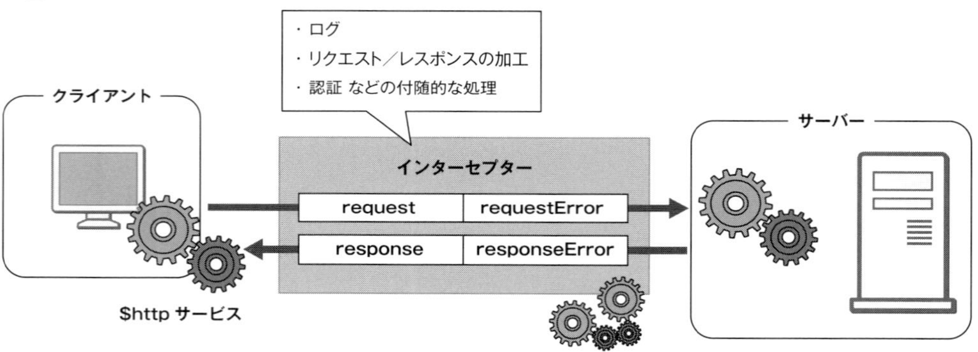

以下では、インターセプターの基本的な例として、$httpサービスに以下のような共通処理を実装してみます（リスト5-13）。

- リクエストの処理時間を計測し、ログに出力する
- リクエスト／レスポンスに渡された構成情報をログに出力する
- サーバーが500（Internal Server Error）エラーを返した場合、ダイアログ表示&指定のページに移動

＊16
サンプルを実行するにはhttp_interceptor.htmlからアクセスしてください。http_interceptor.htmlは、http.htmlとほぼ同じなので、紙面上は割愛します。

▼リスト5-13　http_interceptor.js＊16

```
angular.module('myApp', [])
  .config(['$httpProvider', function($httpProvider) {
    $httpProvider.interceptors.push( ――――――――――――――――――――――❶
      [ '$q', '$log', '$window', function ($q, $log, $window) { ――――❷
        return {
          // リクエストの前処理
```

```
    'request': function(config) {
      // リクエストの開始時刻を記録
      config.startTime = (new Date()).getTime();
      // 構成オブジェクトをログ出力
      $log.info('request...');                          ❸
      $log.info(config);
      return config;
    },
    // リクエストのエラー処理
    'requestError': function(rejection) {
      // 応答オブジェクトをログ出力
      $log.info('requestError...');
      $log.info(rejection);
      return $q.reject(rejection);
    },
    // レスポンスの前処理
    'response': function(response) {
      // リクエストの終了時刻を記録
      // 開始時刻との差分を計算/ログ出力
      response.config.endTime = (new Date()).getTime();
      $log.info('Process Time(sec): ' + (response.config.⏎
endTime - response.config.startTime) / 1000);           ❹

      // 応答オブジェクトをログ出力
      $log.info('response...');
      $log.info(response);
      return response;
    },
    // レスポンスのエラー処理
    'responseError': function(rejection) {
      // 応答ステータスが500の場合にダイアログを
      // 表示&ページ移動
      if (rejection.status === 500) {
        $window.alert('$http service failed !');
        location.href = 'top.html';                     ❺
      }
      // 応答オブジェクトをログ出力
      $log.info('responseError...');
      $log.info(rejection);
      return $q.reject(rejection);
    }
  };
}]);
}])
```

インターセプターを保持しているのは、interceptorsプロパティです。interceptorsプロパティは、transformRequest/transformResponseプロパティと同じく、配列の形式でインターセプター(オブジェクト)を管理しています。よって、一般的には、新規のインターセプターはpushメソッドで追加します（❶）。

構文　インターセプターの追加

```
$httpProvider.interceptors.push(func)
```

func：インターセプターのインスタンスを返すための関数

引数funcの戻り値は、以下のようなメソッドを持ったオブジェクト（インターセプター）です（表5-8）。ただし、必要ないメソッドは省略しても構いません。コントローラーと同じく、利用すべきサービスをアノテーションで注入できる点にも注目です（❷）。

▼表5-8　インターセプターで実装すべきメソッド

メソッド	概要
request(*config*)	リクエストされる直前に実行
requestError(*rejection*)	リクエストでエラーが発生した場合に実行
response(*response*)	レスポンスがアプリに渡される直前に実行
responseError(*rejection*)	レスポンスでエラーが発生した場合に実行

※config：$httpサービスに渡された構成情報、response：応答オブジェクト、rejection：エラー情報

❸では、リクエストの開始時刻を保存しておいて[*17]、❹の終了時刻との差分をとることで、リクエストの処理時間を求め、ログに出力しています。また、❺ではstatusプロパティで応答ステータスをチェックし、500（Internal Server Error）だった場合に、ダイアログメッセージを表示します。$log／$windowサービスについては、5.7.2項、5.5節で解説します。

requestメソッドは戻り値として構成オブジェクトを、responseメソッドは応答オブジェクトを、xxxxxErrorメソッドは拒否されたPromiseオブジェクトを、それぞれ返す必要があります。ここでは、request／responseメソッドは、それぞれ直接の値を返していますが、Promiseオブジェクトとして返すことも可能です[*18]。

＊17
startTime／endTimeはいずれも、構成オブジェクトに対して自由に設定した名前です。

＊18
Promiseについてはあらためて5.6節で詳述します。

5▸3 HTTP 経由での CRUD 処理 - $resource サービス

　$http は、汎用的な非同期通信をあまねくサポートする、優れたサービスです。反面、汎用性の代償として、アプリ開発者は HTTP 通信を強く意識したコードを書かねばならず、コードは自ずと冗長になります。

　そこで AngularJS では、$http サービスを隠蔽し、HTTP 経由での CRUD（Create－Read－Update－Delete）をオブジェクト指向ライクなコードで表現できるサービスとして、$resource を用意しています。RESTful なサービスと通信する場合には、原則として（$http ではなく）$resource サービスを利用することをおすすめします。

　本節では、$resource サービスを利用して、サーバーサイドで用意されたデータベース（books テーブル）を取得／追加／更新／削除する、シンプルなアプリを作成してみます。

▼図 5-10　書籍情報を表示&データの登録／更新／削除も可

AngularJS
localhost/angular/chap05/resource/resource.html

書名	価格	出版社	編集／削除
サーブレット&JSPポケットリファレンス	2680円	技術評論社	編集 削除
アプリを作ろう！Android入門	2000円	日経BP	編集 削除
ASP.NET MVC 5実践プログラミン	3500円	秀和システム	編集 削除
JavaScript逆引きレシピ	3000円	翔泳社	編集 削除
PHPライブラリ&サンプル実践活用	2480円	技術評論社	編集 削除
Rails 4アプリケーションプログラミング	3500円	技術評論社	編集 削除

ISBNコード：
978-4-7741-7078-7
書名：
サーブレット&JSPポケットリファレンス
価格：
2680
出版社：
技術評論社
刊行日：
2015-01-08
登録　更新

NOTE REST とは?

REST (REpresentational State Transfer) では、ネットワーク上のコンテンツをすべて一意な URL で表現するのが基本です。これらの URL に対して、HTTP のメソッドである GET (取得)、POST (作成)、PUT (更新)、DELETE (削除) を使ってアクセスするわけです。REST とは、なに (リソース) をどうする (HTTP メソッド) かを表現する考え方であると言っても良いでしょう。

▼ 図 5-11　REST とは?

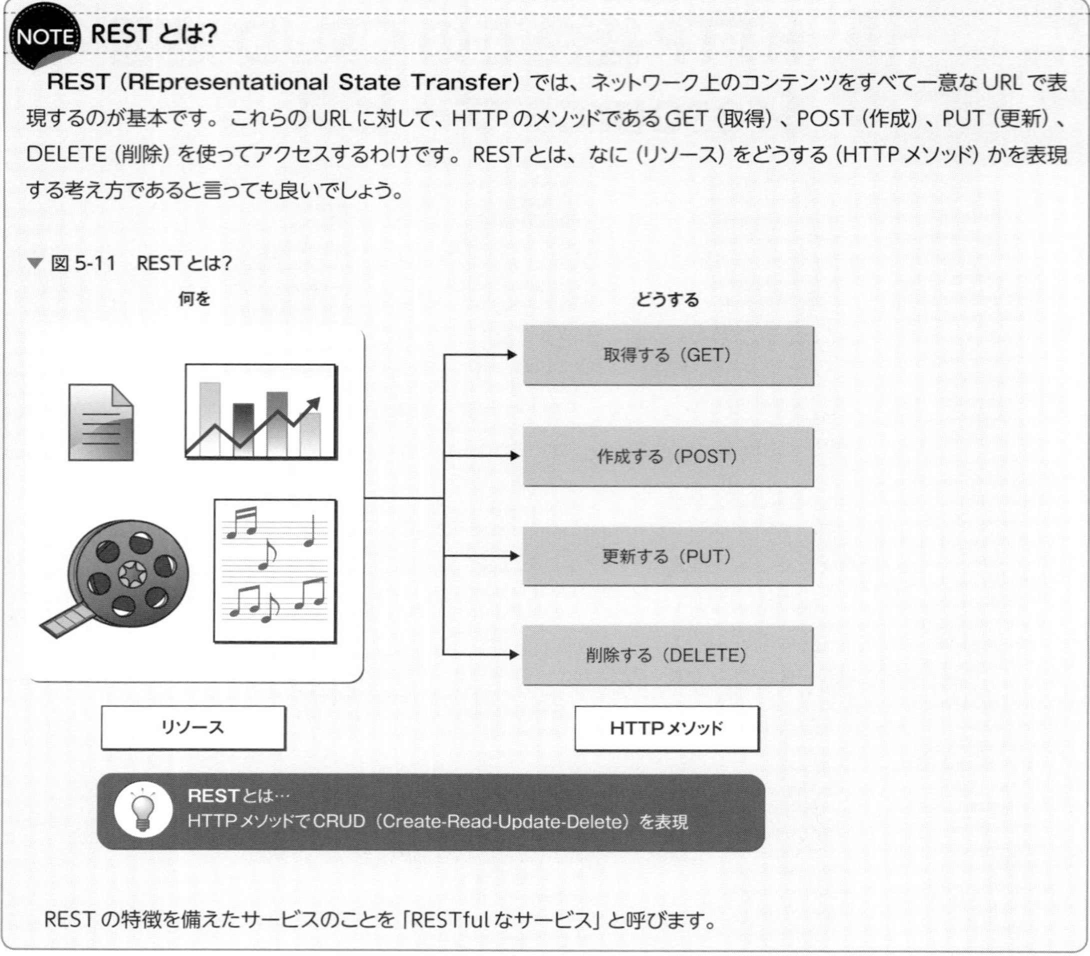

REST の特徴を備えたサービスのことを「RESTful なサービス」と呼びます。

5.3.1 サーバーサイドの準備

クライアントサイドのコードを作成する前に、$resource サービスから要求を受けるべきサーバーサイドの準備を済ませておきます。本項の内容は、AngularJS（JavaScript）とは関係ありませんので、興味のない人は読み飛ばしても構いません。

[1] angular データベースを準備する

書籍情報を管理するための angular データベースと、その配下に books テーブルを作成します（表 5-9）。

▼ 表 5-9　books テーブルのフィールドレイアウト

フィールド名	データ型	概要
isbn	CHAR(17)	ISBN コード
title	VARCHAR(100)	書名
price	INT	価格
publish	VARCHAR(30)	出版社
published	DATE	刊行日

なお、利用するデータベースサーバーはMySQL 5.6を前提としています。MySQL のインストール方法については、本書では割愛しますので、著者サポートサイト「サーバサイド技術の学び舎 - WINGS」－［サーバサイド環境構築設定］（http://www.wings.msn.to/index.php/-/B-08/）を参照してください。

MySQL をインストールできたら、コマンドプロンプトから以下のコマンドを入力してください[*19]。

＊19
入力すべきコマンドは、配布サンプルにもresource.sqlとして用意しています。適宜、コピー＆ペーストして利用してください。

```
> mysql -u root -p                                         root ユーザーでログイン
Enter password: ****                                       パスワードを入力
Welcome to the MySQL monitor.  Commands end with ; or ¥g.
...中略...
mysql> CREATE DATABASE angular;                            angular データベースを作成
mysql> USE angular;                                        angular データベースに移動
mysql> GRANT all privileges ON angular.* TO angusr@localhost IDENTIFIED BY ⏎
'angpass';                                                 angusr ユーザー（パスワードは angpass）を作成
mysql> CREATE TABLE books (isbn CHAR(17) PRIMARY KEY, title VARCHAR(100), ⏎
price INT, publish VARCHAR(30), published DATE);          books テーブルを作成
mysql> INSERT INTO books VALUES ('978-4-7741-7078-7', 'サーブレット＆JSPポケットリファレンス', ⏎
2680, '技術評論社', '2015-01-08');                         books テーブルにサンプルデータを登録
mysql> INSERT INTO books VALUES ('978-4-8222-9634-6', 'アプリを作ろう！Android入門', 2000, ⏎
'日経BP', '2014-12-20');
mysql> INSERT INTO books VALUES ('978-4-7980-4179-7', 'ASP.NET MVC 5実践プログラミング', 3500, ⏎
'秀和システム', '2014-09-20');
mysql> INSERT INTO books VALUES ('978-4-7981-3546-5', 'JavaScript逆引きレシピ', 3000, '翔泳社', ⏎
'2014-08-28');
mysql> INSERT INTO books VALUES ('978-4-7741-6566-0', 'PHPライブラリ＆サンプル実践活用', 2480, ⏎
'技術評論社', '2014-06-24');
mysql> INSERT INTO books VALUES ('978-4-7741-6410-6', 'Rails 4アプリケーションプログラミング', ⏎
3500, '技術評論社', '2014-04-11');
```

[2] PHP スクリプトを準備する

クライアントサイド（$resource サービス）からアクセスを受けて、books テーブルを参照／更新するためのコードを準備します。具体的には、以下のような処理を実装しています（表 5-10）。

▼ 表5-10　PHPスクリプトの役割

HTTPメソッド	URL	処理内容
GET	/chap05/resource.php	書籍情報をすべて取得
	/chap05/resource.php/*isbn*	指定されたISBNコードの書籍情報を取得
POST		新規の書籍情報を登録
PUT		既存の書籍情報を更新
DELETE		既存の書籍情報を削除

HTTPメソッド／URLの組み合わせで、処理を振り分けているわけです。本書はPHPの専門書ではありませんので、構文の詳細については専門書に譲ります。ここではまず、コメントを手掛かりに、コードの大まかな流れを理解することに努めてください[20]。

＊20
PHPについて詳細に学びたい方は、拙著「独習PHP」（翔泳社）などを参照してください。

▼ リスト5-14　resource.php

```
<?php
// Notice以外のすべてのエラーを表示
error_reporting(E_ALL & ~E_NOTICE);

try {
  // データベースに接続
  $db = new PDO('mysql:host=localhost;dbname=angular;charset=utf8',
    'angusr', 'angpass');
  // HTTPメソッドによって処理を分岐
  switch ($_SERVER['REQUEST_METHOD']) {
    // HTTP GETの場合
    case 'GET' :
     // 「/chap05/resource.php」の場合、すべてのデータを取得
     if (is_null($_SERVER['PATH_INFO'])) {
        $stt = $db->query('SELECT * FROM books ORDER BY published DESC');
        print(json_encode($stt->fetchAll(PDO::FETCH_ASSOC)));
      // 「/chap05/resource.php/isbn」の場合、指定されたデータを取得
      } else {
        $stt = $db->prepare('SELECT * FROM books WHERE isbn = ?');
        $stt->bindValue(1, explode('/', $_SERVER['PATH_INFO'])[1]);
        $stt->execute();
        if ($row = $stt->fetch(PDO::FETCH_ASSOC)) {
          print(json_encode($row));
        }
      }
      break;
    // HTTP POSTの場合、ポストデータをもとにデータを登録
    case 'POST' :
      $input = file_get_contents('php://input');
      $decoded = json_decode($input);
      $stt = $db->prepare('INSERT INTO books(isbn, title, price, ⏎
publish, published) VALUES(?, ?, ?, ?, ?)');
```

```
      $stt->bindValue(1, $decoded->isbn);
      $stt->bindValue(2, $decoded->title);
      $stt->bindValue(3, $decoded->price);
      $stt->bindValue(4, $decoded->publish);
      $stt->bindValue(5, $decoded->published);
      $stt->execute();
      print($input);
      break;
    // HTTP PUTの場合、ポストデータをもとにデータを更新
    case 'PUT' :
      $input = file_get_contents('php://input');
      $decoded = json_decode($input);
      $stt = $db->prepare('UPDATE books SET title=?, price=?, ↵
publish=?, published=? WHERE isbn=?');
      $stt->bindValue(1, $decoded->title);
      $stt->bindValue(2, $decoded->price);
      $stt->bindValue(3, $decoded->publish);
      $stt->bindValue(4, $decoded->published);
      $stt->bindValue(5, $decoded->isbn);
      $stt->execute();
      print($input);
      break;
    // HTTP DELETEの場合、パス情報をキーにデータを削除
    case 'DELETE' :
      $isbn = explode('/', $_SERVER['PATH_INFO'])[1];
      $stt = $db->prepare('DELETE FROM books WHERE isbn = ?');
      $stt->bindValue(1, $isbn);
      $stt->execute();
      print($isbn);
      break;
    default :
      break;
  }
} catch (PDOException $e) {
  die($e->getMessage());
}
$db = NULL;
```

以下のアドレスでアクセスし、PHP スクリプトが正しく動作していることを確認してみましょう。books テーブルの全データが JSON 形式で出力されていれば成功です。

```
http://localhost/angular/chap05/resource/resource.php
```

```
[
  {
```

```
    "isbn":"978-4-7741-7078-7",
    "title":"¥u30b5¥u30fc¥u30d6¥u30ec...",
    "price":"2680",
    "publish":"¥u6280¥u8853¥u8a55¥u8ad6¥u793e",
    "published":"2015-01-08"
  },
  ...中略...
  {
    "isbn":"978-4-7741-6410-6",
    "title":"Rails 4¥u30a2¥u30d7¥u30ea...",
    "price":"3500",
    "publish":"¥u6280¥u8853¥u8a55¥u8ad6¥u793e",
    "published":"2014-04-11"
  }
]
```

5.3.2 クライアントサイドの実装

事前準備の説明が長くなりましたが、いよいよ$resourceサービスを利用した、クライアントサイドの実装です（リスト5-15）。もっとも、.htmlファイルについては、ほとんどこれまでの復習ですので、解説そのものは.jsファイルにフォーカスします。

▼ リスト5-15　上：resource.html／下：resource.js

```
<script src="https://ajax.googleapis.com/ajax/libs/angularjs/1.4.1/⏎
angular-resource.min.js"></script> ――――――――――――――――❶
...中略...
<table class="table">
  <tr>
    <th>書名</th><th>価格</th><th>出版社</th><th>編集／削除</th>
  </tr>
  <tr ng-repeat="book in books">
    <td>{{book.title}}</td>
    <td>{{book.price}}円</td>
    <td>{{book.publish}}</td>
    <td><button ng-click="onedit(book.isbn)">編集</button>
    <button ng-click="ondelete(book.isbn)">削除</button></td>
  </tr>
</table>
<hr />
<!--入力値はbook.～プロパティに紐づけ-->                          ❿
<form novalidate>*21
  <div>
    <label for="isbn">ISBNコード：</label><br />
    <input id="isbn" type="text" size="25" ng-model="book.isbn" />
  </div>
```

＊21
本来であれば、入力値検証の機能を実装すべきですが、本項では簡単化のために割愛します。詳しくは3.6節を参考にしてください。

```
  <div>
    <label for="title">書名：</label><br />
    <input id="title" type="text" size="60" ng-model="book.title" />
  </div>
  <div>
    <label for="price">価格：</label><br />
    <input id="price" type="text" size="5" ng-model="book.price" />
  </div>
  <div>
    <label for="publish">出版社：</label><br />
    <input id="publish" type="text" size="10"
      ng-model="book.publish" />
  </div>
  <div>
    <label for="published">刊行日：</label><br />
    <input id="published" type="text" size="10"
      ng-model="book.published" />
  </div>
  <div>
    <button ng-click="oninsert()">登録</button>
    <button ng-click="onupdate()">更新</button>
  </div>
</form>
```

```
angular.module('myApp', [ 'ngResource' ])  ❷
  .controller('MyController',
   ['$scope', '$resource', function($scope, $resource) {  ❸
    // サーバーサイドアクセスのためのresourceオブジェクトを取得
    var Book = $resource(
      'resource.php/:isbn',
      { isbn: '@isbn' },                                  ❹
      { update: { method: 'PUT' } }
    );

    // 初期状態で、すべての書籍情報を取得
    $scope.books = Book.query();  ❺

    // [登録] ボタンクリックで、入力された書籍情報を新規登録
    $scope.oninsert = function() {
      Book.save(
        $scope.book,
        function() {                                      ❻
          $scope.books = Book.query();
        });
    };

    // [編集] ボタンクリックで、該当する書籍情報をフォームに反映
    $scope.onedit = function(isbn) {
      $scope.book = Book.get({ isbn: isbn });  ❼
```

```
  };

  // ［更新］ボタンクリックで、入力された書籍情報で既存データを更新
  $scope.onupdate = function() {
    Book.update(
      $scope.book,
      function() {
        $scope.books = Book.query();
      });
  };

  // リスト上の［削除］ボタンクリックで、該当する書籍情報を破棄
  $scope.ondelete = function(isbn) {
    Book.delete(
      { isbn: isbn },
      function() {
        $scope.books = Book.query();
      });
  };
}]);
```

$resourceサービスは、AngularJSのコア（angular.min.js）には含まれていません。あらかじめangular-resource.min.jsをインポート（❶）した上で、メインモジュールからもngResourceモジュールへの依存関係を宣言してください（❷）。

また、これは他のサービスも同様ですが、$resourceサービスを利用するコンポーネントでは、明示的に$resourceを注入しておきます（❸）。

以降、有効化した$resourceサービスの基本的な用法を、コードに沿って解説していきます。

5.3.3 resourceオブジェクトの生成

$resourceサービスを利用するにあたっては、まず、サーバーサイドとリソースの受け渡しを担うresourceオブジェクトを生成します（❹）。

構文　$resourceメソッド

```
$resource(url [,defaults [,actions [,options]]])
```

url：リクエスト先のURL
defaults：リクエスト時に送信するパラメーターのデフォルト値
actions：アクション情報
options：動作オプション[*22]

＊22
現在利用できるオプションは、stripTrailingSlashes（キーがない場合にURLの末尾からスラッシュを除去するか）だけです。デフォルトはtrueです。

＊23
アクションと呼びます。

戻り値のresourseオブジェクトは、デフォルトで、以下のようなメソッド[*23]を提供

します（表 5-11）。$resource サービスでは、これらのメソッドを利用することで、オブジェクト指向ライクな構文で HTTP 経由のサービスにアクセスできるわけです。

▼ 表 5-11　resource オブジェクト標準のメソッド

メソッド	HTTP メソッド	用途
query	GET	複数のデータを取得（戻り値は配列）
get	GET	単一のデータを取得（戻り値は単一のオブジェクト）
save	POST	新規データを登録
remove	DELETE	既存データを削除
delete		

それでは、$resource メソッドの個々の引数について、つまびらかにしていきます。

URL テンプレート - 引数 url

引数 url では、リクエストに利用する **URL テンプレート**を宣言します。テンプレートというのは、固定的なパスだけでなく、「: 名前」のようなパラメーターの置き場所（プレイスホルダー）を指定できるからです。

サンプルでは、:isbn というパラメーターを宣言しています。パラメーター値は、あとからアクションを呼び出す際に指定できます。

パラメーターのデフォルト値 - 引数 defaults

引数 url に含まれるプレイスホルダー（: 名前）のデフォルト値を、「パラメーター名 : 値」のハッシュ形式で表します。❹のように、デフォルト値として「@ 名前」（ここでは @isbn）を指定した場合には、あとから個々のアクションを呼び出す際に、データオブジェクト[*24] の同名のキーから値を割り当てます。

＊24
アクションに渡されたリクエスト本体です。アクションの構文については 5.3.4 項で解説します。

なお、引数 defaults に URL テンプレート（引数 url）に含まれないキーがあった場合、そのパラメーターはクエリ情報として付与されます。たとえば、

```
/articles/:id
```

に対して、引数 defaults が

```
{ id: 108, charset: 'utf8' }
```

であれば、デフォルトで

```
/articles/108?charset=utf8
```

のようなアドレスが生成されます。

アクションの追加情報 - 引数 actions

resourceオブジェクトで用意されているアクション（メソッド）は、必要に応じて拡張することもできます[*25]。アクションは、「アクション名 : { パラメーター名 : 値 ,... }」のハッシュ形式で指定してください。

❹では、HTTP PUTメソッドでリクエストするupdateアクション（メソッド）を、新たに追加しています。ここでは、methodパラメーターでリクエストで利用するHTTPメソッドを指定していますが、その他にも以下のようなパラメーターを指定できます[*26]（表5-12）。パラメーターの詳細については、ほとんどが$httpサービスのそれと重複していますので、詳しくは前節を参照してください。

＊25
もちろん、既存のアクションの設定を書き換えることも可能です。

＊26
たとえば、標準のqueryメソッドは、isArrayパラメーターをtrueに指定していますので、サーバーサイドからの戻り値は配列でなければなりません。

▼表5-12　引数actionsで指定できる主なパラメーター

パラメーター名	概要
action	アクション名
method	利用するHTTPメソッド（GET／POST／PUT／DELETE／JSONP）
params	アクションが利用するパラメーター
url	リクエスト先（もともと指定されたものを上書き）
isArray	アクションの戻り値が配列であるか（true／false）
transformRequest	リクエスト変換関数（配列も可）
transformResponse	レスポンス変換関数（配列も可）
cache	HTTP GETリクエストをキャッシュするか
timeout	リクエストのタイムアウト時間（ミリ秒）
withCredentials	XHRオブジェクトにwithCredentialsフラグを設定するか
responseType	レスポンスの型（text、blob、documentなど。デフォルトは文字列型）
interceptor	インターセプターを設定

5.3.4 アクションの実行

resourceオブジェクトを生成できたら、あとはこれらのアクション（メソッド）を呼び出すだけです（❺～❾）。

構文　アクションメソッド

```
query([params [,success [,error]]])        ── GET（戻り値は配列）
get([params [,success [,error]]])          ── GET（戻り値は単一のオブジェクト）
save([params,] post [,success [,error]])   ── POST（データの登録）
remove([params,] post [,success [,error]]) ── DELETE（データの削除）
delete([params,] post [,success [,error]]) ── DELETE（データの登録）
```

params : URLパラメーター　　*post* : リクエスト本体
success : 成功コールバック関数　　*error* : 失敗コールバック関数

query／getアクションで取得したオブジェクト（またはその配列）は、これまでどおり、スコープオブジェクトに割り当てるだけで、ビューに反映できます（❺、❼）。アクションは非同期に実行されますが（＝直後には空の参照が返されますが）、サーバーから応答を得ると、参照先に実データが格納されます。よって、ビューに値を反映させるだけであれば、アプリ開発者が非同期処理（コールバック関数）を意識する必要はありません。

save／updateアクション[*27]の引数postには、$scope.bookプロパティを渡しています（❻、❽）。ビュー（❿）に注目してみると、それぞれの入力値が「book.～」プロパティに紐づいていますので、$scope.bookプロパティは以下のようなハッシュ値になっているはずです。

＊27
先ほども触れたように、updateアクションは自前で追加したメソッドです。

```
{
  "isbn": "978-4-7741-7078-7",
  "title": "サーブレット＆JSPポケットリファレンス",
  "price": "2680",
  "publish": "技術評論社",
  "published": "2015-01-08"
}
```

$resourceサービスは、このようなハッシュ（オブジェクト）をJSON形式に変換したものをリクエスト本体として送信します[*28]。

＊28
よって、サーバーサイドでもJSONデータを処理するためのコードを準備しなければなりません。

get／deleteアクション（❼、❾）には、ng-clickイベントリスナーから渡された引数isbn（ISBNコード）を渡して、データ取得／削除のキーとしています。

補足：インスタンスメソッド

非HTTP GET系のアクションは、接頭辞「$」付きのインスタンスメソッドとしても利用できます。本項の例であれば、標準アクションsave／delete／removeに対応して、$save／$delete／$removeが、追加アクション（サンプルではupdate）に対して$updateが、それぞれ有効になります。

以下では、これらのインスタンスメソッドを利用して、特定のデータを取得したあと、その結果でデータを更新してみましょう（リスト5-16）。

▼リスト5-16　resource_instance.js[*29]

```
var b = Book.get({ isbn: '978-4-7741-7078-7' }, function() {
  b.title = 'サーバサイドJavaポケットリファレンス';
  b.$update(function() {
    $scope.books = Book.query();
  });
});
```

＊29
サンプルを実行するにはresource_instance.htmlからアクセスしてください。resource_instance.htmlは、resource.htmlとほぼ同じなので、紙面上は割愛します。

成功コールバック関数の時点では、変数b（getメソッドの戻り値）に書籍情報が入っているはずなので、これに対してtitleプロパティを書き換え、$updateインスタンスメソッドで更新処理を走らせているわけです。

処理対象の書籍情報は、（戻り値ではなく）成功コールバックの引数として受け取ることもできます（リスト5-17）。

▼リスト5-17　resource_instance.js

```
Book.get({ isbn: '978-4-7741-7078-7' }, function(b) {
  b.title = 'サーバサイドJavaポケットリファレンス';
  ...中略...
});
```

同様に、インスタンスを明示的に作成してからデータを操作することもできます（リスト5-18）。新規の書籍情報を作成した上で、$saveメソッドで保存しています。

▼リスト5-18　resource_instance.js

```
var b = new Book({ isbn: '978-4-7741-XXXX-X' });
b.title = 'AngularJSポケットリファレンス';
b.price = 3000;
b.publish = '技術評論社';
b.published = '2015-10-10';
b.$save(function() {
  $scope.books = Book.query();
});
```

5.4 ルーティング - $routeProvider プロバイダー

ルーティングとは、リクエストURLに応じて処理の受け渡し先（コントローラーとテンプレート）を決定すること、そのしくみのことを言います（図5-12）。ルーティングは、1.1.2項でも触れたSPA（Single Page Application）を実装する上で欠かせないしくみです。

▼図5-12 ルーティングとは?

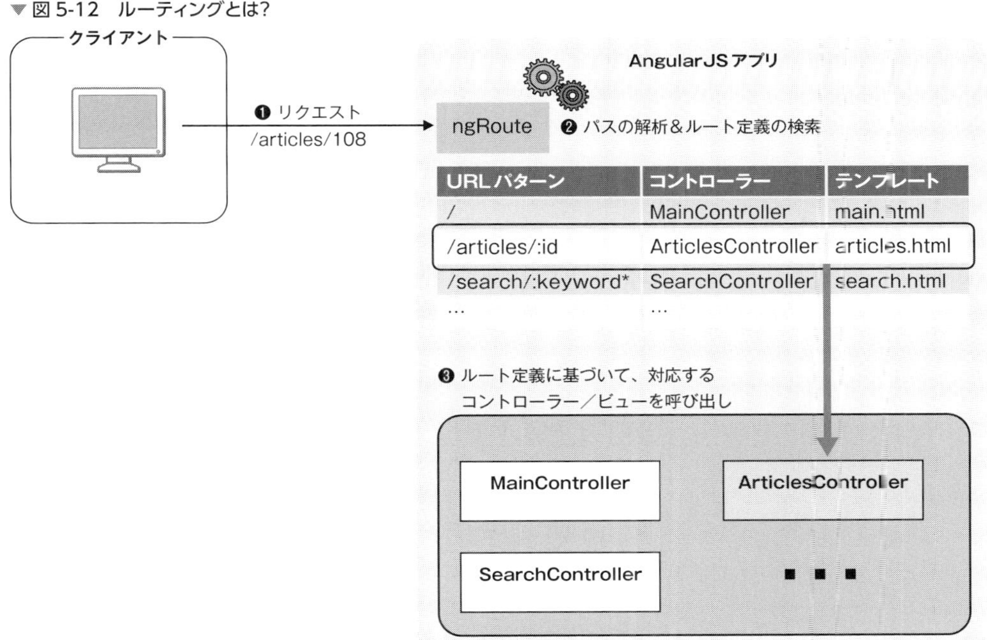

5.4.1 ルーティングの基本

以下は、ルーティングを利用した基本的なサンプルです（図5-13）。ページ上部のメニューバーをクリックすることで、メイン領域のコンテンツを動的に切り替えます。

基本編 1 2 3 4 5 6 7 8 9

▼図 5-13　本項で扱うサンプルアプリ

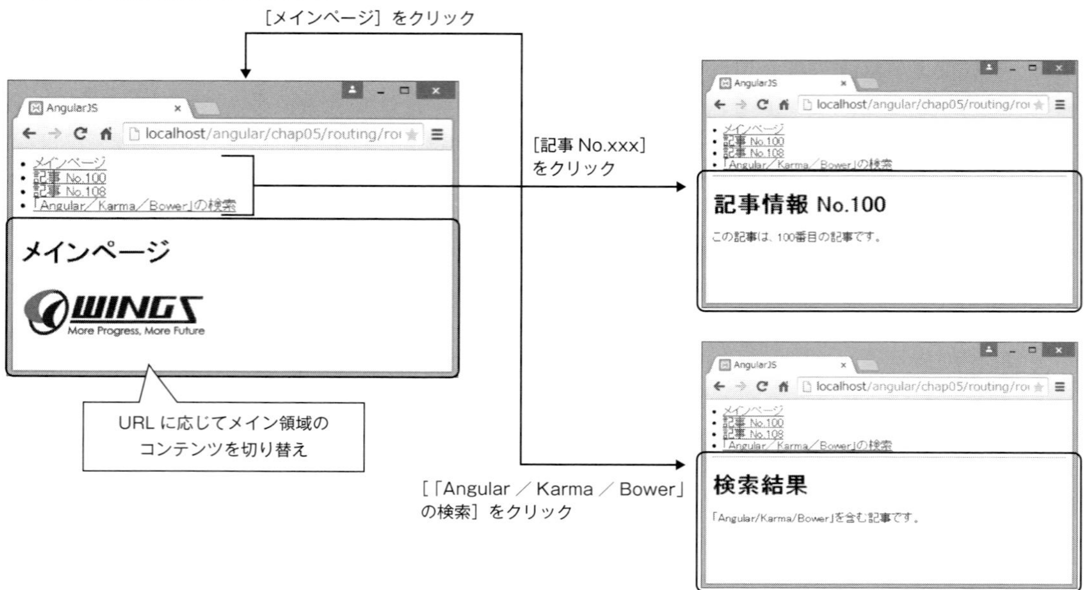

関係するファイルが増えてきましたので、サンプルを構成するファイルを以下にまとめます（表 5-13）。

▼表 5-13　サンプルを構成するファイル

ファイル名	概要
route.html	最初に呼び出すメインページ
route.js	ルーティングの設定
controller.js	個別ページで利用されるコントローラー
/views	個別に呼び出されるテンプレート（main.html／articles.html／search.html）

以下では、これらのファイルについて、順に解説していきます。

メインページの作成

まずは、メインページを表す route.html からです（リスト 5-19）。

▼リスト 5-19　route.html

```
<!DOCTYPE html>
<html ng-app="myApp">
<head>
<meta charset="UTF-8" />
<title>AngularJS</title>
<script src="https://ajax.googleapis.com/ajax/libs/angularjs/⏎
```

```
1.4.1/angular.min.js"></script>
<script src="https://ajax.googleapis.com/ajax/libs/angularjs/↵
1.4.1/angular-route.min.js"></script> ———❶
<script src="scripts/route.js"></script>
<script src="scripts/controller.js"></script>
</head>
<body>
<ul>
  <li><a ng-href="#/main">メインページ</a></li>
  <li><a ng-href="#/articles/100">記事 No.100</a></li>
  <li><a ng-href="#/articles/108">記事 No.108</a></li>
  <li><a ng-href="#/search/Angular/Karma/Bower">↵
「Angular／Karma／Bower」の検索</a></li>
</ul>
<hr />
<div ng-view></div> ———❷
</body>
</html>
```

AngularJS では、ルーティングのしくみをngRoute モジュールとして提供しています。ngRoute モジュール（angular-route.min.js）は、いわゆる AngularJS のコアモジュールとは別に提供されていますので、利用に当たって、あらかじめ明示的にインポートしておく必要があります（❶）。

ng-view 属性は、ngRoute モジュールで提供されるディレクティブです（❷）。ルーティングによって呼び出されたテンプレートは、ng-view 属性で指定された領域（要素）の配下に展開されます。

ルーティングの定義

ルーティング設定（**ルート**）を定義するには、$routeProvider プロバイダーのwhen／otherwise メソッドを利用します。以下に、具体的なコードを見てみましょう（リスト 5-20）。

$routeProvider プロバイダーの設定は、個別のコントローラー配下ではなく、モジュールオブジェクトの config メソッドで記述する点に注意してください。config メソッドは、サービスのインスタンスが生成される前に呼び出されるメソッドなのです（3.3.3 項）。

＊30
コードが長くなってきた場合、このようにルーティング、コントローラーと目的に応じてファイルも細分すべきです。もちろん、１つのファイルでまとめることも可能です。

▼ リスト 5-20　route.js＊30

```
angular.module('myApp', [ 'ngRoute' ])
  .config(function ($routeProvider) {
    $routeProvider
      // 「/」に対する処理
      .when('/', {
        templateUrl: 'views/main.html',
```

```
      controller: 'MainController'
    })
    // 「/articles/～」に対する処理
    .when('/articles/:id', {
      templateUrl: 'views/articles.html',
      controller: 'ArticlesController'
    })
    // 「/search/～」に対する処理
    .when('/search/:keyword*', {
      templateUrl: 'views/search.html',
      controller: 'SearchController'
    })
    // それ以外のリクエストに対する処理
    .otherwise({
      redirectTo: '/'
    });
});
```

まず、when メソッドは、特定のパスに対して、処理の受け渡し先（コントローラーとテンプレート）を明示的に紐づけ（❶）、いずれのパスにも合致しなかった場合の処理方法を otherwise メソッドで定義するわけです（❷）。when メソッドは、アプリで利用するルートの数だけ列挙できます。

構文　when メソッド

```
when(path, route)
```

path：URL パターン
route：ルート情報（「パラメーター名： 値 ,...」のハッシュ形式）

構文　otherwise メソッド

```
otherwise(route)
```

route：ルート情報（「パラメーター名： 値 ,...」のハッシュ形式）

たとえば、サンプルでは、以下のようなルートを定義しています。

- 「/」を MainController コントローラー／main.html で処理
- 「/articles/～」を ArticlesController コントローラー／articles.html で処理
- 「/search/～」を SearchController コントローラー／search.html で処理
- それ以外のパスは「/」にリダイレクト（＝MainController コントローラー／main.html で処理）

まだ個別のパラメーターについては説明していませんが、ngRoute モジュールを利用することで、以上の設定をごくシンプルに表現できることがわかります。個々のパラメーターについては、5.4.2 項で詳述します。

テンプレート／コントローラーの作成

最後に、ルーティングによって処理を委ねられるコントローラー／テンプレートです。ここでは、以下のものを用意しておきます。

- トップページを表す main.html／MainController コントローラー
- 記事情報を表すことを想定した articles.html／ArticlesController コントローラー
- 検索結果を表すことを想定した search.html／SearchController コントローラー

＊31
ng-view ディレクティブ配下に反映されることを想定していますから、当然です。

コードを見てもわかるように、テンプレートがページの断片[*31]であることを除いては、これまでと同じ要領で表現できます。ルーティングであるからといって、特筆すべき点はありません。

▼ リスト 5-21　main.html

```
<div>
  <h1>メインページ</h1>
  <p>{{ msg }}</p>
  <img src="http://www.wings.msn.to/image/wings.jpg" alt="WINGSロゴ" />⏎
<br />
</div>
```

▼ リスト 5-22　articles.html

```
<div>
  <h1>記事情報 No.{{ id }}</h1>
  <p>この記事は、{{ id }}番目の記事です。</p>
</div>
```

▼ リスト 5-23　search.html

```
<div>
  <h1>検索結果</h1>
  <p>「{{ keyword }}」を含む記事です。</p>
</div>
```

＊32
module メソッドの第 2 引数を省略した場合、module メソッドは既存のモジュールを取得します。この例では、route.js（P.207）で既に myApp モジュールを作成していますので、第 2 引数を指定してはいけません。

▼ リスト 5-24　controller.js

```
angular.module('myApp')*32
  .controller('MainController', ['$scope', function($scope) {
    $scope.msg = 'ようこそWINGSプロジェクトへ!';
```

```
}])
.controller('ArticlesController',
  ['$scope', '$routeParams', function($scope, $routeParams) {
  $scope.id = $routeParams.id;
}])
.controller('SearchController',
  ['$scope', '$routeParams', function ($scope, $routeParams) {
  $scope.keyword = $routeParams.keyword;
}]);
```

$routeParamsは、ルーティング時に渡されたルートパラメーターを管理するためのサービスです。ルートパラメーターについてはこのあとすぐに説明します。まずは、

- 「~/articles/108」というパスに対して$routeParams.idには108
- 「~/search/Angular/Karma/Bower」に対して$routeParams.keywordには「Angular/Karma/Bower」

のような値が設定されると理解しておいてください。

▼図5-14　$routeParamsの設定

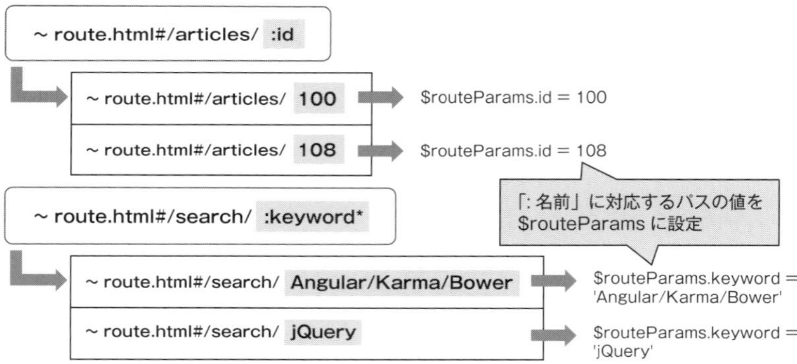

5.4.2 $routeProvider.whenメソッドのパラメーター

ルーティングの基本を理解したところで、when／otherwiseメソッドの引数path／routeについてつまびらかにしていきます。

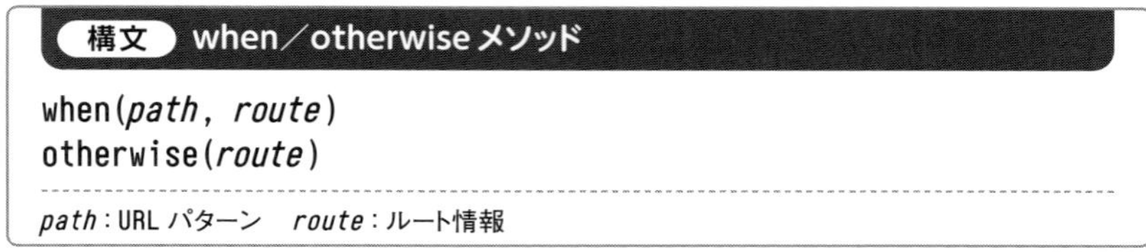

構文 when／otherwiseメソッド

```
when(path, route)
otherwise(route)
```

path：URLパターン　*route*：ルート情報

引数 path - URL パターン

引数 path は、ルーティングの際にどのルートを利用するかを決めるキーとなる情報です。ngRoute モジュールでは、ここで定義された URL パターンと、実際のリクエスト URL とを比較し、合致する場合にそのルートを使用します。

たとえばリスト 5-20 では、以下のような URL パターンが定義されています。

```
/articles/:id
```

「:名前」の形式で表されているのは、変数のプレイスホルダーで、マッチした URL に応じて、対応する値が個々の変数[*33]にセットされます。従って、リクエスト URL が

＊33
正確には、$routeParams オブジェクトのプロパティです。

```
http://localhost/angular/chap05/routing/route.html#/articles/108
```

であれば、変数 id は 108 である、ということです。

プレイスホルダーには、さまざまな表現方法がありますので、以下にまとめておきます（表 5-14）。

▼表 5-14　プレイスホルダーと URL パターンの例

No.	プレイスホルダー	URL パターン	マッチするリクエスト URL（例）
1	:name	/blog/:year/:month/:day	/blog/2015/08/05 /blog/2020/12/31
		/blog/:year-:month-:day	/blog/2015-08-05 /blog/2020-12-31
2	:name?	/blog/:year?/:month?/:day?	/blog/2015/08/05 /blog/2015/08 /blog/2015 /blog
		/blog/:year/:month?/:day	/blog/2015/08/31 /blog/2015/31
3	:name*	/search/:keyword*	/search/JavaScript /search/JavaScript/AngularJS/jQuery
		/bookmark/:tag*/comment	/bookmark/javascript/framework/ecma/comment

1 は、上でも触れた、最もシンプルな例です。プレイスホルダーは、基本的に必要な数だけ含めることができます。プレイスホルダーは、「/」以外にも、「-」や「.」で区切ることができますが、「X」などのアルファベットで区切ることはできません。

2 の「:name?」は、その変数が省略可能であることを表します。よって、表の例では「/blog/2015/08/05」「/blog/2015/08」「/blog/2015」「/blog」いずれもマッチするとみなされるわけです。

パスの途中のパラメーターを省略可能にすることも可能です。たとえば、

```
/blog/:year/:month?/:day
```

に対して「/blog/2015/31」を渡した場合は、year=2015、day=31 となります。ただし、このような中途の省略パラメーターは意図がわかりにくく、潜在的なバグの原因ともなりますので、原則として省略パラメーターは末尾に集めることをおすすめします。

3 の「:name*」は、以降、「/」をまたいですべてのパスが変数にセットされることを意味します。表の例であれば「/search/:keyword*」に対して「/search/Angular/Karma/Bower」を指定した場合、変数 keyword には「Angular/Karma/Bower」がセットされることになります。不特定多数のパラメーターを受け取りたい場合に、このような表現を利用します。

「:name*」はパスの途中に指定することもできます。「/bookmark/:tag*/comment」のような例です。このルートに対して「/bookmark/javascript/framework/ecma/comment」のようなパスがマッチした時は、変数 tag に「javascript/framework/ecma」がセットされることになります。

NOTE ルートの優先順位

when メソッドでルートを追加する順序は、とても大切です。ルートは追加された順に判定され、最初にマッチした条件でルートが決定するからです。たとえば、以下のような順序でルートを設定してはいけません。

1. /:category/:keyword/:id?
2. /articles/:id

この場合、/articles/108 のようなリクエストがあったとしても、1. のルートにマッチしてしまうため（category=articles、keyword=108 です）、2. にはマッチングを試みることすらないのです。

このことから、ルートを追加する際には、

特殊なルートを先に、一般的なルートをあとに記述する

のが鉄則です。パターン単体ではマッチしているように見えるのに、思ったようにルートが適用されない時は、まず、優先順位を疑ってみると良いでしょう。

> **NOTE hash モードと html5 モード**
>
> ルーティング時のパスには、$location サービス（5.5.3 項）の hash／html5 モードが利用されます。デフォルトは hash モードなので、以下のように、「#～」の形式でルーティングを表すパスが挿入されるわけです。
>
> ```
> http://localhost/angular/chap05/routing/route.html#/articles/108
> ```
>
> html5 モード（History API）に切り替える方法は、5.5.3 項を参照してください。<base> 要素の href 属性として「/angular/chap05/routing/」を指定した場合、ルーティングによって、以下のようなパスが生成されます[*34]。
>
> ```
> http://localhost/angular/chap05/routing/articles/108
> ```
>
> html5 モードにした場合も、History API に対応してないブラウザー[*35]では、自動的に hash モードにフォールバックします。

＊34
html5 モードでサンプルを実行するには、route_html5.html からアクセスしてください。

＊35
たとえば Internet Explorer であれば、バージョン 9 以前では History API を未サポートです。

引数 route - ルート情報

引数 route には「パラメーター名：値 ,...」のハッシュ形式でルーティングにかかわる設定情報を宣言します。利用可能なパラメーターは、表 5-15 のとおりです。

▼ 表 5-15　ルーティングにかかわる主なパラメーター（引数 route のキー）

パラメーター名	概要
controller	ルーティング先で利用するコントローラー
controllerAs	コントローラー名のエイリアス
template	利用するテンプレート（文字列）
templateUrl	利用するテンプレート（パス）
resolve	コントローラーに注入する依存関係のマップ
redirectTo	リダイレクト先
reloadOnSearch	$location.search／hash が変更された時にルート先をリロードするか（デフォルトは true）
caseInsensitiveMatch	ルーティングの際に大文字小文字を区別しないか（デフォルトは false（区別する））

この中でもよく利用するのは、controller／templateUrl パラメーターです。サンプルでも、controller／templateUrl の組み合わせで、そのルートで利用されるコントローラー／テンプレートを指定しています（リスト 5-20 の❶）。

otherwise メソッドの中で利用している redirectTo パラメーターは、「そのルートを別のルートにリダイレクトしなさい」という意味です（リスト 5-20 の❷）。一般的に、想定しないパスにリクエストが送信された場合には、サンプルのように、アプリのトップページ（ここでは「/」）にあたるルートに転送します。

5.4.3 例：決められたルールで別のルートにリダイレクトする

redirectTo パラメーターに function 型を渡すことで、リダイレクト時に（固定パスではなく）決められたルールで整形したパスを指定できます。アプリの改修などで、URL を束ねたい場合などにも利用できるでしょう。

以下は、「/books/108」のようなパスを「/articles/10108」にリダイレクトする例です（リスト 5-25）。

＊36
サンプルを実行するには route_redirect.html からアクセスしてください。

▼ リスト 5-25　route_redirect.js＊36

```
$routeProvider
  ...中略...
  .when('/books/:id', {
    redirectTo: function(routeParams, path, search) {
      return '/articles/' + (Number(routeParams.id) + 10000) ;
    }
  })
  .when('/articles/:id', {
    templateUrl: 'views/articles.html',
    controller: 'ArticlesController'
  });
```

redirectTo パラメーターに渡した関数には、以下の引数が渡されます（表 5-16）。関数の戻り値は、リダイレクト先のパスです。

▼ 表 5-16　redirectTo パラメーターの引数

引数	概要
routeParams	ルートパラメーター（$routeParams に相当）
path	パス情報（$location.path に相当）
search	クエリ情報（$location.search に相当）

この例では、「/books/:id」に渡された id 値に 10000 を加えたもので、新たに「/articles/:id」へのパスを生成しています。

5.4.4 例：コントローラーの処理前に任意の処理を挿入する[*37]

＊37
本項の内容は、サービスの自作（7.2 節）、プロミス（5.6 節）の理解を前提にしています。これらの理解がまだの方は、あとで戻ってくることをおすすめします。

resolve パラメーターは、コントローラー（controller パラメーター）に注入されるべきサービスを「名前 : サービス」のハッシュ形式で指定します。resolve パラメーターを利用することで、たとえばルーティングによってコントローラーに処理を引き渡す前に、なんらかの共通処理を実行したいという場合にも、これを簡単に切り離すことができます。

具体的な例も見てみましょう。以下は、特定のルートに移動する前に、現在の位置情報を準備しておく例です（リスト 5-26）。

＊38
サンプルを実行するには route_resolve.html からアクセスしてください。

▼ リスト 5-26　route_resolve.js[*38]

```
angular.module('myApp', [ 'ngRoute' ])
  // MyPositionサービスを準備
  .factory('MyPosition', ['$q', '$window', function($q, $window) {
    var deferred = $q.defer();
    // 現在位置を取得して、呼び出し元にその座標（pos.coords）を送信
    $window.navigator.geolocation.getCurrentPosition(
      function(pos) {
        return deferred.resolve(pos.coords);
      }
    );
    return deferred.promise;
  }])
  .config(['$routeProvider', function ($routeProvider) {
    $routeProvider
      ...中略...
      .when('/resolve', {
        templateUrl: 'views/resolve.html',
        controller: 'ResolveController',
        // CurrentPositionという名前で依存関係のあるサービスを注入
        resolve: {
          CurrentPosition: 'MyPosition'
        }
      })
      ...中略...
  }]);
```

resolve パラメーターに Promise を返すサービスを指定した場合、AngularJS は、すべてのサービスが resolve（完了）するまで処理を待機し、resolve したあと、Promise の値を注入します。

以下は、CurrentPosition を注入した ResolveController コントローラーと対応するビュー（resolve.html）の例です。

▼ リスト5-27　上：resolve.html／下：controller.js＊39

```
<div>緯度：{{pos.latitude}}／経度：{{pos.longitude}}</div>
```

```
angular.module('myApp')
...中略...
  .controller('ResolveController',
    ['$scope', 'CurrentPosition', function($scope, CurrentPosition) {
    $scope.pos = CurrentPosition;
  }])
```

▼ 図5-15　現在地の緯度／経度を表示

＊39
サンプルを実行するにはroute_resolve.htmlからアクセスしてください。

5▸5 標準オブジェクトのラッパー

AngularJSでは、JavaScript標準のwindow／document／locationオブジェクト、setInterval／setTimeoutメソッドを利用してはいけません。代わりに、AngularJSで拡張された次のサービスを利用してください。

- $window
- $document
- $location
- $interval
- $timeout

以下では、この中でもよく利用すると思われる$interval／$timeout、$locationサービスについて解説します。

5.5.1 指定された時間単位に処理を実行する - $interval

$intervalサービスは、window.setIntervalメソッドのラッパーで指定された時間（ミリ秒）単位に、任意の処理を実行します。

構文 $intervalサービス

```
$interval(fn, delay [,count [,invokeApply]]);
```

fn：指定時間単位に実行する処理
delay：処理間隔（ミリ秒）
count：処理を繰り返す回数（デフォルトは0＝無限）
invokeApply：$applyメソッド（6.3.1項）配下で引数fnを実行するか（デフォルトはtrue[*40]）

＊40
falseの場合は、モデルのdirty checking（6.3.6項）をスキップします。

具体的な例を見てみましょう。以下は、1000ミリ秒（＝1秒）単位に表示時刻を更新する簡易な時計サンプルです。

▼リスト5-28 上：interval.html／下：interval.js

```
<div>{{current | date: 'mediumTime'}}</div>
```

```
angular.module('myApp', [])
```

```
.controller('MyController',
['$scope', '$interval',  function($scope, $interval) {
  var timer = $interval(function() {
    $scope.current = new Date();
  }, 1000);
}]);
```

▼ 図 5-16　秒単位に時刻を更新

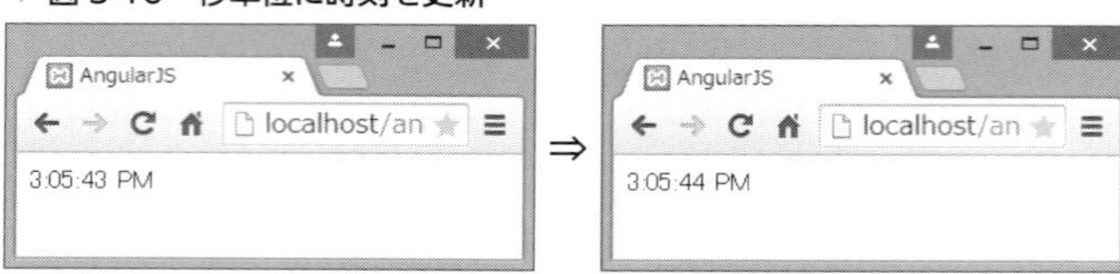

引数 count／invokeApply を除けば、標準の setInterval メソッドと同じ構文なので、特筆すべき点はありません。

太字の部分を「window.setInterval」としてもエラーにはなりませんが、今度は時刻が表示され**なく**なります。これは、AngularJS がスコープの変化を検知できていないためです。通常、AngularJS では、ボタンクリックやテキストボックスへの入力といったイベントが発生したタイミングで、スコープの値をチェックし、その変更をビューに反映させています。しかし、標準の setInterval メソッドでは、イベントそのものが発生しませんので、画面も更新されないというわけです。

$interval サービスは、（ざっくりと言ってしまうならば）内部的にスコープの更新機能を備えた setInterval メソッドと言えます。

タイマー処理をキャンセルする

$interval メソッドは、タイマー処理を監視するための Promise オブジェクト（5.6 節）を返します。もしも途中でタイマー処理をキャンセルするには、$interval.cancel メソッドにこの Promise オブジェクトを渡してください。

構文　**cancel メソッド**

```
$timer.cancel(promise)
```

promise：Promise オブジェクト

たとえば先ほどのリスト 5-28 で時刻の更新をキャンセルするには、以下のようにします。追記部分は太字で表しています。

▼ リスト 5-29　上：interval.html／下：interval.js

```
<div>{{current | date: 'mediumTime'}}</div>
<button ng-click="onclick()">停止</button>
```

```
angular.module('myApp', [])
  .controller('MyController',
  ['$scope', '$interval', function($scope, $interval) {
    var timer = $interval(function() {
      $scope.current = new Date();
    }, 1000);

    $scope.onclick = function() {
      $interval.cancel(timer);
    };
  }]);
```

▼ 図 5-17　ボタンクリックで時刻の更新を中止

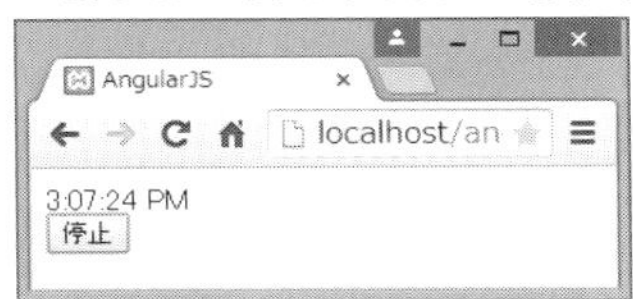

5.5.2 指定時間の経過によって処理を実行する - $timeout

$timeout サービスは、window.setTimeout メソッドのラッパーで、指定された時間（ミリ秒）が経過したあとに任意の処理を実行します。

構文　$timeout サービス

```
$timeout(fn [,delay [,invokeApply]]);
```

fn：指定時間が経過したあとに実行する処理　*delay*：処理間隔（ミリ秒）
invokeApply：$apply メソッド（6.3.1 項）配下で引数 fn を実行するか（デフォルトは true[*41]）

理屈は $interval サービスとほぼ同じなので、特筆すべき点はありません[*42]。

以下に、起動してから 10 秒後（＝ 10000 ミリ秒）に「ようこそ、世界!」というメッセージを表示するサンプルを示します。

＊41
false の場合は、モデルの dirty checking（6.3.6 項）をスキップします。

＊42
ネイティブな setTimeout メソッドを利用すべきでない点も、$interval サービスと同じ理由からです。

▼ リスト 5-30　上：timeout.html／下：timeout.js

```
<div>{{greeting}}</div>
```

```
angular.module('myApp', [])
  .controller('MyController', ['$scope', '$timeout',  function($scope, $timeout) {
    var timer = $timeout(function() {
      $scope.greeting = 'ようこそ、世界！';
    }, 10000);
  }]);
```

▼ 図 5-18　起動から 10 秒経過したらメッセージを表示

引数 fn が実行される前であれば、$interval サービスと同じく、cancel メソッドでタスクを取り消すこともできます（リスト 5-31）。

▼ リスト 5-31　上：timeout.html／下：timeout.js

```
<div>{{greeting}}</div>
<button ng-click="onclick()">停止</button>
```

```
angular.module('myApp', [])
  .controller('MyController', ['$scope', '$timeout',  function($scope, $timeout) {
    var timer = $timeout(function() {
      $scope.greeting = 'ようこそ、世界！';
    }, 10000);

    $scope.onclick = function() {
      $timeout.cancel(timer);
    };
  }]);
```

NOTE 引数付きの関数も実行可能に

AngularJS 1.4 では、$timeout／$interval サービスの最後の引数として、コールバック関数への引数を指定できるようになりました*43。たとえば以下は、コールバック関数 handler に対して、引数 message を渡す例です。

```
var handler = function(message) {
  $scope.greeting = message;
};
var timer = $timeout(handler, 1000, true, 'ようこそ、世界！');
```

＊43
可変長引数なので、コールバック関数が複数の引数を受け取る場合にも、必要な数だけ引数を列挙できます。

5.5.3 ページのアドレス情報を取得／設定する - $location

＊44
ページそのものを移動するなら、標準の location.href プロパティを利用してください。

$location は、現在のページのアドレス情報を取得／設定するためのサービスです。標準 JavaScript の location オブジェクトと似ていますが、アドレスの変更によってページをリロードしません[＊44]。ただ、アドレス情報を変更し、履歴を追加するのです。

以下のサンプルでは、ボタンをクリックすると、アドレス欄が「http://localhost/angular/chap05/location.html#/articles?id=108#wings」に変化することが確認できます（リスト 5-32）。

▼ リスト 5-32　上：location.html／下：location.js

```
<button ng-click="onclick()">クリック！</button>
```

```
angular.module('myApp', [])
  .controller('MyController',
    ['$scope', '$location', function($scope, $location) {
    $scope.onclick = function() {
      $location.url('articles?id=108#wings');
    };
  }]);
```

ただし、「http://localhost/angular/chap05/wrapper/location.html#/articles?id=108#wings」はあくまで仮のアドレスで、これによってなにかがされるわけではありません。ただ、ブラウザーに対して履歴が追加された証拠に［戻る］ボタンをクリックすると、ページはそのままで、もとのアドレスに戻ります。

このような操作に、どのような意味があるのでしょうか。結論から言ってしまうと、

アドレスでもって現在の状態を表現している

のです。

AngularJS を利用した、いわゆる SPA（Single Page Application）では、すべての処理が 1 つのページで完結します。これはページのリロードが発生しない反面、［戻る］ボタンで前の状態に戻れない、そもそもなんらかの処理を行った結果をブックマークできないなどの問題があります（図 5-19）。

▼ 図 5-19　SPA の問題点

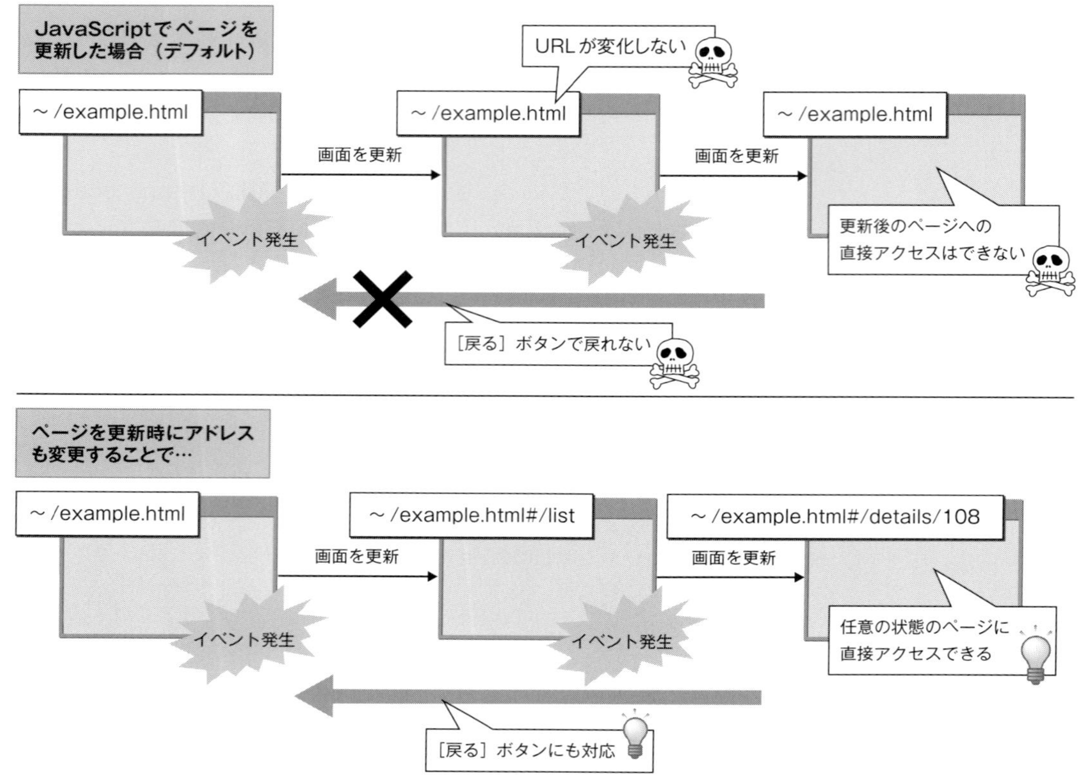

そこで、一般的な SPA では、なんらかの処理を行ったタイミングでアドレスを変更し、アドレス情報をもとにページを復元することで、上記のような問題を解消しているのです。

$location サービスで利用できる主なメソッド

$location サービスでは、以下のようなメソッドを提供しています（表 5-17）。「*」の付いたメソッドでは、引数を指定した場合には該当する値を設定し、省略した場合には値を取得します[*45]。

＊45
このようなルールは、jQuery ライクなので、馴染み深い人も多いかもしれません。

▼ 表 5-17　$location サービスの主なメソッド

メソッド	概要	戻り値（例）[*46]
absUrl()	完全なアドレスを取得	http://localhost/angular/chap05/wrapper/location.html#/articles?id=108#wings
*hash([*hash*])	ハッシュ部分を取得／設定	wings
host()	ホスト情報を取得	localhost
*path([*path*])	パス情報を取得／設定	/articles

＊46
http://localhost/angular/chap05/wrapper/location.html#/articles?id=108#wings でアクセスした場合。

メソッド	概要	戻り値（例）*46
port()	ポート番号を取得	80
protocol()	プロトコル情報を取得	http
*search([*search*])	クエリ情報（?～以降）を取得／設定	{id: "108"}
*url([*url*])	アドレス全体（ホスト名以外）を取得／設定	/articles?id=108#wings

いくつか簡単な例も挙げておきます。

❶アドレス情報を取得

先ほどのリスト 5-32 に以下のようなコードを追加した上で、「http://localhost/angular/chap05/wrapper/location.html#/articles?id=108#wings」でアクセスしてみましょう。

▼ リスト 5-33　location.js

```
if ($location.path() === '/articles') {
  console.log('id値 : ' + $location.search().id);
}
```

ログに「id 値 : 108」のような表示がされることが確認できます。一般的には、ここでなんらかの処理を実施し、アドレスを「http://localhost/angular/chap05/location.html#/articles?id=108#wings」と設定した時の状態を復元することになるはずです。

ただし、一般的な AngularJS アプリでは、アドレスに応じてページの状態を変更するには、ルーティング（5.4 節）を利用するのが簡便でもあり、自然です。あくまで $location サービスの一例として理解してください。

❷ JavaScript でルートを移動

ルーティングを有効にしたリスト 5-19 で、JavaScript からページを移動する場合には、$location.path メソッドを利用します。

▼ リスト 5-34　上：main.html／下：controller.js

```
<button ng-click="onclick()">記事 No.13へ移動</button>
```

```
angular.module('myApp')
  .controller('MainController',
  ['$scope', '$location', function($scope, $location) {
    ...中略...
    $scope.onclick = function() {
      // ...任意の処理...
```

```
    $location.path('/articles/13');
  };
})
```

ちなみに、アドレスの変更に伴ってページをリロードしたい場合には、$locationサービスではなく、$window.location.hrefプロパティ[*47]を利用してください。

*47
JavaScript本来のlocation.hrefプロパティに対して、$windowサービス経由でアクセスしたものです。

html5モードとhashモード

$locationサービスでは、アドレスの形式を管理するために２種類のモードを提供しています。html5モードとhash（hashbang）モードです。

デフォルトはhashモードなので、リスト5-32でも結果アドレスが「http://localhost/angular/chap05/location.html#/articles?id=108#wings」のようになっていました。「#〜」の部分が、いわゆるhashと呼ばれる部分です。hashは、もともとページ内リンクのために利用されてきたしくみで、基本的に、現存するすべてのブラウザーで動作します。

一方、html5モードは、HTML5のHistory APIを利用しています。試しに、リスト5-32を以下のように修正してみましょう（リスト5-35）。

▼リスト5-35　上：location_html5.html／下：location_html5.js

```
<base href="/angular/chap05/wrapper/location_html5.html/"/> ――❷
</head>
```

```
angular.module('myApp', [])
  .config(function($locationProvider){
    $locationProvider.html5Mode(true); ――❶
  })
  .controller('MyController',
    ['$scope', '$location', function($scope, $location) {
    $scope.onclick = function() {
      $location.url('articles?id=108#wings'); ――❸
      if ($location.path() === '/articles') {
        console.log('id値：' + $location.search().id);
      }
    };
  }]);
```

モードを変更するには、$locationProviderプロバイダーのhtml5Modeメソッドを利用します（❶）。$locationProviderなどのプロバイダーは、3.3.3項でも触れたように、サービスがインスタンス化される前――configメソッドの中で呼び出します。

構文 html5Mode メソッド

```
html5Mode(mode)
```

mode：モード

引数 mode が boolean 値の場合、true で html5 モードを、false で hash モードを表します。より詳細なモード情報は「パラメーター名：値」のハッシュ形式で指定することもできます（表 5-18）。

▼ 表 5-18 html5Mode メソッドの主なパラメーター

パラメーター名	概要	デフォルト値
enabled	html5 モードを有効にするか	false
requireBase	html5 モードが有効な場合、<base> 要素は必須であるか	true
rewriteLinks	html5 モードが有効な場合、相対リンクのリライトを有効にするか	true

html5 モードを有効にした場合、相対パスの基準 URI を表すための <base> 要素は必須です（デフォルト）。この例では、「/angular/chap05/location_html5.html/」としていますので（❷）、これを基準に、❸の結果、アドレス欄は以下のように変化します。

```
http://localhost/angular/chap05/wrapper/location_html5.html/⏎
articles?id=108#wings
```

なお、html5 モードの場合にも、ブラウザーが History API に対応していない時には、hash モードにフォールバックします。

NOTE hash の接頭辞を設定する

$locationProvider プロバイダーの hashPrefix メソッドを利用することで、hash の接頭辞を設定できます。デフォルトは空文字列なので「#」で区切られますが、一般的には、伝統的なページ内リンクと SPA でのリンクとを区別するために、後者は「!」を付けて「#!」で区切ります。

```
$locationProvider.hashPrefix('!');
```

この状態でリスト 5-32 を実行すると、「http://localhost/angular/chap05/wrapper/location.html#!/articles?id=108#wings」のようなリンクが生成されます。

5-6 Promiseによる非同期処理 - $qサービス

JavaScriptで非同期処理を実施する場合、古典的なアプローチの1つとして、コールバック関数があります。これまでも$timeout／$intervalサービス（5.5.1、5.5.2項）をはじめ、さまざまな局面でコールバック関数を利用してきました。JavaScriptのイディオムとも言えます。

ただし、非同期処理が複数に連なる場合、コールバック関数の入れ子が深くなり、1つの関数が肥大化しがちです。このような問題を**コールバック地獄**とも言います。

```
process1(function(d1) {
  ...任意の処理...
  process2(function(d2) {
    ...任意の処理...
    process3(function(d3) {
      ...最終的に行うべき処理...
    });
  });
});
```

このような問題を解決するのが、$qサービス（Promise）の役割です。Promiseを利用することで、上のようなコードを、あたかも同期処理であるかのように、メソッドチェーンで表すことができます。

```
process1().then(process2).then(process3)
```

Promiseは、$http／$timeoutなどをはじめ、AngularJSの標準サービスでも活用されている縁の下の力持ち的なサービスです。初歩的なアプリを開発する上ではとりあえず意識しなくても事足りますが、より実践的なアプリを開発する上でPromiseの理解は必須ですし、AngularJSを学ぶ上でも、Promiseを知っておいた方が理解が深まるはずです。

本節では、Promiseの基礎から、複数の非同期処理を連携する方法までを学びます。この場では難しいと感じた人は、いったん本節をスキップしても構いません。しかし、かならず戻ってきて、理解に努めてください。

5.6.1 Promise の基本

簡単なサンプルで、Promise の基本的な使い方を理解してみましょう。以下は、文字列が渡されると、1000 ミリ秒後に「入力値は××」を、文字列が空の場合には「入力値は空です」というメッセージを、それぞれ返す非同期処理 asyncProcess の例です（リスト 5-36）。これを Promise を利用して表してみます。

＊48
サンプルを実行するには promise.html からアクセスしてください。

▼ リスト 5-36　promise.js[＊48]

```
angular.module('myApp', [])
  .controller('MyController', ['$scope', '$timeout', '$log', '$q',
  function($scope, $timeout, $log, $q) {
    // 非同期処理をPromise対応関数として定義
    var asyncProcess = function(value) {          ―❶
      var deferred = $q.defer();                  ―ⓐ
      $timeout(                                   ―ⓑ
        function() {
          deferred.notify('asyncProcess');
          if (value === undefined || value === '') {
            deferred.reject('入力値が空です');
          } else {
            deferred.resolve('入力値は' + value);
          }
        }, 1000);
      return deferred.promise;                    ―ⓒ
    };

    // 非同期処理を開始
    asyncProcess('トクジロウ')
      .then(                                      ―❷
        // 成功時の処理
        function(o_resolve) {
          $log.info(o_resolve);
        },
        // 失敗時の処理
        function(o_reject) {
          $log.info(o_reject);
        },
        // 通知時の処理
        function(o_notify) {
          $log.info(o_notify);
        }
      );
  }]);
```

↓

```
asyncProcess
```

```
入力値はトクジロウ
```

```
asyncProcess
入力値が空です
```

※上は asyncProcess 関数（太字）に引数を渡した場合、下は引数を省略した場合の結果

Promise を利用する場合、まず、ひとつひとつの処理をあらかじめ関数として用意しておくのが基本です。この例では、asyncProcess 関数（❶）がそれです。Promise に対応した関数の条件は、以下のとおりです。

ⓐdeferred オブジェクトを生成する
ⓑ非同期処理の中では、deferred オブジェクト経由で処理の結果を通知する
ⓒ戻り値として Promise オブジェクトを返す

Promise／deferred は、いずれも非同期処理を管理するためのオブジェクトで、常に 1：1 の関係にあります。Promise が処理の状態（成功／失敗）を表すのに対して、deferred は Promise に対して処理の成否を通知する役割を担います*49。

＊49
少々複雑ですね。難しいなと感じたら、まずはⓐ～ⓒのイディオム（構文）をおさえることを優先してください。使っているうちに、段々と理解が深まってくるはずです。

▼図 5-20　$q サービスの基本

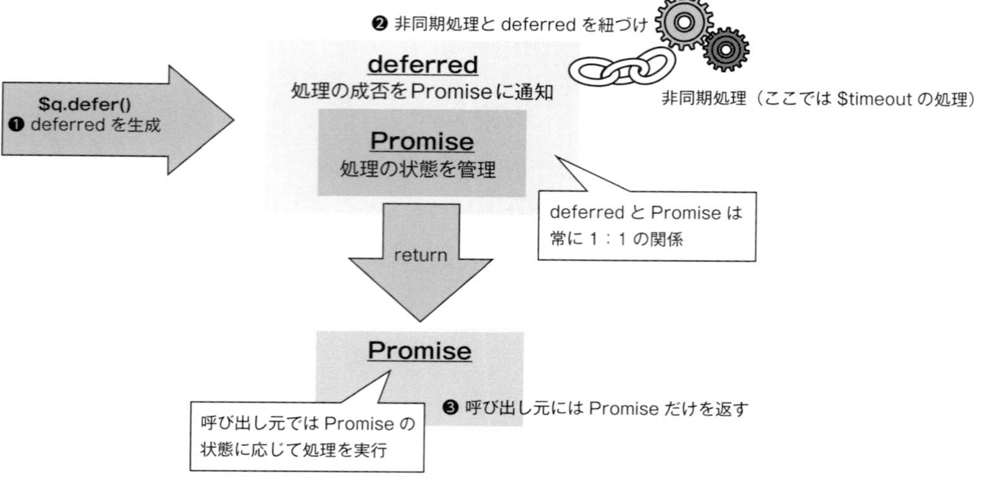

deferred オブジェクトは、$q サービスの defer メソッドで生成できます。deferred オブジェクトで利用できるメソッドには、以下のようなものがあります（表 5-19）。

▼ 表 5-19　deferred オブジェクトの主なメソッド

メソッド	概要
resolve(*value*)	成功通知（引数 value は結果値など）
reject(*reason*)	失敗通知（引数 reason はエラー情報など）
notify(*value*)	状況通知。resolve／reject まで何度でも呼び出し可能（引数 value は任意の情報）

この例では、asyncProcess 関数の引数 value が、空文字列／undefined である場合に reject（失敗）通知し、さもなければ resolve（成功）通知します。引数 value／reason には、あとから利用できるように結果値やエラー情報を渡すのが一般的です[*50]。

＊50
型は特に決まっていませんので、文字列だけでなく、任意のオブジェクトを渡せます。

あとは、Promise オブジェクト（asyncProcess 関数の戻り値）の側で、処理の成功／失敗に応じて行うべき処理を登録しておくだけです。結果の待ち受けのためには、以下のようなメソッドが用意されています（表 5-20）。

▼ 表 5-20　Promise オブジェクトの主なメソッド

メソッド	概要
then(*success* [,*error* [,*notice*]])	成否／通知に対応するコールバック関数を登録（resolve メソッドで success、reject メソッドで error、notify メソッドで notice をそれぞれ実行）
catch(*error*)	エラー（reject）時に実行すべきコールバック関数を登録[*51]
finally (*final* [,*notice*])	処理の成否にかかわらず、最後に呼び出されるコールバック関数 final を登録

＊51
then(null, error) の省略構文です。

❷では、then メソッドで、それぞれ成功／失敗／通知コールバックを登録しています。それぞれのコールバック関数の引数には、deferred オブジェクトの resolve／reject／notify メソッドから渡されたオブジェクトがセットされます。

なお、deferred.notify メソッドは、処理が成功／失敗するまで何度でも呼び出せるので、コードによっては通知コールバック（引数 notice）も複数回呼び出される可能性があります（対して、成功／失敗コールバックは一度だけどちら一方が呼び出されます）。

5.6.2 非同期処理の連結

then メソッドは、戻り値として新しい Promise オブジェクトを返します。これを利用することで、複数の then メソッドを連ねることもできます（**メソッドチェーン**）。

たとえば以下は、先ほどのリスト 5-36 の❷を書き換えたコードと、その結果です（リスト 5-37）。

▼ リスト5-37　promise.js

```
asyncProcess('トクジロウ')
  .then(
    function(o_resolve) {                          ❶
      $log.info(o_resolve);
      return '**' + o_resolve + '**';              ❸
    },
    function(o_reject) {                           ❹
      $log.info(o_reject);
      return $q.reject('**' + o_reject + '**');    ❻
    },
    ...中略...
  )
  .then(
    function(o_resolve) {                          ❷
      $log.info(o_resolve);
    },
    function(o_reject) {                           ❺
      $log.info(o_reject);
    }
  );
```

```
asyncProcess
入力値はトクジロウ
**入力値はトクジロウ**

asyncProcess
入力値が空です
**入力値が空です**
```

※上はasyncProcess関数に引数を渡した場合、下は引数を省略した場合の結果

まずは成功パターンです。この場合、最初の成功コールバック関数（❶）が実行されたあと、その戻り値を引き継いで、2番目の成功コールバック関数（❷）が呼び出されていることが確認できます。

なお、戻り値はPromiseオブジェクトでなくても構いません。❸のように非Promiseオブジェクトが渡された場合にも、内部的にPromiseとしてキャストされるからです。この場合、後続のthenメソッドでは無条件に成功コールバック関数が呼び出されます。

❹❺は失敗パターンです。この場合、最初の失敗コールバック関数（❹）を引き継いで、2番目の失敗コールバック関数（❺）が呼び出されていることが確認できます。なお、失敗コールバック関数では、$q.rejectメソッドで明示的に「拒否されたPromiseオブジェクト」（失敗通知）を返す必要があります（❻）。

5.6.3 例：現在地から日の入り時刻を求める

*52
単一の非同期処理であれば、単なる構文の違いで、従来のコールバック関数でもさほどに不便はないからです。

thenメソッドは連結してようやく、Promiseオブジェクトの威力を実感できるはずです[*52]。そこで本項では、より実践的な例として、HTML5のGeolocation APIを利用して現在地の緯度／経度を求めたあと、Finds.jpで提供されているWeb API「日の出日の入り計算」（http://www.finds.jp/wsdocs/movesun/）を利用して、本日その地点での日の入り時刻を求めてみます（リスト5-38）。

▼リスト5-38　上：geo.html／下：geo.js

```
<button ng-click="onclick()">日の入り時刻を取得</button>
<div>{{result}}</div>
```

```
angular.module('myApp', [])
  .controller('MyController',
    ['$scope', '$http', '$q', '$window',
    function($scope, $http, $q, $window) {
    // ボタンクリックで日の出時刻を取得
    $scope.onclick = function() {                                    ❶
      // 経度／緯度情報を取得するためのPromiseを生成
      var getGeoPosition = function(success, error) {
        var deferred = $q.defer();
        // Geolocation APIで現在位置を取得
        $window.navigator.geolocation.getCurrentPosition(
          // 成功コールバック関数で処理をresolve（現在の座標を送信）
          function(pos) {
            return deferred.resolve(pos.coords);
          },
          // 失敗コールバック関数で処理をreject（エラー情報を送信）
          function(err) {
            return deferred.reject(err);
          }
        );
        return deferred.promise;
      };

      // 日の入り時刻を取得するためのPromiseを生成
      var getSunset = function(coords) {                             ⓐ
        var today = new Date();
        // 「日の出日の入り計算」APIにJSONPで問い合わせ
        return $http.jsonp('http://www.finds.jp/ws/movesun.php',
          {
            params : {
              jsonp: 'JSON_CALLBACK',  // JSONPのための決まりごと*53
              lat: coords.latitude,    // 緯度
              lon: coords.longitude,   // 経度
              y: today.getFullYear()   // 年
              m: today.getMonth() + 1, // 月
```

*53
jsonpメソッド（5.2.3項）ではコールバック関数の名前を「JSON_CALLBACK」固定で渡します。「日の出日の入り計算」APIでは、jsonpパラメーターとして指定します。

```
          d: today.getDate(),          // 日
          tz: 9.0,                     // タイムゾーン
          e: 0                         // 標高 (m)
        }
      }
    );
  };

  // 位置情報の取得を開始
  getGeoPosition()
    .then(
      // 位置情報取得に成功したら、日の入り情報取得を開始
      function(coords) {
        return getSunset(coords);            ―― ⓑ
      }
    )
    .then(
      // 日の入り情報取得に成功したら、日の入り時刻を取得
      function(data) {
        angular.forEach(data.data.result.event,
          function(value, index) {
          if (value.type === 'daytime' && value.boundary === 'end') {
            $scope.result = new Date(value.time).toLocaleString();
          }
        });
      },
      // 失敗したら、エラーメッセージをダイアログ表示
      function(err) {
        $window.alert(err.message);
      }
    );
  };                                         ―― ❷
}]);
```

▼ 図 5-21　現在位置の日の入り時刻を表示

　複雑なコードですが、現在位置／日の入り情報を取得するためのコードをdeferred／Promise対応関数でラッピングして（❶）、これをthenメソッドで連結する（❷）という流れは、これまでと同様です。ここでポイントとなるのは、以下の2点です。

ⓐ $http サービスは Promise オブジェクトを返す

AngularJS では、$http サービスをはじめ、$resource／$timeout／$interval などのサービスが $q サービスに依存しており、戻り値として Promise オブジェクトを返します。ここでも（$q.defer メソッドを利用せずに）$http.jsonp メソッドの戻り値をそのまま利用している点に注目してください。

ⓑ Promise 対応関数をそのまま戻り値とする

then メソッドを連結する場合には、一般的に、Promise 対応関数（＝Promise オブジェクトを返す関数）をそのまま、成功／失敗コールバックの戻り値として渡すのが一般的です。これによって、最初の非同期処理が完了したあとに、後続の非同期処理を開始しなさい、という意味になります。

ここでは then メソッドを 2 個連結しているだけですが、もちろん、3 個以上を連結する場合にも同じ要領で表します。

NOTE 「日の出日の入り計算」API のレスポンス

「日の出日の入り計算」API の応答に含まれる情報は、以下のとおりです[*54]。コードを読み解く際の参考にしてください。

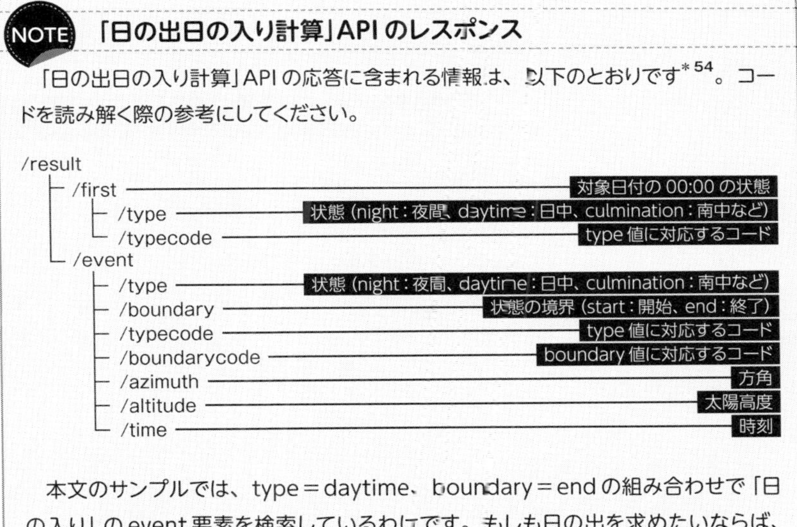

本文のサンプルでは、type＝daytime、boundary＝end の組み合わせで「日の入り」の event 要素を検索しているわけです。もしも日の出を求めたいならば、type＝daytime、boundary＝start の組み合わせで event 要素を検索します。

＊54
リクエストで指定できるパラメーターについては、コード内のコメントを参照してください。

5.6.4 複数の非同期処理を監視する

前項では、非同期処理を直列に連結する方法を学びました。しかし、複数の非同期処理を並列に実行し、すべての処理が完了したところで、後続の処理を実行することもできます（リスト 5-39）。これは、$q.all メソッドの役割です。

＊55
サンプルを実行するにはpromise_all.htmlからアクセスしてください。asyncProcess関数についてはリスト5-36を参照してください。

▼ リスト5-39　promise_all.js[＊55]

```
$q.all([
  asyncProcess('トクジロウ'),
  asyncProcess('ニンザブロウ'),     ❸
  asyncProcess('リンリン')
])
.then(
  function(o_resolve) {
    console.log(o_resolve);          ❶
  },
  function(o_reject) {
    console.log(o_reject);           ❷
  }
);
```

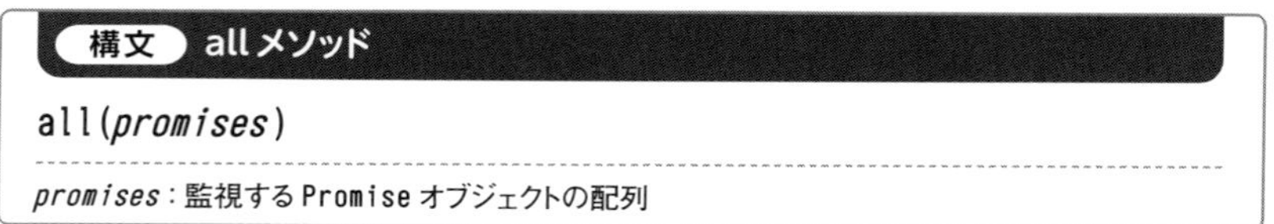

```
["入力値はトクジロウ", "入力値はニンザブロウ", "入力値はリンリン"]
```

$q.allメソッドの構文は、以下のとおりです。

構文　allメソッド

```
all(promises)
```

promises：監視するPromiseオブジェクトの配列

＊56
resolveメソッドの引数で指定された値です。

allメソッドでは、引数promisesで渡されたすべてのPromiseがresolveされた場合にだけ、thenメソッドの成功コールバック（❶）を実行します。その際、引数o_resolveにはすべてのPromiseから渡された結果値[＊56]が配列として渡される点に注目してください。

Promiseのいずれかが失敗（reject）した場合には、失敗コールバック（❷）が呼び出されます。asyncProcess関数呼び出し（❸）の引数をいずれかを空にしてみて、「入力値が空です」という結果が返されることも確認してみましょう。

5-7 その他のサービス

ここまでに紹介した他にも、AngularJSでは以下のようなサービスを提供しています（表5-21）。

▼表5-21　本節で扱うサービス

サービス名	概要
$cookies	クッキーを登録／削除
$log	開発者ツールにログを出力
$exceptionHandler	アプリ共通の例外処理を定義
$injector	非AngularJSアプリでAngularJSのサービスを利用
$swipe	モバイルデバイスへの対応

$http／$resourceなどのサービスに比べると、概ね小粒ですが、どれもがアプリ開発で汎用的に利用できるサービスばかりです。ここで基本をきちんと理解しておきましょう。

5.7.1 クッキーを登録／削除する - $cookies／$cookiesProvider

JavaScript標準の機能だけでクッキーを操作するのは、なかなか厄介なことです。というのも、ネイティブなdocument.cookieプロパティは、クッキーを以下のような生の文字列として扱います。

```
email=yamada@example.com; expires=Sat, ↵
04 Apr 2015 08:30:02 GMT;
```

これはもちろん、直観的でないだけでなく、コードが冗長になる原因となります。そこでAngularJSでは、クッキーを操作するためのユーティリティとして、ngCookiesモジュールを提供しています[*57]。

以下は、テキストボックスから入力されたメールアドレスをクッキーに保存し、2度目以降のアクセスではデフォルト表示する例です。ただし、［メールアドレスを保存する］のチェックを外すと、クッキーは保存されず、既存のクッキーが存在する場合には削除されます。

＊57
ngCookiesモジュールは、AngularJS 1.4で大きく変更が加えられました。本書のサンプルも1.3以前では動作しませんので、注意してください。

▼ リスト 5-40　上：cookies.html／下：cookies.js

```
<script src="https://ajax.googleapis.com/ajax/libs/angularjs/1.4.1/↵
angular-cookies.min.js"></script> ――❶
...中略...
<form name="myForm" novalidate>
  <label for="email">メールアドレス</label>
  <input id="email" name="email" type="text" ng-model="email" /><br />
  <label>
    <input type="checkbox" ng-model="record" />
    メールアドレスを記憶する
  </label><br />
  <button ng-click="onclick()">更新</button>
</form>
```

```
angular.module('myApp', [ 'ngCookies' ]) ――❷
  .controller('MyController',
    ['$scope', '$cookies', function($scope, $cookies) {
    // テキストボックス／チェックボックスの初期値を設定
    $scope.email = $cookies.get('email'); ――❸
    $scope.record = true;

    // ［更新］ボタンクリック時の処理
    $scope.onclick = function() {
      // チェックボックスが有効ならば、クッキーを保存
      if($scope.record) {
        var expire = new Date();
        expire.setMonth(expire.getMonth() + 3); ――❻
        $cookies.put('email', $scope.email, { ――┐
          expires: expire                        ├❹
        }); ――――――――――――――――――――――――――――――――――┘
      // さもなければ、クッキーを削除
      } else {
        $cookies.remove('email'); ――❺
      }
    };
  }]);
```

▼ 図 5-22　初回アクセスで入力したアドレスをデフォルト表示

ngCookies モジュールを利用するにあたっては、コアモジュールとは別に angular-cookies.min.js をインポートし（❶）、現在のメインモジュールにも依存

設定を追加しておきます（❷）。

あとは、❸～❺のようにget／put／removeメソッドを利用することで、クッキーの取得／設定／削除が可能になります。

構文 get／put／removeメソッド

```
get(key) ──────────────────── 取得
put(key, value [,options]) ────────── 設定
remove(key [,options]) ─────────── 削除
```

key：クッキー名　*value*：クッキー値　*options*：クッキーオプション

この例では、［メールアドレスを記憶する］欄をチェックした場合に、メールアドレスをクッキーemailに保存し、チェックを外すことで既存のクッキーを削除します。

引数optionsには、クッキーを構成するパラメーターを「パラメーター名：値」のハッシュ形式で指定できます。指定できるパラメーターには、以下のようなものがあります（表5-22）。

▼表5-22 $cookiesサービスで利用できる主なオプション

パラメーター	概要	デフォルト
path	有効なパス	<base>要素のhref属性
domain	有効なドメイン	現在のドメイン
expires	有効期限（「Wdy, DD Mon YYYY HH:MM:SS GMT」形式の文字列、またはDateオブジェクト）	0 *58
secure	SSL接続でのみクッキーを送信するか	false

＊58
デフォルトでは、ブラウザーを閉じるまでクッキーを維持します。このようなクッキーのことをセッションクッキーと言います。

サンプルでは、❻で現在の月に3を加えることで、3ヵ月後を有効期限としています。

NOTE すべてのクッキーを取得する

すべてのクッキーを取得するためのgetAllメソッドもあります。たとえば以下は、保存されているすべてのクッキーをログに出力する例です。

```
angular.forEach($cookies.getAll(), function(value, key) {
  console.log(key + ':' + value);
});
```

クッキーにオブジェクトを保存する

$cookies サービスでは、オブジェクトをクッキーに保存することもできます（リスト 5-41）。

＊59
サンプルを実行するには cookie_obj.html からアクセスしてください。

▼ リスト 5-41　cookies_obj.js ＊59

```
var data = { name: '山田理央', old: new Date(2007, 6, 25), sex: 'male' };
$cookies.putObject('data', data);
console.log($cookies.getObject('data').old);
                                      // 結果：2007-07-24T15:00:00.000Z
```

オブジェクトを出し入れするには、それぞれ専用の putObject／getObject メソッドを利用します。これらのメソッドでは、内部的にオブジェクト⇔ JSON 形式をシリアライズ／デシリアライズしますので、アプリ側では angular.toJson／fromJson メソッド（5.8.5 項）などの呼び出しを意識する必要はありません。

構文　putObject／getObject メソッド

```
putObject(key, value, [options]) ──── 設定
getObject(key) ──── 取得
```

key：クッキー名　*value*：クッキー値　*options*：クッキーオプション（表 5-22）

アプリ共通のクッキーオプションを設定する

$cookiesProvider プロバイダーを利用することで、クッキーの有効ドメイン／パス、有効期限などのポリシーをアプリ共通で宣言することもできます。大概、これらの設定ポリシーはアプリ全体で決まるはずなので、まずは $cookiesProvider プロバイダーでデフォルト値を宣言し、異なる値だけを個々の $cookies 呼び出しで設定することをおすすめします。

以下のサンプルでは、先ほどのリスト 5-40 を修正して $cookiesProvider プロバイダーでクッキーの有効期限を設定してみます。

＊60
サンプルを実行するには cookies_def.html からアクセスしてください。

▼ リスト 5-42　cookies_def.js ＊60

```
angular.module('myApp', [ 'ngCookies' ])
  .config(['$cookiesProvider', function($cookiesProvider) {
    // デフォルトで6ヵ月後の有効期限を設定
    var expire = new Date();
    expire.setMonth(expire.getMonth() + 6);
    $cookiesProvider.defaults.expires = expire; ──── ❶
  }])
  .controller('MyController',
```

```
['$scope', '$cookies', function($scope, $cookies) {
// テキストボックス／チェックボックスの初期値を設定
$scope.email = $cookies.get('email');
$scope.record = true;

// ［更新］ボタンクリック時の処理
$scope.onclick = function() {
  // チェックボックスが有効ならば、クッキーを保存
  if($scope.record) {
    $cookies.put('email', $scope.email); ──❷
  // さもなければ、クッキーを削除
  } else {
    $cookies.remove('email');
  }
};
}]);
```

▼ 図 5-23　開発者ツールからクッキーの有効期限を確認（今日が 2015/06/14 の場合）

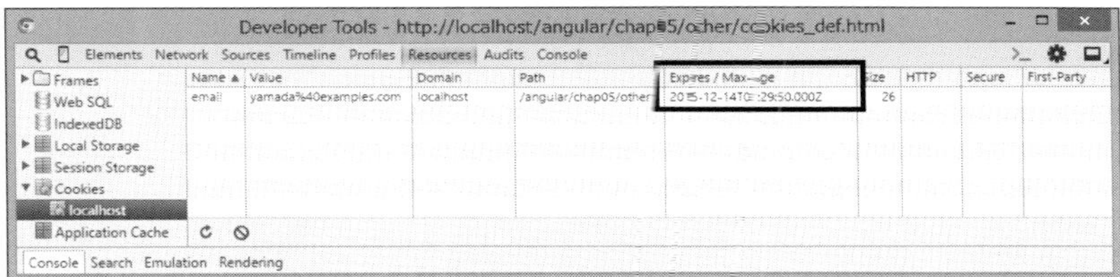

$cookiesProvider のパラメーターは、以下の構文で設定できます。これまで何度も見てきたように、プロバイダーによるサービスの設定は config メソッドの中に記述します。

構文　$cookiesProvider プロバイダー

```
$cookiesProvider.defaults.param = value
```

param：パラメーター名（P.237 の表を参照）　*value*：値

❶では、リスト 5-40 と同じ要領で expires パラメーター（有効期限）として 6ヵ月後の日付を設定しています。果たして❷の $cookies.put メソッドでは、有効期限を設定していないにもかかわらず、クッキー email の有効期限が 6ヵ月後になっていることが確認できます。

5.7.2 開発者ツールにログを出力する - $log／$logProvider

$log サービスを利用することで、ブラウザー標準の開発者ツールにログを出力できます。$log サービスで利用できるメソッドは、以下のとおりです（表 5-23）。

▼ 表 5-23　$log サービスのメソッド

メソッド	概要
debug(*str*)	デバッグのための情報
error(*str*)	エラーメッセージ
info(*str*)	情報
log(*str*)	一般的なログ
warn(*str*)	警告メッセージ

以下は、$log サービスを利用してログ出力した例です。

▼ リスト 5-43　log.js＊61

```
angular.module('myApp', [])
  .config(['$logProvider', function($logProvider) {
    $logProvider.debugEnabled(true); ――――――――――――――――――――――――― ❷
  }])
  .controller('MyController', ['$scope', '$log',  function($scope, $log) {
    $log.debug('デバッグ');  ┐
    $log.error('エラー');    │
    $log.info('情報');       ├――――――――― ❶
    $log.log('一般ログ');    │
    $log.warn('警告');       ┘
  }]);
```

＊61
サンプルを実行するには log.html からアクセスしてください。

▼ 図 5-24　指定されたログを出力

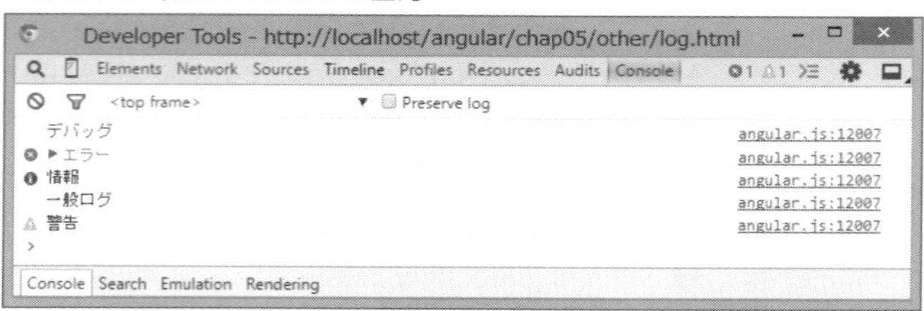

ログレベルに応じてアイコン、カラーの異なるログを出力しています（❶）。

なお、デバッグレベルのログ（debug メソッド）については、$logProvider プロバイダーの debugEnabled メソッドによって、出力の是非を切り替えることができます（❷）。試しに、❷の太字部分を false に切り替えると、デバッグログが出力され**なく**なることが確認できます＊62。

＊62
デフォルトは true なので、❷のコードはコメントアウトしても挙動に変化はありません。

＊63
引数flagを省略した場合、現在のデバッグ出力が有効であるかどうかを返します。

構文　debugEnabled メソッド[*63]

```
$logProvider.debugEnabled([flag])
```

flag：デバッグ出力を有効にするか（デフォルトは true）

$logProvider プロバイダーによるログ設定は、module オブジェクトの config メソッドで行います。config メソッドは、サービスのインスタンスが生成される前に呼び出されるメソッドです（3.3.3 項）。

5.7.3 アプリ共通の例外処理を定義する - $exceptionHandler

$exceptionHandler は、アプリ内で処理されなかった（＝try...catch ブロックで捕捉されなかった）例外を最終的に処理するためのサービスです。デフォルトでは、$log.error メソッドを利用して、コンソール（開発者ツール）にエラーログを出力します。

もしも、これらの挙動を修正したいならば、$exceptionHandler サービスを上書きすることで、独自の例外処理を実装できます。以下は、例外発生時に警告ダイアログを表示したあと、例外情報だけをエラーログとして出力する例です（リスト 5-44）。

＊64
サンプルを実行するには exception.html からアクセスしてください。

▼ リスト 5-44　exception.js[*64]

```
angular.module('myApp', [])
  .factory('$exceptionHandler',
  ['$window', '$log', function ($window, $log) {
    return function (exception, cause) {
      $window.alert('ページで不明なエラーが発生しました。¥r'   ❶
        + '時間をおいてから、再度アクセスしてください。');
      $log.error(exception);   ❷
    };
  }])
  .controller('MyController', ['$scope', function($scope){
    // 例外確認のために、明示的に例外をスロー
    throw new Error('エラーが発生しました！');
  }]);
```

$exceptionHandler を定義（上書き）するには、factory メソッドを利用します。factory メソッドはサービスを定義するためのメソッドの 1 つです。詳しくは 7.2.4 項で触れますが、まずは、$exceptionHandler サービスを上書きする場合には、太字の部分（$exceptionHandler）を修正すると覚えておきましょう。

構文　$exceptionHandlerサービス

```
$exceptionHandler(exception [,cause]);
```

exception：発生した例外情報　*cause*：例外に付随する詳細情報（文字列）

ここでは、❶で固定の警告メッセージを表示したあと、❷で例外をエラーログに出力しています。❷の部分は$exceptionHandlerサービスのデフォルトの挙動です。もしも例外そのものではなく、例外メッセージだけを出力したいならば、❷を以下のように書き換えてください。

```
$log.error(exception.message);
```

5.7.4 非AngularJSアプリでAngularJSのサービスを利用する - $injector

＊65
value／constantメソッドは依存性注入に対応していません。

2.3.2項でも触れたように（そして、これまで何度も見てきたように）、AngularJSでは依存性注入というしくみを利用して、サービスをインスタンス化するのが基本です。サービスを注入できるのは、Moduleオブジェクトの以下のようなメソッドです[*65]。

- controller
- filter
- directive
- service
- factory
- provider
- config
- run

しかし、これらのメソッド以外でサービスを注入したい、そもそもAngularJSの管理外のコードからAngularJSのサービスを利用したいという場合には、どうしたら良いでしょうか。そのような場合には、$injectorサービスを利用することで、任意のサービスを手動でインスタンス化できます。

$injectorサービスの基本

$injectorサービスを使って、非AngularJSアプリから$httpサービス（5.2.1項）を呼び出してみましょう。以下は、injector.txtを非同期に読み込み、ログに出力する例です。

▼ リスト 5-45　上：injector.html／下：injector.txt

```
// ngモジュールを準備
var $injector = angular.injector(['ng']); ———❶
// $httpサービスを注入&実行
$injector.invoke(['$http', function($http) {
  // injector.txtを取得し、ログに出力
  $http({
    method: 'GET',
    url: 'injector.txt'
  })
  .success(function(data, status, headers, config){ ———❷
    console.log(data);
  })
  .error(function(data, status, headers, config){
    console.log('!!通信に失敗しました!!');
  });
}]);
```

```
$injectorサービスを使って、非AngularJSアプリから$httpサービスを呼び出⏎
します。
```

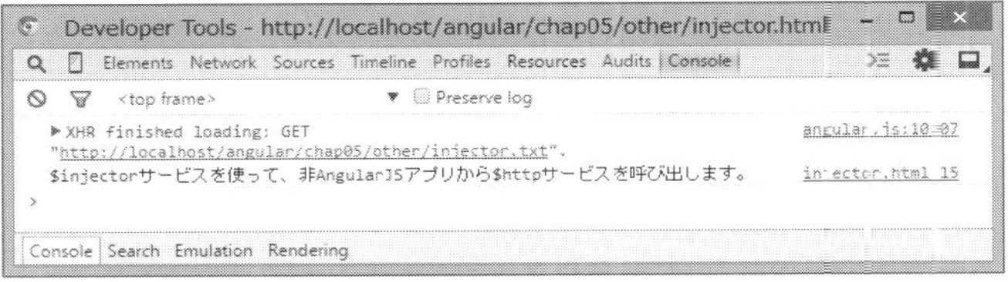

▼ 図 5-25　injector.txt の内容をログに出力

$injector サービスを取得するのは、angular.injector メソッドの役割です。

構文 injector メソッド

`injector(modules)`

modules：サービスが属するモジュールのリスト（配列）

❶では、AngularJS のコアモジュールである ng をもとに、$injector サービスを生成しています。あとは、その invoke メソッドを呼び出すことで、ng モジュールの任意のサービス（この例では $http）を指定された関数に注入して実行できます（❷）。

構文　invoke メソッド

invoke(*fnc* [,*self* [,*locals*]])

fnc：実行する関数　*self*：配下の this が指すオブジェクト
locals：配下で利用できるサービス（「名前： 値」のハッシュ）

引数 locals については、リスト 5-48（instantiate.js）で例を示します。

$injector サービスのメソッド

invoke メソッド以外にも、$injector サービスにはさまざまなメソッドが用意されています。以下に、主なものをまとめておきます。

❶インスタンスを取得する - get メソッド

サービスの注入から実行までを一手に担う invoke メソッドに対して、指定されたサービスのインスタンスを返すのが get メソッドです。

構文　get メソッド

get(*name*)

name：サービスの名前

たとえば先ほどのリスト 5-45 は、get メソッドを利用することで、以下のように書き換えることができます（リスト 5-46）。

▼ リスト 5-46　get.html

```
// ngモジュールを準備
var $injector = angular.injector(['ng']);
// $httpサービスを取得
var $http = $injector.get('$http');
// $httpサービスを利用して、HTTP通信
$http({
  method: 'GET',
  url: 'injector.txt'
})
.success(function(data, status, headers, config){
  console.log(data);
})
.error(function(data, status, headers, config){
  console.log('!!通信に失敗しました!!');
});
```

❷サービスが存在するかどうかを判定する - has メソッド

hasメソッドは、指定されたサービスが、現在、有効化したモジュールに存在するかを判定します。

構文　hasメソッド

```
has(name)
```

name：サービスの名前

以下は、ngモジュール配下のサービスの存在を確認する例です（リスト5-47）。

▼ リスト5-47　has.html

```
var $injector = angular.injector(['ng']);
console.log($injector.has('$http'));                    // 結果：true
console.log($injector.has('$nothing'));                 // 結果：false
```

❸サービスを注入してインスタンスを生成する - instantiate メソッド

instantiateメソッドを利用することで、コンストラクター関数に対して依存するサービスを注入した上で、オブジェクトをインスタンス化できます。

構文　instantiateメソッド

```
instantiate(type [,locals])
```

type：アノテーションされたコンストラクター関数
locals：引数情報（「名前：値」のハッシュ）

以下は、あらかじめ用意したAnimalコンストラクターに対して、要求するサービスを注入した上で、インスタンス化する例です（リスト5-48）。

▼ リスト5-48　instantiate.js [*66]

```
// birthサービスを定義
angular.module('myApp', [])
  .value('birth', new Date(2007, 5, 25));

// Animalコンストラクターを準備
var Animal = function (name, birth, $log) {
  this.name = name;
  this.birth = birth;
  this.output = function() {
    $log.debug(name + ':' + birth.toLocaleString());
```

＊66
サンプルを実行するにはinstantiate.htmlからアクセスしてください。

基本編 1 2 3 4 5 6 7 8 9

```
  };
};

// ng／myAppモジュールから注入する準備
var $injector = angular.injector(['ng', 'myApp']);
// Animalをインスタンス化
var ani = $injector.instantiate(
  ['name', 'birth', '$log', Animal], { name : 'ウタ' });

ani.output();                              // 結果：ウタ:2007/6/25 0:00:00
```

ポイントとなるのは、太字の部分です。instantiateメソッドの引数typeには、配列アノテーションで修飾されたコンストラクター関数を渡します。ここでは、Animalがname／birth／$logサービスを受け取ることを宣言しています。

ここでは、それぞれのサービスを以下の場所から注入しています（表5-24）。

▼表5-24 Animalコンストラクターに注入するサービスの出所

引数	注入元
name	instantiateメソッドの引数locals（nameキー）
birth	myAppモジュールのbirthサービス
$log	ngモジュールの$logサービス

引数localsは、instantiateメソッドでだけ利用するサービスを「名前:値」のハッシュ形式で定義します。

❹関数が要求するサービスの名前を取得する - annotateメソッド

annotateメソッドは、指定された関数が要求するサービスの名前を取得します。

構文 annotateメソッド

```
annotate(fnc)
```

fnc：任意の関数

引数fncには、function型の他、[サービス名1,..., コンストラクター関数]の形式の配列を指定することもできます。

以下では、2.3.2項でも触れたさまざまな形式で注入すべきサービスを指定して、annotateメソッドで正しくサービス名の配列を取得できることを確認してみます（リスト5-49）。

▼リスト5-49 annotate.html

```
var $injector = angular.injector(['ng']);
```

```
// ❶引数リスト形式で依存サービスを設定
console.log($injector.annotate(function($scope, $http, MyService) { }));
// ❷配列アノテーションで依存サービスを設定
console.log($injector.annotate([ '$scope', '$http', 'MyService',
  function(srv1, srv2, srv3) { }]));
// ❸$injectプロパティで依存サービスを設定
var MyController = function(srv1, srv2, srv3) {};
MyController.$inject = ['$scope', '$http', 'MyService'];
console.log($injector.annotate(MyController));
```

```
["$scope", "$http", "MyService"]
["$scope", "$http", "MyService"]
["$scope", "$http", "MyService"]
```

いずれも同じ結果

❷❸で引数名とサービス名とを一致させていないのは、annotateメソッドが単に引数リストを取得しているのではなく、依存サービスのリストを取得していることを確認するためです。2.3.2項でも触れたように、本来は、サービス名と引数名とは一致させるべきです。

5.7.5 モバイルデバイスへの対応 - $swipe (ngTouch)

AngularJSでは、スマホ／タブレットに代表されるモバイルデバイスに対応すべく、ngTouchというモジュールを提供しています。ngTouchを利用することで、タッチデバイスでよくありがちなタッチ／スワイプといったイベントをアプリで処理できます[*67]。

＊67
ngTouchモジュールは、シンプルなタップ／左右スワイプイベントにのみ対応しています。ピンチイン／アウト、回転のようなイベントを捕捉するには、angular-gesturesなどを利用してください。

本項のサンプルを利用するには、AngularJSのコアモジュール（angular.min.js）に加えて、ngTouchモジュール（angular-touch.min.js）をインポートしておく必要があります。

タッチ／スワイプイベントを捕捉する

ngTouchモジュールでは、タッチ／スワイプイベントを捕捉するために、以下のようなディレクティブを提供しています（表5-25）。

▼表5-25 ngTouchモジュールが提供するディレクティブ

ディレクティブ	概要
ng-click	タッチイベントを捕捉
ng-swipe-left	左スワイプイベントを捕捉
ng-swipe-right	右スワイプイベントを捕捉

イベント関連のディレクティブについては3.4節でも触れていますので、詳細はそ

ちらに譲るとして、ここでは具体的なサンプルで動作を確認しておきます。

▼ リスト 5-50　上：swipe.html／下：swipe.js

```
<script src="https://ajax.googleapis.com/ajax/libs/angularjs/⏎
1.4.1/angular-touch.min.js"></script>
...中略...
<div ng-swipe-left="onleft()" ng-swipe-right="onright()">
  {{contents}}
</div>
```

```
angular.module('myApp', [ 'ngTouch'])
  .controller('MyController', ['$scope', function($scope) {
    // 現在のコンテンツ位置を示す値
    var current = 0;
    // ページに表示すべきコンテンツ
    var data = [
      'こんにちは、AngularJS！',
      'ご機嫌いかが、AngularJS！',
      'また会いましたね、AngularJS！'
    ];
    // ページに初期表示をセット
    $scope.contents = data[current];

    // 左スワイプで次のコンテンツに移動
    $scope.onleft = function() {
      current++;
      // 配列末尾の場合、先頭位置に移動
      if (current > data.length - 1) { current = 0; }
      $scope.contents = data[current];
    };

    // 右スワイプで前のコンテンツに移動
    $scope.onright = function() {
      current--;
      // 配列先頭の場合、末尾位置に移動
      if (current < 0) { current = data.length - 1; }
      $scope.contents = data[current];
    };
  }]);
```

▼ 図 5-26　スワイプによってページ内のコンテンツを切り替え

⇔

⇔

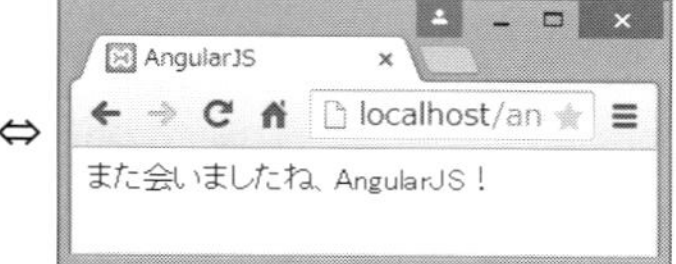

スワイプの細かな挙動を監視する

スワイプの挙動は、以下のような流れで発生します（図 5-27）。

▼ 図 5-27 $swipe サービスによるスワイプの検知

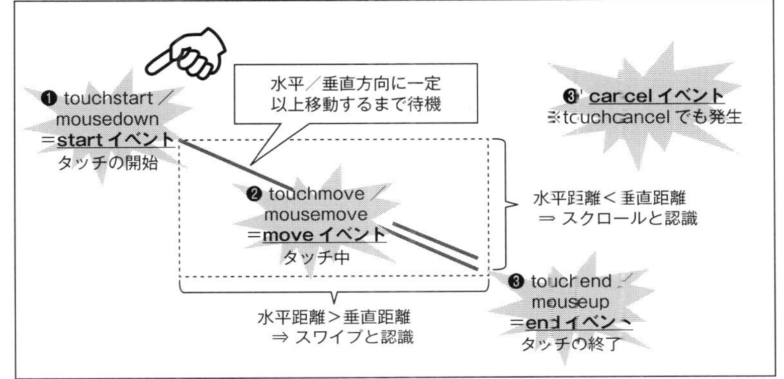

$swipe サービスの bind メソッドを利用することで、start／move／end／cancel イベントを捕捉できます[*68]。

＊68
ng-swipe-left／ng-swipe-right 属性も、内部的には $swipe サービスを利用しています。

構文 bind メソッド

```
$swipe.bind(element, events)
```

element：対象の要素
events：イベント情報（「イベント名 ： リスナー」のハッシュ形式）

以下は、それぞれのイベントを監視し、イベント情報をログに出力する例です（リスト 5-51）。

▼ リスト 5-51 上：swipe_bind.html／下：swipe_bind.js

```
<div id="main" style="width:400px;height:400px;border: solid 1px #000"></div>
```

```
angular.module('myApp', [ 'ngTouch'])
  .controller('MyController', ['$scope', '$swipe',  function($scope, $swipe) {
    // <div id="main">要素に対して、スワイプ関連のイベントを監視
    $swipe.bind(angular.element(document.getElementById('main')), {
      start: function(coords, ev) {
        console.log('start (' + ev.type + ') ');
        console.log('[' + coords.x + ', ' + coords.y + ']');
      },
      move: function(coords, ev) {
        console.log('move (' + ev.type + ') ');
        console.log('[' + coords.x + ', ' + coords.y + ']');
```

```
      },
      end: function(coords, ev) {
        console.log('end (' + ev.type + ') ');
        console.log('[' + coords.x + ', ' + coords.y + ']');
      },
      cancel: function(ev) {
        console.log('cancel (' + ev.type + ') ');
      }
    });
  }]);
```

↓

```
start (touchstart)
[134, 145]
move (touchmove)
[169, 141]
...中略...
move (touchmove)
[214, 128]
end (touchend)
[214, 128]
```

※結果は一例です。スワイプ操作の内容によって、結果は変化します。

5.8 グローバルAPI

グローバルAPI とは、グローバル変数として公開されている angular オブジェクト経由で呼び出せるメソッド群の総称です。厳密にはサービスとは異なるものですが、アプリ開発の中で汎用的に利用できる機能の 1 つとして解説しておきます。AngularJS アプリだけでなく、一般的な JavaScript アプリから利用できるユーティリティ機能が各種提供されています。

5.8.1 AngularJS の現在のバージョン情報を取得する - version プロパティ

AngularJS の現在のバージョンを取得するには、version プロパティを参照します（リスト 5-52）。

▼ リスト 5-52　version.html

```
console.log(angular.version);
```

```
{
  full: "1.4.1",
  major: 1,
  minor: 4,
  dot: 1,
  codeName: "hyperionic-illumination"
}
```

version プロパティの戻り値は、バージョン情報を含んだオブジェクトです。アクセスできるプロパティには、以下のようなものがあります（表 5-26）。

▼ 表 5-26　version プロパティの戻り値

プロパティ	概要
full	バージョン番号の完全表記
major	メジャーバージョン番号
minor	マイナーバージョン番号
dot	ドットバージョン番号（バージョン番号の末尾の数値）
codeName	コード名

5.8.2 オブジェクトが等しいかどうかを判定する - equals メソッド

2 個のオブジェクト同士が等しいかを判定するには、equals メソッドを利用します。

構文 equals メソッド

```
angular.equals(o1, o2)
```

o1、*o2*：比較するオブジェクト（オブジェクト、配列、正規表現のいずれか）

equals メソッドが、オブジェクト同士を等しいとみなす条件は、以下のいずれかを満たすことです。

- オブジェクト（値）同士が === 演算子による比較で true を返すこと
- オブジェクト（値）同士が同じ型で、かつ、すべてのプロパティが angular.equals メソッドによる比較で等価であること
- 値同士がいずれも NaN であること*69
- 値同士がいずれも同じ正規表現であること*70

*69 標準の JavaScript では「NaN == NaN」は false ですが、AngularJS では等価とみなしますので、注意してください。

*70 標準の JavaScript では「/xyz/ == /xyz/」は false ですが、AngularJS では等価とみなしますので、注意してください。

なお、プロパティの比較に際して、以下のものは無視されます。

- function 型のプロパティ（=メソッド）
- 「$」で始まる名前のプロパティ

では、以上を念頭に具体的なサンプルを見ていきましょう（リスト 5-53）。

▼ リスト 5-53 equals.html

```
var obj1 = {
  name: '山田理央',
  sex: 'female',
  family: [ 'トクジロウ', 'ウタ', 'ニンザブロウ' ],
  toString : function() { /* メソッドの中身 */ },
  $other: 'hogehoge'
};

var obj2 = {
  name: '山田理央',
  sex: 'female',
  family: [ 'トクジロウ', 'ウタ', 'ニンザブロウ' ],
  work : function() { /* メソッドの中身 */ }
}

console.log(angular.equals(obj1, obj2));
```

```
console.log(angular.equals(['い', 'ろ', 'は'], ['い', 'ろ', 'は']));
console.log(angular.equals(undefined, undefined));
console.log(angular.equals(NaN, NaN));
console.log(angular.equals(/[0-9]/, /[0-9]/));
```

equals メソッドの結果は、すべて true となります。オブジェクト obj1／obj2 の比較で、work／toString メソッド、$other プロパティは比較の対象外となり、結果、両者は等しいとみなされる点に注目です。

5.8.3 変数の型を判定する - isXxxxx メソッド

変数の型を判定するために、AngularJS では、以下のような isXxxxx メソッドが提供されています（表 5-27）。

▼表 5-27　型判定のためのメソッド

メソッド	概要
isArray(*value*)	値が配列であるか
isDate(*value*)	値が日付型であるか
isDefined(*value*)	値が undefined ではないか
isElement(*value*)	値が要素オブジェクトであるか
isFunction(*value*)	値が関数型であるか
isNumber(*value*)	値が数値型であるか
isObject(*value*)	値がオブジェクト型であるか
isString(*value*)	値が文字列型であるか
isUndefined(*value*)	値が undefined であるか

以下に、具体的な例を示します（リスト 5-54）。

▼リスト 5-54　isXxxxx.html

```
console.log(angular.isElement(document.getElementById('main')));   // 結果：true
console.log(angular.isElement($('#main')));                         // 結果：true

console.log(angular.isDefined(undefined));                          // 結果：false
console.log(angular.isDefined(null));                               // 結果：true
console.log(angular.isUndefined(undefined));                        // 結果：true
console.log(angular.isUndefined(null));                             // 結果：false

console.log(angular.isNumber(0.123E10));                            // 結果：true
console.log(angular.isNumber('0.123E10'));                          // 結果：false
console.log(angular.isNumber(0xFF));                                // 結果：true

console.log(angular.isArray(['a', 'b']));                           // 結果：true
console.log(angular.isArray(new Array('a', 'b')));                  // 結果：true
```

```
console.log(angular.isString('山田'));                                    // 結果：true
console.log(angular.isString(12345));                                    // 結果：false

console.log(angular.isDate(new Date()));                                 // 結果：true
console.log(angular.isDate(new Date().getTime()));                       // 結果：false

console.log(angular.isFunction(function() { /* 任意の処理 */ }));          // 結果：true
console.log(angular.isFunction(new Function()));                         // 結果：true

console.log(angular.isObject(['a', 'b']));                               // 結果：true
console.log(angular.isObject(null));                                     // 結果：false
console.log(angular.isObject(undefined));                                // 結果：false
console.log(angular.isObject('山田'));                                    // 結果：false
console.log(angular.isObject(new Date()));                               // 結果：true
console.log(angular.isObject(['a', 'b']));                               // 結果：true
console.log(angular.isObject({ foo: 'bar' }));                           // 結果：true
```

isElement メソッドでは、JavaScript 標準の Element オブジェクトだけではなく、jQuery でラッピングされたそれも要素とみなされる点に注目です。

また、isObject メソッドでは、JavaScript の typeof 演算子と異なり、null をオブジェクトとは**みなしません**。

5.8.4 文字列を大文字⇔小文字に変換する - lowercase／uppercase メソッド

lowercase／uppercase メソッドは、文字列を大文字⇔小文字に変換します（リスト 5-55）。同名の lowercase／uppercase フィルターもありますが、JavaScript 上から呼び出すならば、まずはこちらの lowercase／uppercase メソッドを利用するのが簡便です。

▼ リスト 5-55　lowercase.html

```
console.log(angular.lowercase('Wings Project'));    // 結果：wings project
console.log(angular.uppercase('Wings Project'));    // 結果：WINGS PROJECT
```

5.8.5 JSON 文字列⇔ JavaScript オブジェクトを変換する

fromJson メソッドは JSON 文字列を JavaScript オブジェクトに、toJson メソッドは JavaScript オブジェクトを JSON 文字列に、それぞれ変換します。

構文 fromJson／toJson メソッド

```
angular.fromJson(json)
angular.toJson(obj [,pretty])
```

json：JSON 文字列
obj：任意のオブジェクト（Object、Array、Date、string、number）
pretty：変換後の文字列に空白や改行を含めるか（デフォルトは false）

JavaScript 標準で提供される JSON.parse／stringfy メソッドとほぼ同等ですが、以下の点が異なります。

* 「$$」で始まる名前のプロパティを除去（toJson メソッド[*71]）
* 文字列以外を渡した場合には、引数の値そのままを返す（fromJson メソッド）

＊71
「$$～」は、AngularJS で利用しているためです。

▼ リスト 5-56 json.html

```
var book = {
  'isbn': '978-4-7741-7078-7',
  'title': 'サーブレット＆JSPポケットリファレンス',
  'price': 2680,
  'publish': '技術評論社',
  'published': new Date(2015, 0, 8),
  '$$memo' : 'サーバサイドJavaアプリ開発者必携の一冊',
  'toString' : function() { return this.title; }
};

// オブジェクトをJSON文字列に変換（空白なし）
console.log(angular.toJson(book));
  // 結果：{"isbn":"978-4-7741-7078-7","title":"サーブレット＆JSPポケッ⏎
トリファレンス","price":2680,"publish":"技術評論社","published":"2015-01⏎
-07T15:00:00.000Z"}

// オブジェクトをJSON文字列に変換（空白あり）
console.log(angular.toJson(book, true));
  // 結果：{
            "isbn": "978-4-7741-7078-7",
            "title": "サーブレット＆JSPポケットリファレンス",
            "price": 2680,
            "publish": "技術評論社",
            "published": "2015-01-07T15:00:00.000Z"
         }

var json = angular.toJson(book);
// JSON文字列をオブジェクトに変換
var obj = angular.fromJson(json);
console.log(obj.price);                                  // 結果：2680
```

toJsonメソッドでは、ハッシュに含まれるメソッド（function値）は変換対象から除外される点にも注目です。これは、JavaScript標準のJSON.stringifyメソッドでも同様の性質があります[*72]。

*72
ただし、配列に含まれるfunction値はnullに変換されます。

5.8.6 配列／オブジェクトの要素を順番に処理する - forEachメソッド

angular.forEachメソッドを利用することで、配列／オブジェクトの内容を順に処理できます。

構文　forEachメソッド

```
angular.forEach(obj ,iterator [,context])
```

obj：処理対象の配列／オブジェクト
iterator：配列／オブジェクトを処理するためのコールバック関数
context：コールバック関数内でthisとすべきオブジェクト

JavaScript標準で提供されているforEachメソッドにも似ていますが、angular.forEachメソッドでは、引数objがnull／undefinedの場合にも例外を発生せず、そのまま与えられた値を返す点が異なります[*73]。

*73
標準のforEachメソッドは、TypeError例外を返します。

以下、いくつかのパターンに分けて例を見ていきます。

配列を処理する

まずは、配列をログに出力する例から見ていきましょう（リスト5-57）。

▼リスト5-57　foreach.html

```
var books = [
  {
    isbn: '978-4-7741-7078-7',
    title: 'サーブレット＆JSPポケットリファレンス',
    price: 2680,
    publish: '技術評論社'
  },
  ...中略...
];
angular.forEach(books, function(value, index, ary) {
  console.log(index + '. ' + value.title);
});
```

↓

```
0. サーブレット＆JSPポケットリファレンス
1. アプリを作ろう！Android入門
2. ASP.NET MVC 5実践プログラミング
3. JavaScript逆引きレシピ
4. PHPライブラリ＆サンプル実践活用
5. .NET開発テクノロジ入門
6. Rails 4アプリケーションプログラミング
7. iPhone／iPad開発ポケットリファレンス
```

引数 iterator（コールバック関数）における引数の意味は、以下のとおりです。

- value（配列の値）
- index（配列のインデックス番号）
- ary（配列そのもの）

この例では、ここからインデックス番号、値（オブジェクト）の title プロパティを取得することで、書籍タイトルの一覧を出力しています。

オブジェクトを処理する

forEach メソッドでは、オブジェクト（ハッシュ）を処理することもできます。以下は、オブジェクトの内容を「プロパティ名：値」の形式でコグ出力する例です（リスト 5-58）。

▼リスト 5-58　foreach_obj.html

```
var book = {
  isbn: '978-4-7741-7078-7',
  title: 'サーブレット＆JSPポケットリファレンス',
  price: 2680,
  publish: '技術評論社',
};
angular.forEach(book, function(value, key, obj) {
  console.log(key + ' : ' + value);
});
```

```
isbn : 978-4-7741-7078-7
title : サーブレット＆JSPポケットリファレンス
price : 2680
publish : 技術評論社
```

引数 obj にオブジェクトを渡した場合、コールバック関数における引数の意味は以下のとおりです。

- value（プロパティ値）
- key（プロパティ名）
- obj（オブジェクトそのもの）

配列の場合とも対応関係にありますので、迷うところはないと思います。

コールバック関数配下のthisを固定する

forEachメソッドの引数contextを指定することで、コールバック関数配下でのthisが参照するオブジェクトを指定できます[*74]。

以下のサンプルでは、リスト5-57を修正して、配列の整形結果をいったん配列resultに格納した上で、ログ出力しています（リスト5-59）。

＊74
デフォルトでは、コールバック関数配下のthisはグローバルオブジェクト（window）を指します。

▼リスト5-59　foreach_context.html

```
var books = [
  {
    isbn: '978-4-7741-7078-7',
    title: 'サーブレット＆JSPポケットリファレンス',
    price: 2680,
    publish: '技術評論社'
  },
  ...中略...
];

var result = [];

angular.forEach(books, function(value, index, ary) {
  this.push(index + '. ' + value.title);
}, result);

console.log(result);
```

```
[
  "0. サーブレット＆JSPポケットリファレンス",
  "1. アプリを作ろう！Android入門",
  "2. ASP.NET MVC 5実践プログラミング",
  "3. JavaScript逆引きレシピ",
  "4. PHPライブラリ＆サンプル実践活用",
  "5. .NET開発テクノロジ入門",
  "6. Rails 4アプリケーションプログラミング",
  "7. iPhone／iPad開発ポケットリファレンス"
]
```

引数contextにresultを指定したことで、コールバック関数の中の「this.push」は「result.push」と同じ意味になります。

5.8.7 オブジェクト／配列をコピーする - copyメソッド

copyメソッドを利用することで、オブジェクト、または配列をコピーできます。

構文 copyメソッド

```
angular.copy(source [,dest])
```

source：コピー元の配列／オブジェクト
dest：コピー先の配列／オブジェクト

配列／オブジェクトをコピーする規則は、以下のとおりです。

- 引数destを省略した場合、戻り値として配列／オブジェクトのコピーを返す
- 引数destを指定した場合、その要素（またはプロパティ）をすべて削除の上で、コピーを実行
- 引数sourceが配列／オブジェクトでない場合、その値をそのまま戻り値として返す
- 引数source／destが同一の場合、copyメソッドは例外を返す

では、具体的な例を見ていきましょう（リスト5-60）。

▼リスト5-60 copy.html

```
var authors1 = ['山田太郎', '佐藤次郎', '鈴木三郎'];
var authors2 = ['山田さくら', '佐藤もも', '鈴木うめ', '田口ぼたん'];

var book1 ={
  isbn: '978-4-7741-7078-7',
  title: 'サーブレット&JSPポケットリファレンス',
  price: 2680,
  publish: '技術評論社'
};

var book2 ={
  isbn: '978-4-7741-XXXX-X',
  title: '未定',
  price: 2680,
  publish: '技術評論社',
  cdrom: false
};
```

```
console.log('引数dest（コピー前）：');
console.log(book2);
console.log(authors2);

var result_book = angular.copy(book1, book2);
var result_authors = angular.copy(authors1, authors2);

console.log('copyメソッドの戻り値：');
console.log(result_book);
console.log(result_authors);

// コピー後の引数destの値
console.log('引数dest（コピー後）：');
console.log(book2);
console.log(authors2);
```

↓

```
引数dest（コピー前）：
{isbn: "978-4-7741-XXXX-X", title: "未定", price: 2680, ⏎
publish: "技術評論社", cdrom: false}
["山田さくら", "佐藤もも", "鈴木うめ", "田中ぼたん"]*75

copyメソッドの戻り値：
{isbn: "978-4-7741-7078-7", title: "サーブレット& ⏎
JSPポケットリファレンス", price: 2680, publish: "技術評論社"}
["山田太郎", "佐藤次郎", "鈴木三郎"]

引数dest（コピー後）：
{isbn: "978-4-7741-7078-7", title: "サーブレット& ⏎
JSPポケットリファレンス", price: 2680, publish: "技術評論社"}
["山田太郎", "佐藤次郎", "鈴木三郎"]
```

＊75
Firefox／Safari環境では、コピー前の結果がコピー後のそれと同じになります。

引数destに指定されたオブジェクトbook2のcdromプロパティ、配列authors2の4番目の要素が、いずれもコピー後は消えている（=コピー時に引数destがクリアされている）ことが確認できます。

補足：シャローコピーとディープコピー

コピーには、厳密には**シャローコピー**（浅いコピー）と**ディープコピー**（深いコピー）とがあります。以下では、両者の違いを確認すると共に、angular.copyメソッドの性質について解説していきます。

まず、シャローコピーについて。標準のJavaScriptでは、配列をコピーするためにconcatメソッドが使われます[*76]。このコピーは、シャローコピーです（リスト5-61）。

＊76
concatメソッドに空の引数を渡すことで、現在の配列をそのまま返すのです。

▼ リスト 5-61　copy_shallow.html

```
var src1 = [ 1, 2, 3 ];
var src2 = [ { x: 1, y: 2 }, { x: 3, y: 4 }, { x: 5, y: 6 } ];

// 配列をコピー
var dest1 = src1.concat();
var dest2 = src2.concat();

// 元配列の内容を書き換え
src1[0] = 10;
src2[0].x = 100;

console.log(src1);   // 結果：[10, 2, 3]  ─┐
console.log(dest1);  // 結果：[1, 2, 3]   ─┴─❶
console.log(src2);   // 結果：[ { x: 100, y: 2 }, { x: 3, y: 4 }, { x: 5, y: 6 } ] ─┐
console.log(dest2);  // 結果：[ { x: 100, y: 2 }, { x: 3, y: 4 }, { x: 5, y: 6 } ] ─┴─❷
```

要素が値型である場合には問題ありません（❶）。コピー元の修正がコピー先に影響することはありません。しかし、参照型である場合、コピー元の修正はコピー先にも影響してしまうのです（❷）。オブジェクト配下のメンバーではなく、オブジェクトの参照をコピーすることから、シャロー（浅い）コピーと呼ばれます。

一方、angular.copy メソッドによるコピーはディープコピーです。リスト 5-61 を copy メソッドで書き換えてみます（リスト 5-62）。

▼ リスト 5-62　copy_deep.html

```
var src1 = [ 1, 2, 3 ];
var src2 = [ { x: 1, y: 2 }, { x: 3, y: 4 }, { x: 5, y: 6 } ];

var dest1 = angular.copy(src1);
var dest2 = angular.copy(src2);

src1[0] = 10;
src2[0].x = 100;

console.log(src1);              // 結果：[10, 2, 3]
console.log(dest1);             // 結果：[1, 2, 3]
console.log(src2);              // 結果：[ { x: 100, y: 2 }, { x: 3, y: 4 }, { x: 5, y: 6 } ]
console.log(dest2);             // 結果：[ { x: 1, y: 2 }, { x: 3, y: 4 }, { x: 5, y: 6 } ]
```

果たして、今度は参照型の配列についても、コピー元への変更がコピー先に影響**しない**ことが確認できます。オブジェクトの参照ではなく、オブジェクトのメンバー個々まで深くコピーしているからです。

5.8.8 オブジェクト同士をマージする - extend／merge メソッド

extend メソッドを利用することで、複数のオブジェクトを結合できます。

構文 extend メソッド

```
angular.extend(target, src,...)
```

target：拡張対象のオブジェクト
src：連結するオブジェクト（複数可）

以下に、具体的な例を示します（リスト 5-63）。

▼ リスト 5-63　extend.html

```
var book = {
  isbn: '978-4-7741-7078-7',
  title: 'JSPポケットリファレンス',
  description: {
    published: '2015-01-08'
  }
};

var book2 = {
  title: 'サーブレット&JSPポケットリファレンス',
  price: 2680,
  description: {
    publish: '技術評論社'
  }
};

var book3 = {
  pages: 400,
  image: 'http://www.wings.msn.to/books/978-4-7741-7078-7/978-4-7741-7078-7.jpg'
};

// オブジェクトbookにオブジェクトbook2／book3を結合
angular.extend(book, book2, book3);
console.log(book);
```

↓

```
{
  description:{
    publish: "技術評論社"
  },
  isbn: "978-4-7741-7078-7",
  title: "サーブレット&JSPポケットリファレンス",
```

```
  price: 2680,
  pages: 400,
  image: 'http://www.wings.msn.to/books/978-4-7741-7078-7/978-4-7741-7078-7.jpg'
}
```

extendメソッドでは、以下の点に注意してください。

- 同名のプロパティは、あとのもので上書きされる（この例であればtitle）
- 再帰的なマージには未対応

つまり、この例では、入れ子となったdescriptionプロパティの内容が置き換わってしまう点に注意してください。入れ子となったオブジェクトの中身もマージするには、extendメソッドの代わりに、mergeメソッドを利用してください。mergeメソッドの構文は、extendメソッドのそれと同様です（リスト5-64）。

▼リスト5-64　extend.html

```
angular.merge(book, book2, book3);
console.log(book);
```

↓

```
{
  description:{
    publish: "技術評論社",
    published: "2015-01-08"
  },
  isbn: "978-4-7741-7078-7",
  title: "サーブレット＆JSPポケットリファレンス",
  price: 2680,
  pages: 400,
  image: 'http://www.wings.msn.to/books/978-4-7741-7078-7/978-4-7741-7078-7.jpg'
}
```

NOTE オリジナルのオブジェクトを維持するには?

extend／merge メソッドは、引数 target で指定されたオブジェクトを書き換えます。もしもオリジナルのオブジェクトに影響を及ぼしたくない場合には、リスト 5-64 の部分を以下のように書き換えてください。

```
var booked = angular.merge({}, book, book2, book3);
```

これによって、空のオブジェクト ({}) に対して、book／book2／book3 を結合しなさいという意味になりますので、book／book2／book3 には影響は及びません。

5.8.9 jQuery 互換オブジェクトを取得する - element メソッド

AngularJS では、ビューの操作はディレクティブに委ねるという性質上、文書ツリーを直接操作する機会はあまりありませんし、また、そうすべきではありません[*77]。

*77
標準のディレクティブでまかなえないならば、ディレクティブを自作するべきです (7.3 節)。

ただし、それでも例外的に文書ツリーを操作したいという場合、element メソッドを呼び出すことで jQuery の軽量互換ライブラリである **jqLite** (jQuery Lite) を呼び出すことができます。

構文 element メソッド

```
angular.element(elm)
```

elm：要素オブジェクト、または HTML 文字列

以下に、基本的なサンプルを示します (リスト 5-65)。❶は class 属性が gihyo である要素のテキスト色を変更し、❷は新規に生成した <div> 要素を <body> 要素配下の末尾に追加する例です。

▼ リスト 5-65　element.html

```
<ul>
  <li class="gihyo">サーブレット＆JSPポケットリファレンス</li>
  <li>アプリを作ろう！Android入門</li>
  <li>ASP.NET MVC 5実践プログラミング</li>
  <li>JavaScript逆引きレシピ</li>
  <li class="gihyo">PHPライブラリ＆サンプル実践活用</li>
  <li>.NET開発テクノロジ入門</li>
  <li class="gihyo">Rails 4アプリケーションプログラミング</li>
  <li class="gihyo">iPhone／iPad開発ポケットリファレンス</li>
</ul>
```

```
...中略...
// class="gihyo"である要素のテキストを赤色に
angular.element(
  document.getElementsByClassName('gihyo')).css('color', 'red'); ❶
// <body>要素配下の末尾に<div>要素を追加
angular.element(
  document.getElementsByTagName('body')).append('<div>書籍一覧</div>'); ❷
```

▼ 図 5-28　jqLite オブジェクトで文書ツリーを操作

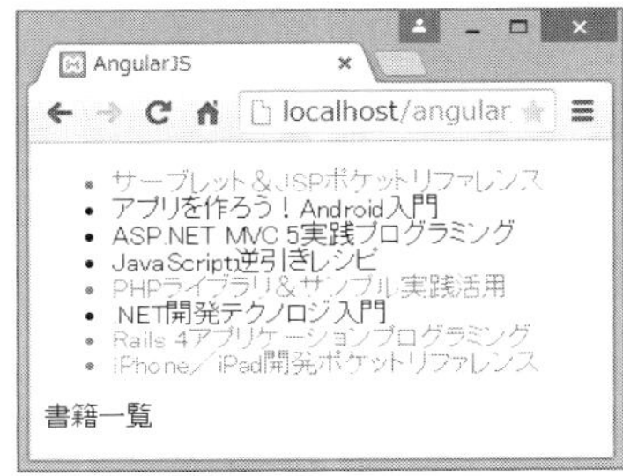

element メソッドで jqLite オブジェクトを生成したあとは、jQuery を利用したことがある人にはお馴染みのコードですね。jQuery については本書の守備範囲を外れるため、拙著「10 日でおぼえる jQuery 入門教室」「JavaScript 逆引きレシピ jQuery 対応」（いずれも翔泳社）などを参照してください。

jqLite オブジェクトのメンバー

jqLite で利用できるメソッドは、以下のとおりです（表 5-28）。jQuery の主なメソッドに対応しているものの、Lite という名前のとおり、すべてのメソッドが利用できるわけではありません。

▼ 表 5-28　jqLite オブジェクトの主なメソッド

分類	メソッド	概要
属性	addClass(*clazz*)	class 属性にスタイルクラス clazz を追加
	removeClass(*clazz*)	class 属性からスタイルクラス clazz を削除
	toggleClass(*clazz*)	要素が class 属性 clazz を持つ場合は削除、持たない場合は追加
	hasClass(*clazz*)	class 属性にスタイルクラス clazz が設定されているか
	css(*name* [,*val*])	スタイルプロパティname に値 val を設定（val 省略時はスタイルプロパティname の値を取得）
	attr(*key* [,*val*])	属性 key に値 val を設定（val 省略時は属性 key の値を取得）
	removeAttr(*key*)	属性 key の値を削除
	val(*val*)	value 属性の値を設定（val 省略時は value 属性の値を取得）
	prop(*key* [,*val*])	プロパティkey に値 val を設定（val 省略時はプロパティkey の値を取得）

分類	メソッド	概要
要素	after(*content*)	現在の要素の後ろに要素 content を追加
	append(*content*)	現在の要素の子要素末尾に要素 content を追加
	prepend(*content*)	現在の要素の子要素先頭に要素 content を追加
	replaceWith(*content*)	現在の要素を content で置換
	empty()	現在の要素配下のすべての子要素を削除
	remove()	現在の要素を削除
	clone([*flag* [,*deep*]])	現在の要素を複製（flag／deep が true ならそれぞれ、イベントリスナー／子孫要素も一緒に複製）
	detach()	現在の要素を破棄（イベントリスナーはそのまま）
	html([*val*])	要素配下に HTML 文字列を設定（val 省略時は値を取得）
	text([*val*])	要素配下にテキストをセット（val 省略時は値を取得）
	wrap(*elm*)	現在の要素を elm（HTML 文字列／要素）で囲む
トラバーシング	children()	すべての子要素を取得
	contents()	テキストノードを含むすべての子ノードを取得
	next()	現在の要素の次の兄弟要素を取得
	parent()	現在の要素の親要素を取得
	eq(*index*)	index+1 番目の要素を取得
	find(*selector*)	要素の中からセレクターselector にマッチする子孫要素を取得
イベント	on(*ev*, *handler*)	イベントリスナーを設定
	off(*ev* [,*handler*])	イベントリスナーを削除
	one(*ev* [,*data*] ,*handler*)	ev イベント発生時に 1 回だけ handler を実行
	ready(*handler*)	ページ読み込み完了後に handler を実行
	triggerHandler(*ev* [,*data*])	指定したイベントに対応するイベントハンドラーを実行
その他	data(*key* [,*val*])	指定した要素にキーと値を設定（val 省略時は値を取得）
	removeData([*name*])	キーname の値を削除

ただし、AngularJS をインポートする前に、jQuery をインポートしておくと、jqLite を jQuery に置き換えることも可能です。

▼ リスト 5-66　jquery.html

```
<script src="https://ajax.googleapis.com/ajax/libs/jquery/1.11.3/jquery.min.js"></script> ――❶
<script src="https://ajax.googleapis.com/ajax/libs/angularjs/1.4.1/angular.min.js"></script>
...中略...
var result = [];
var elm = angular.element(document.getElementById('php'));
// 取得したオブジェクトに属するメソッドを列挙
for(var prop in elm) {
  if (angular.isFunction(elm[prop])) { result.push(prop); }
}
console.log(result);
```

▼ 図 5-29 element メソッドの戻り値は jQuery オブジェクト（jqLite にないメンバーも表示）

jQuery をインポートしている❶をコメントアウトすると、今度は jqLite オブジェクトが返される（＝利用できるメソッドが減っている）ことを確認してください。

▼ 図 5-30 element メソッドの戻り値は jqLite オブジェクト

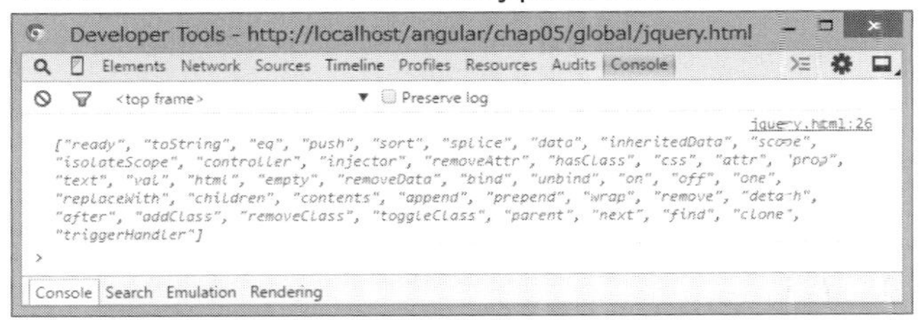

ただし、繰り返しにはなりますが、AngularJS で文書ツリーを操作するのは、あくまで例外的な状況です。jQuery（jqLite）に頼らざるを得ないか否か、利用の前にあらためて検討するようにしてください。

利用する jqLite／jQuery を固定する - ng-jq ディレクティブ

AngularJS 1.4 からは ng-jq というディレクティブが追加され、AngularJS アプリで jqLite／jQuery いずれを利用するか特定できるようになりました。

❶ jqLite の利用を強制する

まず、jQuery をインポートしているにもかかわらず、angular.element メソッドの戻り値を jqLite オブジェクトで固定するケースです。jQuery プラグインなどを利用している関係で jQuery はインポートしているが、アプリ本体では jqLite を利用したいという場合などに利用します。

これには、ng-app 属性を付与したのと同じ要素に、値なしで ng-jq 属性を付与します。以下は、先ほどのリスト 5-66 を修正した例です（リスト 5-67）。jQuery をインポートしているにもかかわらず、jqLite が返されていることを確認してください。

▼ リスト 5-67　jquery.html

```
<html ng-app ng-jq>
```

❷ jQuery のバージョンを固定する

より複雑なケースで、1 つのページで複数の jQuery を利用している場合があります。たとえば特定のプラグインでは jQuery 1.x が必要であるが、AngularJS アプリとして jQuery 2.x を利用したい、というようなケースです。

そのようなケースでは、ng-jq 属性に jQuery の別名を指定することで、AngularJS として利用する jQuery のバージョンを固定することもできます。たとえば以下のようにです（リスト 5-68）。

▼ リスト 5-68　jquery_conflict.html

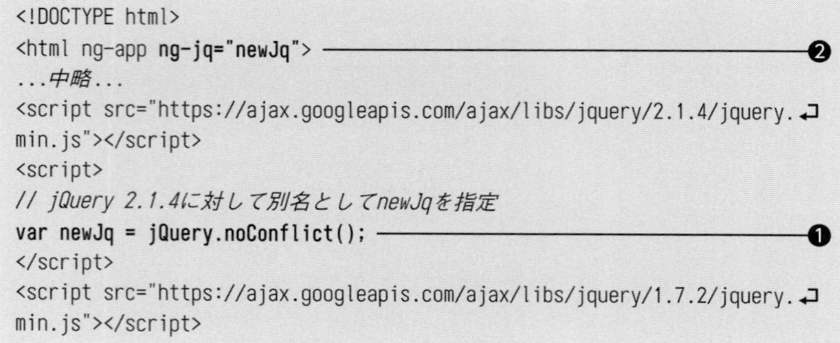

```
<!DOCTYPE html>
<html ng-app ng-jq="newJq"> ―――――――――――――――――――――――――――― ❷
...中略...
<script src="https://ajax.googleapis.com/ajax/libs/jquery/2.1.4/jquery.⏎
min.js"></script>
<script>
// jQuery 2.1.4に対して別名としてnewJqを指定
var newJq = jQuery.noConflict(); ――――――――――――――――――――――――― ❶
</script>
<script src="https://ajax.googleapis.com/ajax/libs/jquery/1.7.2/jquery.⏎
min.js"></script>
```

jQuery.noConflict メソッドで jQuery にアクセスするための別名を宣言し（❶）、これを ng-jq 属性で紐づけるわけです（❷）。これで AngularJS としては newJq（jQuery 2.1.4）を利用するようになります。もちろん、本来の $、jQuery で jQuery 1.7.2 にアクセスすることも可能です。

jQuery／jqLite の AngularJS 拡張

AngularJS では、jQuery／jqLite にかかわらず、独自の機能を拡張しています（表 5-29）。

▼ 表 5-29　jQuery／jqLite の AngularJS 拡張

分類	機能	概要
イベント	$destroy	要素ノード破棄の際に発生
メソッド	controller([*name*])	現在の要素、もしくはその親要素のコントローラーを取得（引数 name はディレクティブ名。指定時は、ディレクティブに関連付くコントローラーを取得*78）
	injector()	現在の要素、もしくはその親要素の $injector（5.7.4 項）を取得

＊78
ディレクティブ名は「ngModel」などのように camelCase 形式で指定します。

分類	機能	概要
メソッド	scope()	現在の要素、もしくはその親要素のスコープオブジェクトを取得
	isolateScope()	現在の要素に関連付いた分離スコープを取得
	inheritedData()	data メソッドと同様。ただし、見つかるまで上位要素を検索

以下は、取得した要素のスコープオブジェクトを取得して、モデルを設定する例です[*79]。

*79
一般的に、このようなことをする理由はないので、あくまでサンプルとしてとらえてください。

▼ リスト 5-69　jqlite_scope.html

```
<button id="btn">表示</button>
<div id="main">現在時刻：{{msg}}</div>
...中略...
// ボタンクリック時に現在時刻を更新
angular.element(document.getElementById('btn')).on('click', function() {
  // <div>要素に紐づいたスコープを取得
  var $scope = angular.element(document.getElementById('main')).scope();
  // Angular式を更新
  $scope.$apply(function() {
    $scope.msg = new Date().toLocaleString();
  });
});
```

▼ 図 5-31　ボタンをクリックすると、現在時刻を更新

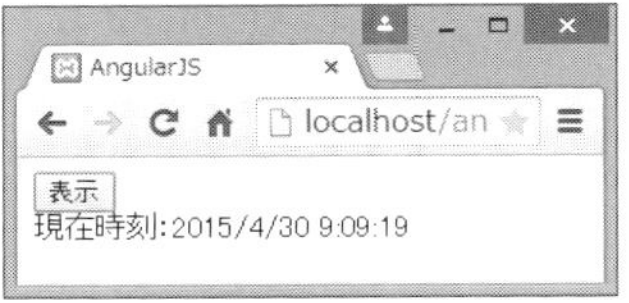

5.8.10 AngularJS アプリを手動で起動する - bootstrap メソッド

2.1 節でも触れたように、AngularJS は ng-app 属性をトリガーに起動するのが基本です。ただし、例外的に AngularJS が有効になる前に初期化処理をはさみたいなどの理由から、AngularJS を自動で起動してほしくない（=手動で起動したい）という状況があります。そのような場合に利用するのが、angular.bootstrap メソッドです。以下は、リスト 2-1（P.16）を bootstrap メソッドを使って書き換えたものです（リスト 5-70）。

▼ リスト 5-70　bootstrap.html

```
<!DOCTYPE html>
```

```
<html id="my">
...中略...
<script>
angular.element(document).ready(function() {
  angular.module('myApp', []);
  angular.bootstrap(document.getElementById('my'), ['myApp']);
});
</script>
</body>
</html>
```

bootstrapメソッドの基本的な構文は、以下のとおりです。

構文 bootstrapメソッド

```
bootstrap(element [,modules])
```

element：AngularJSアプリのルート要素
modules：アプリが依存するモジュール（配列）

この例では、引数elementに<html id="my">要素を与えることで、ページ全体に対してAngularJSを有効にしているわけです。引数modulesに指定するモジュールは、あらかじめmoduleメソッドで定義しておく必要があります。

5.8.11 thisキーワードのコンテキストを強制的に変更する - bindメソッド

angular.bindメソッドは、指定された関数配下でのthisを一時的に固定します。ややわかりにくいと思いますので、まずは具体的な例を見てみましょう。

▼リスト5-71 bind.html

```
// title/priceプロパティ、showメソッドを持つobjオブジェクトを準備
var obj = {
  title: 'AngularJSアプリケーションプログラミング',
  price: 3500,
  show: function() {
    console.log(this.title + ' : ' + this.price); ――――❶
  }
};

// ボタン（id="btn"）クリックでobj.showメソッドを実行
document.getElementById('btn').addEventListener('click', ―┐
  obj.show, true); ――――――――――――――――――――――――――――――――――――――――┘――❷
```

▼ 図 5-32 ボタンクリックでログを表示

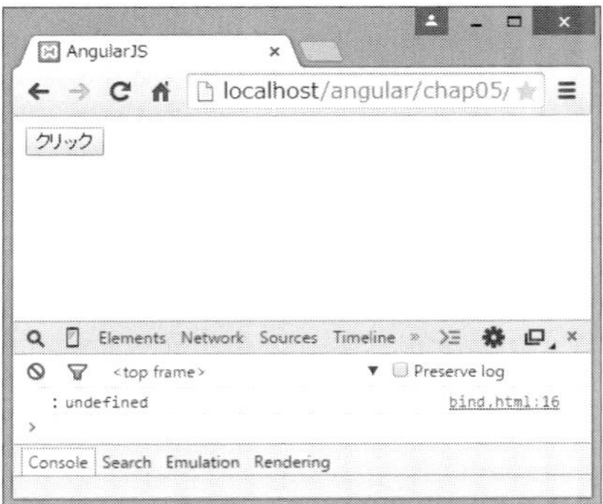
AngularJS
localhost/angular/chap05/
クリック
Elements Network Sources Timeline
<top frame>
Preserve log
: undefined
bind.html:16
Console Search Emulation Rendering

ボタンクリックによってshowメソッドが呼び出され、「AngularJSアプリケーションプログラミング:3500」のような文字列がログ出力されることを期待したコードです。

しかし、結果は「:undefined」と出力されるだけ。これは、showメソッドの中のthis.title／this.price（❶）が正しくもとのobj.title／priceを指していないために起こる現象です。イベントリスナーの中では、thisキーワードは、イベントの発生元（ここではボタンbtn）を指しているのです（図5-33）。

▼ 図 5-33 thisの参照先は変化する

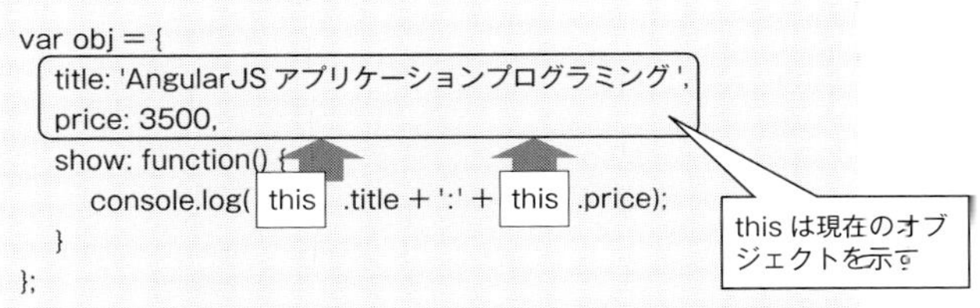
var obj = {
title: 'AngularJS アプリケーションプログラミング',
price: 3500,
show: function() {
console.log(this .title + ':' + this .price);
}
};
this は現在のオブジェクトを示す

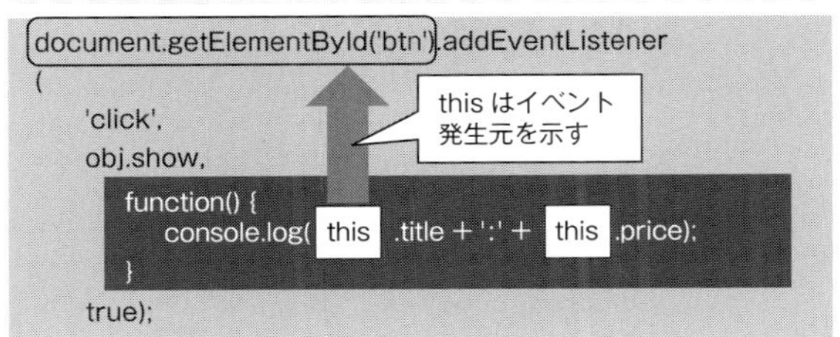
document.getElementById('btn').addEventListener
(
'click',
obj.show,
function() {
console.log(this .title + ':' + this .price);
}
true);
this はイベント発生元を示す

このような不都合を回避するのが、angular.bindメソッドの役割です。❷を、以下のように書き換えてみましょう。

```
document.getElementById('btn').addEventListener('click',
  angular.bind(obj, obj.show), true);
```

angular.bind メソッドの構文は、以下のとおりです。

構文 bind メソッド

```
bind(self, fnc [,args])
```

self：fnc の中で this とみなすオブジェクト　*fnc*：対象の関数
args：関数に渡す引数（可変長引数）

これによって、this キーワードが指す先が obj オブジェクトに固定され、確かに期待した結果（=「AngularJS アプリケーションプログラミング：3500」というログ）が得られます。

5.8.12 空の関数を取得する - noop メソッド

angular.noop は、空の関数を返すだけのメソッドです[*80]。一見してなにに利用するのかと思うかもしれませんが、高階関数などで関数が指定されなかった場合に、「なにもしない」を表現するために利用します。

たとえば、リスト 5-72 の process 関数（太字）は、引数 value が正数かどうかによって[*81]、コールバック関数 success、または fail を実行します。ただし、success／fail が無指定の場合にはなにもしません。

*80 noop は「No Operation」の略です。一から作成しても大したことはありませんが、1 つのものを参照させた方がパフォーマンス的にも有利です。

*81 実際のコードでは、引数 value に対してなんらかの処理を施すことになるでしょう。

▼ リスト 5-72　noop.html

```
// 引数valueが正数の場合にsuccess関数を、さもなければfail関数を実行
var process = function(value ,success, fail) {
  if (value > 0) {
    (success || angular.noop)(value);
  } else {
    (fail || angular.noop)(value);
  }
};

process(-10,
  function(value) {                                    ─┐
    console.log('success : ' + value);                  ├─❶
  },                                                   ─┘
  function(value) {                                    ─┐
    console.log('fail : ' + value);    // 結果：fail：-10 ├─❷
  });                                                  ─┘
```

数値（上では -10）を変更して、❶成功コールバック関数、❷失敗コールバック関数の呼び出しが切り替わることを確認してください。また、失敗コールバック関数が呼び出されるべき状況で、❷を省略すると、なにも行わない（エラーも発生しな

い）ことを確認してください。

「(success || angular.noop)(value);」とは、あれば success を、空の場合は angular.noop 関数を、それぞれ実行しなさいという意味です。

5.8.13 デフォルトの関数を準備する - identity メソッド

angular.identity メソッドは、与えられた引数をなにもせずにそのまま返すメソッドです。noop メソッドと同じく、高階関数などでデフォルトの挙動を表すために利用します。

構文 identity メソッド

```
identity(value)
```

value：任意の値

たとえば、リスト 5-73 は、引数 value を与えられたコールバック関数 callback で整形したものを返す transfer 関数です。引数 callback を省略した場合には、引数 value をそのまま返します。

▼リスト 5-73　identity.html

```
// 引数valueをコールバック関数callbackで演算したものを返す
var transfer = function(value, callback) {
  return (callback || angular.identity)(value);
};

console.log(
  transfer(10, function(value) {
    return value * value;
  })
);                                                    // 結果：100
```

この例では、引数 callback は「与えられた数値を自乗する」関数なので、10 を与えた結果として 100 が返されます。試しに上のコードから太字部分（引数 callback）を削除してみると、もとの値（10）が返ることを確認してください。

Column　アプリ開発に役立つ支援ツール (2) - WebStorm

AngularJS (JavaScript) アプリを開発するうえで、なんら特別なツールは必要ありません。使い慣れたテキストエディターがありさえすれば、問題なく開発が可能です。もっとも、本格的な開発ともなってくると「エディターだけでは物足りない」という状況も出てくるでしょう。

そのような時には、WebStorm (https://www.jetbrains.com/webstorm/) がおすすめです。有償のツールではありますが、構文ハイライト、入力候補のリスト表示、デバッグ機能など、アプリ開発に必要となる機能があまねく揃った優れものの IDE です。

▼ 図 5-34　WebStorm のメイン画面

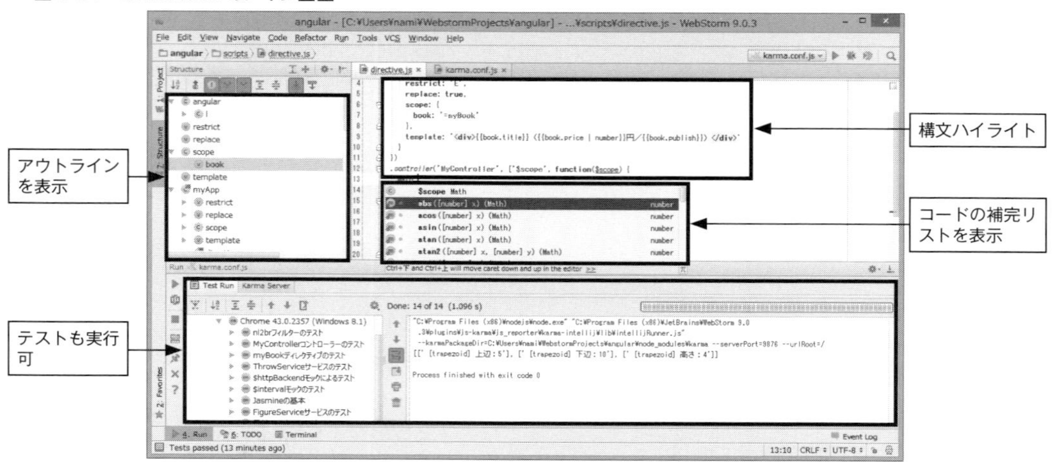

その他、Eclipse を利用しているならば、AngularJS Eclipse (https://github.com/angelozerr/angularjs-eclipse) などのプラグインもあります。機能は限定されますが、こちらは無償で利用できます。

基本編

第6章

スコープオブジェクト

これまで見てきたように、**スコープ**（$scope）とはHTMLテンプレートとJavaScriptによるモデルを橋渡しするためのオブジェクトです。AngularJSの世界では、テンプレートで利用する値や挙動は、スコープを介して引き渡すのが基本です。

そして、コントローラーとは、このスコープオブジェクトをセットアップするためのしくみです[*1]。その性質上、コントローラーはAngularJSアプリを構成する中核の要素とも言えます。

本章では、コントローラーとスコープの関係を交えながら、AngularJSアプリにおけるデータ交換について理解を深めていきます。

＊1
7.3.6項でも解説しますが、厳密にはスコープはディレクティブの単位に決まります。コントローラーを設置するng-controllerもまた、スコープを新規に生成するディレクティブの一種にすぎません。

6▸1 スコープの有効範囲

まずは、スコープの有効範囲から確認していきましょう。これまでは、1 つのページ（<body> 要素）を 1 つのコントローラーが制御する、もっともシンプルなパターンだけを見てきました。この場合、スコープもページ全体で有効となりますので、有効範囲を意識しなければならない局面はさほどありませんでした。

しかし、より本格的なアプリでは、1 つのページを複数のコントローラーで管理するケースがよくあります[*2]。そのような状況では、スコープの有効範囲をきちんと理解しておく必要があります。

＊2
たとえばサイドメニューとコンテンツ本体を異なるコントローラーで管理するような状況です。

本節では、コントローラーのさまざまな配置と、それぞれの状況でのスコープの有効範囲について理解していきます。

6.1.1 有効範囲の基本

コントローラーでスコープを準備した場合、その有効範囲は現在のコントローラー配下に限定されるのが基本です。

以下のコードは、テキストボックスに入力した名前に応じて、ページ下部に挨拶メッセージが表示される（はずの）サンプルです（リスト 6-1）。ただし、挨拶メッセージを表す <p> 要素は、MyController を適用した <div> 要素の外に配置しています。

▼ リスト 6-1　scope.html

```
<div ng-controller="MyController" ng-init="name='権兵衛'">
  <label for="name">名前：</label>
  <input id="name" type="text" ng-model="name" />
</div>
<p>こんにちは、{{name}}さん！</p>
```

▼ 図 6-1　テキストボックスの内容がページ下部に反映されない

果たして、MyControllerを適用した<div>要素の外では、{{name}}に入力値が反映**されない**ことが確認できます（図6-1）。太字の行を<div>要素の配下に移動すると、正しく「こんにちは、権兵衛さん!」のようなメッセージが表示されることを確認してみましょう。

▼ 図6-2　スコープの有効範囲

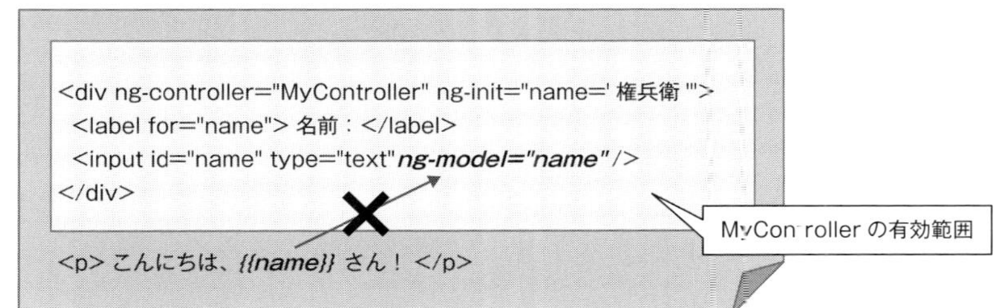
<div ng-controller="MyController" ng-init="name=' 権兵衛 '">
<label for="name"> 名前：</label>
<input id="name" type="text" ng-model="name" />
</div>
<p> こんにちは、{{name}} さん！ </p>
MyController の有効範囲

6.1.2 複数のコントローラーを配置した場合

続いて、複数のコントローラーを並列に配置した場合です（リスト6-2）。

▼ リスト6-2　scope2.html

```
<div ng-controller="MyController" ng-init="name='権兵衛'">
  <label for="name">名前：</label>
  <input id="name" type="text" ng-model="name" />
</div>
<hr />
<div ng-controller="MyController">
  こんにちは、{{name}}さん！
</div>
```

▼ 図6-3　テキストボックスの内容がページ下部に反映されない

AngularJS
localhost/ang
名前: 権兵衛
こんにちは、さん！

同一のコントローラーなので、今度はテキストボックスの内容が表示されると思われるかもしれません。しかし、残念ながら、結果は「反映されない」です（図6-3）。

これは、コントローラーがng-controller属性の単位でインスタンス化されるためです。結果、これに付随するスコープもそれぞれ独立したインスタンスとなりますので、互いのプロパティ（この例ではname）も共有されません（図6-4）。

▼ 図 6-4　異なる ng-controller 配下は異なるインスタンス

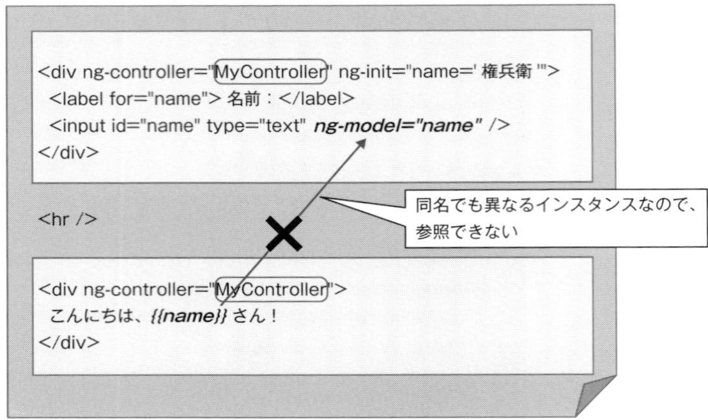
<div ng-controller="MyController" ng-init="name='権兵衛'">
<label for="name"> 名前：</label>
<input id="name" type="text" ng-model="name" />
</div>
<hr />
同名でも異なるインスタンスなので、参照できない
<div ng-controller="MyController">
こんにちは、{{name}} さん！
</div>

6.1.3 コントローラーを入れ子に配置した場合

より複雑なコントローラーでは、コントローラーを入れ子に配置することがあります。このようなケースでは、スコープの有効範囲はどのようになるでしょうか。サンプルで動作を確認してみましょう。

▼ リスト 6-3　上：nest.html／下：nest.js

```
<div ng-controller="ParentController">
  親スコープ：
  {{value}} ―――――――――――――――――――――――――――――― ❶
  <button ng-click="onparent()">加算</button>
  <hr />
  <div ng-controller="ChildController">
    子スコープ：
    {{value}} ――――――――――――――――――――――――――― ❷
  </div>
</div>
```

```
angular.module('myApp', [])
  .controller('ParentController', ['$scope', function($scope) {
    $scope.value = 1;

    $scope.onparent = function() {
      $scope.value++;
    };
  }])
  .controller('ChildController', ['$scope', function($scope) {
  }]);
```

▼ 図 6-5　［加算］ボタンによって値が +1 される

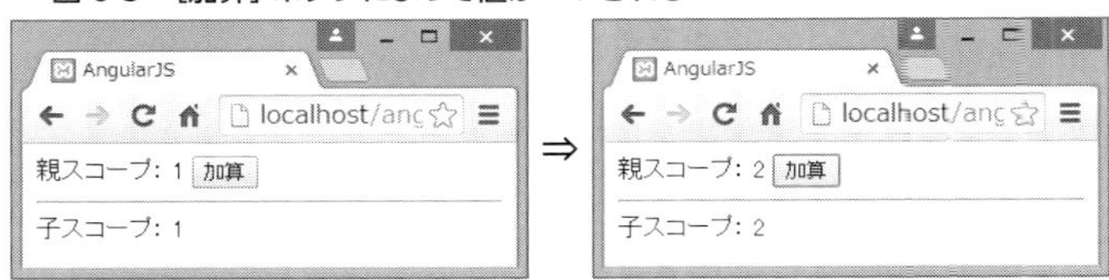
AngularJS
localhost/anc
親スコープ：1 加算
子スコープ：1
⇒
AngularJS
localhost/anc
親スコープ：2 加算
子スコープ：2

入れ子にした場合も、コントローラー単位にスコープが生成される点は変わりません。ただし、配下のコントローラー（ChildController）が上位のコントローラー（ParentController）を継承します（図 6-6）。

▼ 図 6-6　親子関係にあるコントローラー

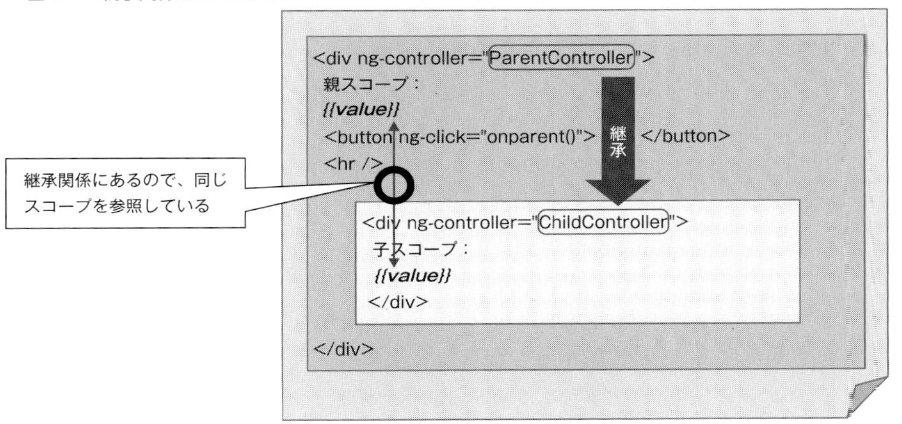
<div ng-controller="ParentController">
親スコープ：
{{value}}
<button ng-click="onparent()"> 継承 </button>
<hr />
継承関係にあるので、同じスコープを参照している
<div ng-controller="ChildController">
子スコープ：
{{value}}
</div>
</div>

結果、子コントローラーは、親コントローラーで定義したスコープ*3をそのまま参照できるわけです。果たして、上のサンプル（リスト 6-3）でも、親コントローラー（❶）／子コントローラー（❷）双方で、同一の value プロパティを参照できていることが確認できます。

*3
親コントローラーで定義したメソッドについても同様です。

6.1.4 入れ子となったコントローラーでの注意点

ただし、入れ子関係にあるコントローラーには、注意も必要です。というのも、親／子コントローラーの継承関係は、JavaScript 特有の**プロトタイプ継承**に基づいているからです。プロトタイプ継承は、Java／C# の継承とは微妙に異なる性質を持っており、他の言語からやってきた開発者をしばしば混乱におとしいれます。

本書は、JavaScript の入門書ではありませんので、プロトタイプ継承についての詳しい解説は避けますが*4、図 6-7 に簡単な概念を示しておきます。

*4
JavaScript のオブジェクト指向構文については、拙著「JavaScript 本格入門」（技術評論社）などの専門書を参照してください。

▼ 図 6-7　プロトタイプ継承のしくみ

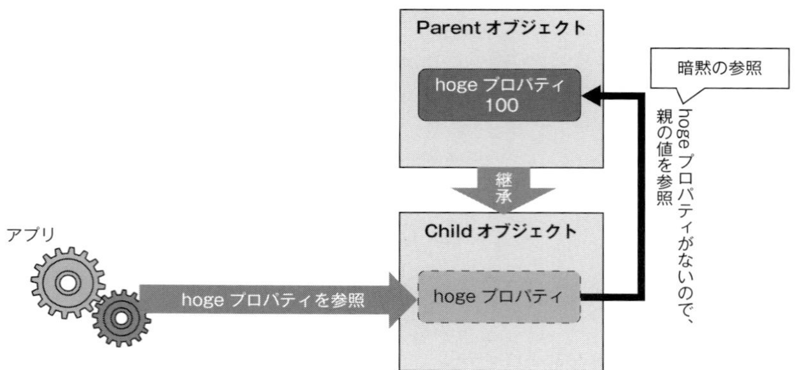

たとえばParentオブジェクトを継承したChildオブジェクトがあったとします（図6-7）。Parentオブジェクトはhogeプロパティを持っていますが、Childオブジェクトはhogeプロパティを持っていません。

このような状況で、Childオブジェクトのhogeプロパティを参照しようとすると、継承関係をたどって、上位のParentオブジェクトで定義されたhogeプロパティを参照します（これを**暗黙の参照**と言います）。

ここまでは、容易に理解できるところです。ところが、Childオブジェクトに対してhogeプロパティを設定すると、どうでしょう。直観的には、暗黙の参照をたどって、Parentオブジェクトのhogeプロパティを上書きすると思われるかもしれません。

しかし、そうはなりません。暗黙の参照を利用するのは、値を参照する場合だけで、設定は常に現在のオブジェクトに対して行われます。つまり、Childオブジェクトに対して新たなhogeプロパティを設定します。結果、それ以降はParent／Childオブジェクトで別々のhogeプロパティを持つことになります。子の側が親オブジェクトのプロパティを書き換えることはありませんし、その逆もありません（図6-8）。

▼ 図 6-8　プロパティの設定

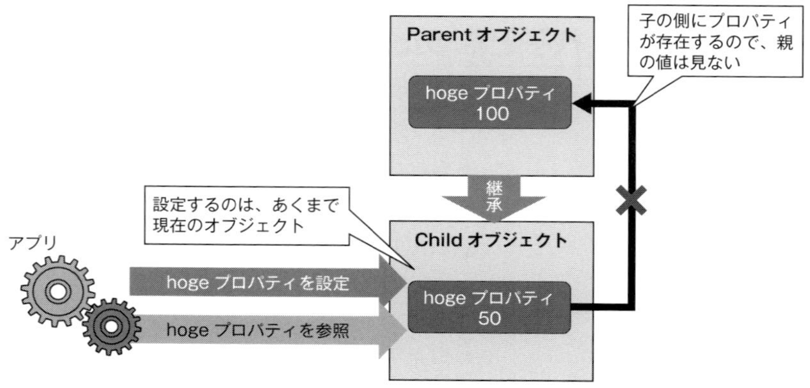

この理解を前提に、以下のようなサンプルを見てみましょう（リスト6-4）。先のリスト6-3と異なるのは、子コントローラーの側に、親コントローラーと同じく［加算］ボタンを追加している点です。

▼ リスト6-4 上：nest_proto.html／下：nest_proto.js

```
<div ng-controller="ParentController">
  親スコープ：
  {{value}} ──────────────────────────❶
  <button ng-click="onparent()">加算</button>
  <hr />
  <div ng-controller="ChildController">
    子スコープ：
    {{value}} ──────────────────────────❷
    <button ng-click="onchild()">加算</button>
  </div>
</div>
```

```
angular.module('myApp', [])
  .controller('ParentController', ['$scope', function($scope) {
    $scope.value = 1;

    $scope.onparent = function() {
      $scope.value++;
    };

  }])
  .controller('ChildController', ['$scope', function($scope) {
    $scope.onchild = function() { ─┐
      $scope.value++;              ├─❸
    }; ────────────────────────────┘
  }]);
```

親コントローラーの［加算］ボタンをクリックした場合の結果は、特に変わりません。親／子コントローラー双方の{{value}}が加算されます。

しかし、子コントローラーの［加算］ボタンをクリックした場合、子コントローラーの{{value}}（❷）だけが加算されて、親コントローラーの{{value}}（❶）は加算**されない**点に注目です（図6-9）。

▼ 図6-9 子コントローラーの［加算］ボタンをクリック

　また、以降は、親コントローラーの［加算］ボタンをクリックしても、❷の{{value}}が加算されなくなります（図6-10）。❶、❷双方の{{value}}が異なるものを指しているからです。

▼ 図6-10　親コントローラーの［加算］ボタンをクリック

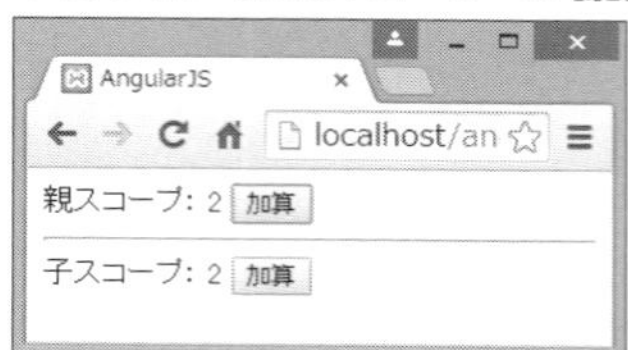

Column　AngularJS／JavaScriptのコーディング規約

　いわゆる「書き捨て」以上のアプリを開発するようになると、コードの読みやすさを意識することはますます重要になってきます。アプリを保守／改定していく中で、既存のコードを読むことは欠かせないからです。

　もっとも、一口に読みやすいコードといっても、なかなかイメージがわきにくいものです。そこで登場するのが**コーディング規約**です。コーディング規約とは、たとえば変数の命名規則からフォルダー構造、利用すべき（すべきでない）機能など、統一されたコードを記述するうえで、必要なルールを定めたものです。規約に沿うことで、コードが読みやすくなるだけでなく、潜在的なバグを減らせるなどの効果も期待できます。

- AngularJS Style Guide (https://github.com/mgechev/angularjs-style-guide)
- Google JavaScript Style Guide (http://google-styleguide.googlecode.com/svn/trunk/javascriptguide.xml)

　もちろん、これらで決められた規約が絶対というわけではありませんが、一度、目を通しておくと良い勉強になるはずです。

6・2 コントローラー間の情報共有

コントローラー（スコープ）の有効範囲を理解したところで、ここからはコントローラー同士で情報を共有するための方法について見ていきます。

6.2.1 親コントローラーのスコープを取得する - $parent

リスト 6-4 の例で、子コントローラーからのプロパティ設定では親コントローラーのプロパティを上書きすることが**できない**ことを確認しました。しかし、$parent を利用すると、子コントローラーから親コントローラーのスコープにアクセスできるようになります。

リスト 6-4 の❸を、以下のように書き換えてみましょう（リスト 6-5）。

▼ リスト 6-5　nest_proto.js

```
$scope.onchild = function() {
  $scope.$parent.value++;
};
```

今度は、onchild メソッドが親スコープ（ParentController）の value メソッドをインクリメントしますので、親／子スコープいずれの［加算］ボタンをクリックしても {{value}} の変化を確認できるようになります。

6.2.2 アプリ唯一のスコープを取得する - $rootScope

AngularJS アプリは、それぞれが唯一のルートスコープ（$rootScope）を持ちます[*5]。$rootScope は、名前のとおり、すべてのスコープの親にあたるルートで、すべてのスコープは $rootScope を継承します。言い換えれば、$rootScope にアクセスすることで、スコープの継承関係にかかわらず、アプリケーション共通のデータ／挙動を管理できるということです。

たとえば先ほどのリスト 6-5 は、$rootScope を利用することで、以下のように書き換えることもできます。

＊5
ng-app 属性の単位に、$rootScope が準備される、ということです。

▼ リスト 6-6　scope_nest.js[*6]

```
angular.module('myApp', [])
  .controller('ParentController',
```

＊6
サンプルを実行するには scope_nest.html からアクセスしてください。scope_nest.html は、nest_proto.html とほぼ同じなので、紙面上は割愛します。

```
  ['$scope', '$rootScope', function($scope, $rootScope) { ❶
  $rootScope.value = 1; ❷

  $scope.onparent = function() {
    $rootScope.value++;
  };

}])
.controller('ChildController',
  ['$scope', '$rootScope', function($scope, $rootScope) {
  $scope.onchild = function() {
    $rootScope.value++;
  };
}]);
```

$rootScopeもまた、$scopeと同じく、配列アノテーションでコントローラーに注入することで（❶）「$rootScope.プロパティ名」の形式でアクセスできます（❷）。

別解として、現在のスコープから$rootプロパティを利用することで、$rootScopeにアクセスすることもできます（リスト6-7）。

▼リスト6-7　scope_nest2.js

```
angular.module('myApp', [])
  .controller('ParentController', ['$scope', function($scope) {
    $scope.$root.value = 1;

    $scope.onparent = function() {
      $scope.$root.value++;
    };

  }])
  .controller('ChildController', ['$scope', function($scope) {
    $scope.onchild = function() {
      $scope.$root.value++;
    };
  }]);
```

いずれの場合も、ごくシンプルなコードですので、構文上は特筆すべき点はありません。

このように便利な$rootScopeですが、$rootScopeにプロパティ／メソッドを登録することは、実質、グローバル変数／関数を利用しているのと同じことです。思わぬ値の衝突を避ける意味でも、$rootScopeの濫用はできるだけ避けるようにしてください。

6.2.3 イベントによるスコープ間のデータ交換

もう 1 つ、コントローラー間でデータを交換するために、AngularJS ではイベント通知のしくみを提供しています。イベント通知を利用することで、特定のスコープ（コントローラー）でなんらかの処理が行われたタイミングで、親子関係にあるスコープに通知し、関連する処理を実行できるようになります（図 6-11）。

▼ 図 6-11　スコープ間のイベント通知

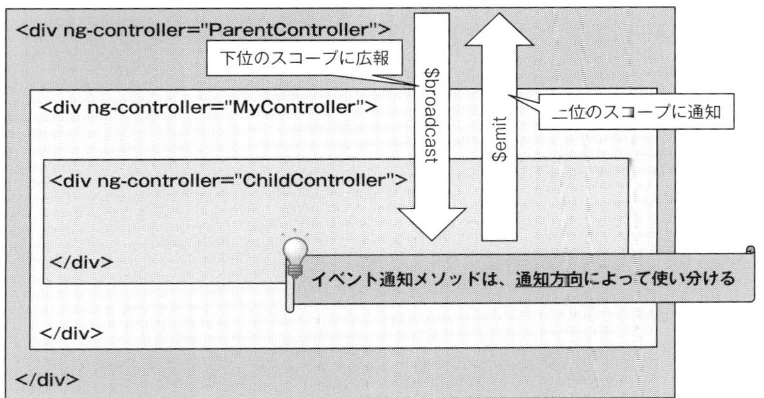
<div ng-controller="ParentController">
下位のスコープに広報
$broadcast
$emit
<div ng-controller="MyController">
上位のスコープに通知
<div ng-controller="ChildController">
</div>
イベント通知メソッドは、通知方向によって使い分ける
</div>
</div>

イベント通知メソッドには、伝播の方向に応じて、$broadcast／$emit メソッドがあります。$broadcast は下位のスコープに対して、$emit は上位のスコープに対して、それぞれイベントを通知します。$broadcast／$emit メソッドで通知したイベントは、$on メソッドで受信できます。

構文　$broadcast／$emit メソッド

```
scope.$broadcast(name [,args,...])
scope.$emit(name [,args,...])
```

scope：スコープオブジェクト　*name*：イベントの名前
args：イベントと合わせて送信する情報

構文　$on メソッド

```
scope.$on(name, listener)
```

scope：スコープオブジェクト　*name*：イベントの名前
listener：イベントリスナー

具体的なサンプルで動作を確認してみましょう。以下は、3 個のコントローラーが図 6-12 のような階層関係にある例です。

▼ 図 6-12　本項のサンプル

MyController コントローラーから上位／下位方向に notify イベントを発信し、ParentController／ChildController コントローラーで受信してみます。

▼ リスト 6-8　上：event.html／下：event.js

```
<div ng-controller="ParentController">
  親スコープ：{{parentResult}}
  <hr />
  <div ng-controller="MyController">
    現在スコープ：
    <input type="text" ng-model="message" />
    <button ng-click="onemit()">上位に通知</button>
    <button ng-click="onbroad()">下位に通知</button>
    <hr />
    <div ng-controller="Child1Controller">
      子スコープ1：{{child1Result}}
    </div>
    <hr />
    <div ng-controller="Child2Controller">
      子スコープ2：{{child2Result}}
    </div>
  </div>
</div>
```

```
angular.module('myApp', [])
  .controller('MyController', ['$scope', function($scope) {
    // [上位に通知] ボタンのクリックで上位スコープに通知
    $scope.onemit = function() {
      $scope.$emit('notify', 'Emit');
    };

    // [下位に通知] ボタンのクリックで下位スコープに通知
    $scope.onbroad = function() {
      $scope.$broadcast('notify', 'Broadcast', new Date()); ――❶
    };
  }])
  .controller('ParentController', ['$scope', function($scope) {
    $scope.$on('notify', function(e, data) {
      $scope.parentResult = e.name + '/' + e.targetScope.message
        + '/' + data;
```

```
  });
}])
.controller('Child1Controller', ['$scope', function($scope) {
  $scope.$on('notify', function(e, data, current) {
    $scope.child1Result = e.name + '/' + e.targetScope.message   ❷
      + '/' + data + '/' + current.toLocaleString();
  });
}])
.controller('Child2Controller', ['$scope', function($scope) {
  $scope.$on('notify', function(e, data, current) {
    $scope.child2Result = e.name + '/' + e.targetScope.message   ❸
      + '/' + data + '/' + current.toLocaleString();
  });
}]);
```

▼ 図 6-13　左：[上位に通知] ボタンをクリックした結果／右：[下位に通知] ボタンをクリックした結果

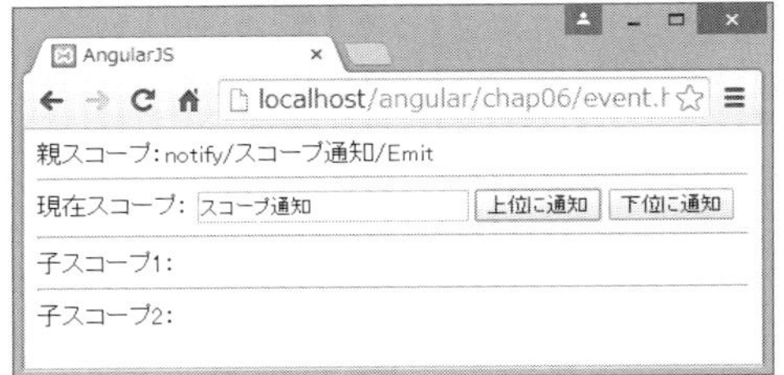

$on メソッドで指定するイベントリスナー（引数 listener）は、引数として、以下のものを受け取ります。

- イベントオブジェクト
- $emit／$broadcast メソッドで送信されたデータ（引数 args）

$emit／$broadcast メソッドの引数 args は可変長引数なので、イベント発生元の引数の個数に応じて、イベントリスナーの引数も変動する点に注意してください。この例であれば、$broadcast メソッド（❶）で「Broadcast」「new Date()」と2 個の引数を渡していますので、受け手側（❷、❸）でも引数として e（イベントオブジェクト）、data、current（引数 args）を受け取るようにしています。

イベントオブジェクトでアクセス可能なメンバーには、表 6-[illegible] のようなものがあります。

▼ 表 6-1　イベントオブジェクトの主なメンバー

メンバー	概要
name	イベントの名前
targetScope	イベント発生元のスコープ（$emit／$broadcast 側）
currentScope	現在のスコープ（$on 側）
stopPropagation()	イベントの以降の伝播を停止（$emit でのみ利用可能）
preventDefault()	defaultPrevented プロパティを true に設定
defaultPrevented	preventDefault メソッドが呼び出されたか

ここでは、targetScope プロパティを介して、イベント発生元のスコープにアクセスし、その message プロパティにアクセスしています。

NOTE preventDefault メソッド

誤解されやすいのですが、preventDefault メソッドは、（標準のイベントオブジェクトのそれのように）なにかしらブラウザー標準の挙動に影響を与えるものではありません。あくまで、defaultPrevented プロパティに true をセットするだけです。

defaultPrevented プロパティの真偽を判定して、挙動を分岐するのは、アプリ開発者の役割です。

6.2.4 並列関係にあるスコープでイベントを通知する

$emit／$broadcast メソッドは、互いに階層関係にあるスコープ同士での通知をにないます。では、並列関係にあるスコープ同士でイベントを通知するには、どうすれば良いのでしょうか。

たとえば、以下のようなケースです（リスト 6-9）。PrevController で［送信］ボタンをクリックすると、テキストボックスでの入力に応じて、「こんにちは、○○さん!」のようなメッセージを NextController に表示します。

▼ リスト 6-9　event2.html

```
<div ng-controller="PrevController">
  <label for="name">名前：</label>
  <input id="name" type="text" ng-model="name" />
  <button ng-click="onclick()">送信</button>
</div>
<hr />
<div ng-controller="NextController">
  {{result}}
</div>
```

このようなケースでは、ルートスコープ（$rootScope）経由でイベントを通知することで、すべてのスコープに対して伝達できます。

▼ リスト 6-10　event2.js

```
angular.module('myApp', [])
  .controller('PrevController', ['$scope', '$rootScope',
    function($scope, $rootScope) {
    // ［送信］ボタンクリックでテキストボックスへの入力値を広報
    $scope.onclick = function() {
      $rootScope.$broadcast('textChanged', $scope.name); ――❶
    };
  }])
  .controller('NextController', ['$scope', function($scope) {
    // textChangedイベントを受け取ったら、通知された値に基づいてresultプロパティを更新
    $scope.$on('textChanged', function(e, data) {
      $scope.result = 'こんにちは、' + data + 'さん！'; ――❷
    });
  }]);
```

▼ 図 6-14　テキストボックスの入力に応じてメッセージを表示

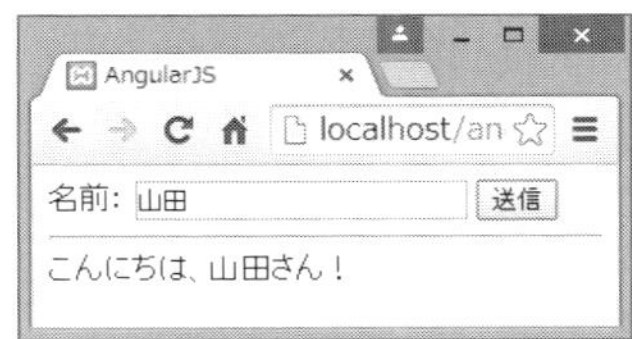

この例では、$broadcastメソッド経由で現在のスコープのnameプロパティを他のスコープに通知しています（❶）。イベントの通知元が$rootScopeなので、❷で「e.targetScope.name」のようなアクセスはできないことに注意してください。

6.2.5 補足：標準サービス／ディレクティブでの$broadcast／$emitイベント

AngularJS標準で提供されているサービス／ディレクティブでも、$broadcast／$emitイベントを利用したものがあります。以下では、これらについて用例を挙げながら解説します。

ルーティング関連の$broadcastイベント

$routeProviderプロバイダー（5.4節）では、ルート変更のタイミングで以下のようなイベントを発生します（表6-2）。いずれも$rootScopeのイベントとしてbroadcastされますので、任意のコントローラーで捕捉することが可能です。

▼表6-2　ルーティング関連のイベント

イベント	発生タイミング
$routeChangeStart	ルートの変更を開始した時
$routeChangeSuccess	ルートの変更に成功した時
$routeChangeError	ルートの変更に失敗した時（＝resolveパラメーターで指定されたPromiseが1つでもrejectされた時）
$routeUpdate	パスが変更された時（reloadOnSearchパラメーターがfalseの場合）

たとえば以下は、「~/articles/108?scroll=bottom」のようなパスが指定された場合、クエリ情報scrollの指定に応じて、ルート移動後に指定の位置にスクロールする例です（この例では<div id="bottom">に移動）。

＊7
route.js全体のコードについては、5.4.1項を参照してください。サンプルそのものには、以下のアドレスからアクセスできます。
http://localhost/angular/chap05/routing/route.html#/articles/108?scroll=bottom

▼リスト6-11　上：controller.js：／下：articles.html＊7

```
angular.module('myApp')
  ...中略...
  .controller('ArticlesController',[
    '$scope', '$routeParams', '$location', '$anchorScroll',
    function($scope, $routeParams, $location, $anchorScroll) {
    ...中略...
      $scope.$on('$routeChangeSuccess', function(e, new_r, old_r) {
        $location.hash($routeParams.scroll); ———❶
        $anchorScroll(); ———❷
      });
  }])
```

```
<div>
  <h1>記事情報 No.{{ id }}</h1>
  <p>この記事は、{{ id }}番目の記事です。</p>
</div>
<div id="space"></div>
<div id="bottom">この位置まで自動移動</div>
```

▼図6-15　ルート移動時に指定位置までページをスクロール

ここではルートの変更に成功したタイミングで、ハッシュにクエリ情報 scroll の値をセットし（❶）、その情報に基づいてスクロールします（❷）。$anchorScroll は AngularJS 標準サービスの 1 つで、ハッシュ（#～）の値に基づいて、指定の要素にページをスクロールします。

インクルード時に発生する $emit イベント

ng-include ディレクティブ（3.3.4 項）は、別ファイルをインクルードする前後で、以下のようなイベントを発生します（表 6-3）。onload 属性でまかなえないリクエスト前後や、エラーのタイミングでなんらかの処理を差しはさむために利用します。

▼ 表 6-3　ng-include ディレクティブのイベント

イベント名	発生タイミング
$includeContentRequested	ファイルを要求する時
$includeContentLoaded	ファイルが正しく読み込めた時
$includeContentError	ファイルの取得に失敗した場合[*8]

＊8
インクルード時の HTTP ステータスが 200 番台（成功）でない場合です。

これらのイベントは、いずれも上位階層に対してイベントを送信（emit）します。リスト 6-12 は、ng-include 属性が属するコントローラー（のスコープオブジェクト）で、これを受信する例です。

＊9
サンプルを実行するには、include.html（P.65）からアクセスしてください。

▼ リスト 6-12　include.js[*9]

```
angular.module('myApp', [])
  .controller('MyController', ['$scope', function($scope) {
    $scope.$on('$includeContentRequested', function(e, path) {
      console.log(e);
      console.log(path);
    });
    ...中略...
  }]);
```

```
Object {name: "$includeContentRequested", targetScope: b, stopPropagation: function, ↵
preventDefault: function, defaultPrevented: false … }
templates/execution.html
```

$includeContentXxxxx イベントリスナーは、引数としてイベントオブジェクト（e）、インクルードファイルのパス（path）を受け取ります。

ここでは引数の内容をログに出力しているだけですが、一般的には、インクルードされたファイル（path）に応じて、ページの初期化やエラー処理などを記述することになるでしょう。

6▸3 スコープの監視

これまでテキストボックスなどからスコープオブジェクトを変更すると、その内容は自動的にビュー（テンプレート）に反映されていました。これは、AngularJS が内部的にスコープオブジェクトを監視して、その変更に応じて、ビューを更新する手続きをとっていたためです。

このため、AngularJS の標準機能を利用する限りでは、スコープの監視／更新を意識することはありません。しかし、AngularJS の管理外でスコープを更新したり、ディレクティブ／サービスなどを自作するようになると[*10]、スコープの監視にも無縁ではいられません。そこで本節では、スコープを監視し、また、明示的にビューに反映させる方法について解説します。

＊10
具体的な方法は次章で解説します。

6.3.1 スコープの変更をビューに反映する - $apply メソッド

それではさっそく、スコープが自動的にはビューに反映されない状況を見てみましょう。以下は、Geolocation API[*11] を利用して、現在地の緯度／経度を定期的に取得する例です。

＊11
HTML5 で追加された API の 1 つです。詳細は割愛しますので、詳しくは、拙稿「スマホアプリ開発にも便利な位置情報 API（http://thinkit.co.jp/story/2012/05/18/3550）」などを参考にしてください。

▼ リスト 6-13　上：apply.html／下：apply.js

```
<ul>
  <li>緯度：{{latitude}}</li>
  <li>経度：{{longitude}}</li>
</ul>
```

```
angular.module('myApp', [])
  .controller('MyController',
  ['$scope', '$window', function($scope, $window) {
    // 位置情報を定期的に取得（成功コールバック関数）
    $window.navigator.geolocation.watchPosition(
      // 取得に成功した場合の処理
      function(pos) {
          $scope.latitude = pos.coords.latitude;     // 経度
          $scope.longitude = pos.coords.longitude;   // 緯度
      },
      // 取得に失敗した場合の処理（失敗コールバック関数）
      function(e) {
        $window.alert(e.message);        // エラーメッセージをダイアログ出力
      }
```

```
  );
}]);
```

▼ 図 6-16 緯度／経度が反映されない

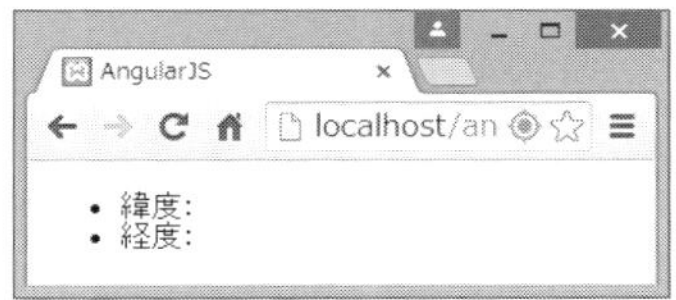

Geolocation API が AngularJS の管理外で動作しているため、成功コールバックが呼び出されたタイミングでも、ビューが更新されません（図 6-16）。正しく動作させるには、リスト 6-13 の太字部分を以下のように書き換えます。

▼ リスト 6-14 apply.js

```
if (!$scope.$$phase) {                                   ❷
  $scope.$apply(function(scope) {
    scope.latitude = pos.coords.latitude;                ❶
    scope.longitude = pos.coords.longitude;
  });
}
```

▼ 図 6-17 経度／緯度情報が正しく反映された

$scope.$apply メソッドは、AngularJS に対してスコープの更新を通知し、ビューに強制的に反映させるためのメソッドです（❶）。

構文 $apply メソッド

```
$scope.$apply([fnc])
```

fnc：実行する処理（関数[*12]）、または Angular 式（文字列）

*12
関数 *fnc* は、引数として現在のスコープを受け取ります。

これだけでもそれなりに正しくは動作しますが、時として、「Error: $digest already in progress」のような例外が発生する場合があります。これは、別の箇所で画面を更新中である（＝二重に更新が発生した）ことによるエラーです。

これを防いでいるのが❷のコードです。$scope.$$phase プロパティは、

AngularJSが画面を更新中であるかどうかを表すフラグです。この例では、$$phaseプロパティがfalseである（=更新中でない）場合にのみ、$applyメソッドを呼び出すようにしています。

NOTE **$applyメソッドの内部的な挙動**

$applyメソッドの内部的な挙動を擬似的に表現すると、以下のようになります*13。

```
function $apply(exp) {
  try {
    return $eval(exp); ——❶
  } catch (e) {
    $exceptionHandler(e); ——❷
  } finally {
    $root.$digest(); ——❸
  }
}
```

まず❶で$evalメソッドを利用してAngular式、もしくは関数を実行します。ここで例外が発生した場合には、$exceptionHandlerサービスで処理します（❷）。そして、最後に$digestメソッドで変更をビューに反映させて完了です（❸）。

アプリを開発する上では、必ずしも知らなくて構わない事項ですが、こうしたしくみを理解しておくことで、AngularJSの挙動がイメージしやすくなるかもしれません。

*13
擬似コードは、AngularJSのドキュメントからの引用です。

$timeoutサービスを利用する方法

ただし、$$phase／$applyはいずれもフレームワーク内部に密接に絡んだ低レベルなメンバーであり、アプリから直接利用するのはあまり望ましい状態ではありません。そこでより適しているのが、$timeoutサービス（5.5.2項）を利用する方法です。

$timeoutは、もともと指定された時間のあとに、任意の処理を実行するためのサービスです。しかし、「時間」を省略することで、$timeoutサービスは即座に処理を実行します。また、$timeoutサービスはAngularJSの管理下で動作しますので、$$phase／$applyなど低レベルな更新処理を意識する必要がありません。

以下は、リスト6-13を$timeoutサービスで置き換えたものです。先ほどと同じく、経度／緯度が正しく反映されることを確認してください。

▼リスト6-15 apply_timeout.js*14

```
$window.navigator.geolocation.watchPosition(
```

*14
サンプルを実行するにはapply_timeout.htmlからアクセスしてください。

```
  function(pos) {
      $timeout(function() {
        $scope.latitude = pos.coords.latitude;
        $scope.longitude = pos.coords.longitude;
      });
  },
  ...中略...
);
```

基本編

1 2 3 4 5 6 7 8 9

6.3.2 アプリ内データの更新を監視する - $watch メソッド

スコープオブジェクトが提供するメソッドの中でも、特によく利用するのが、$watch をはじめとする $watchXxxxx メソッドです。$watchXxxxx メソッドを利用することで、スコープオブジェクトの状態を監視し、値に変化があった場合に、関連する処理を実行できます。

以下は、入力された底辺／高さに応じて、対応する三角形の面積を計算する例です。$watch メソッドで底辺（base）／高さ（height）の値を監視し、変更があった場合に面積を再計算します。

▼ リスト 6-16　上：watch.html／下：warch.js

```
<form>
  <label>底辺：
    <input type="number" ng-model="base" size="3" /></label>×
  <label>高さ：
    <input type="number" ng-model="height" size="3" /></label>＝
  三角形の面積：{{area}}
</form>
```

```
angular.module('myApp', [])
  .controller('MyController', ['$scope', function($scope) {
    $scope.base = 0;
    $scope.height = 0;
    $scope.area = 0;

    // スコープの変化に応じて、結果に反映
    $scope.$watch('base * height', function(newValue, oldValue, scope) {
      scope.area = scope.base * scope.height / 2;
    });
  }]);
```

↓

▼ 図 6-18　入力値に応じて面積を再計算

$watch メソッドの構文は、以下のとおりです。

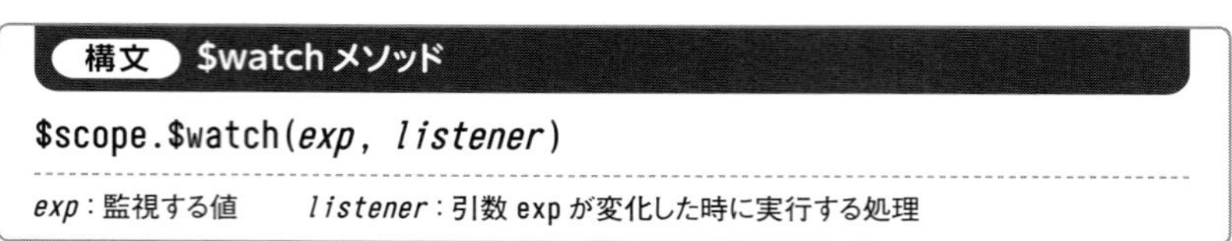

構文 $watch メソッド
$scope.$watch(*exp*, *listener*)
exp：監視する値　*listener*：引数 exp が変化した時に実行する処理

上のサンプルでは、式「base * height」を監視し*15、その値に変化があった場合には、リスナー（引数 listener）で面積を再計算し、area プロパティに反映しています。

＊15
「/ 2」を付与していないのは、値の変化を監視するだけなら「base * height」を監視すれば十分だからです。

リスナーは、引数として、以下の値を受け取ります（表 6-4）。

▼ 表 6-4　リスナーの引数

引数	概要
newValue	監視中の値（引数 exp）の現在の値
oldValue	監視中の値（引数 exp）の以前の値
scope	現在のスコープ

引数 newValue を利用して、以下のように表すこともできます（リスト 6-17）。

▼ リスト 6-17　watch.js

```
$scope.$watch('base * height / 2', function(newValue, oldValue, scope) {
  scope.area = newValue;
});
```

また、$watch メソッドの引数 exp は、文字列としてだけでなく、関数として指定することもできます（リスト 6-18）。

▼ リスト 6-18　watch.js

```
$scope.$watch(
  function() {
    return $scope.base * $scope.height / 2;
  },
  function(newValue, oldValue, scope) {
    scope.area = newValue;
```

```
});
```

要は、$watch メソッドでは、単なる式の値だけでなく、関数によって演算可能な値であれば、なんでも監視できるということです。

NOTE $watch 式の注意点

$watch 式は、データの変更に応じて頻繁に呼び出されることから、以下の点に留意してください。

- **実行による副作用を伴わないこと（＝$watch 式によって値が変更されない）**
- **$watch 式の実行はできるだけ軽くすること**
- **$watch 式そのものの数を必要最小限に抑えること**[*16]

＊16
ページ内に最大でも 2000 個を超えるべきでないとされています。

補足：無限ループに要注意

$watchXxxxx メソッドでは、引数 listener で監視対象の変数を変更してはいけません。たとえば、リスト 6-18 に以下のようにコードを追加してみましょう。

▼ リスト 6-19　watch.js

```
$scope.$watch('base * height', function(newValue, oldValue  scope) {
  scope.height = scope.height + 1;
  scope.area = scope.base * scope.height / 2;
});
```

あまり意味はありませんが、$watch 式「base * height」に変更があった場合に、height プロパティに 1 を加えなさい、という意味のコードです。この場合、再び $watch 式が変更されたとみなされて、引数 listener が実行され、三度 $watch 式が……というように、無限ループにおちいってしまうのです。

果たして、サンプルを実行すると、「Error: $rootScope:infdig Infinite $digest Loop」（無限の $digest ループが発生した）というエラーが表示されます。AngularJS では、デフォルトで 10 回以上のループが連続して発生すると、例外を発生します。

冒頭述べたように、引数 listener では、監視対象の変数を変更すべきではありませんが、どうしても変更せざるを得ない場合にも、ある短い間隔では同じ結果を返すか、あるいは、何回か繰り返して呼び出した場合には同じ結果を返すよう、実装する必要があります。

6.3.3 スコープの監視を中止する

$watch メソッドは、戻り値として監視リスナーを解除するための関数を返します。よって、監視を途中で解除するには、これを呼び出せば良いということです。

以下では、先ほどのリスト6-16に［監視を中止］ボタンを追加し、底辺／高さと面積との連動を解除してみます。

▼ リスト6-20 上：watch_stop.html／下：watch_stop.js

```
<form>
  ...中略...
  <div>
    <button ng-click="onstop()">監視を中止</button>
  </div>
</form>
```

```
angular.module('myApp', [])
  .controller('MyController', ['$scope', function($scope) {
    ...中略...
    // リスナー解除関数をcancelプロパティに保存
    $scope.cancel =
      $scope.$watch('base * height', function(newValue, oldValue, scope) {
        scope.area = scope.base * scope.height / 2;
      });

    // ［監視を中止］ボタンをクリックすると、監視リスナーを解除
    $scope.onstop = function() {
      $scope.cancel();
    };
  }]);
```

▼ 図6-19 ［監視を中止］ボタンをクリックすると、面積が連動しなくなる

監視リスナーを戻り値で解除する流れは、以降で登場する一連の $watchXxxxx メソッドでも同様です。

6.3.4 複数の値セットを監視する - $watchGroup メソッド

$watchGroup メソッドを利用することで、複数の値（式）を同時に監視できます。

構文 $watchGroupメソッド

```
$scope.$watchGroup(exp, listener)
```

exp：監視する値（配列）　*listener*：引数 exp が変化した時に実行する処理

たとえば先ほどのリスト6-20は、$watchGroupメソッドを利用することで、以下のように書き換えることができます（リスト6-21）。

▼ リスト6-21　watch_group.js[*17]

```
$scope.cancel =
  $scope.$watchGroup(['base', 'height'],
    function(newValue, oldValue, scope) {
    scope.area = scope.base * scope.height / 2;
  });
```

＊17
サンプルを実行するにはwatch_group.htmlからアクセスしてください。

$watchメソッドと同じく、引数expには関数（群）を指定することもできます。ここではあえて関数を利用する必要はありませんが、演算を伴うような式を監視したい場合には、関数の方がすっきりと表現できます（リスト6-22）。

▼ リスト6-22　watch_group.js

```
$scope.cancel =
  $scope.$watchGroup(
    [
      function() { return $scope.base; },
      function() { return $scope.height; }
    ],
    function(newValue, oldValue, scope) {
    scope.area = scope.base * scope.height / 2;
  });
```

$watchメソッドでも代用可能

$watchGroupメソッドは、AngularJS 1.3で追加された比較的新しいメソッドです。もしもAngularJS 1.2以前の環境を利用しているならば、$watchメソッドの引数equality（第3引数）にtrueを設定してください。

構文 $watchメソッド（配列／オブジェクト対応）

```
$scope.$watch(exp, listener, equality)
```

exp：監視する値　*listener*：引数 exp が変化した時に実行する処理
equality：引数 exp の要素／プロパティの変化も監視するか（デフォルトは false）

基本編 1 2 3 4 5 6 7 8 9

引数equalityは、watch式（引数exp）の値をangular.equalsメソッドで判定するかどうかを決めます。false（デフォルト）の場合は、単にオブジェクトを参照で比較しますので、配下の要素の変化は認識しません。trueとした場合にのみ、要素（プロパティ）の変化までを監視、比較します。

以下は、先ほどのリスト6-16を$watchメソッドで書き換えたコードです（リスト6-23）。

▼リスト6-23　上：watch_array.html／下：watch_array.js

```
<form>
  <label>底辺：
    <input type="number" ng-model="triangle.base" size="3" /></label>×
  <label>高さ：
    <input type="number" ng-model="triangle.height" size="3" /></label>=
  三角形の面積：{{area}}
</form>
```

```
angular.module('myApp', [])
  .controller('MyController', ['$scope', function($scope) {
    $scope.triangle = { base: 0, height: 0 };
    $scope.area = 0;

    $scope.$watch('triangle', function(newValue, oldValue, scope) {
      scope.area = newValue.base * newValue.height / 2;
    }, true); ――――――――――――――――――――――――――――――❶
  }]);
```

ここでは、triangleプロパティ（オブジェクト）の内容を$watchメソッドで監視し、配下のbase／heightプロパティに変更があった場合に、面積（area）を更新します。

❶をfalseに（もしくは省略）した場合には、底辺／高さの変化が正しく面積に反映**されない**ことも確認してください。

6.3.5 配列の追加／削除／変更を監視する - $watchCollectionメソッド

$watchメソッドでは、引数equalityを切り替えることで、オブジェクトの参照だけを監視するか（false）、オブジェクト要素のプロパティまでを監視するか（true）を選択できます。

$watchCollectionメソッドは、ちょうどその中間にあたる役割を提供するメソッドです。配下の要素のプロパティの変更までは監視しませんが、配下の要素の追加／削除／置換を検出します。

構文 $watchCollectionメソッド

```
$scope.$watchCollection(exp, listener)
```

exp：監視する値　*listener*：引数expが変化した時に実行する処理

以下に、具体的な例を見てみましょう（リスト6-24）。

▼リスト6-24　上：watch_collection.html／下：watch_collection.js

```
<button ng-click="onclick()">実行</button>
```

```
angular.module('myApp', [])
  .controller('MyController', ['$scope', function($scope) {
    $scope.books = [
      {
        isbn: '978-4-7741-7078-7',
        title: 'サーブレット&JSPポケットリファレンス',
        price: 2680,
        publish: '技術評論社',
        published: new Date(2015, 0, 8)
      },
      ...中略...
    ];

    // $watch (false) で監視
    $scope.$watch('books', function(newValue, oldValue, scope) {
      console.log('$watch (false) ');
      console.log(newValue);
    });

    // $watchCollectionで監視
    $scope.$watchCollection('books', function(newValue, oldValue, scope) {
      console.log('$watchCollection');
      console.log(newValue);
    });

    // $watch (true) で監視
    $scope.$watch('books', function(newValue, oldValue, scope) {
      console.log('$watch (true) ');
      console.log(newValue);
    }, true);

    // [実行] ボタンクリック時にbooksを編集
    $scope.onclick = function() {
      // 配列そのものを置き換え
      //$scope.books = []; ──────────────── ❶
```

```
    // 配列要素を末尾から削除
    //$scope.books.pop(); ―――――――――――――――❷

    // 配列要素のプロパティを編集
    //$scope.books[0].title = '未定'; ――――――――❸
  };
}]);
```

❶～❸をそれぞれコメントインして、どの$watchXxxxxメソッドが動作しているかを確認してみましょう。表6-5は、その結果です。

▼表6-5　配列の編集に対する監視の有効／無効

No.	概要	$watch (false)	$watchCollection	$watch (true)
1	配列の置換	○	○	○
2	配列要素の追加／削除／置換	×	○	○
3	配列要素のプロパティを変更	×	×	○

＊18
内部的には以前の値をディープコピーします。

$watchメソッドで引数equalityをtrueにした場合、すべての変更を検出できますが、反面、新旧の値を監視しなければならないため[＊18]、オーバーヘッドの高い処理になります。プロパティの変更までは監視しなくても構わないケースでは、できるだけ$watchCollectionメソッドを利用することをおすすめします。

$watchCollectionメソッドでオブジェクトを監視する

$watchCollectionメソッドでは、オブジェクト（ハッシュ）を監視することもできます。その場合、以下のケースで監視が有効に動作します。

- オブジェクトそのものの置換
- プロパティ値の編集
- プロパティの追加／削除

ただし、配列プロパティに対する値の追加／削除に対しては動作しません。

以上のことを確認しているのが、以下のコードです（リスト6-25）。

▼リスト6-25　上：watch_collection2.html／下：watch_collection2.js

```
<button ng-click="onclick()">実行</button>
```

```
angular.module('myApp', [])
  .controller('MyController', ['$scope', function($scope) {
    $scope.book = {
      isbn: '978-4-7741-7078-7',
      title: 'サーブレット＆JSPポケットリファレンス',
```

```
    price: 2680,
    publish: '技術評論社',
    published: new Date(2015, 0, 8),
    images : [ 'cover.jpg', 'logo.jpg' ]
  };

  $scope.$watchCollection('book', function(newValue, oldValue, scope) {
    console.log(newValue);
  });

  // ［実行］ボタンクリック時にbookを編集
  $scope.onclick = function() {
    // オブジェクトそのものの置換
    //$scope.book = {}; ―――――――――――――――――――――――― ❶

    // 既存プロパティ値の編集
    //$scope.book.title = '未定'; ―――――――――――――――――― ❷

    // 新規プロパティの追加／削除
    //$scope.book.author = '山田太郎'; ――――――――――――――― ❸

    // 配列プロパティへの追加／削除
    //$scope.book.images.push('cover2.jpg'); ―――――――――― ❹
  };
}]);
```

先ほどと同じく、❶～❹をそれぞれコメントインして、❹でのみログが出力**されない**（＝変更を認識しない）ことを確認してみましょう。

6.3.6 補足：$digest ループ

$apply／$watch メソッドを理解することで、これまでなんとなく利用してきた双方向データバインディングの挙動についても、ようやく明らかにできます。内部的な挙動というと「あくまで豆知識なのでは?」「アプリ開発者が知らなくても……」と思う人がいるかもしれません。しかし、ここで触れる内容は、ディレクティブを開発する際に、前提となる知識です。また、随所に登場した解説を補足する内容でもあります。「難しいな」と感じたら、いったんはスキップしても構いませんが、どこかでかならず戻って概念だけでも理解するようにしてください。

図 6-20 は、AngularJS がイベント発生によって、どのようにページを更新しているかを表しています。

▼図 6-20　$digest ループ

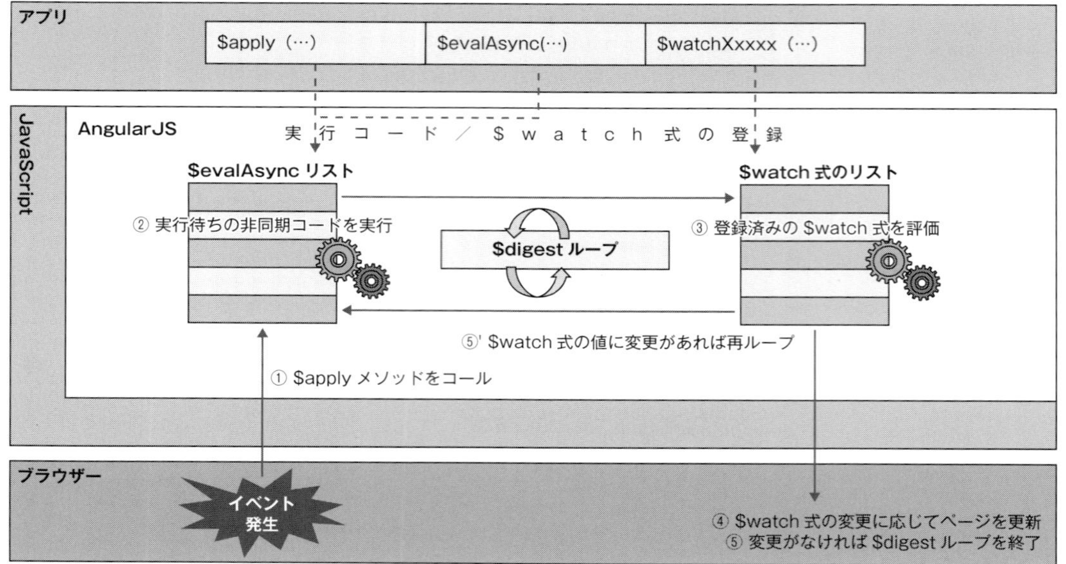

アプリ（ブラウザー）はなんらかのイベントが発生するまで待機状態にあります。イベントとは、ユーザーの操作だけでなく、タイマー（$timeout／$interval）、ネットワークイベント（$http／$resource による通信の応答）などを指します。

この状態でイベントが発生すると、内部的には $apply メソッドが呼び出されます[*19]。$apply メソッドは、P.294 の NOTE でも見たように、$eval メソッドで指定された関数を実行したあと、$digest メソッドを呼び出します。$digest メソッドは、内部的には

＊19
明示的にアプリのコードから呼び出すこともあるでしょう。

- $evalAsync メソッド[*20] で登録されたコードを実行
- $watch メソッドで登録された式（$watch 式）を評価
- 変更があった $watch 式に対応するコールバック関数を実行（ページを更新）

＊20
$evalAsync は、指定されたコードを非同期に実行するためのメソッドです。

という処理を**すべての $watch 式が前回の結果から変化しなくなるまで**繰り返します。これを **$digest ループ**、または **$digest サイクル**と呼びます。AngularJS では、$digest ループによって、ビュー（テンプレート）とモデルを一致させているわけです。

NOTE dirty checking

$watch式が変化しなくなるまで、式をチェックする方式のことを**dirty checking**と呼びます。dirty checking方式は、$watch式を毎回総なめにするという性質上、処理が重くなりがちである点に注意してください。

よって、$watch式はできるだけ少なく保つべきですし、個々の$watch式もできるだけ軽いものにすべきです（=長い時間のかかる処理を指定すべきではありません）。また、双方向のデータ監視が不要である場合には、積極的にOne Time Binding (2.3.3項) を活用し、$watch式を減らしていくべきでしょう。

dirty checking ($digestループ) を理解すると、P.297のNOTEで$watch式の内容をコールバックで変更してはならないという意味も、より明快になります。監視対象の値が一定にならないということは、$digestループが永遠に終了条件を満たさないということであったわけです。

やや概念的な解説に偏ってしまったので、以下ではbinding.html（P.41）の挙動に即して、$digestループの流れを追ってみましょう。

1. テキストボックスに「山田」と入力する（keydownイベントが発生）
2. inputディレクティブが内部的に$apply('myName="山田"')を呼び出す
3. $digestループを開始
4. Angular式（{{myName}}）によって生成された$watch式が変化
5. コールバックを実行してページに反映
6. $digestループ2周目（すべての$watch式が前回の値と同じ）
7. $digestループを終了

いかがですか。これまで魔法のようであった双方向データバインディングが少しは身近にイメージできるようになったでしょうか。

Column　アプリ開発に役立つ支援ツール (3) - AngularJS Batarang

あなたが Chrome をメインのブラウザーにしているならば、その拡張機能である AngularJS Batarang は、まず導入しておくことをおすすめします。Batarang は AngularJS アプリ開発支援のためのツールで、以下のような機能が備わっています。個々にはシンプルな機能であるものの、デバッグ／パフォーマンス改善にきっと役立つはずです。

- 現在のスコープの状態を確認（[Models] タブ）
- $watch 式の監視に要する時間をリスト表示（[Performance] タブ）
- 利用しているサービスの依存関係を表示（[Dependencies] タブ）

▼ 図 6-21　Batarang の基本機能

[Models] タブ

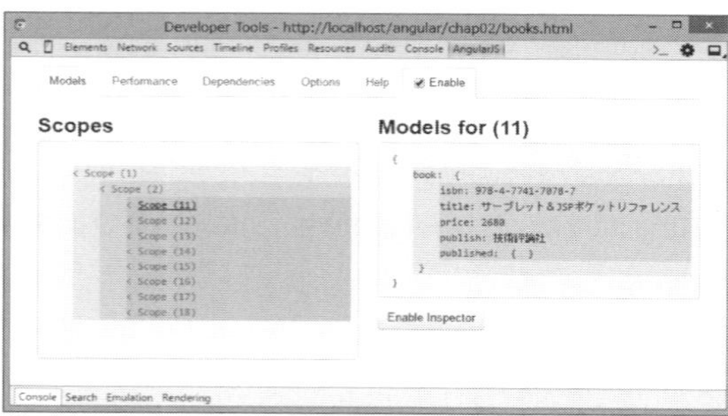

[Performance] タブ

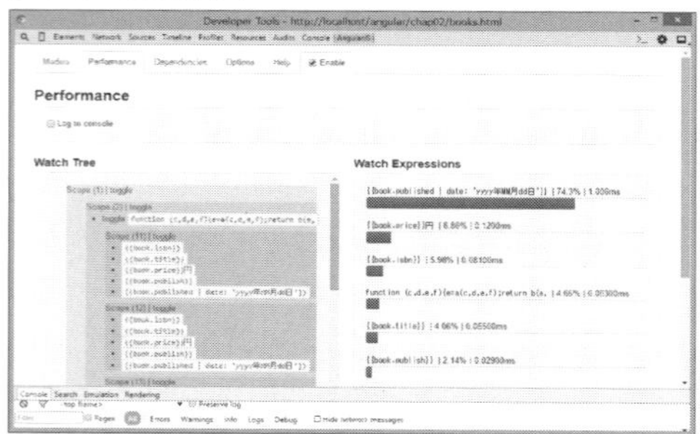

[Dependencies] タブ

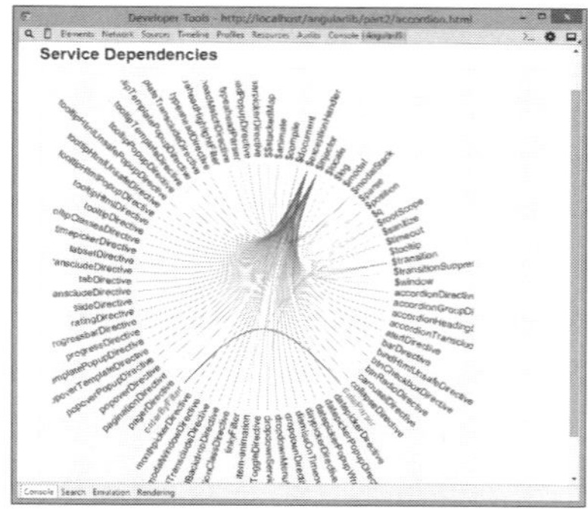

インストールするには「Chrome ウェブストア」（https://chrome.google.com/webstore/category/apps）から「AngularJS Batarang」で検索してください。執筆時点で複数の候補が表示されるはずですが、インストールするのは「AngularJS Batarang (Stable)」です。[+ CHROME に追加] でインストールできます。

あとは、Chrome 標準の開発者ツールから [AngularJS] タブを開き、[Enable] タブにチェックを入れることで、諸機能が有効になります。

第7章

ディレクティブ／フィルター／サービスの自作

第 3 章～第 5 章でも見てきたように、AngularJS は標準でもあまたのディレクティブ／フィルター／サービスを提供しています。しかし、実際にアプリを開発していく上では、「こんなディレクティブ（フィルター）も欲しい」と思う局面がきっと少なくないはずです。また、そもそも一般的な分業の考え方からすれば、ロジックをコントローラーに詰め込むのはあるべき姿ではありません。アプリを開発していく上で、サービスの自作はまず知っておきたいテーマです。

本章では、このような AngularJS を構成する諸要素の自作について学びます。まずは簡単なフィルターの自作に慣れ、続いて、利用頻度が高いと思われるサービスを、そして、後半でディレクティブの自作について学びます。特に、ディレクティブは AngularJS の内部的な挙動を意識しなければならないため、ややハードルが高いテーマです。しかし、シンプルな例から徐々に表現の幅を広げていきましょう。

7-1 フィルターの自作

まずは、第 4 章で触れたフィルターから自作してみましょう。自作というと、なにやら難しく聞こえるかもしれませんが、フィルターの自作はごく単純。与えられたスカラー値／配列を加工するための関数を準備するだけです。

7.1.1 フィルターの基本

まずはもっともシンプルな形でフィルターを作成してみましょう。リスト 7-1 は、文字列の中の改行文字を
 要素に置き換える、nl2br フィルターの例です。

▼ リスト 7-1　basic.js

```
angular.module('myApp', [ 'ngSanitize' ])
  .filter('nl2br', function (){
    return function(value) {
      if (!angular.isString(value)) {   ─┐
        return value;                    ├─❶
      }                                 ─┘
      return value.replace(/¥r?¥n/g, '<br />');  ─❷
    }
  });
```

フィルターを定義するのは、モジュールオブジェクトの filter メソッドの役割です。

構文　filter メソッド

```
filter(name, factory)
```

name：フィルター名
factory：フィルター関数を生成するファクトリー関数

引数 factory には、フィルター関数そのものではなく、フィルター関数を生成するための関数（ファクトリー関数）を指定する点に注意してください。

フィルター関数であることの条件は、以下のとおりです。

- 第 1 引数として、フィルターの加工対象となる値を受け取ること（ここでは value）

- 戻り値としてフィルターで加工したあとの値を返すこと

処理内容も、ごくシンプルです。

まず、angular.isStringメソッドで引数が文字列であるかどうかを判定し、文字列以外の値が渡された場合には、そのまま該当する値を返します（❶）。フィルターによって、チェック内容は変化しますが、最低限、フィルター関数の最初に「意図した型を受け取っていること」をチェックしておくべきです。

引数valueが文字列であった場合には、String.replaceメソッドで改行文字を
要素に置き換えます（❷）。「/¥r?¥n/」は「¥r¥n」または「¥n」を表します。正規表現パターンの後方の「g」はグローバルマッチング（＝すべての改行文字を置き換える）を意味します。

では、定義したnl2brフィルターを、実際にテンプレートから呼び出してみましょう。以下は、テキストエリアに入力された改行付きの文字列をページ下部に反映させる例です。

▼ リスト7-2　basic.html

```
<script src="https://ajax.googleapis.com/ajax/libs/angularjs/1.4.1/⏎
angular-sanitize.min.js"></script>
...中略...
<form>
  <textarea ng-model="memo" cols="50" rows="7"></textarea>
</form>
<div ng-bind-html="memo | nl2br"></div>
```

▼ 図7-1　入力した内容をページにも反映

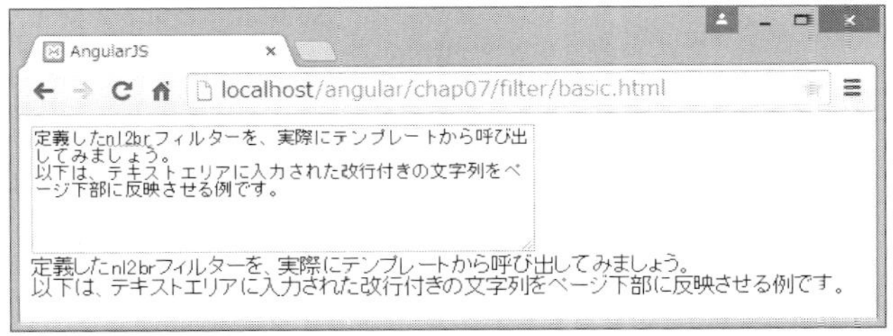

改行を含んだ内容が、ページにも正しく反映されていることが確認できます。nl2brフィルターの戻り値は、タグを含んだ文字列なので、ng-bind-html属性（3.2.4項）で反映させなければならない点にも注意してください[*1]。

＊1
basic.jsの側でngSanitizeモジュールへの依存関係を設定していたのも、そのためです。

7.1.2 パラメーター付きのフィルターを定義する

date／number フィルターのように、フィルターの中にはパラメーターを受け取るものもあります。

もちろん、カスタムフィルターでもパラメーター付きフィルターを定義することは可能です。以下では、その具体的な実装例として、文字列を指定の文字数で切り捨てるtruncate フィルターの例を見てみます。

構文 truncate フィルター

```
{{str | truncate [:length [:omission]]}}
```

str：処理対象の文字列　　*length*：切り捨ての文字数
omission：切り捨て時に末尾に付与する文字列（デフォルトは「...」）

以下が、truncate フィルターの実装コードです（リスト 7-3）。

▼ リスト 7-3　param.js

```
angular.module('myApp', [])
  .filter('truncate', function (){
    return function(value, length, omission) {
      // 加工対象の値が文字列でない場合、元の値をそのまま返す
      if (!angular.isString(value)) {
        return value;
      }
      // 引数lengthが数値でない場合、デフォルト値50を設定
      if (!angular.isNumber(length)) {          ─┐
        length = 50;                              │
      };                                          ├❶
      // 引数omissionが空の場合、デフォルト値「...」を設定 │
      omission = omission || '...';             ─┘
      // 文字列長が指定文字数（length）以下の場合は、そのままの値を返す
      if (value.length <= length) {
        return value;
      // 指定文字数以上の場合は切り捨て、末尾文字（omission）を追加
      } else {
        return value.substring(0, length) + omission;  ──❷
      }
    }
  });
```

パラメーターを追加するには、フィルター関数の第 2 引数以降を利用します*2。ここでは、仮引数 length／omission がそれです。

*2 第 1 引数は、フィルターの加工対象を表します。

❶では、パラメーターのデフォルト値を設定しています。引数 length は、数値型でない場合（未指定の場合も含む）にデフォルト値として 50 を、引数 omission は、

値が指定されなかった場合に「...」をデフォルト値として、それぞれ設定しておきます。JavaScriptは、引数のデフォルト値を指定する方法を標準で持ちませんので、このようなコードで表すのが定石です。

あとは、与えられた文字列が指定文字数（length）を超えている場合には、溢れた分を切り捨て、末尾文字（omission）を付与したものを返します（❷）。指定文字数以下の場合には、なにもせずに、元の文字列を返します。

以上を理解したら、動作も確認してみましょう。以下はテキストエリアに入力した内容を指定文字数で切り捨て、ページ下部に反映させる例です。

▼ リスト7-4　param.html

```
<form>
  <textarea ng-model="memo" cols="50" rows="7"></textarea>
</form>
<div>{{memo | truncate : 10}}</div>
<div>{{memo | truncate : 10 : '～'}}</div>
```

▼ 図7-2　指定文字数で切り捨てられた文字列を反映（上：デフォルトの動作、下：パラメーターを指定した時）

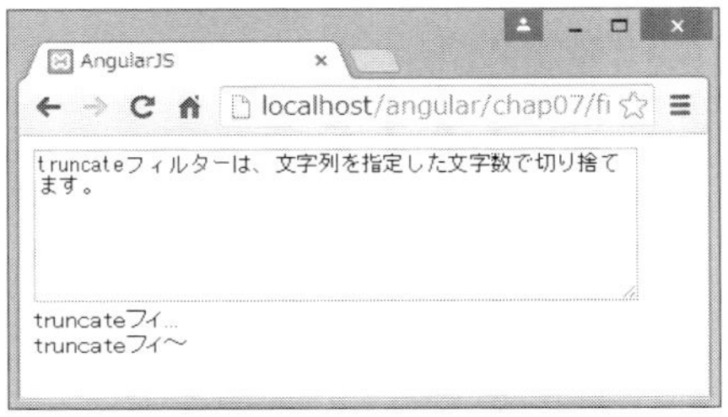

フィルターのパラメーターは、コロン（:）区切りで指定します。

7.1.3 例：配列の内容を任意の条件でフィルターする

フィルター関数は、配列／オブジェクトを返すこともできます。以下は、与えられた配列の内容をコールバック関数でチェックし、関数がtrueを返した要素だけを抽出するgrepフィルターの例です。

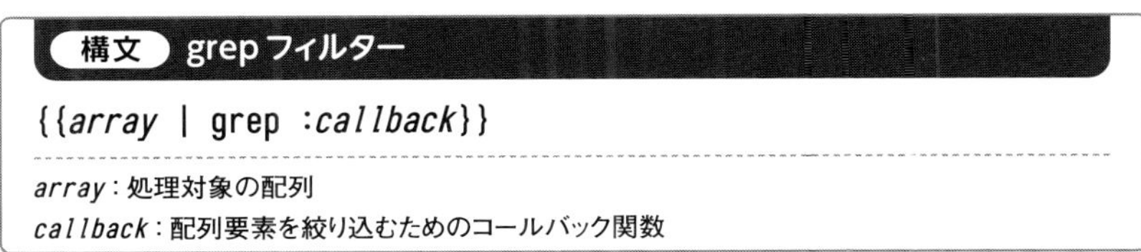

構文　grepフィルター

```
{{array | grep :callback}}
```

array：処理対象の配列
callback：配列要素を絞り込むためのコールバック関数

コールバック関数（引数 callback）の条件は、以下のとおりです。

- 引数として、配列要素を受け取ること
- その要素を結果配列として残す場合に、戻り値として true を返すこと

以上を前提に、具体的な実装を見ていきます（リスト 7-5）。

▼ リスト 7-5　array.js

```
angular.module('myApp', [])
  .filter('grep', function (){
    return function(values, callback) {
      // 加工対象の値が配列でない場合、元の値をそのまま返す
      if (!angular.isArray(values)) {
        return values;
      }
      // 結果配列を準備
      var result = [];
      // 加工対象の配列を走査＆コールバック関数でチェック
      angular.forEach(values, function(value) {          ─┐
        // コールバック関数がtrueを返した場合、結果配列に反映   │
        if (callback(value)) {                            ├─❶
          result.push(value);                             │
        }                                                 │
      });                                                ─┘
      return result;
    }
  })
  .controller('MyController', ['$scope', function($scope) {
    ...中略...
  }]);
```

配列を操作するといっても、フィルター関数としてのルールに変化はありません。受け取った対象の値（ここでは values）を、angular.forEach メソッド（5.8.6 項）で順に取り出し、コールバック関数（引数 callback）でチェックしています（❶）。

以上のように定義した grep フィルターは、以下のように利用できます。モデル data（配列）から文字数が 5 文字未満のものだけを取り出し、リスト表示する例です。配列値を処理するには、ng-repeat／ng-options のようなディレクティブを利用します。

▼ リスト 7-6　上：array.html／下：array.js

```
<ul>
  <li ng-repeat="d in data | grep : myFilter">{{d}}</li>
</ul>
```

```
angular.module('myApp', [])
  .filter('grep', function (){
    ...中略...
  })
  .controller('MyController', ['$scope', function($scope) {
    $scope.data = [ 'あいうえお', 'かきくけ', 'さしす', 'たちつてと', 'な' ];

    // 5文字未満であるかどうかを判定するmyFilter関数
    $scope.myFilter = function(value) {
      return String(value).length < 5;
    };
  }]);
```

▼ 図7-3 条件に合致した要素だけを出力

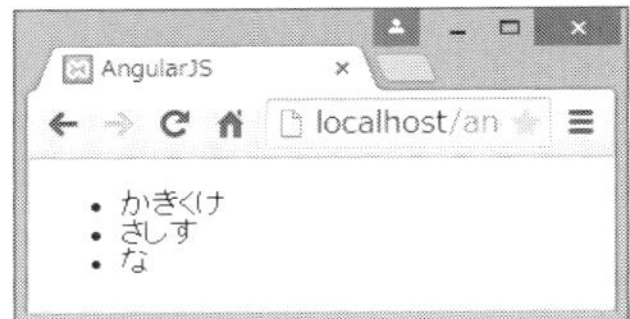

もちろん、太字の判定式を変更することで、grepフィルターは任意の条件で配列を絞り込むことができます。

NOTE フィルターはできるだけシンプルに

フィルターは、あくまで最終的な結果値を加工するためのシンプルな用途に留めるべきです。というのも、フィルターは、ビューを更新する際に頻繁に呼び出されるためです。特に、ループ（ng-repeat属性）配下のAngular式、テキストボックス（ng-model属性[3]）に紐づいたAngular式にフィルターが適用された場合（もちろん、その双方が組み合わさった場合にも）、呼び出し回数が劇的に増える可能性があります。

フィルターの中身が複雑になってきたら、そもそもサービス（2.2.3項）に委ねるべき処理でないのかを、あらためて検証するようにしてください。

＊3 テキストボックスに一文字入力するごとに、フィルターから呼び出される可能性があります。

7.1.4 既存のフィルターを利用する - $filter

たとえば数値をパーセント表記で整形したい場合、一からフィルターを実装しても、もちろん構いませんが、数値そのものの整形、小数点以下の切り捨てなどの操作は、既存のフィルターであるnumber（4.4.1項）に委ねた方が便利です[4]。

＊4 自分で作成してもバグを混入する原因にしかなりません！

そこで、ここではカスタムフィルターの中で、既存のフィルターを利用する例として、percentフィルターについて解説します。

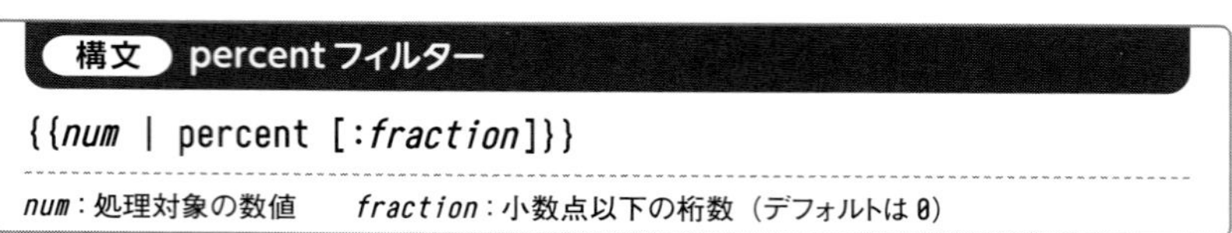
構文 percentフィルター

```
{{num | percent [:fraction]}}
```

num：処理対象の数値　*fraction*：小数点以下の桁数（デフォルトは0）

では、具体的な実装を見ていきます（リスト7-7）。

▼リスト7-7　use.js

```
angular.module('myApp', [])
  .filter('percent', ['$filter', function ($filter){ ―――❶
    return function(value, fraction) {
      // 加工対象の値が数値でない場合、元の値をそのまま返す
      if (!angular.isNumber(value)) {
        return value;
      }
      // 引数fractionが数値でない場合（無指定の場合）、デフォルト値0を設定
      if (!angular.isNumber(fraction)) {
        fraction = 0;
      }
      // numberフィルターで処理した結果に「%」を付与
      return $filter('number')(value * 100, fraction) + '%'; ―――❷
    }
  }]);
```

ここでポイントとなるのは、以下の2点です。

❶サービスを注入する

ファクトリー関数[*5]に対しても、コントローラーの時と同じく、配列アノテーションを利用してサービスを注入できます。ここでは、既存のフィルターを呼び出すための$filterサービスを注入しています。

もちろん、その他にも任意のサービスを注入可能です。

＊5
フィルター関数ではありません。

❷既存のフィルターを呼び出す

既存のフィルターを呼び出す方法は、4.1.2項でも触れたとおり、「$filter(name)(args,...)」です。この例では、引数valueを100倍した上で、numberフィルターを呼び出し、小数点以下の切り捨てや桁区切り文字の付与など、値を整形しています。

以上を理解したところで、percentフィルターの動作も確認しておきます（リスト7-8）。

▼ リスト 7-8　use.html

```
<div>{{0.12356 | percent :1}}</div>
```

```
12.4%
```

Column　Chrome デベロッパーツールの便利な機能（1）- Pretty Print

Chrome の開発者ツールはフロントエンド開発には欠かせないものです。本コラムでは、このデベロッパーツールが提供するさまざまな機能の中でも役立つと思われるものを、いくつかピックアップして取り上げていきます。

まずは、Pretty Print 機能からです。昨今では、ダウンロード時間の節約のために、レスポンスに際してJavaScript／CSS のコードを圧縮するのが一般的です。ただし、圧縮されたコードは（もちろん）人間にとっては読みにくいものです。そのような時に、[Source] タブの {} (Pretty print) ボタンをクリックすることで、コードを改行／インデント付きの読みやすい形式に整形できます。

▼ 図 7-4　圧縮されたコードを整形して、読みやすい形式に

⇓

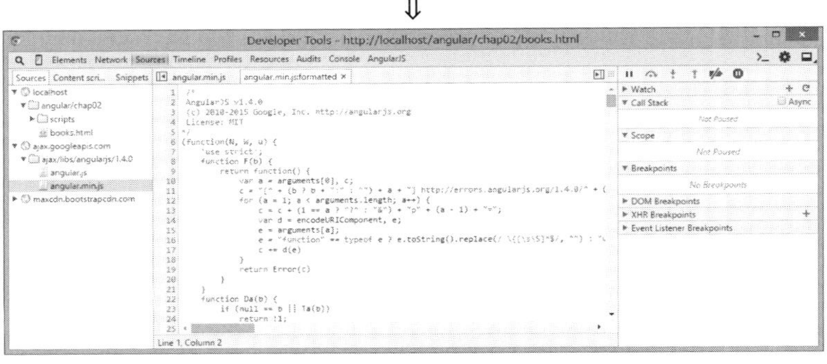

7-2 サービスの自作

ここまでほとんどの処理は、コントローラーとして記述してきました。しかし、適切な役割分担という意味では、コントローラーはスコープのセットアップに徹して、アプリ固有のビジネスロジックはサービスとして切り出すべきです。それによって、コントローラーの見通しがよくなると共に、それぞれのコンポーネントの役割が明確になりますので、ユニットテスト（8.2節）もしやすくなります。

サービスの自作とは特別なものではなく、アプリを開発するようになったら、（フィルター／ディレクティブよりも先に）ごく自然に必要となるはずのテーマです。

2.2.3項では、ごく簡単な例として、valueメソッドでサービスを登録する方法について見てみました。サービスを登録するためのメソッドには、以下の5種類があります。

- value
- constant
- factory
- service
- provider

基本的には、serviceメソッドで大概の局面は事足りますので、迷った時には、まずserviceメソッドを利用する、と覚えておきましょう。とはいえ、本格的にAngularJSを活用していくならば、それぞれのメソッドを利用局面に応じて使い分けた方が見た目にも目的がはっきりし、コードもすっきりします。

本節では、それぞれのメソッドの用法を理解するだけでなく、使い分けの基準についても意識しながら解説を進めます。

7.2.1 シンプルな値を共有する（1）- valueメソッド

valueメソッドは、その名のとおり、複数のコントローラー間で共有する値を管理するためのサービスを作成します[*6]。

＊6
AngularJSアプリの中で、グローバル変数（のようなもの）を提供するサービス、と言って良いかもしれません。以降、便宜的にvalueサービスと呼びます。

構文 valueメソッド

```
value(name, object)
```

name：サービス名　*object*：サービスのインスタンス（任意の型）

引数objectには、文字列／数値などの基本型だけでなく、配列／ハッシュ／関数をはじめとした任意のオブジェクトを指定できます。

具体的な例として、以下のようなサービスをアプリに登録してみましょう（リスト7-9）。

- AppTitle：アプリのタイトル（文字列）
- AppInfo：アプリの基本情報（ハッシュ）
- CommonProc：アプリの共通処理（関数）

▼リスト7-9　value.js

```
angular.module('myApp', [])
  // AppTitle（文字列）を登録
  .value('AppTitle', 'AngularJSプログラミング')
  // AppInfo（ハッシュ）を登録
  .value('AppInfo', {
    author: '山田理央',
    updated: new Date(2007, 5, 25)
  })
  // CommonProc（関数）を登録
  .value('CommonProc', function(value) {
    console.log(value);
  })
```

value（値）メソッドという名前に惑わされてしまいそうですが、簡単な処理をサービス化するだけならば、valueメソッドでも相応のことができてしまうということです。ただし、あとから述べる理由で、本格的なビジネスロジックをvalueメソッドで実装するのは避けるべきです（冒頭述べたように、アプリの共有情報を管理するに留めるべきです）。

以上のように準備したサービスを呼び出しているのが、以下のコードです（リスト7-10）。

▼リスト7-10　上：value.html／下：value.js

```
<ul>
    <li>タイトル：{{title}}</li>
    <li>著者：{{info.author}}</li>
    <li>最終更新日：{{info.updated.toLocaleDateString()}}</li>
```

```
</ul>
<button ng-click="proc(title)">ログ出力</button>
```

```
angular.module('myApp', [])
  ...中略...
  .controller('MyController', ['$scope', 'AppTitle', 'AppInfo', 'CommonProc',  ─┐
    function($scope, AppTitle, AppInfo, CommonProc) {  ──────────────────────────┴❶
    $scope.title = AppTitle;
    $scope.info = AppInfo;
    $scope.proc = CommonProc;
  }]);
```

▼ 図 7-5　サービスで登録された内容を表示（関数も実行できる）

カスタムサービスだからといって、標準のサービスと異なるところはありません。❶のように、おなじみの配列アノテーションでコントローラーにサービスを注入することで、呼び出しが可能になります。

7.2.2 シンプルな値を共有する（2）- constant メソッド

value メソッドによく似たメソッドとして、constant メソッドがあります。

構文 constant メソッド

```
constant(name, object)
```

name：サービス名　　*object*：サービスのインスタンス（任意の型）

実装例もほぼ同じですが、確認してみましょう。

▼ リスト7-11 上：constant.html／下：constant.js

```
<ul>
  <li>タイトル：{{title}}</li>
  <li>著者：{{info.author}}</li>
  <li>最終更新日：{{info.updated.toLocaleDateString()}}</li>
</ul>
<button ng-click="proc(title)">ログ出力</button>
```

```
angular.module('myApp', [])
  ...中略...
  .constant('AppTitle', 'AngularJSプログラミング')
  .constant('AppInfo', {
    author: '山田理央',
    updated: new Date(2007, 5, 25)
  })
  .constant('CommonProc', function(constant) {
    console.log(constant);
  })
  ...中略...
  }]);
```

▼ 図7-6 サービスで登録された内容を表示（関数も実行できる）

コードとその結果を見るだけでは、valueメソッドと何が異なるのか、判然としません[*7]。結果が変化してくるのは、サービスが利用可能になるタイミングです。

＊7
名前に反して、いわゆる定数ですらありません。あとから値を変更することも可能です。

リスト7-10、リスト7-11に対してModule#configメソッドを追加し、value／constantそれぞれで定義されたサービスを注入してみましょう（リスト7-12）。

▼ リスト7-12 value.js／constant.js（共通）

```
angular.module('myApp', [])
  .config(['AppTitle', 'AppInfo', 'CommonProc',
    function(AppTitle, AppInfo, CommonProc) {
      console.log(AppTitle);
      console.log(AppInfo);
```

```
    CommonProc(AppInfo.author);
  }])
```

constant.js では、以下のような結果を得られ、config メソッドのタイミングで constant サービスが有効になっていることを確認できます（図 7-7）。

▼ 図 7-7　constant サービスの内容を参照できる

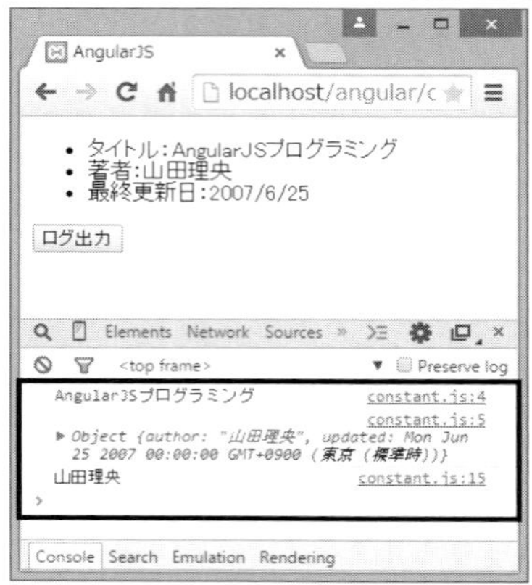

一方、value.js では注入に失敗します（図 7-8）。

▼ 図 7-8　value サービスの注入に失敗

これは、config メソッドがサービスのインスタンスが登録される**前に**呼び出されるという性質があるためです。このため、config メソッドでは一般的なサービスは注入に失敗します。しかし、例外的に constant サービスだけが config メソッドの**前に**利用可能になります[*8]。

この性質上、config メソッドで参照する必要がある情報（たとえばプロバイダーの設定情報など）は constant メソッドで、コントローラー／サービスなどその他の要素から参照すべき情報は value メソッドで、という使い分けをします。

＊8
反面、constant サービスは decorator メソッド（7.2.6 項）で処理を上書きできない、などの制約もあります。

7.2.3 ビジネスロジックを定義する（1）- service メソッド

value／constant メソッドでも関数／オブジェクトを登録できるため、簡易なロジックであれば、これらのメソッドでまかなうことは可能です。しかし、一般的なビジネスロジックの登録には（value／constant メソッドではなく）service／factory メソッドを利用すべきです。

というのも、value／constant メソッドでは、他のサービスを注入できないからです（たとえば非同期通信のための $http サービスすら利用できません）。繰り返しですが、value／constant メソッドは、あくまでシンプルな値の共有を前提としたしくみと理解してください。

それでは、service メソッドから見ていきます。

構文 service メソッド

```
service(name, constructor)
```

name：サービス名　*constuctor*：サービス生成のためのコンストラクター関数

以下は、図形の面積を求めるFigureService サービスを定義する例です。FigureService サービスは、以下のようなメソッドを提供するものとします（表 7-1）。

▼ 表 7-1　FigureService サービスが提供するメソッド

メソッド	求める面積
triangle(*base*, *height*)	三角形（*base*：底辺、*height*：高さ）
circle(*radius*)	円（*radius*：半径）
trapezoid(*upper*, *lower*, *height*)	台形（*upper*：上辺、*lower*：下辺、*height*：高さ）

以下が、具体的な実装コードです（リスト 7-13）。

▼ リスト 7-13　service.js

```
angular.module('myApp', [])
  .service('FigureService', ['$log', function($log) { ―――❶
    // triangleメソッド
    this.triangle = function(base, height) { ―――┐
      $log.info(' [triangle] 底辺：' + base);
      $log.info(' [triangle] 高さ：' + height);
      return base * height / 2;
    };
    // circleメソッド
    this.circle = function(radius) {           ――❷
      $log.info(' [circle] 半径：' + radius);
```

```
    return radius * radius * Math.PI;
  };
  // trapezoidメソッド
  this.trapezoid = function(upper, lower, height) {
    $log.info('［trapezoid］上辺：' + upper);
    $log.info('［trapezoid］下辺：' + lower);
    $log.info('［trapezoid］高さ：' + height);
    return (upper + lower) * height / 2;
  };
}])
```

これまでコントローラーなどでも見てきたように、serviceメソッドの引数constructorには、配列アノテーションで他のサービスを注入できます（❶）。ここではFigureServiceサービス内部で引数をログ出力できるように、$logサービス（5.7.2項）を注入しています。

コンストラクター関数の中で「this.メソッド名 = ～」の形式でメソッドを定義できるのは、標準のJavaScriptと同様です（❷）。

以上を理解できたら、FigureServiceサービスを実際に呼び出してみましょう。これまでと同じく、コントローラーに対してFigureServiceサービスを注入することで、サービスにアクセスできるようになります。

▼リスト7-14　上：service.html／下：service.js

```
<ul>
  <li>三角形（底辺4×高さ3）：{{triangle}}</li>
  <li>円（半径5）：{{circle}}</li>
  <li>台形（上辺5／下辺10×高さ3）：{{trapezoid}}</li>
</ul>
```

```
angular.module('myApp', [])
  .service('FigureService', ['$log', function($log) {
    ...中略...
  }])
  .controller('MyController', ['$scope', 'FigureService',
    function($scope, FigureService) {
    $scope.triangle = FigureService.triangle(4, 3);
    $scope.circle = FigureService.circle(5);
    $scope.trapezoid = FigureService.trapezoid(5, 10, 3);
  }]);
```

▼ 図 7-9　FigureService サービスを実行

7.2.4 ビジネスロジックを定義する（2）- factory メソッド

service メソッドと同じく、ビジネスロジックを定義するのが factory メソッドの役割です。

構文　factory メソッド

```
factory(name, func)
```

name：サービス名　　*func*：サービスのインスタンスを返すための関数

service／factory メソッドの違いは、前者がサービスを生成するためのコンストラクターを指定するのに対して、後者はサービスのインスタンスを返す関数を指定する点です。よって、一般的には、service メソッドの方が直接的にサービスを定義できます。一方、「既にサービスとして提供したい機能がクラスとして用意されている」、もしくは、「特定のメソッドの戻り値をサービスとして利用したい」場合には、factory メソッドを利用することで、手軽にサービス化できます。

```
.factory('MyService', function () {
    return new HogeClass();          // 既にどこかで用意されているHogeClass
  })
```

```
.factory('MyService', function () {
    return FooClass.GetInstance(data);         // サービスオブジェクトを返す
  })
```

以下では、先ほどのリスト7-13をfactoryメソッドを使って書き換えてみます[*9]。factoryメソッドの中でオブジェクトリテラル（インスタンス）を生成して、これを戻り値として返しています（リスト7-15）。

*9
ただし、このような例では、あえてfactoryメソッドを利用する意味はあまりありません。

▼リスト7-15 factory.js[*10]

*10
実行するには、factory.htmlからアクセスしてください。コードはほぼリスト7-14と同じです。

```
angular.module('myApp', [])
  .factory('FigureService', ['$log', function($log) {
    return {
      // triangleメソッド
      triangle: function(base, height) {
        $log.info(' [triangle] 底辺：' + base);
        $log.info(' [triangle] 高さ：' + height);
        return base * height / 2;
      },
      // circleメソッド
      circle: function(radius) {
        $log.info(' [circle] 半径：' + radius);
        return radius * radius * Math.PI;
      },
      // trapezoidメソッド
      trapezoid: function(upper, lower, height) {
        $log.info(' [trapezoid] 上辺：' + upper);
        $log.info(' [trapezoid] 下辺：' + lower);
        $log.info(' [trapezoid] 高さ：' + height);
        return (upper + lower) * height / 2;
      }
    }
  }])
```

7.2.5 パラメーター情報を伴うサービスを定義する - providerメソッド

providerメソッドは、サービス登録のための、もっとも基本となるメソッドです。value／service／factoryメソッドは、いずれも内部ではproviderメソッドを呼び出していますので[*11]、これらのメソッドでできることはproviderメソッドでもできてしまいます。value／service／factoryメソッドは、providerメソッドのシンタックスシュガーと言っても良いでしょう。

*11
constantメソッドだけは別もので、providerメソッドには依存していません。

構文 providerメソッド

```
provider(name, providerType)
```

name：サービス名
providerType：サービスのインスタンスを生成するためのコンストラクター関数

＊12
コードが冗長になりがちだからです。まずは既出のシンタックスシュガーを優先して利用してください。

その性質上、provider メソッドを利用すべき局面は、それほど多くはありません[*12]。provider メソッドは、基本的に、以下の局面でのみ利用すべきです。

利用者によって設定すべきパラメーター情報を持つようなサービスを定義する

provider メソッドで定義されたサービスは、config メソッド（3.3.3 項）で注入し、そのプロパティ情報を設定することが可能です。

応用編

Provider サービスの実装例

provider メソッドを利用した具体的な例として、以下では標準の $log サービスを拡張した MyLog サービスを定義してみましょう。MyLog サービスは、以下のようなメソッドを提供するものとします。

- error(message)
- warn(message)
- info(message)
- debug(message)

また、$log サービスと異なり、logLevel（ログレベル）パラメーターを変更することで、出力すべきログをフィルターできるものとします（表 7-2）。

▼表 7-2　ログレベルによる出力の変化

ログレベル	出力されるログ
0	すべて出力しない
1	error のみ
2	error／warn
3	error／warn／info
4	すべてのログ

では、具体的なコードを見ていきます（リスト 7-16）。

▼リスト 7-16　provider.js

```
angular.module('myApp', [])
  .provider('MyLog', function() {
    // logLevelパラメーターの準備（デフォルトは4）
    this.defaults = { logLevel : 4 }; ――❶
    // $getの戻り値がサービスとして提供されるインスタンス
    this.$get = ['$log', function($log) { ――❸
      var level = this.defaults.logLevel;
      // error／warn／info／debugメソッドを定義
```

```
      // それぞれ特定のログレベル（level）以上でログを出力
      return {
        error : function(message) {
          if (level > 0) { $log.error(message); }
        },
        warn : function(message) {
          if (level > 1) { $log.warn(message); }
        },                                                    ──❷
        info : function(message) {
          if (level > 2) { $log.info(message); }
        },
        debug : function(message) {
          if (level > 3) { $log.debug(message); }
        }
      };
    }];
  })
```

注目すべきポイントは、以下のとおりです。

❶サービスのパラメーターを公開する

サービスとして外部に公開したいパラメーター（プロパティ）は、❶のように

```
this.パラメーター名 = デフォルト値
```

の形式で定義できます。ここでは、defaultsプロパティのサブプロパティとして、logLevel（ログレベル）を定義しています（デフォルトは4）。

❷サービスの実体は$getメソッドの戻り値で

Providerサービスの実体は、$getメソッドとして定義します。Providerサービスでは、$getメソッドの戻り値をサービスとして提供します。ここでは、太字のように、error／warn／info／debugメソッドを持ったオブジェクトリテラルを返しています。

❸既存のサービスを注入する方法

Providerサービスに対して既存のサービスを注入する方法には、以下の２つがあります。

a. providerメソッドの引数providerTypeに対して
b. $getメソッドに対して

❸ではb.の方法を利用しています。b.ではサービス全般を注入できるのに対して、

a. ではConstant／Providerサービスしか注入できない点に注意してください（リスト7-17）。

▼ リスト7-17 providerメソッドに注入する例

```
angular.module('myApp', [])
  .constant('MyConst', 'Hoge')
  .provider('MyLog', ['MyConst', function(MyConst) {   ―― Constant／Providerのみ
    ...中略...
  }])
```


Providerサービスの利用方法

MyLogプロバイダーを実装できたところで、実際に呼び出してみましょう。

＊13
サンプルを実行するには、provider.htmlからアクセスしてください。

▼ リスト7-18 provider.js＊13

```
angular.module('myApp', [])
  .provider('MyLog', function() {
    ...中略...
  })
  .config(['MyLogProvider', function(MyLogProvider) {   ―― ❶
    MyLogProvider.defaults.logLevel = 3;
  }])
  .controller('MyController', ['$scope', 'MyLog', function($scope, MyLog) {   ―― ❷
    MyLog.error('エラー');
    MyLog.warn('警告');
    MyLog.info('情報');
    MyLog.debug('デバッグ');
  }]);
```

▼ 図7-10 指定レベル以上のログだけを出力

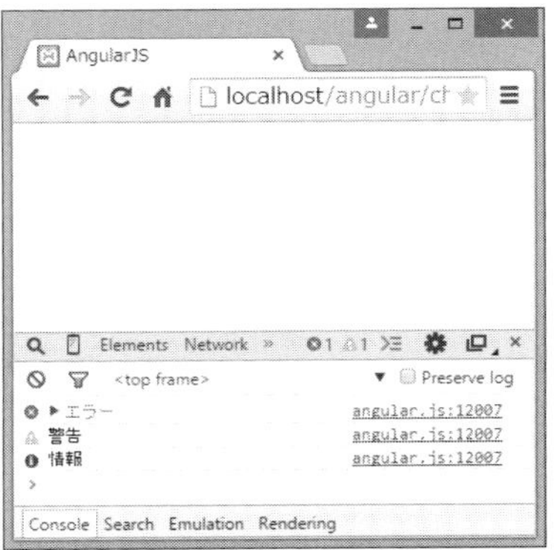

Providerサービスのパラメーターを設定するには、configメソッドで「サービス名＋Provider」という名前で注入します（❶）。この例では、MyLogサービスの設定なので、MyLogProviderプロバイダーを注入します。ここでは、そのlogLevelプロパティを3（info以上を出力）としています。

あとは、これまでと同じく、コントローラーに対してサービスを注入することで、MyLogサービスのメソッドを呼び出せるようになります（❷）。太字のログレベルを変えて、出力されるログが変化することを確認してみましょう。

7.2.6 より本格的な自作のための補足

サービスを定義するための5種類のメソッド（サービスメソッド）が出揃ったところで、サービスをあとから拡張するためのデコレーターというしくみをはじめ、サービスメソッドの使い分け、実装に当たっての注意点などをまとめます。

既存のサービスを上書きする - decoratorメソッド

＊14
自作サービスのモック（8.4節）を生成するような用途でも利用できます。

$provide.decoratorメソッドを利用することで、サービスの生成プロセスに割り込んで、既存の振る舞いを上書き／修正することもできます。既存サービスの大部分を再利用し、一部の機能だけをカスタマイズしたい、そもそもインターフェイスはそのままに挙動をカスタマイズしたい（=利用側のコードに影響を及ぼしたくない）ようなケースで利用します＊14。

以下は、$logサービス（5.7.2項）をカスタマイズし、errorメソッドによるログをダイアログ表示する例です（リスト7-19）。

[1] decoratorメソッドでサービスを上書きする

まずは、$log.errorメソッドを上書きするコードからです。

▼リスト7-19　decorator.js

```
angular.module('myApp', [])
  .config(['$provide', function($provide) {
    $provide.decorator('$log', ['$delegate', '$window',     ─┐
      function($delegate, $window) {                          │
        $delegate.error = function(message) {   ─┐            │
          $window.alert(message);                ├─❷ ─❶
        };                                      ─┘            │
        return $delegate;                       ───❸          │
    }]);                                                     ─┘
  }])
```

$provide.decoratorメソッドは、サービスが準備できる前に呼び出されなければならないので、configメソッドの配下で呼び出します（❶）。

構文 decoratorメソッド

```
decorator(name, decorator)
```

name：上書きするサービスの名前
decorator：サービスを上書きするための処理（デコレーター関数）

デコレーター（引数decorator）の条件は、以下のとおりです。

- 引数として元となるサービスのインスタンス（$delegate）を受け取ること
- 戻り値として上書きされたサービスを返すこと

デコレーターの中では、$delegateを通じて、「$delegate.メソッド名 = ～」の形式で任意のメソッドを上書きできます。❷であれば、$log.errorメソッドを上書きし、ログを（コンソールではなく）ダイアログ表示するようにあらためています。もちろん、同じ要領で他のメソッドを上書きすることも可能です。

最終的に、上書きされたインスタンス（$delegate）を返すのを忘れないようにしてください（❸）。

decoratorメソッドでは、いわゆるValue／Factory／Service／Providerサービスを置き換えることができます（Constantサービスだけが置き換えできません）。

[2] 上書きされた$logサービスを呼び出す

カスタマイズできたところで、実際に$logサービスを呼び出してみましょう。

＊15
サンプルを実行するには、decorator.htmlからアクセスしてください。

▼ リスト7-20　decorator.js[＊15]

```
angular.module('myApp', [])
  ...中略...
  .controller('MyController', ['$scope', '$log', function($scope, $log) {
    $log.error('エラー');
    $log.warn('警告');
  }]);
```

▼ 図 7-11　エラー／警告ログを出力

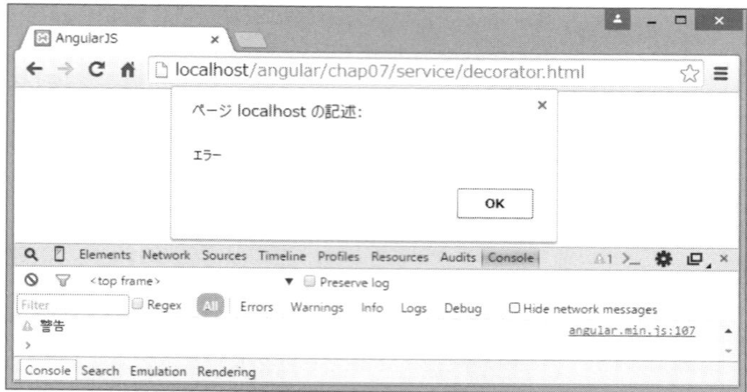

デコレーターで上書きされた error ログはダイアログとして、warn ログは従来どおり、標準のコンソールに対して、それぞれ出力されていることが確認できます。

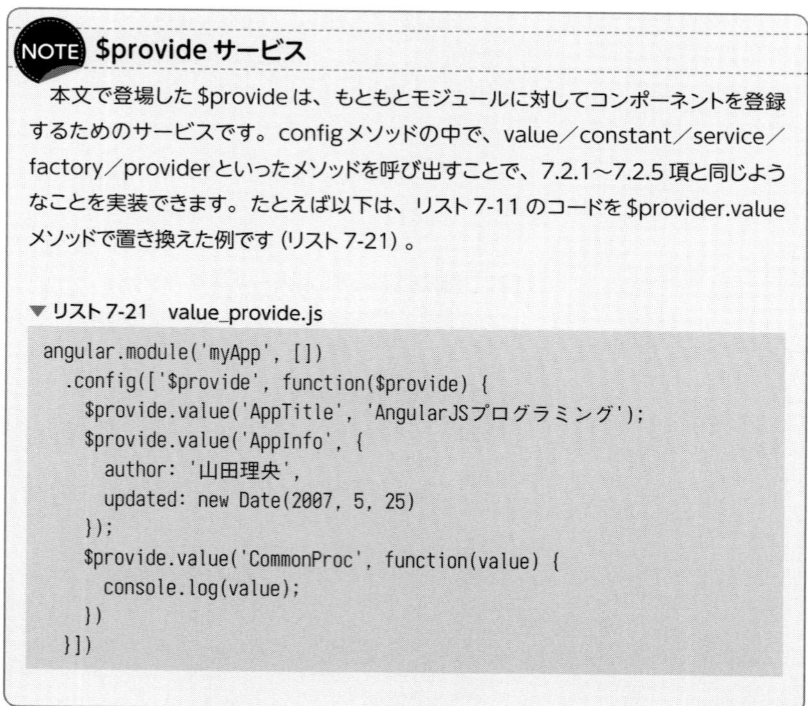

NOTE **$provide サービス**

本文で登場した $provide は、もともとモジュールに対してコンポーネントを登録するためのサービスです。config メソッドの中で、value／constant／service／factory／provider といったメソッドを呼び出すことで、7.2.1～7.2.5 項と同じようなことを実装できます。たとえば以下は、リスト 7-11 のコードを $provider.value メソッドで置き換えた例です（リスト 7-21）。

▼ リスト 7-21　value_provide.js

```
angular.module('myApp', [])
  .config(['$provide', function($provide) {
    $provide.value('AppTitle', 'AngularJSプログラミング');
    $provide.value('AppInfo', {
      author: '山田理央',
      updated: new Date(2007, 5, 25)
    });
    $provide.value('CommonProc', function(value) {
      console.log(value);
    })
  }])
```

サービスメソッドの使い分け

7.2.1～7.2.5 項でも、それぞれのサービスメソッドの使い分けについて交えながら解説しましたが、ここで今一度、それぞれの特徴をまとめ、違いを整理しておきましょう（表 7-3）。

▼ 表 7-3 サービスメソッドの特徴

特徴＼サービス型	factory	service	value	constant	provider
依存性の設定	○	○	×	×	○
config メソッドでの利用	×	×	×	○	○
decorator メソッドによる上書き	○	○	○	×	○
関数型の利用	○	○	○	○	○
基本型の利用	○	×	○	○	○

繰り返し述べているように、グローバル変数／定数の登録ならば value／constant メソッドを、一般的なロジックの登録ならば factory／service メソッドを利用します（より明確な基準としては、他のサービスを注入すべきロジックは、factory／service メソッドを利用します）。

value／constant メソッドの使い分けは、サービスを config メソッドで利用するかどうかです。factory／service メソッドは、あらかじめクラス（コンストラクター）が用意されている、またはインスタンスを返すファクトリーメソッドが用意されている場合、前者を利用します。また、基本型のサービスの場合も、factory メソッドを利用します。

そして、アプリ開発者が変更すべきパラメーター情報を持つのであれば、一番原始的な provider メソッドを利用します。

以上の基準をフローとしてまとめたのが、図 7-12 です。

▼ 図 7-12 サービスメソッドを使い分ける基準

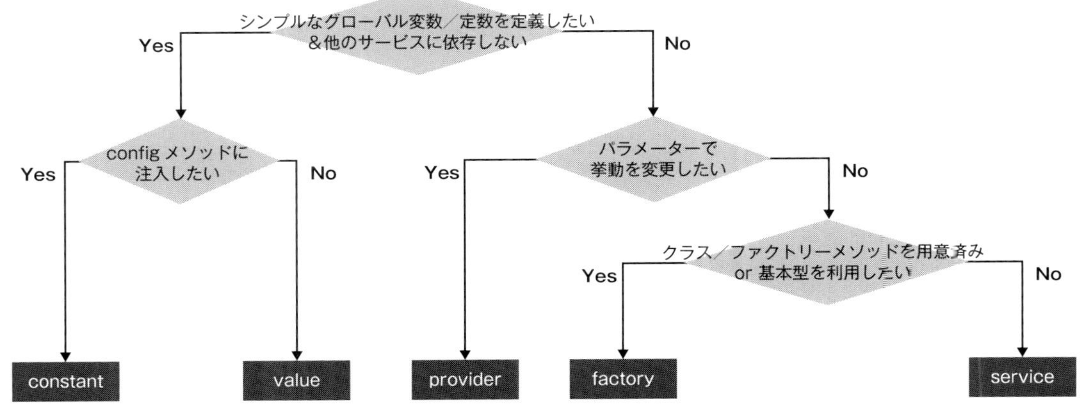

サービスはシングルトンである

AngularJS では、すべてのサービスは**シングルトン**です。つまり、アプリの中で、個々のサービスはそれぞれ 1 つだけしかインスタンスを持ちません。これを利用することで、複数のコントローラーでデータを共有することが可能です*16。

以下は、6.2.4 項のサンプルを修正して、並列に配置された PrevController／NextController コントローラーの間で SharedService サービスを介して情報をやりとりする例です。

*16
データ共有のその他の手法として、6.2.3 項では、$broadcast／$emit イベントを利用する方法、$rootScope／$parent を利用する方法などを学びました。

▼ リスト 7-22　上：shared.html／下：shared.js

```
<div ng-controller="PrevController">
  <label for="name">名前：</label>
  <input id="name" type="text" ng-model="name" />
  <button ng-click="onclick()">送信</button>
</div>
<hr />
<div ng-controller="NextController">
  {{shared.getMessage()}}
</div>
```

```
angular.module('myApp', [])
  // コントローラー間で共有するSharedServiceサービスを定義
  .service('SharedService', function() {
    this.name = '権兵衛';
    this.getMessage = function() {
      return 'こんにちは、' + this.name + 'さん！';
    }
  })
  .controller('PrevController', ['$scope', 'SharedService',
    function($scope, SharedService) {
    // テキストボックスのデフォルト値をサービスから取得
    $scope.name = SharedService.name;
    // SharedServiceサービスにテキストボックスの値を書き戻し
    $scope.onclick = function() {
      SharedService.name = $scope.name;
    };
  }])
  .controller('NextController', ['$scope', 'SharedService',
    function($scope, SharedService) {
    // サービスをsheredプロパティに紐づけ
    $scope.shared = SharedService;
  }]);
```

▼ 図 7-13　テキストボックスの入力に応じてメッセージを表示

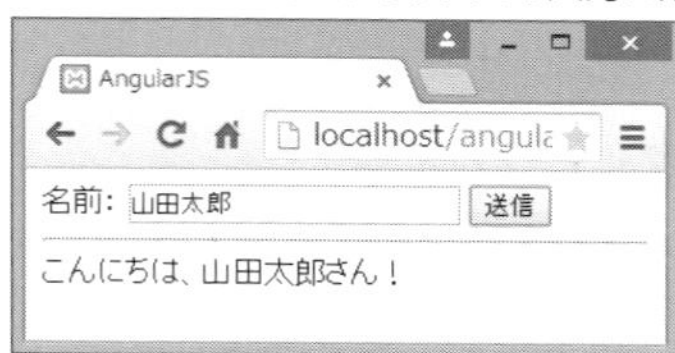

前述したように、PrevController／NextControllerコントローラーは唯一のSharedServiceサービスを参照していますので、PrevControllerコントローラーでの変化がNextControllerコントローラー（{{shared.getMessage()}}）に反映されることが確認できます。

▼ 図 7-14　共有サービスによるスコープ連携

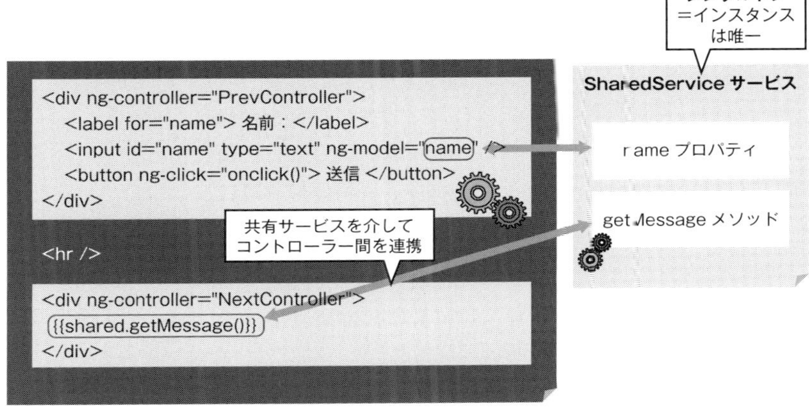

補足：サービスで複数のインスタンスを生成する

ただし、サービスがシングルトンであることが問題となる場合もあります。たとえば先ほどのSharedServiceサービスを同一のページで複数設置してみます。

▼ リスト 7-23　上：singleton.html／下：singleton.js

```
<div ng-controller="PrevController">
  <label for="name">名前：</label>
  <input id="name" type="text" ng-model="name" />
  <button ng-click="onclick()">送信</button>
  {{shared.getMessage()}}
</div>
<hr />
<div ng-controller="NextController">
  <label for="name">名前：</label>
  <input id="name" type="text" ng-model="name" />
  <button ng-click="onclick()">送信</button>
  {{shared.getMessage()}}
</div>
```

```
angular.module('myApp', [])
  .service('SharedService', function() {
    this.name = '権兵衛';
```

```
    this.getMessage = function() {
      return 'こんにちは、' + this.name + 'さん！';
    }
  })
  .controller('PrevController', ['$scope', 'SharedService',
    function($scope, SharedService) {
    var svc = SharedService;
    $scope.shared = svc;
    // テキストボックスのデフォルト値をサービスから取得
    $scope.name = svc.name;
    // SharedServiceサービスにテキストボックスの値を書き戻し
    $scope.onclick = function() {
      svc.name = $scope.name;
    };
  }])
  // PrevControllerコントローラーと同じ内容
  .controller('NextController', ['$scope', 'SharedService',
    function($scope, SharedService) {
    var svc = SharedService;
    $scope.shared = svc;
    $scope.name = svc.name;
    $scope.onclick = function() {
      svc.name = $scope.name;
    };
  }]);
```

▼ 図 7-15　双方のメッセージが連動して変化してしまう（上の［送信］ボタンを押した時）

サービスがシングルトンであると理解していれば、結果は予想のとおり、ページ上（PrevControllerコントローラー）での変化はそのままページ下（NextControllerコントローラー）に反映されます。

もっとも、上のような用途では、おそらく互いのインスタンスを別ものとして区別することを意図しているはずです。そのような場合には、どのようにすれば良いのでしょうか。以下に対策したコードを示します（リスト 7-24）。

▼ リスト 7-24　singleton.js

```
angular.module('myApp', [])
  .service('SharedService', function() {
    // サービスの本体（コンストラクター）
```

```
    var MyService = function() { ─────────────────┐
      this.name = '権兵衛';                          │
      this.getMessage = function() {                 ├─❶
        return 'こんにちは、' + this.name + 'さん！';   │
      };                                             │
    }; ──────────────────────────────────────────────┘
    // サービスのインスタンスを生成するファクトリー関数を返す
    return function() { ─────────────────────────────┐
      return new MyService();                        ├─❷
    }; ──────────────────────────────────────────────┘
  })
  .controller('PrevController', ['$scope', 'SharedService',
    function($scope, SharedService) {
    var svc = SharedService(); ───────────────────────❸
    ...中略...
  }])
  .controller('NextController', ['$scope', 'SharedService',
    function($scope, SharedService) {
    var svc = SharedService(); ───────────────────────❸
    ...中略...
  }]);
```

今度は、まずコンストラクターを準備しておき（❶）、サービスの戻り値として、インスタンスを生成するためのファクトリー関数を返すようにします[*17]（❷）。

あとは、❸のように、サービスの呼び出し元でも、このファクトリー関数を呼び出すだけです。これで、呼び出しの都度、新規にインスタンスを生成できるようになります。

factory.htmlを実行し、PrevController／NextController双方で値が連動しない（=インスタンスが区別されている）ことを確認してください（図7-16）。

*17
先ほどはインスタンスそのものを返していた点に注目してください。

▼図7-16　双方のメッセージが区別されている

7-3 ディレクティブの自作

本章後半では、ディレクティブを自作します。これまで見てきたように、AngularJSでは、コントローラー／サービスなどから文書ツリーを操作する機会はほとんどありません。というのも、ディレクティブ／双方向データバインディングというしくみが、文書ツリーの操作を限りなく隠蔽し、アプリ開発者がこれを意識しなくても良いように面倒を見てくれているからです。

もっとも、フィルター／サービスがそうであったように、本格的なアプリ開発では、標準のディレクティブだけでは十全に要件を満たせない状況が多々あります。そのような場合にも、安易にコントローラー／サービスから文書ツリーを操作するのは避けるべきです。ビュー／コントローラーが絡み合ってしまい、アプリが複雑になってメンテナンスしにくくなるのみならず、ユニットテストを実施しにくい要因ともなるからです。

そのような場合には、ビューの操作／生成部分は、自作ディレクティブとして独立させるのが基本です。ディレクティブの自作は、AngularJSがこれまで隠蔽していた内部的な挙動を意識しなければならないため、フィルター／サービスに比べるといささか難解です。

しかし、だからといって恐れることはありません。シンプルな例からはじめ、利用できるオプション情報を増やしながら、徐々に表現の幅を広げていきましょう。

7.3.1 ディレクティブ定義の基本

まずは、ごく基本的なディレクティブとして、指定された箇所に「こんにちは、ディレクティブ!」という文字列を反映させるmy-helloディレクティブを定義してみます。誤解のしようもないシンプルなサンプルで、ディレクティブ開発の基本的な構文を押さえましょう（リスト7-25）。

▼リスト7-25　basic.js

```
angular.module('myApp', [])
  .directive('myHello', function() {
    return {
      restrict: 'E',
      template: '<div>こんにちは、ディレクティブ！</div>'
    }
  })
```

ディレクティブを定義するのは、directiveメソッドの役割です。

構文 directiveメソッド

```
directive(name, factory)
```

name：ディレクティブの名前
factory：ディレクティブを生成するためのファクトリー関数

(1) ディレクティブの名前（引数name）

ディレクティブ名は自由に命名して構いませんが、あとからHTMLの要素／属性名、AngularJSのディレクティブなどと重複しないためにも、なんらかの名前空間を先頭に付与しておくのが望ましいでしょう。たとえば、著者の場合であれば、所属するコミュニティ（WINGSプロジェクト）に由来して、**win**Nameのように命名します。**wings**Name、**wingsProject**Nameのような命名も可能ですが、タイプの簡便さを考慮すれば、差し支えない範囲で短いものが望ましいでしょう。また、AngularJSが標準で採用する「ng」は利用すべきではありません。

ちなみに、本書では、サンプルコードなどでアプリ固有のディレクティブであることを示すためによく用いられる「my」という接頭辞を採用し、リスト7-25でもmyHelloという名前にしています。

ここで指定しているのは、正規化された名前（3.1.1項）なので、myHelloであれば、my-hello、data-my-hello、x-my-helloなどでの呼び出しが可能です。

(2) ファクトリー関数（引数factory）

ファクトリー関数は、ディレクティブを定義するオブジェクト[*18]を生成し、戻り値として返す必要があります。ディレクティブオブジェクトでは、表7-4のようなプロパティを指定できます。

＊18
便宜的に、ディレクティブオブジェクトと呼びます。

▼表7-4 ディレクティブで利用できる主なプロパティ

プロパティ	概要
template	ディレクティブで利用するテンプレート（文字列）
templateUrl	ディレクティブで利用するテンプレート（指定のファイル）
templateNamespace	テンプレートで利用されている文書型（html／svg／math。デフォルトはhtml）
restrict	ディレクティブの適用先（設定値は7.3.4項参照）
replace	現在の要素をテンプレートで置き換えるか（デフォルトはfalse）
transclude	子要素のコンテンツをテンプレートに反映
multiElement	複数の要素にまたがってディレクティブを指定できるか
scope	ディレクティブに適用するスコープを設定
link	ディレクティブの挙動を定義

プロパティ	概要
compile	コンパイルの挙動を定義
controller	他のディレクティブに対する機能の提供を宣言
controllerAs	コントローラーを参照する際の別名
bindToController	分離スコープをコントローラーで利用可能にするか（分離スコープが有効＆controllerAsパラメーターが利用されている場合だけ）
require	ディレクティブ同士の依存関係を定義
priority	ディレクティブ実行の優先順位（デフォルトは0。数値が大きいものほど優先順位も高い）
terminal	trueの場合、該当ディレクティブよりpriorityが低いディレクティブは実行しない

ディレクティブオブジェクトのプロパティは、すべて任意です。それぞれの状況に応じて、組み合わせを使い分けてください。

ここでは、templateプロパティを利用して、my-helloディレクティブの配下を「<div>こんにちは、ディレクティブ! </div>」という文字列で置き換えています。restrictプロパティについては後述しますが、「E」で「ディレクティブを要素として指定できる」ことを意味します。

以上を理解したところで、実際にテンプレートからmy-helloディレクティブを呼び出してみましょう。

▼ リスト7-26　basic.html

```
<my-hello></my-hello>
```

▼ 図7-17　あらかじめ用意された文字列が出力される

ディレクティブの基本を理解できたところで、次項からはディレクティブの個別のプロパティについて理解を深めていきます。

7.3.2 利用するテンプレートを指定する - template／templateUrl プロパティ

リスト 7-25 では、ディレクティブで利用するテンプレートを template プロパティとして指定していました。template プロパティは、テンプレートそのものを文字列で指定します。

これは手軽なテンプレートの指定には便利なのですが、ある程度以上のテンプレートを JavaScript 内にハードコーディングするのは、コードの可読性という意味でも望ましくありません。そもそもテンプレートの変更時に .js ファイルを編集しなければならないのは不便です。

そこで、一定以上の規模のテンプレートを準備するには、templateUrl プロパティを利用することをおすすめします。以下は、リスト 7-25 の basic.js を templateUrl プロパティで書き換えたものです。

＊19 サンプルを動作するには、basic_url.html から起動してください。

▼ リスト 7-27　basic_url.js＊19

```
angular.module('myApp', [])
  .directive('myHello', function() {
    return {
      restrict: 'E',
      templateUrl: 'helloTemplate.html'
    }
  })
```

▼ リスト 7-28　helloTemplate.html

```
<div>こんにちは、ディレクティブ！</div>
```

テンプレートは、<script> 要素（3.3.5 項）で宣言しておくこともできます。この場合、<script> 要素の id 属性と templateUrl 属性の値が対応関係にある必要があります（リスト 7-29）。

＊20 対応する JS ファイルは、配布サンプル内の basic_url2.js を参照してください。

▼ リスト 7-29　basic_url2.html＊20

```
<script type="text/ng-template" id="helloTemplate2.html">
  <div>こんにちは、ディレクティブ！</div>
</script>
```

7.3.3 現在の要素をテンプレートで置き換える - replace プロパティ

リスト 7-26 を実行した結果の出力を、ブラウザー標準の開発者ツールから確認してみましょう。

```
<my-hello>
  <div>こんにちは、ディレクティブ！</div>
</my-hello>
```

このように、元のディレクティブの子要素としてテンプレートが展開されていることを確認できます。ただし、<my-hello> のような独自の要素の場合、そもそも元の要素が残ってしまうのは望ましくないと感じることがあるかもしれません。

そこで、このようなケースでは、replace プロパティを true に設定することで、元のディレクティブをテンプレートで置き換えることができます[*21]。

＊21
メンテナンスが困難などの理由から、現在、replace パラメーターは非推奨となっています。ただし、直接的な代替の方法は、現時点で提供されていないようです。

▼ リスト 7-30　basic.js

```
angular.module('myApp', [])
  .directive('myHello', function() {
    return {
      restrict: 'E',
      replace: true,
      template: '<div>こんにちは、ディレクティブ！</div>'
    }
  })
```

```
<div>こんにちは、ディレクティブ！</div>
```

7.3.4 ディレクティブの適用箇所を宣言する - restrict プロパティ

ディレクティブは、大きく以下の箇所で記述できます（表 7-5）。

▼ 表 7-5　ディレクティブの記述箇所

記述箇所	例
要素（E）	<my-hello attr="exp"></my-hello>
属性（A）	<div my-hello="exp"></div>
クラス（C）	<div class="my-hello: exp"></div>
コメント（M）	<!--directive: my-hello exp -->

restrict プロパティは、自作のディレクティブをどの箇所に記述可能か宣言するためのプロパティです。デフォルトは「EA」（＝要素／属性いずれも認める）です。

一般的には、タブパネルや開閉パネルのように、それ自体が独立したウィジェットのような役割を提供するなら要素（E）として、パネルにツールヒントを追加するといった追加的な役割を提供するなら属性（A）として定義するのが自然です。

AngularJS 1.2[*22] 以前で、Internet Explorer 8 に対応する必要があるなら、

＊22
AngularJS 1.3 では、そもそも Internet Explorer 8 へのサポートが外されました。

属性（A）／クラス（C）として定義することをおすすめします。IE 8 でカスタム要素を扱うのは、わずかながら冗長なコードを伴うからです。

最後のコメント（M）は、ほとんど利用するケースはありませんし、利用すべきではありません。特別な理由がない限り、ディレクティブは要素（E）／属性（A）のいずれかによって定義してください。

restrict プロパティの利用例

先ほどの my-hello ディレクティブで、要素／属性／クラス／コメントそれぞれの利用を許可し、実際にテンプレートから呼び出してみましょう。

▼ リスト 7-31　上：basic_restrict.html／下：basic_restrict.js

```
<!-- 要素として呼び出し -->
<my-hello></my-hello>
<!-- 属性として呼び出し -->
<div my-hello></div>
<!-- class属性として呼び出し -->
<div class="my-hello"></div>
<!-- コメントとして呼び出し -->
<!-- directive: my-hello  -->
```

```
angular.module('myApp', [])
  .directive('myHello', function() {
    return {
      restrict: 'EACM',
      replace: true,
      ...中略...
    }
  })
```

それぞれ、以下のような結果が得られることを確認してください。

```
<div>こんにちは、ディレクティブ！</div>  ── 要素
<div my-hello="">こんにちは、ディレクティブ！</div>  ── 属性
<div class="my-hello">こんにちは、ディレクティブ！</div>  ── class属性
<div my-hello="">こんにちは、ディレクティブ！</div>  ── コメント
```

なお、コメントとしてディレクティブを記載する場合には、replace プロパティはかならず true としなければなりません。さもなければ、正しくディレクティブの結果が反映されませんので、要注意です。

7.3.5 子要素のコンテンツをテンプレートに反映させる - transclude プロパティ

transclude プロパティを true に設定することで、元のコンテンツをテンプレートに埋め込むことが可能になります。

以下は挨拶メッセージに名前を埋め込む myHelloName ディレクティブの例です（リスト 7-32）。

▼ リスト 7-32　transclude.js

```
angular.module('myApp', [])
  .directive('myHelloName', function() {
    return {
      restrict: 'E',
      transclude: true,
      template: '<div>こんにちは、<span ng-transclude></span>さん！</div>'
    }
  })
```

コンテンツを埋め込む位置を決めるのは、ng-transclude ディレクティブの役割です。

リスト 7-33 は、この myHelloName ディレクティブを呼び出すためのコードと、その結果です。テンプレートに元のコンテンツが反映されていることを確認してください。

▼ リスト 7-33　transclude.html

```
<my-hello-name>権兵衛</my-hello-name>
```

```
<my-hello-name>
  <div>こんにちは、
    <span ng-transclude="">
      <span class="ng-scope">権兵衛</span>
    </span>さん！
  </div>
</my-hello-name>
```

7.3.6 ディレクティブに適用すべきスコープを設定する - scope プロパティ

scope プロパティを利用することで、ディレクティブが採用するスコープを設定できます。scope プロパティで利用可能な値は、以下のとおりです（表 7-6）。

▼ 表 7-6　scope プロパティの設定値

設定値	概要
false	現在の要素に適用されたスコープをそのまま利用（デフォルト）
true	現在の要素から派生したスコープを新規に生成
オブジェクト	分離（隔離）された新たなスコープを生成

では、それぞれについて、利用例を交えながらつまびらかにしていきます。

現在のスコープをそのまま利用する

「scope: false」のもっともシンプルなパターンです。

以下で紹介するのは、与えられた書籍情報を表示する <my-book> 要素の例です。

▼ リスト 7-34　上：scope.html／下：scope.js

```
<body ng-controller="MyController">
  <my-book></my-book>
</body>
```

```
angular.module('myApp', [])
  .directive('myBook', function() {
    return {
      restrict: 'E',
      replace: true,
      scope: false,
      template: '<div>{{book.title}} ({{book.price | number}}円／{{book.↵
publish}}) </div>'  ❷
    }
  })
  .controller('MyController', ['$scope', function($scope) {
    $scope.book = {                 ❶
      title: 'JavaScript本格入門',
      price: 2980,
      publish: '技術評論社'
    };
  }]);
```

```
JavaScript本格入門 (2,980円／技術評論社)
```

この例では、my-book ディレクティブ（要素）が現在のスコープ――MyController コントローラーのスコープ（❶）をそのまま利用します。結果、テンプレート（❷）でも「{{book.title}}」のようにすることで、そのプロパティ（モデル）を参照できます。

scopeプロパティのデフォルト値はfalseなので、太字部分を削除しても同じ結果を得られます。

現在のスコープを継承して新しいスコープを生成する

scopeプロパティをtrueに設定した場合には、現在のディレクティブが属するスコープを継承して、新たなスコープを継承します。

以下は、MyControllerコントローラーのスコープを継承して、新たなスコープを生成するmy-scope要素（ディレクティブ）の例です（リスト7-35）。

▼リスト7-35　上：scope_parent.html／下：scope_parent.js

```
<body ng-controller="MyController">
  親スコープ：
  <div>
    <button ng-click="onparent()">加算</button>
    {{value}}
  </div>
  <hr />
  子スコープ：
  <my-scope></my-scope>
</body>
```

```
angular.module('myApp', [])
  .directive('myScope', function() {
    return {
      restrict: 'E',
      replace: true,
      scope: true,
      controller: [ '$scope', function($scope) {
        // 子スコープに属する［加算］ボタンのイベントリスナー
        $scope.onchild = function() {
          $scope.value++;
        };
      }],*23
      template: '<div><button ng-click="onchild()">加算</button>' +
        '{{value}}</div>'
    }
  })
  .controller('MyController', ['$scope', function($scope) {
    $scope.value = 10;
    // 親スコープに属する［加算］ボタンのイベントリスナー
    $scope.onparent = function() {
      $scope.value++;
    };
  }]);
```

＊23
controllerプロパティは、ディレクティブにコントローラーを紐づけます。詳しくは、7.3.10項で解説します。

サンプルを実行することで、それぞれ親スコープ（MyControllerコントローラー）、子スコープ（my-scopeディレクティブ）に属する［加算］ボタンとAngular式（{{value}}）を生成します。

この状態で、それぞれの［加算］ボタンをクリックしてみると、どうでしょう（図7-18）。

▼ 図7-18　左：親スコープの［加算］ボタンをクリック／右：子スコープの［加算］ボタンをクリック

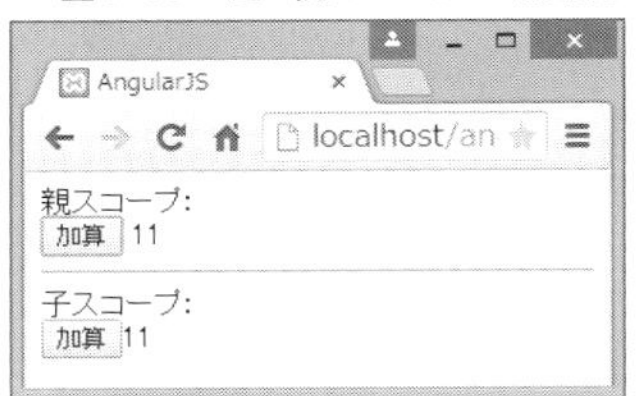

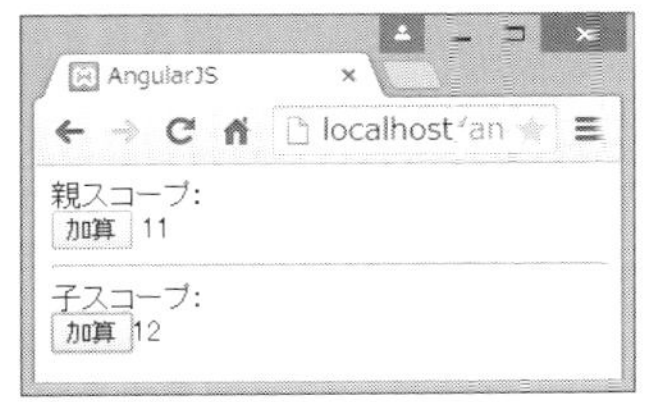

親スコープの［加算］ボタンをクリックした場合、親／子スコープ双方の{{value}}は加算されます。しかし、子スコープの［加算］ボタンをクリックした場合、子スコープの{{value}}だけが加算されて、親スコープの{{value}}が加算**されない**点に注目してください[*24]。これは、スコープの親子関係がプロトタイプ継承というものを前提にしているためです。詳しくは6.1.4項でも触れていますので、忘れてしまったという人は今一度、確認しておきましょう。

＊24
一度、子スコープの［加算］ボタンをクリックしたあとは、親スコープの［加算］ボタンをクリックしても、子スコープの{{value}}は更新されなくなります。

では、scopeプロパティをfalseに変更してみるとどうでしょう。今度は、いずれの{{value}}も同じスコープに属しますので、どちらの［加算］ボタンをクリックしても{{value}}が加算される点に注目してください。

「scope: true」の設定は、たとえば親スコープを引き継ぎながら、新たなスコープを形成すべき、たとえばng-controllerのようなディレクティブで利用されています。

ディレクティブ独自の独立したスコープを作成する

scopeプロパティをtrue／falseで設定した場合には、いずれもディレクティブを配置した位置によってスコープが影響を受けます。これは、ディレクティブの部品としての独立性という意味で、望ましい状況ではありません。

たとえば、先ほどのリスト7-34は、現在のスコープでbookというプロパティを持っていることが暗黙的な前提となります。よって、複数の<my-book>要素（ディレクティブ）を配置する場合には、スコープそのものを分離しなければ、これを区別することができません（図7-19）。

▼図7-19　スコープの分離

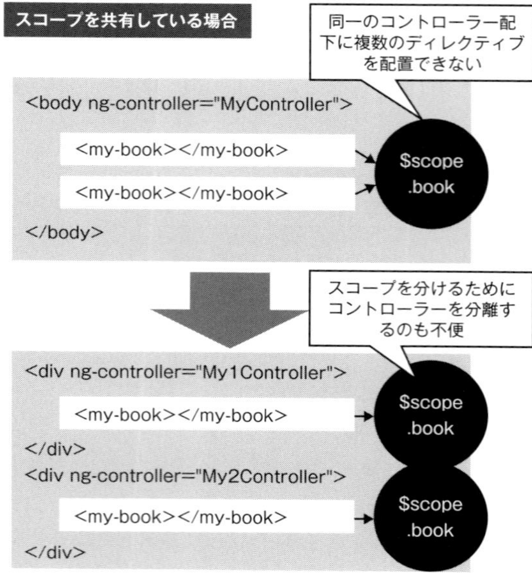

スコープを共有している場合
同一のコントローラー配下に複数のディレクティブを配置できない
<body ng-controller="MyController">
<my-book></my-book>
<my-book></my-book>
$scope .book
</body>
スコープを分けるためにコントローラーを分離するのも不便
<div ng-controller="My1Controller">
<my-book></my-book>
$scope .book
</div>
<div ng-controller="My2Controller">
<my-book></my-book>
$scope .book
</div>

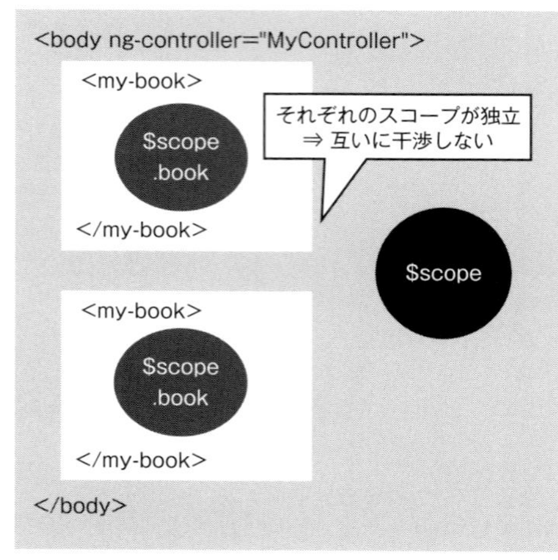

スコープを分離することで…
<body ng-controller="MyController">
<my-book>
$scope .book
</my-book>
それぞれのスコープが独立 ⇒ 互いに干渉しない
$scope
<my-book>
$scope .book
</my-book>
</body>

＊25
ただし、$parentキーワード（6.2.1項）を利用することで、親スコープを参照することも可能です。

そこで、再利用性の高いディレクティブを設計する際には、scopeプロパティに「プロパティ名：式」形式のハッシュを指定して、独立したスコープを形成するのが一般的です。独立したスコープとは、上位のスコープとはなんら（プロトタイプ）継承関係のないスコープのことです＊25。**分離スコープ**、**隔離スコープ**などと呼ぶこともあります。

具体的な例として、先ほどのリスト7-34を分離スコープを利用して書き換えてみましょう。以下は、表示すべき書籍情報をmy-book属性で指定するサンプルです。

▼リスト7-36　上：scope_isolate.html／下：scope_isolate.js

```
<body ng-controller="MyController">
  <my-book my-info="data"></my-book> ――――――――――――――――❷
</body>
```

```
angular.module('myApp', [])
  .directive('myBook', function() {
    return {
      restrict: 'E',
      replace: true,
      scope: { ―――――――――――――――――――┐
        book: '=myInfo'                ├❶
      }, ――――――――――――――――――――――――┘
      template: '<div>{{book.title}} ({{book.price | number}}円／{{book.⏎
publish}}) </div>'
```

```
    }
  })
  .controller('MyController', ['$scope', function($scope) {
    $scope.data = {
      title: 'JavaScript本格入門',
      price: 2980,
      publish: '技術評論社'
    };
  }]);
```

```
JavaScript本格入門（2,980円／技術評論社）
```

ポイントは、❶の部分です。これで、

新たに生成されたスコープオブジェクトのbookプロパティに、my-info属性で指定された式の値を紐づけなさい

という意味になります（図7-20）。

▼図7-20　分離スコープへの紐づけ

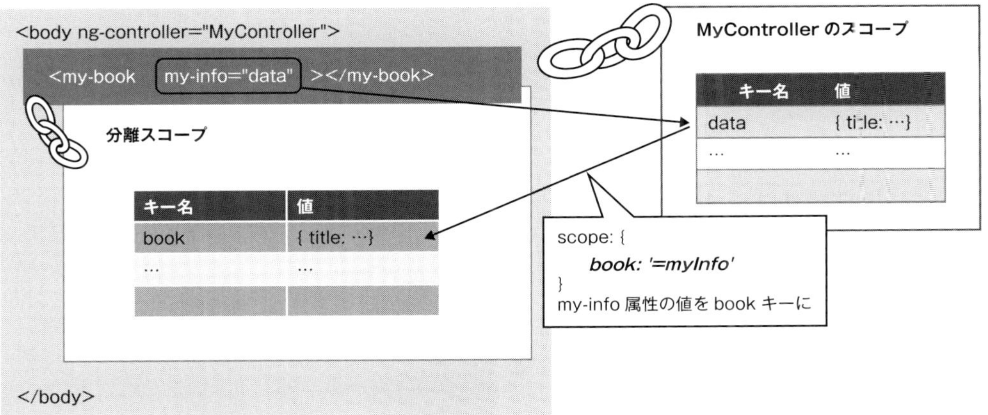
<body ng-controller="MyController">
<my-book my-info="data" ></my-book>
分離スコープ
キー名
値
book
{ title: …}
…
…
</body>
MyControllerのスコープ
キー名
値
data
{ title: …}
…
…
scope: {
book: '=myInfo'
}
my-info属性の値をbookキーに

よって、❶の例では、my-info属性で指定されたdataプロパティ（モデル）の内容が、<my-book>要素（ディレクティブ）の新たなスコープオブジェクトのbookプロパティにセットされることになります。

もちろん、「data」の部分は自由に変更することが可能です。

分離スコープでの紐づけ方法

分離スコープでは、「プロパティ名：式」形式のハッシュとしてスコープとディレクティブの属性を関連づけています。この際、式の先頭では以下の記号を利用して、プロパティと式とを紐づける方法を決定できます（表 7-7）。

▼表 7-7　値の紐づけ方法（scope プロパティのハッシュで利用できる記号）

記号	概要
=	属性値を Angular 式として解釈し、その結果を紐づける
@	属性値を文字列として紐づける
&	属性値を関数として解釈し、あとから実行できるように紐づける

リスト 7-36 では、このうち、「=」を利用することで、属性値を Angular 式として解釈し、その値を分離スコープに登録しました。

その他の記号の用法も、具体的な例と共に見てみましょう（リスト 7-37）。

▼リスト 7-37　上：scope_isolate2.html／下：scope_isolate2.js

```
<body ng-controller="MyController">
  <my-hello my-type="greeting" my-name="山田" my-click="onclick()"></my-⏎
hello>
</body>
```

```
angular.module('myApp', [])
  .directive('myHello', function() {
    return {
      restrict: 'E',
      replace: true,
      transclude: true,
      scope: {
        type: '=myType',
        name: '@myName',
        click: '&myClick'
      },
      template: '<div ng-click="click()">{{type}}、{{name}}さん！</div>'
    }
  })
  .controller('MyController',
    ['$scope', '$window', function($scope, $window) {
    $scope.greeting = 'おはよう',
    $scope.onclick = function() {
      $window.alert('クリックされました！');
    }
  }]);
```

おはよう、山田さん！

この例によって、以下のような関連づけが定義されていることになります（図7-21）。

▼ 図 7-21　分離スコープへの紐づけ (2)

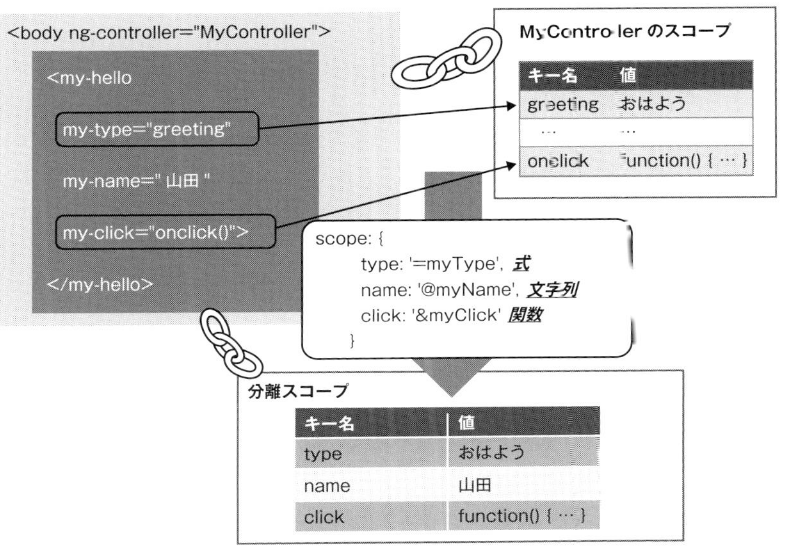
<body ng-controller="MyController">
<my-hello
my-type="greeting"
my-name=" 山田 "
my-click="onclick()">
</my-hello>
MyController のスコープ
キー名
値
greeting
おはよう
...
...
onclick
function() { … }
scope: {
type: '=myType', 式
name: '@myName', 文字列
click: '&myClick' 関数
}
分離スコープ
キー名
値
type
おはよう
name
山田
click
function() { … }

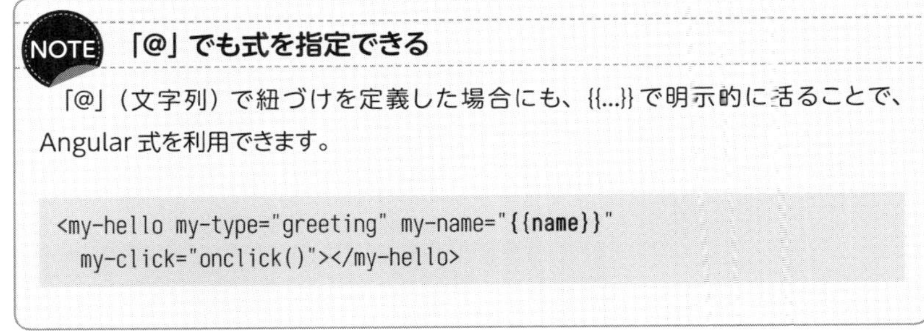

NOTE 「@」でも式を指定できる

「@」（文字列）で紐づけを定義した場合にも、{{...}} で明示的に括ることで、Angular 式を利用できます。

```
<my-hello my-type="greeting" my-name="{{name}}"
  my-click="onclick()"></my-hello>
```

分離スコープのプロパティ名と、ディレクティブ側の属性名とが等しい場合には、以下のように省略記法を利用できます（リスト 7-38）。

▼ リスト 7-38　scope_isolate3.js

```
angular.module('myApp', [])
  .directive('myHello', function() {
    return {
      ...中略...
```

```
      scope: {
        type: '=',
        name: '@',
        click: '&'
      },
      template: '<div ng-click="click()">{{type}}、{{name}}さん！</div>'
    }
  })
```

この場合、テンプレート側は、以下のように指定します（リスト 7-39）。

▼ リスト 7-39　scope_isolate3.html

```
<body ng-controller="MyController">
  <my-hello type="greeting" name="山田" click="onclick()"></my-hello>
</body>
```

7.3.7 ディレクティブの挙動を定義する - link プロパティ

link プロパティは、ディレクティブを定義する上では最も重要な情報です。ディレクティブとスコープとを紐づける――モデルとビューとをリンクするための link 関数を定義します。と言ってしまうと、難しく感じるかもしれませんが、要は、ディレクティブの具体的な動作を決める定義をするのが link プロパティの役割です。

実際に利用してみるのが理解も早いでしょう。以下では、マウスポインターを乗せる／外すことで画像が変化する、<my-image-btn> 要素（ディレクティブ）を実装してみます。<my-image-btn> 要素で利用可能な属性は、以下のとおりとします（表 7-8）。

▼ 表 7-8　<my-image-btn> 要素の属性

属性	概要
pre-src	初期表示される画像のパス
post-src	マウスポインターを置いた時に表示される画像のパス

以下は、その具体的なコードです。

▼ リスト 7-40　上：link.html／下：link.js

```
<my-image-btn pre-src="images/close.gif" post-src="images/open.gif" />
```

```
angular.module('myApp', [])
  .directive('myImageBtn', function() {
    return {
      restrict: 'E',
```

```
      replace: true,
      // pre-src／post-src属性を定義（それぞれ文字列で指定可）
      scope: {                                          ❶
        preSrc: '@',
        postSrc: '@'
      },
      template: '<img src="{{src}}" ng-mouseenter="onenter()" ng-⏎
mouseleave="onleave()" />',
      // モデル＆イベントリスナーの準備
      link: function(scope, element, attrs, controller) {   ❷
        // <img>要素のsrc属性を設定
        scope.src = scope.preSrc;                       ⓐ

        // マウスポインターを当てたら、post-src属性の画像に差し替え
        scope.onenter = function() {                    ⓑ
          scope.src = scope.postSrc;
        };

        // マウスポインターを外したら、pre-src属性の画像に戻す
        scope.onleave = function() {
          scope.src = scope.preSrc;
        };
      }
    }
  })
```

▼ 図 7-22　マウスポインターを当てる／外すと、扉アイコンが開閉

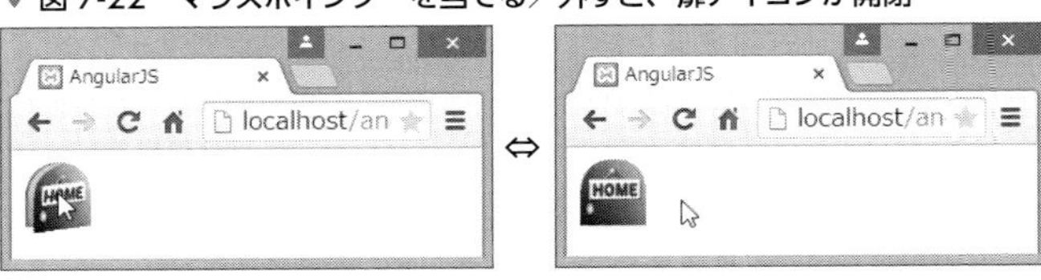

まず、scopeプロパティでpre-src／post-src属性が文字列を受け取ることを宣言します（❶）。属性名と、分離スコープ側のプロパティ名が等しい場合には、単に「@」と宣言できます。

そして、本項のポイントであるlinkプロパティが❷です。link関数は、引数として、以下の値を受け取ります。

- スコープオブジェクト（scope）
- ディレクティブが指定された要素（element）
- ディレクティブが指定された要素の属性群（attrs）
- ディレクティブに適用されたコントローラー（controller）

一般的には、引数scope（スコープオブジェクト）を介して、ディレクティブ固有の挙動（イベントリスナー）を設定したり、スコープの内容を監視し、変更があった場合にビューに反映させたり、といった処理を実装します。

ここでは、まず❸で<img>要素のsrc属性（=最初に表示させるべき画像）を、pre-src属性を元に設定します。その上で、mouseenter／mouseleaveイベントのタイミングで表示画像を差し替えるためのイベントリスナーを❹で実装しています。

NOTE prelink／postlink関数

linkパラメーターでは、モデルとビューのリンク前後で呼び出されるprelink／postlink関数を指定することもできます。その場合は、以下のようなハッシュ形式で2種類のlink関数を指定してください。

```
link: {
  pre: function(scope, element, attrs, controller) {
    ...リンク処理の前に実行するコード...
  },
  post: function(scope, element, attrs, controller) {
    ...リンク処理のあとに実行するコード...
  }
}
```

本文のように、単一の関数を指定した場合には、postlink関数だけが指定されたものとみなされます。

7.3.8 コンパイル時の挙動を定義する - compileプロパティ

AngularJSでは、厳密には、ディレクティブが実行されるまでに、以下のようなステップを踏んでいます（図7-23）。

▼図 7-23 コンパイル／リンク処理

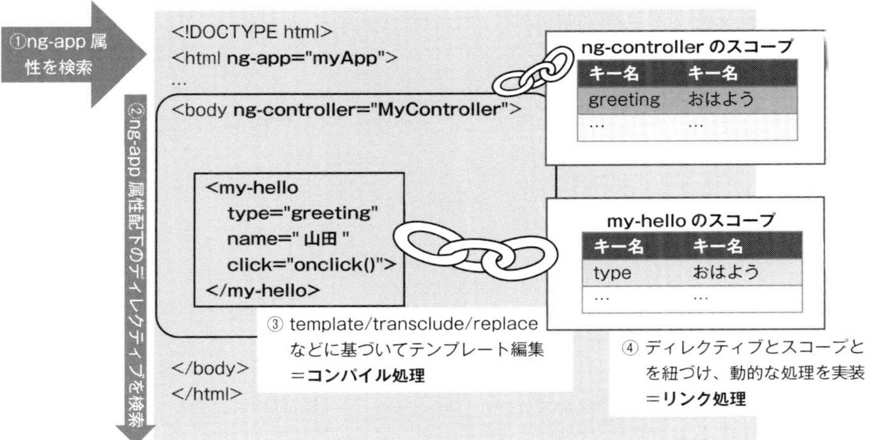
①ng-app 属性を検索
②ng-app 属性配下のディレクティブを検索
<!DOCTYPE html>
<html ng-app="myApp">
…
<body ng-controller="MyController">
<my-hello
type="greeting"
name=" 山田 "
click="onclick()">
</my-hello>
</body>
</html>
ng-controller のスコープ
キー名 キー名
greeting おはよう
my-hello のスコープ
キー名 キー名
type おはよう
③ template/transclude/replace などに基づいてテンプレート編集 ＝コンパイル処理
④ ディレクティブとスコープとを紐づけ、動的な処理を実装 ＝リンク処理

　コンパイル→リンクという２段階の処理を踏んでいるのは、パフォーマンス上の理由からです。compile 関数はコンパイル時に一度だけ呼び出されますが、link 関数はディレクティブのインスタンスが生成される度に実行されます。この性質から、テンプレートそのものの編集のように、初回だけ編集すれば良いような処理は、できるだけ compile 関数として記述し、スコープによって結果が変動する処理だけを link 関数で表すべきです[*26]。

　ただし、テンプレートを編集するような局面はさほど多くはなく、一般的には link 関数でまかなえることがほとんどです。

＊26
たとえばng-repeatループの配下に、自作ディレクティブを配置しているとしましょう。その場合に、ループの都度、テンプレートの静的な編集を実施するのは非効率です。

compile 関数の基本

　では、compile 関数を利用した基本的な例を見てみましょう。以下は、Bootstrap[*27] を利用してボタンを整形する button ディレクティブ（要素）の例です。

＊27
CSSフレームワークの一種。class属性を付与するだけでリッチなデザインを実装できる手軽さから近年急速に普及しています。

構文 button ディレクティブ

```
<button type="type" block="block">...</button>
```

type：ボタンの種類（submit ／ reset ／ button）
block：ブロックを有効にするか（値は block 固定）

　button ディレクティブは、なんらかの機能を付与するものではなく、Bootstrap のルールに従って、<button> 要素に対して class 属性を付与するだけのディレクティブです。

▼ リスト7-41　上：compile.html／下：compile.js

```
<link rel="stylesheet" href="https://maxcdn.bootstrapcdn.com/⏎
bootstrap/3.3.4/css/bootstrap.min.css" />
...中略...
<button type="submit" block="block">選択</button>
```

```
angular.module('myApp', [])
  .directive('button', function() {
    return {
      restrict: 'E',
      compile: function(element, attrs) {
        // スタイルクラスbtn（ボタンである）を付与
        element.addClass('btn');
        // type属性の値に応じてスタイルクラス「btn-～」
        // （ボタンの種類）を付与
        if (attrs.type) {
          var data = { submit:'primary', reset:'warning', button:⏎
'default' };
          element.addClass('btn-' + data[attrs.type]);
        }
        // block属性が指定されていればスタイルクラスbtn-block
        // （ブロックボタン）を付与
        if (attrs.block === 'block') {
          element.addClass('btn-block');
        }
      }
    };
  })
```

▼ 図7-24　Bootstrapによって整形されたボタン

compile関数は、引数として以下の値を受け取ります。

- ディレクティブが指定された要素（element）
- ディレクティブが指定された要素の属性群（attrs）

先述したlink関数と似ていますが、スコープ／コントローラーはコンパイル時点では存在しない（＝引数としても渡されない）点に注目してください。

compile関数では、一般的には、引数element／attrsの情報を元に文書ツリーそのものを編集します。この例では、以下のようなclass属性が付与されることになります。

```
<button type="submit" block="block"
  class="btn btn-primary btn-block">選択</button>
```

compile／link関数を併用する場合

compile／linkパラメーターを同時に指定することはできません。compile関数を実行したあとにlink関数を呼び出したい場合には、compile関数の戻り値として、link関数を指定してください（リスト7-42）。

▼リスト7-42　上：compile_link.html／下：compile_link.js

```
<div ng-repeat="d in data">
  <compile-link type="outer">
    <compile-link type="inner">{{d}}</compile-link>
  </compile-link>
</div>
```

```
angular.module('myApp', [])
  .directive('compileLink', function() {
    return {
      restrict: 'E',
      compile: function(element, attrs) {
        console.log('compile: ' + attrs.type);
        return {
          pre: function(scope, element, attrs, controller) {
            console.log('prelink: ' + attrs.type);
          },
          post: function(scope, element, attrs, controller) {
            console.log('postlink: ' + attrs.type);
          }
        };  ❶
      },
    };
  })
  .controller('MyController', ['$scope', function($scope) {
    $scope.data = ['い', 'ろ', 'は', 'に', 'ほ'];
  }]);
```

↓

```
compile: outer
compile: inner
prelink: outer
prelink: inner
```

```
postlink: inner
postlink: outer
...以下繰り返し...
prelink: outer
prelink: inner
postlink: inner
postlink: outer
```

戻り値の link 関数（❶）は、P.352 の NOTEでも示したように、prelink／postlink 関数をセットで表したハッシュとして表現していますが、P.350 のリスト 7-40 のように単一の関数として表すこともできます。その場合は、postlink 関数だけが指定されたものとみなされます。

結果を確認すると、果たして、compile 関数の内容は初回の一度だけ実行され、prelink／postlink 関数の内容はループの都度、実行されていることが確認できます。また、入れ子になったディレクティブでは、内外の prelink／postlink 関数が入れ子になる形で実行されている点にも注目してください。

例：階層型メニューを実装する

compile／link パラメーターを利用した例として、あらかじめ用意されたメニュー情報（ハッシュ）から階層型メニューを生成してみましょう。以下で作成する <my-menu> 要素（ディレクティブ）の構文は、以下のとおりです。

構文　my-menu ディレクティブ

```
<my-menu src="datasource"></my-menu>
```

datasource：メニュー情報（ハッシュ）

引数 datasource には、title（メニュー項目）／path（リンク先）／subs（サブメニュー）などのキーから構成されるハッシュを指定するものとします。

では、具体的なコードを見ていくことにしましょう（リスト 7-43）。

▼ リスト 7-43　上：menu.html／中：menu.js／下：menu.css

```
<my-menu src="menu"></my-menu>
```

```
angular.module('myApp', [])
  .directive('myMenu', ['$compile', function($compile) {
    return {
      restrict: 'E',
      scope: {
        src: '='
      },
```

```
    template:   '<div class="menu">'                                    ❸
              + '<span ng-click="ontoggle()">* </span>'
              + '<a href="{{src.path}}">{{src.title}}</a>'
              + '<ul ng-show="show"></ul>'
              + '</div>',
    replace: true,
    compile: function(element, attrs) {
      // サブメニューのテンプレートを準備
      var template = '<li ng-repeat="item in src.subs">'                ❶
                   + '<my-menu src="item"></my-menu>'
                   + '</li>';
      var link;
      return function(scope, element, attrs) {
        // テンプレートをコンパイル（コンパイル済のものがあればそのまま利用）
        link = link || $compile(template);                              ❷
        // リンク関数を実行し、その結果を親ツリーに挿入
        link(scope, function(cloned){
          element.find('ul').append(cloned);                            ❹
        });

        //  [*] をクリックした時に配下の要素を表示⇔非表示
        scope.ontoggle = function() {
          scope.show = !scope.show;
        }
      };
    }
  };
}])
.controller('MyController', ['$scope', function($scope) {
  // メニュー情報をハッシュとして準備
  $scope.menu = {
    title: 'ホーム',
    path: 'index.html',
    subs: [
      {
        title: '書籍情報',
        path: 'books.html',
      },
      {
        title: '記事一覧',
        path: 'articles.html',
        subs: [
          { title: 'JavaScript関連', path: 'js.html',
            subs: [
              { title: 'jQuery', path: 'jq.html'},
              { title: 'AngularJS', path: 'angular.html'}
            ]
          },
          { title: 'Java関連', path: 'java.html'},
```

```
            { title: 'データベース関連', path: 'db.html'}
          ]
        },
      ]
    };
  }]);
```

```
.menu li {
  list-style-type: none;
}

.menu ul {
  margin: 0 0 0 0.5em;
  padding: 0;
}
```

▼図 7-25　メニュー情報を開閉可能なツリーとして整形

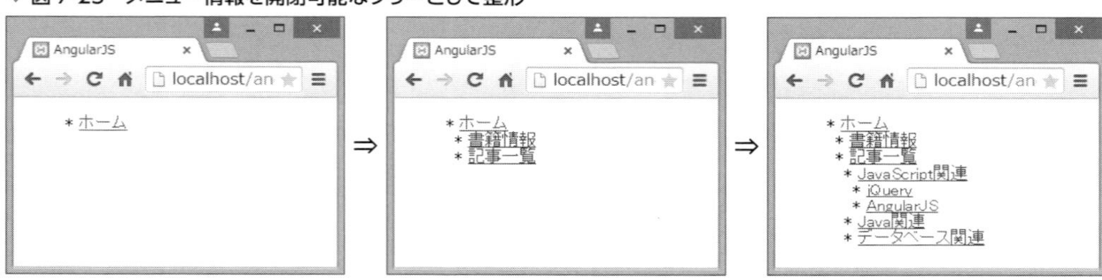

ポイントとなるのは❶の部分、compile 関数でサブメニューのテンプレートを用意している点です。テンプレートの中では、自分自身（my-menu ディレクティブ）を、配下の subs パラメーター（サブメニュー）がなくなるまで、再帰的に呼び出している点に注目です。これによって、不特定階層のデータも処理できるというわけです。

準備したテンプレートは、$compile というサービスを使って、link 関数の配下でコンパイルします（❷）。$compile サービスは、まさに AngularJS がこれまで内部的に行ってきたコンパイル→リンクの手順を手作業で行うためのサービスです。

構文　$compile サービス

```
$compile(element [,transclude] [,max])
```

element：コンパイル対象の要素
transclude：ディレクティブで利用できる関数（非推奨）　*max*：優先順位＊28

＊28
指定順位よりも低いディレクティブだけを処理します。7.3.9 項も参照してください。

$compile サービスは与えられた要素をコンパイルし、その結果をリンク関数として返します。リンク関数とは、コンパイル済みの要素とスコープとを紐づけるための関数です。

構文 リンク関数

```
link(scope [,clone])
```

link：リンク関数の名前　*scope*：紐づけるスコープ
clone：テンプレートを複製し、その内容をもとの文書ツリーに反映させる関数

応用編 1 2 3 4 5 6 7 8 9

リスト 7-43 の例であれば、テンプレート（変数 template）をコンパイル&リンクした結果を、元のテンプレート（❸）で用意された <ul> 要素に埋め込みます（❹）。

NOTE コンパイルの位置に注意

$compile サービスの呼び出し（❷）を、（link 関数ではなく）compile 関数の中（❶の直後）で実行しても良いではないかと思った人はいませんか。コンパイル処理なのだから、名前のとおり、compile 関数で一度だけ呼び出せば十分で、わざわざ link 関数で都度呼び出す必要はないように思えます。

しかし、そのようにした場合、ブラウザーは即座にクラッシュしてしまうはずです。というのも、compile 関数の時点ではまだスコープは生成されていません。結果、❶の中での再帰呼び出し（my-menu ディレクティブの呼び出し）を終える条件が決まらず[*29]、無限ループが発生してしまうのです。

同様の理由から、template パラメーター（❸）で再帰呼び出しをした場合にも、「RangeError: Maximum call stack size exceeded」エラーで、コードは正しく動作しません。

＊29
スコープが決まっていればitem（つまりsrc.subs）が空であれば、再帰呼び出しは終了します。

7.3.9 ディレクティブの優先順位と処理方法を決める - priority／terminal プロパティ

リスト 7-43（P.356）の例でも見たように、ディレクティブは、親要素から順に処理されるのが基本です。しかし、同一階層に複数のディレクティブが設定されていた場合には、priority プロパティによって優先順位を決定します。デフォルトは 0 で、値の大きなものから優先順位が決定されます。

標準ディレクティブの優先順位

以下は、主な標準ディレクティブの priority 値です（表 7-9）。

▼ 表 7-9　標準ディレクティブの priority 値

priority 値	主なディレクティブ
0	ng-jq、ng-app、ng-form、ng-value、ng-bind、ng-bind-template、ng-bind-html、ng-class、ng-class-odd、ng-class-even、ng-cloak、ng-csp、ng-list、ng-model-options、ng-options、ng-pluralize、ng-show、ng-hide、ng-style、ng-transclude、他イベント系ディレクティブ
1	ng-model
99	ng-href、ng-src、ng-srcset、
100	ng-disabled、ng-checked、ng-readonly、ng-selected、ng-open
400	ng-include
450	ng-init
500	ng-controller
600	ng-if
1000	ng-non-bindable、ng-repeat
1200	ng-switch

たとえば、ng-repeat ディレクティブは、ほとんどのディレクティブよりも大きい 1000 に指定されています。これは、他のディレクティブが ng-repeat よりも先に処理されてしまうと、その内容が（実際に出力すべき要素ではなく）テンプレート上の要素に対して反映されてしまうからです。

優先順位の低いディレクティブを処理しない

terminal プロパティを true に設定することで、現在のディレクティブよりも優先順位の低いもの——子要素と priority 値が低いものの処理をスキップできます。以下は、P.355 のリスト 7-42（compile-link ディレクティブ）で terminal パラメーターを true とした場合の compile_link.html を実行した結果ログです。

```
compile: outer
prelink: outer
postlink: outer
prelink: outer
postlink: outer
...以下繰り返し...
prelink: outer
postlink: outer
```

確かに優先順位の低い子要素（inner）は、処理されていないことが確認できます。

7.3.10 ディレクティブ同士で情報を交換する - controller／require プロパティ

より本格的なディレクティブでは、複数のディレクティブが互いに連携して、1 つの機能を実装するということはよくあることです。以下に具体的な例を想定してみます。

- <accordion>／<panel>：アコーディオンパネルと個々のパネル要素
- <tab-panel>／<tab>：タブパネルと個々のタブ[*30]
- <menu>／<menu-item>：メニュー全体と個々のメニュー項目

＊30
この例については、7.4.1 項で紹介します。

このようなディレクティブ（要素）では、<tab-panel> 要素が <tab> 要素の存在を意識して、個々のタブの挙動を制御する役割を提供する必要があるでしょう。

このために利用するのが、controller／require プロパティです。controller プロパティは、あるディレクティブが他のディレクティブに対して機能を提供し、require プロパティは、ディレクティブ同士の依存関係を宣言します。

以下では、その簡単な例として、<cart>／<cart-item> 要素（ディレクティブ）のサンプルを示します。<cart> 要素はシンプルな買い物カゴを想定しており、配下の <cart-item> 要素はカゴの中の商品を表します。<cart>／<cart-item> 要素は互いに連携して、カゴの中の商品をリスト表示すると共に、商品の合計額を表示するものとします。

▼ リスト 7-44　cart.html

```
<my-cart>
  <my-cart-item title="サーブレット＆JSPポケットリファレンス"
    price="2680"></my-cart-item>
  <my-cart-item title="PHPライブラリ＆サンプル実践活用" price="2480">
  </my-cart-item>
  <my-cart-item title="Rails 4アプリケーションプログラミング"
    price="3500"></my-cart-item>
</my-cart>
```

▼ 図 7-26　カートの内容と合計額を表示

以下に展開されたマークアップの結果も併記しておきます。

```
<div class="ng-binding...">
  <ul ng-transclude="">
    <li title="サーブレット＆JSPポケットリファレンス" price="2680"
      class="ng-binding ...">サーブレット＆JSPポケットリファレンス（2,680円）
    </li>
    <li title="PHPライブラリ＆サンプル実践活用" price="2480"
      class="ng-binding ...">PHPライブラリ＆サンプル実践活用（2,480円）
    </li>
    <li title="Rails 4アプリケーションプログラミング" price="3500"
      class="ng-binding ...">Rails 4アプリケーションプログラミング（3,500円）
    </li>
  </ul>
  <hr />
  合計：8,660円
</div>
```

<cart>／<cart-item>要素の実装

<cart>／<cart-item>要素（ディレクティブ）の挙動を理解できたところで、具体的な実装を見てみましょう（リスト7-45）。

▼リスト7-45　cart.js

```
angular.module('myApp', [])
  .directive('myCart', function() {
    return {
      restrict: 'E',
      transclude: true,
      replace: true,
      scope: { },
      // my-cart-item要素を元に商品情報を列挙＆合計値を表示
      template: '<div>' +            ─┐
                '  <ul ng-transclude></ul>' +  │
                '  <hr />' +                   ├─❹
                '  合計：{{sum | number}}円' +  │
                '</div>',                      ─┘
      // my-cart-item要素の価格情報（price）から合計値を求める
      controller: ['$scope', function($scope) {  ─┐
        $scope.sum = 0;                           │
                                                  │
        this.addItem = function(item) {           ├─❷
          $scope.sum += Number(item.price);       │
        };                                        │
      }]                                         ─┘
    };
```

```
})
.directive('myCartItem', function() {
  return {
    // <my-cart>要素に依存していることを宣言
    require: '^^myCart', ――――――――――――――――――――――――❶
    restrict: 'E',
    replace: true,
    // <my-cart>要素配下に埋め込まれる個々のテンプレート
    template: '<li>{{title}} ({{price | number}}円) </li>',
    scope: {
      title: '@',
      price: '@'
    },
    // リンク時に<my-cart>要素に価格情報を登録
    link: function(scope, element, attrs, cartController) { ―┐
      cartController.addItem(scope);                          ├❸
    }, ――――――――――――――――――――――――――――――――――――――――――――――――┘
  }
})
```

ここでポイントとなるのは、以下の点です。

❶依存関係にあるディレクティブを宣言する

<my-cart-item> 要素は、<my-cart> 要素の配下に設置することをが前提です。このような場合には、require プロパティで依存するディレクティブを明示的に宣言します。これによって、もしも <my-cart> 要素なしにディレクティブを呼び出した場合には、「Controller 'myCart', required by directive 'myCartItem', can't be found!」のようなエラーを通知してくれるようになります。

ディレクティブ名の頭文字の「^^」は、依存するディレクティブの検索方法を表すものです（表 7-10）。

▼ 表 7-10　require パラメーターの接頭辞

接頭辞	概要
なし	現在の要素だけで依存ディレクティブを検索する（デフォルト）
^	依存するディレクティブを現在の要素、または祖先要素て検索する
^^	依存するディレクティブを祖先要素から検索する
?	依存するディレクティブが見つからなくてもエラーを発生しない

この例では、「^^myCart」なので、上位階層に <my-cart> 要素がなければいけません。（この例ではありえない前提ですが）もしも <my-cart> 要素がなくても構わないという場合には「?^^my-cart」のように、接頭辞を２個連ねることも可能です。

❷子要素の情報を親要素に集約する

controller パラメーターでは、ディレクティブでの共通的な処理を実装します。たとえば、親子関係にあるディレクティブで、子ディレクティブ（ここでは my-cart-item 要素）の情報を収集したり、子ディレクティブの操作のためのメソッドなどを準備します。

この例であれば、addItem メソッドがそれです。addItem メソッドは、<my-cart-item> 要素から呼び出されることを想定しており、<my-cart-item> 要素の price 属性を取得し、$scope.sum に足しこみます。これによって、<my-cart> 要素では配下のアイテムの合計金額を得られるわけです。

なお、コントローラー（controller パラメーター）では、引数としてスコープオブジェクトだけを注入していますが、他にも表 7-11 のようなオブジェクトも注入可能です。

▼ 表 7-11　コントローラーに注入できるオブジェクト

引数	概要
$scope	現在のスコープ
$element	現在の要素
$attrs	現在の属性（群）
$transclude	子要素を処理するための関数

❸親ディレクティブのコントローラーを利用する

❷のように定義されたコントローラーは、子ディレクティブの link 関数から呼び出すことができます。require パラメーターが指定された場合、link 関数の第 4 引数（ここでは cartController）には、親ディレクティブで定義されたコントローラーがセットされます*31。

よって、「cartController.addItem(scope);」のように、先ほど定義した addItem メソッドを呼び出せるというわけです。スコープオブジェクトには title／price 属性の値がセットされているはずなので、あとは addItem メソッドの側で「item.price」（item は渡されたスコープオブジェクト）のようにすることで、子ディレクティブの情報にアクセスできます。

このように、ディレクティブ間で情報を共有する際には、スコープオブジェクトを経由して行うのが基本です。

＊31
ただし、require パラメーターに「?」（省略可能）接頭辞を付与した場合で、かつ、親ディレクティブが指定されなかった場合には、link 関数の第 4 引数は undefined となります。値が存在することを確認してから、処理を実施するようにしてください。

NOTE require パラメーターは複数のディレクティブも指定できる

require パラメーターには、['^myCart', '?^ngModel'] のように、配列の形式で、複数のディレクティブを指定することもできます。この場合、link 関数の第 4 引数にもそれぞれのディレクティブに属するコントローラーが配列形式で渡されます。

❹親テンプレートで子テンプレートを呼び出す

これは、ここまで何度も見てきた手順です。親ディレクティブのテンプレートで ng-transclude 属性を指定し、子ディレクティブのテンプレートを反映させます。

以上、ディレクティブが複数になった時の情報のやりとりをまとめました。ずいぶんと複雑になってきましたので、図でまとめておきます（図 7-27）。手順そのものは定型的でもありますので、ここできちんと基本をおさえておきましょう。

▼ 図 7-27　親子関係にあるディレクティブ

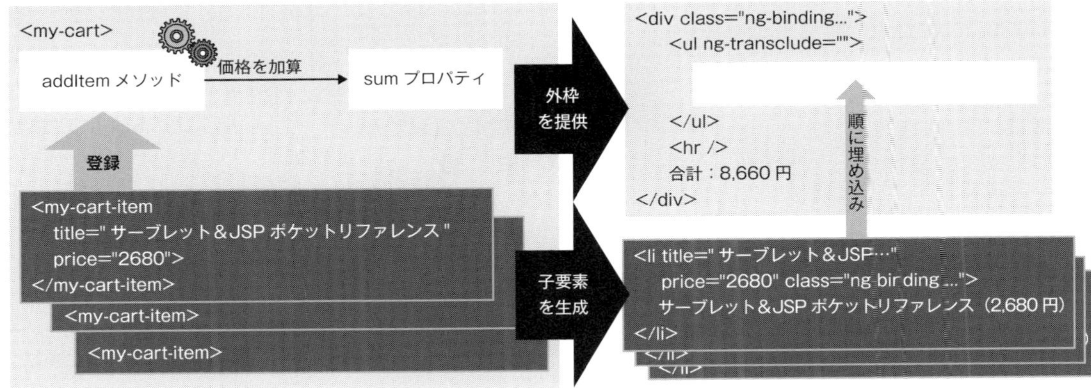

7.3.11 コントローラーに別名を付ける - controllerAs プロパティ

controllerAs パラメーターを利用することで、コントローラー（controller パラメーター）に別名を付けて、テンプレート内でもそのメンバーにアクセスできるようになります[*32]。たとえば、以下は前項のリスト 7-45 を controllerAs パラメーターを使って書き換えたものです。

＊32
いわゆる controller as 構文です。詳しくは、P.44 のコラム「コントローラーのプロパティにアクセスする」も合わせて参照してください。

▼ リスト 7-46　cart.js

```
angular.module('myApp', [])
  .directive('myCart', function() {
    return {
      ...中略...
      template: '<div>' +
                '  <ul ng-transclude></ul>' +
                '  <hr />' +
                '  合計：{{ctrl.sum | number}}円' + ──── ❸
                '</div>',
      controllerAs: 'ctrl', ──── ❶
      controller: function() {
        this.sum = 0; ──── ❷

        this.addItem = function(item) {
          this.sum += Number(item.price);
        };
      }
    };
  })
```

この例では、コントローラーに対してctrlという名前を付与しています（❶）。また、あとからアクセスできるように変数sumを、（スコープオブジェクトのメンバーではなく）コントローラーの直接のメンバーとして定義しておきます（❷）。

これで、あとは「ctrl.sum」のような形式で、テンプレートからコントローラーのメンバーにアクセスが可能になります（❸）。

7.3.12 複数の要素にまたがってディレクティブを適用する - multiElement プロパティ

ディレクティブを複数の要素にまたがって適用したい場合があります。たとえば、3.5.7 項で示したng-repeat-start／ng-repeat-end属性のような状況です。このようなディレクティブを実装するには、multiElementプロパティをtrueに設定してください。

以下は、my-random-decorate-start~my-random-decorate-end属性で指定された要素に対して、ランダムに背景色／テキスト色を付与する例です。背景色を付与するにはbgcolor属性、テキスト色を付与するにはcolor属性、それぞれに色名のリストを指定します。

まずは、イメージしやすいように利用する側のコードから見てみましょう（リスト7-47）。

▼ リスト7-47 multi.html

```
<header my-random-decorate-start bgcolor="#FEFE33, #007FFF, #66B032, ⏎
#BFFF00, #FFD700, #B57EDC, #FDD5B1, #FFE5B4, #CD7F32, #FF7518, #00FFFF, ⏎
#FF4500">「WINGS News」について</header>
<p>WINGS Newsは、不定期で発行されるメールニュースです。</p>
<p>書籍・雑誌の新刊情報を読者の皆さまにお届けします。</p>
<p>最新の情報をいち早く入手したいという方は、是非ご登録ください。</p>
<p>なお、登録／解除の完了までに1～2週間お時間がかかる場合がございます。</p>
<footer my-random-decorate-end>「WINGS News」登録／解除ページへ</footer>
```

▼ 図7-28 ランダムで背景色を付与（実行ごとに結果は変化します）

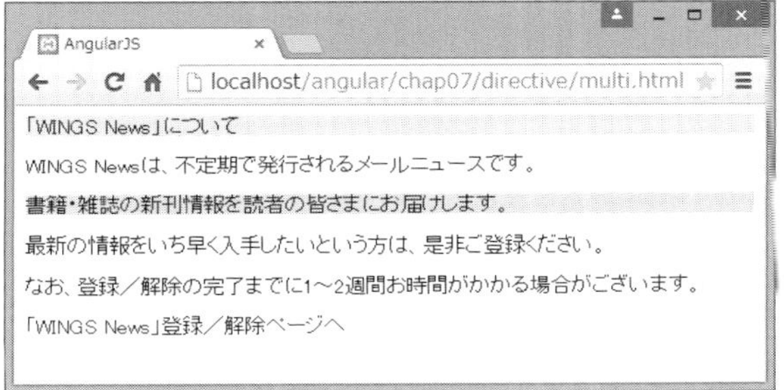
AngularJS
localhost/angular/chap07/directive/multi.html
「WINGS News」について
WINGS Newsは、不定期で発行されるメールニュースです。
書籍・雑誌の新刊情報を読者の皆さまにお届けします。
最新の情報をいち早く入手したいという方は、是非ご登録ください。
なお、登録／解除の完了までに1～2週間お時間がかかる場合がございます。
「WINGS News」登録／解除ページへ

このようなmy-random-decorate-start／my-random-decorate-endディレクティブを定義しているのが以下のコードです（リスト7-48）。

▼ リスト7-48 multi.js

```
angular.module('myApp', [])
  .directive('myRandomDecorate', function() {  ――❷
    return {
      restrict: 'A',
      multiElement: true,  ――❶
      // color／bgcolor属性を文字列として取得
      scope: {
        color: '@',
        bgcolor: '@',
      },
      compile: function(elements, attrs) {
        // ランダムで色を選択するための関数を準備
        var selectColor = function(colors) {
          var list = colors.split(',');
          return list[Math.floor(Math.random() * list.length)]
        };
        return function(scope, elements, attrs) {  ――❸
          // 処理対象の要素群を順に処理
```

```
        angular.forEach(elements, function(elm) {
          // 要素ノード以外は対象外
          if (elm.nodeType !== Node.ELEMENT_NODE) { return; }
          // 現在の要素に対して、それぞれスタイルを適用
          var e = angular.element(elm);
          if (attrs.color) {
            e.css('color', selectColor(attrs.color));
          }                                                        ❹
          if (attrs.bgcolor) {
            e.css('background-color', selectColor(attrs.bgcolor));
          }
        });
      }
    }
  };
})
```

複数要素にまたがるディレクティブを定義するには、まず multiElement パラメーターを true に設定します（❶）。これによって、ディレクティブの接尾辞に～-start／～-end を付与できるようになります。ディレクティブ名は接尾辞を除いた名前（ここでは myRandomDecorate）を指定してください（❷）。

以降の compile／link 関数による処理方法は、ほぼこれまでと同じですが、一点だけ、compile／link 関数に渡される引数 elements には（単一の要素ではなく）ディレクティブを適用した開始から終了までの要素群が配列として渡される点に注意してください（❸）。ここでは、与えられた要素群を、angular.forEach メソッドで順番に走査し、color／bgcolor 属性の値に応じて、スタイルを適用しています（❹）。

7.4 自作ディレクティブの具体例

ディレクティブの基本的なパラメーターを理解できたところで、より実践的なディレクティブの実装例をいくつか挙げておくことにします。ここまで見てきてもわかるように、ディレクティブの自作は、フィルター／サービスに比べると、バリエーションの幅も広く、AngularJSの中身にまで踏み込まなければならない分、難解なテーマです。

最初からすべてをまんべんなく理解するよりも、さまざまな実装コードを眺めながら、利用できるパターンの引き出しを少しずつ増やしていくようにしてください。

7.4.1 タブパネルを実装する

具体例の最初は、簡易なタブパネルを表す<my-tag-panel>／<my-tab>要素（ディレクティブ）です。<my-tab-panel>要素はタブパネル全体を、<my-tab>要素はタブとそのコンテンツを、それぞれ表すディレクティブです（図7-29）。

▼図7-29 <my-tab-panel>／<my-tab>要素の構成

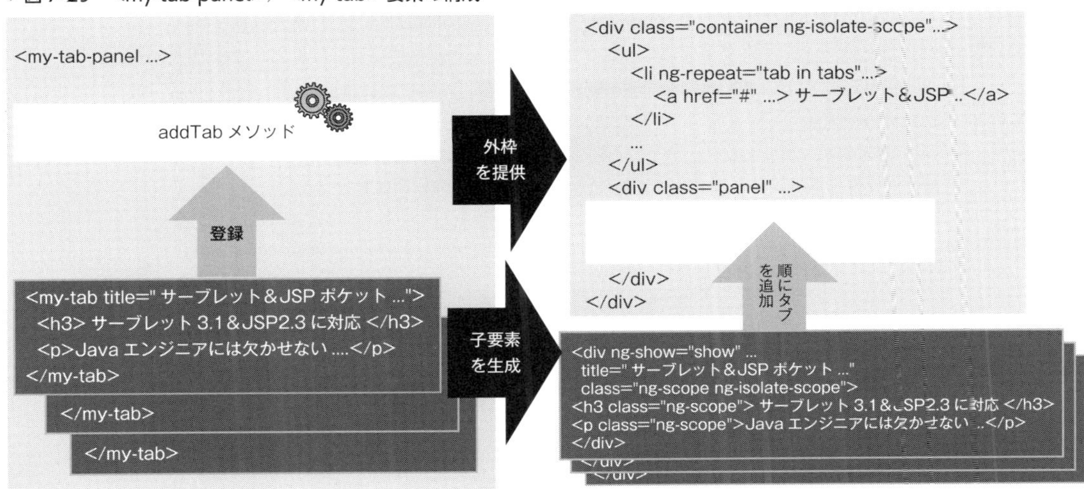

形は違いますが、先ほどの<my-cart>／<my-cart-item>要素と構造が似ていることが見て取れます。本項の内容が複雑だなと感じたら、前項の内容も見返しながら、コードを読み解いていきましょう。

<my-tab-panel>／<my-tab>要素の利用方法

まずは、イメージを明確にするために、これらのディレクティブを利用するためのコードと、その実行結果を示します。

▼リスト7-49　controller.html＊33

```
<link rel="stylesheet" href="css/controller.css" />
...中略...
<my-tab-panel active="1">
  <my-tab title="サーブレット＆JSPポケットリファレンス">
    <h3>サーブレット3.1＆JSP2.3に対応</h3>
    <p>Javaエンジニアには欠かせない....</p>
  </my-tab>
  <my-tab title="PHPライブラリ＆サンプル実践活用">
    <h3>厳選！使えるPHPのライブラリ</h3>
    <p>たくさんのPHPライブラリの中から...。</p>
  </my-tab>
  <my-tab title="Rails 4アプリケーションプログラミング">
    <h3>Railsを初めて学ぶ人のために</h3>
    <p>初心者にもわかりやすく、...</p>
  </my-tab>
</my-tab-panel>
```

＊33
スタイルシート（controller.css）は、本書の守備範囲外なので、紙面上は割愛します。完全なコードは、配布サンプルから参照してください。

▼図7-30　選択したタブに応じて、表示すべきコンテンツを切り替え

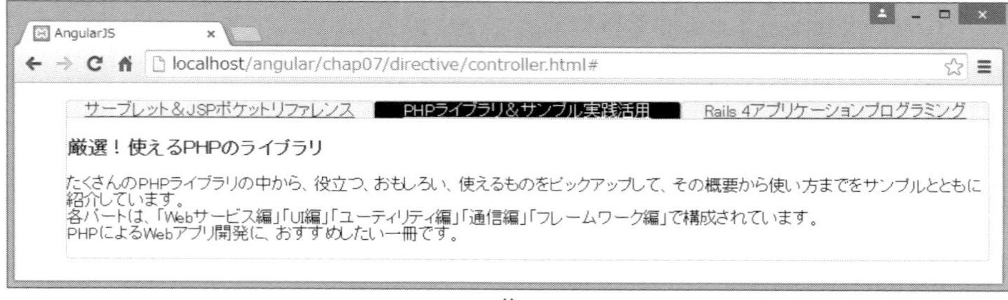

⇓

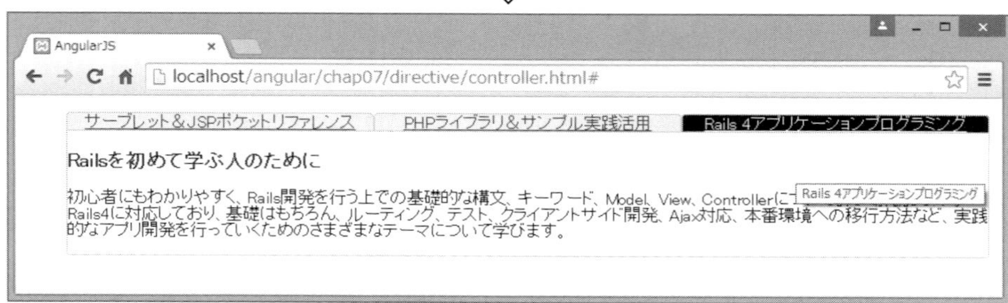

タブパネルのためのマークアップのルールは、以下のとおりです。

- 個々のタブは <my-tab> 要素で定義（タブタイトルは title 属性で表す）
- タブパネル全体を <my-tab-panel> 要素で括ること
- <my-tab-panel> 要素の active 属性で初期表示するタブを指定（先頭タブは 0）

この例では、「サーブレット& JSP ポケットリファレンス」「PHP ライブラリ&サンプル実践活用」「Rails 4 アプリケーションプログラミング」といったタブを準備しています。

<my-tab> 要素の実装

では、これら <my-tab-panel>／<my-tab> 要素（ディレクティブ）を実装するコードを見ていきます。まずは、簡単な <my-tab> 要素からです（リスト 7-50）。

▼ リスト 7-50　controller.js

```
angular.module('myApp', [])
  ...中略...
  .directive('myTab', function() {
    return {
      require: '^^myTabPanel',  ❶
      restrict: 'E',
      replace: true,
      transclude: true,
      template: '<div ng-show="show" ng-transclude></div>',  ❷
      scope: {  ❸
        title: '@'
      },
      link: function(scope, element, attrs, panelController) {  ❹
        // 現在のタブ情報を追加
        panelController.addTab(scope);
      }
    }
  })
```

ポイントとなるのは、以下の点です。

❶依存関係にあるディレクティブを宣言する

<my-tab> 要素は、<my-tab-panel> 要素の配下に設置することが前提です。このような場合には、require プロパティで「^^ ディレクティブ名」のように設定します。

❷コンテンツの表示領域を定義する

タブパネルのうち、<my-tab> 要素ではコンテンツの表示領域だけを描画します。

タブを描画するのは、<my-tab-panel> 要素の役割なので、詳しくはそちらを参照してください。

ng-show 属性（3.5.4 項）で、show プロパティ（モデル）の値によって、パネルの表示を切り替えます。show プロパティの true／false も、<my-tab-panel> 要素で切り替えますので、まずは、ここで用意されている、ということだけ覚えておいてください。

ng-transclude 属性（7.3.5 項）は、<my-tab> 要素配下のコンテンツをそのままテンプレートにも反映させなさいという意味です。もちろん、<my-tab> 要素の配下に、標準のディレクティブを含んだコンテンツを配置することも可能です。

❸タブのタイトルを定義する

タブのタイトルは <my-tab> 要素の title 属性で指定でき、title プロパティ（モデル）に反映されるものとします。title 属性は値を文字列として指定しますので、「@」と指定しました。

title 属性の値もまた、あとから <my-tab-panel> 要素で利用します。

❹タブをタブパネルに登録する

link 関数の第 4 引数（ここでは panelController）は、先ほど require プロパティ（❶）で設定されたディレクティブ（ここでは <my-tab-panel> 要素）で定義されたコントローラーを表します。

よって、「panelController.addTab(scope);」は、<my-tab-panel> 要素で用意された addTab メソッドを呼び出しなさいという意味です。addTab メソッドについては後述しますが、現在のタブ情報（スコープオブジェクト）を <my-tab-panel> 要素に登録するための役割を担います。

<my-tab-panel> 要素の実装

ここまで見てきてわかるように、<my-tab> 要素とは、大部分がタブの表示／制御に必要な情報（スコープオブジェクト）を準備するためのディレクティブです。それぞれ己の情報を上位の <my-tab-panel> 要素に渡し、タブパネル全体としての制御はそちらに委ねているのです。

そうした意味で、<my-tab-panel> 要素がタブパネル本来の機能を提供するディレクティブと言えます。やや込み入った個所もありますが、<my-tab> 要素でセットアップした情報と照らし合わせながら、両者がどのような情報を受け渡ししているのかを確認してみましょう（リスト 7-51）。

▼ リスト 7-51　controller.js

```
angular.module('myApp', [])
  .directive('myTabPanel', function() {
```

```
  return {
    restrict: 'E',
    transclude: true,
    replace: true,
    scope: {
      active: '@'
    },
    template:                                                              ─┐
     '<div class="container">' +                                            │
     '  <ul>' +                                                             │
     '    <li ng-repeat="tab in tabs" ng-class="{selected:tab.selected}">' + ─ⓒ │
     '      <a href="#" ng-click="onselect(tab)">{{tab.title}}</a>' + ─ⓓ  ├─❸
     '    </li>' +                                                          │
     '  </ul>' +                                                            │
     '  <div class="panel" ng-transclude></div>' + ─ⓔ                      │
     '</div>',                                                             ─┘
    controller: ['$scope', function($scope) {
      // 配下のタブ（群）を格納するための配列
      $scope.tabs = [];

      // 個々のタブをタブパネルに登録（<my-tab>要素で利用）
      this.addTab = function(tab) {                                        ─┐
        $scope.tabs.push(tab);                                              │
        if ($scope.tabs.length - 1 === Number($scope.active)) {             ├─❶
          $scope.onselect(tab);                                             │
        }                                                                   │
      };                                                                   ─┘

      // タブを選択した時に呼び出されるイベントリスナー
      $scope.onselect = function(tab) {                                    ─┐
        angular.forEach($scope.tabs, function(t) {  ─┐                      │
          t.show = false;                            ├─ⓐ                    │
          t.selected = false;                        │                      ├─❷
        });                                         ─┘                      │
        tab.show = true;                            ─┐                      │
        tab.selected = true;                        ─┴─ⓑ                    │
      };                                                                   ─┘
    }]
  };
})
```

ポイントとなるのは、以下の点です。

❶個々のタブを登録する

先ほどリスト 7-50 の❹で呼び出した addTab メソッドは、ここで宣言しています。あらかじめ用意しておいた配列 $scope.tabs に、個別のタブ情報（<my-tab> 要素個々のスコープオブジェクト）を追加（push）します。

＊34
-1しているのは、先頭のタブを０としているからです。

この際、active番目（<my-tab-panel>要素のactive属性）のタブをonselectメソッドで選択状態にします＊34。

❷アクティブなタブを切り替える

onselectメソッドは、addTabメソッドが呼び出される時（＝最初にタブをタブパネルに登録する時）、個々のタブを選択した時、のいずれかで実行されることを想定したメソッドです。タブの表示／非表示を切り替える役割を担います。

まず、angular.forEachメソッド（ⓐ）ですべてのタブ（$scope.tabs）を走査し、いったんすべてのタブを非表示／非選択状態にします。showプロパティは、<my-tab>要素のng-show属性に紐づいていたものです。

```
<div ng-show="show" ng-transclude></div>
```

その上で、現在のタブ（tab）だけを、最後に表示／選択状態にします（ⓑ）。

❸タブパネル全体の骨組みを定義する

最後に、templateプロパティで、タブパネル全体の骨組みを宣言します。<ul>－<li>要素はタブを表します。ng-repeat属性で、タブの数だけ繰り返します（tabsは❶でセットアップしたタブ群ですⓒ）。

また、個々のタブからはng-click属性でonselectメソッドを紐づけ、タブ選択時にコンテンツが反映されるようにしておきます（ⓓ）。

ⓔにはng-transclude属性を付与していますので、この配下に子要素<my-tab>のテンプレートが展開されることになります。

以下に、最終的に生成されるマークアップを示します。

```
<div class="container ng-isolate-scope" active="1">
  <ul>
    <li ng-repeat="tab in tabs"...>
      <a href="#" ...>サーブレット＆JSPポケットリファレンス</a>
    </li>
    <li ng-repeat="tab in tabs"...>
      <a href="#"...>PHPライブラリ＆サンプル実践活用</a>
    </li>
    <li ng-repeat="tab in tabs" ...>
      <a href="#" ...>Rails 4アプリケーションプログラミング</a>
    </li>
  </ul>
  <div class="panel" ng-transclude="">
    <div ng-show="show" ng-transclude=""
      title="サーブレット＆JSPポケットリファレンス"
      class="ng-scope ng-isolate-scope">
    <h3 class="ng-scope">サーブレット3.1＆JSP2.3に対応</h3>
```

```
    <p class="ng-scope">Javaエンジニアには欠かせない...</p>
    </div>
    ...中略...
    <div ng-show="show" ng-transclude=""
      title="Rails 4アプリケーションプログラミング"
      class="ng-scope ng-isolate-scope ng-hide">
      <h3 class="ng-scope">Railsを初めて学ぶ人のために</h3>
      <p class="ng-scope">初心者にもわかりやすく、...</p>
    </div>
  </div>
</div>
```

イベントリスナーによる操作が絡んでくるため複雑ですが、子要素 <my-tab> で情報を親要素 <my-tab-panel> に集約し、親要素で全体の動作を統御するという流れが理解できたでしょうか。

7.4.2 ng-required属性の実装を読み解く

AngularJS標準で提供されているrequired／ng-required（3.6.1項）は、内部的にはng-model（2.3.3項）に依存したディレクティブです[*35]。required／ng-requiredディレクティブの具体的な実装コードの中で、require／linkパラメーターがどのように利用されているかを確認してみましょう（リスト7-52）。

＊35
これが3.6節でrequired／ng-required属性（検証属性）を利用する場合には、ng-model属性が必須であると述べた理由です。

▼ リスト7-52 angular.js

```
var requiredDirective = function() {
  return {
    restrict: 'A',
    // ng-model属性に依存（ただし、省略も可）
    require: '?ngModel', ──────────────────── ❶
    link: function(scope, elm, attr, ctrl) {
      // ng-modelがない場合は、そのまま処理を終了
      if (!ctrl) return; ──────────────────── ❷
      attr.required = true;

      // 検証コードを追加
      ctrl.$validators.required = function(modelValue, viewValue) { ─┐
        return !attr.required || !ctrl.$isEmpty(viewValue);          ├─ ❸
      }; ────────────────────────────────────────────────────────────┘

      // required属性に変化があった場合に検証を実施
      attr.$observe('required', function() { ─┐
        ctrl.$validate();                       ├─ ❹
      }); ─────────────────────────────────────┘
    }
  };
```

```
};
```

まず、required／ng-required属性は、ng-model属性に依存していますので、requireパラメーターは「?ngModel」です（❶）。「?」はng-model属性が任意であることを意味するのでした。

ただし、その場合、link関数に渡されるコントローラー（ここでは引数ctrl）がundefinedになる可能性がありますので、その場合はlink関数を即座に終わらせる（＝required／ng-requiredを無効化する）必要があります（❷）。

検証コードは、ngModelコントローラー（ここでは引数ctrl）の$validatorsプロパティに対して登録します（❸）。検証名（ここではrequired）に対して、検証関数を指定するのが基本です。検証関数は、引数としてモデル値（modelValue）／ビュー値（viewValue）を受け取り、戻り値として検証結果（trueで成功）を返します。この例であれば、required属性がfalseであるか、ビュー値が空でなかったらOKです。

また、$observeメソッドで属性（attr）の指定された属性――ここではrequiredを監視し、変更があった場合に、指定されたコードを実行します。この例であれば、$validateメソッドで値を再検証します（❹）。

補足：ng-modelディレクティブのコントローラー

ng-modelディレクティブが内部的に提供するコントローラー（ngModel.NgModelController）は、入出力／検証のためのさまざまな機能を提供しており、入力関係のディレクティブを実装する際などに役立ちます。

上の例でも、$validators／$isEmptyなどのメンバーが登場しましたが、表7-12に主なものをまとめておきます。

▼表7-12　NgModelControllerコントローラーの主なメンバー

分類	メンバー名	概要
メソッド	$render()	ビューを更新するために呼び出されるメソッド
	$isEmpty(*value*)	値valueが空（undefined、null、NaN、"のいずれか）であるか
	$setValidity(*key*, *isValid*)	検証結果を設定（keyは検証名、isValidは検証の成否）
	$setPristine()	値が変更されていない状態を設定（ng-pristineクラスを付与）
	$setDirty()	値が変更された状態を設定（ng-dirtyクラスを付与）
	$setUntouched()	フォーム要素にフォーカスが当たったことがない状態を設定（ng-untouchedクラスを付与）
	$setTouched()	フォーム要素にフォーカスが当たったことがある状態を設定（ng-touchedクラスを付与）
	$rollbackViewValue()	フォーム要素への変更をロールバック（3.7.2項を参照）
	$commitViewValue()	フォーム要素への変更をコミット
	$validate()	登録済みの検証（$validators）を実行
	$setViewValue(*value*, *trigger*)	$viewValueの値を設定（引数triggerは更新のトリガーとなるイベント）

分類	メンバー名	概要
プロパティ	$viewValue	ビューで表された値
	$modelValue	コントローラーに紐づいたモデル上の値
	$parsers	ビューからモデルへの引き渡しの際に実行される関数群（$viewValue の変換／サニタイズなどに利用）
	$formatters	モデルからビューへの引き渡しの際に実行される関数群（$modelValue の整形などに利用）
	$validators	モデル値を検証するための関数群
	$asyncValidators	モデル値を検証するための関数群（非同期実行）
	$viewChangeListeners	ビューの値が変更された時に実行される関数群
	$error	検証エラー情報
	$pending	保留状態の検証情報
	$untouched	フォーム要素にフォーカスが当たったことがないか
	$touched	フォーム要素にフォーカスが当たったことがあるか
	$pristine	値が変更されていないか
	$dirty	値が変更されているか
	$valid	検証エラーがないか
	$invalid	検証エラーが 1 つでもあるか
	$name	フォーム要素の名前

NgModelController コントローラーは、内部的にビュー値（$viewValue）とモデル値（$modelView）とを保持している点に注目してください。両者は、以下のような関係にあります（図 7-31）。

▼図 7-31 NgModelController による入出力

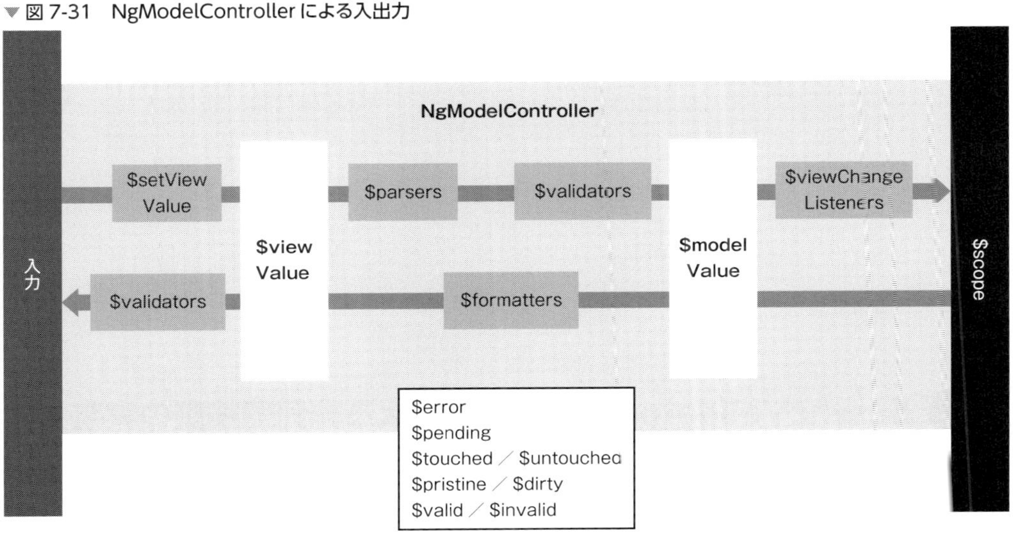

フォーム要素からの入力は、$setViewValueメソッドを通じて$viewValue（ビュー値）に反映されます。$viewValueの値は、$parsersで登録された変換関数を介した上で、$modelValueに反映されます。逆に、モデル（$scope）の変更は$modelValueに反映され、その内容は$formattersで登録された変換関数を介した上で、$viewValueに反映されます。いずれの流れでも、$validators／$asyncValidatorsで登録された検証関数を実行して、値の検証が実施されます。

よりイメージが鮮明になるよう、AngularJS標準の<input type="number">要素でのlink関数の中身を抜粋しておきます。$viewValue／$modelValueの間で、それぞれ値チェックをした上で、ビュー／モデルとして扱うのに適した値に変換したものを受け渡ししている様子が見て取れます（リスト7-53）。

▼ リスト7-53 angular.js

```
function numberInputType(scope, element, attr, ctrl, $sniffer, $browser) {
  ...中略...
  // $viewValue→$modelValueでの変換
  ctrl.$parsers.push(function(value) {
    // 数値として適切な値の場合のみ解析した値を反映
    if (ctrl.$isEmpty(value))      return null;
    if (NUMBER_REGEXP.test(value)) return parseFloat(value);
    return undefined;
  });

  // $modelValue→$viewValueでの変換
  ctrl.$formatters.push(function(value) {
    // 値が空でない数値であった場合だけ、その文字列表現を反映
    if (!ctrl.$isEmpty(value)) {
      // 数値でない値が渡された場合は例外を発生
      if (!isNumber(value)) {
        throw $ngModelMinErr('numfmt', 'Expected `{0}` to be a number', ⏎
value);
      }
      value = value.toString();
    }
    return value;
  });
```

7.4.3 $asyncValidatorsプロパティによる非同期検証の実装

$asyncValidatorsプロパティ[*36]を利用して、$httpサービスによる非同期通信を伴う検証を実装してみましょう。以下で紹介するのは、現在の値がデータベース上の値と重複していないかどうかを検証するmy-unique属性（ディレクティブ）の例です（図7-32）。

＊36
同期処理での検証であれば、7.4.2項のように$validatorsプロパティで実装できます。

▼ 図 7-32　ISBN コードが登録済みの場合は検証エラー

AngularJS
localhost/angular/chap07/directive/a
ISBNコード：978-4-7741-6410-6　ISBNコードが登録済みです。

my-unique 属性の利用例

まずはイメージを掴みやすくするために利用例を説明します（リスト 7-54）。

▼ リスト 7-54　async.html

```
<form name="myForm" novalidate>
  <label for="isbn">ISBNコード：</label>
  <input id="isbn" name="isbn" size="20"
    ng-model="isbn" ng-model-options="{ updateOn: 'blur' }"*37
    my-unique="async.php?isbn=" />
  <span ng-show="myForm.isbn.$error.unique">
    ISBNコードが登録済みです。</span>
</form>
```

＊37
ng-model-options属性（3.7.2項）を付与しているのは、入力中に何度も通信が発生するのを防ぐためです。検証はフォーカスを外した時にのみ発生します。

my-unique 属性には、データベースに対して問い合わせ先（スクリプトのパス）を指定します。指定されたスクリプトの条件は、入力値を受け取り、その値が重複しているかどうかをHTTP ステータスコードで返すことです。

以下は、クエリ情報 isbn を受け取り、books テーブル[*38]に同値のものが存在する場合は 200 OK（存在する）を、さもなければ 404 Not Found（見つからない）を返す PHP スクリプトです（リスト 7-55）。

＊38
books テーブルとデータベースの設定は、5.3.1 項のものを利用します。

▼ リスト 7-55　async.php

```
<?php
error_reporting(E_ALL & ~E_NOTICE);

try {
  $db = new PDO('mysql:host=localhost;dbname=angular;charset=utf8',
    'angusr', 'angpass');
  // isbnフィールドをキーにbooksテーブルを検索
  $stt = $db->prepare('SELECT isbn FROM books WHERE isbn=?');
  $stt->bindValue(1, $_GET['isbn']);
  $stt->execute();
  // 存在する場合は200、存在しない場合は404ステータスコードを返す*39
  if ($row = $stt->fetch(PDO::FETCH_ASSOC)) {
    header('HTTP/1.1 200 OK');
    print(json_encode($row));
  } else {
    header('HTTP/1.1 404 Not Found');
```

＊39
正確には 200 OK はデフォルトのステータスコードなので省略しても構いませんが、この例では解説のわかりやすさを優先して明示しています。

```
  }
// 例外時は500(サーバーエラー)
} catch (PDOException $e) {
  header('HTTP/1.1 500 Internal Server Error');
  die($e->getMessage());
}
$db = NULL;
```

PHPそのものについては本書の守備範囲を外れますので、説明は割愛します。コード内のコメントでおおよその流れを把握し、詳細は拙著「独習PHP」(翔泳社)などの専門書を参照してください。

my-unique属性の実装

利用側のイメージを掴めたところで、実装側のコードを確認していきます(リスト7-56)。

▼リスト7-56 async.js

```
angular.module('myApp', [])
  .directive('myUnique', ['$http', '$q', function($http, $q) {
    return {
      restrict: 'A',
      // ng-model属性が前提
      require: '?ngModel',
      scope: {},
      // 検証コードはlink関数の中で
      link: function(scope, elm, attr, ctrl) {
        // ng-model属性が存在しない場合、my-unique属性の処理もスキップ
        if (!ctrl) return;

        // 非同期検証を登録
        ctrl.$asyncValidators.unique = function(modelValue, viewValue) {
          var value = modelValue || viewValue;
          // 戻り値はPromiseオブジェクト
          return $http.get(attr.myUnique + value).
            then(
              function() {
                return $q.reject('value exists!');
              }, function() {
                return true;
              });
        };

        // my-unique属性に変更があったら再検証
        attr.$observe('myUnique', function(value) {
          ctrl.$validate();
        });
```

```
      }
    }
  }])
```

ポイントとなるのは太字の部分です。$asyncValidatorsプロパティも、$validatorsプロパティと同じく、

ctrl.$asyncValidators.検証名 = 検証関数

の形式で、検証関数を登録します。検証関数であることの条件は、以下のとおりです。

- 引数としてモデル値（modelValue）、ビュー値（viewValue）を受け取ること
- 戻り値としてPromiseオブジェクト（5.6節）を返すこと

この例であれば、「async.php?isbn=入力値」の形式で非同期通信し、成功時（=データが存在した時）にはreject（失敗）を通知し、失敗時（=データが存在しなかった時）にはtrue（成功）を通知します。データを取得できたこと（成功）が失敗と、意味が逆転しますので、間違えないように注意してください。

7.4.4 例：jQuery UIのウィジェットをディレクティブ化する

AngularJSでは、双方向データバインディングやディレクティブなどのしくみが提供されているその性質上、文書ツリーをアプリで直接操作することはほとんどありませんし、また、そうすべきではありません。より具体的には、jQuery（jqLite）はAngularJSアプリでは極力利用すべきではありません。

もっとも、これまで蓄積されてきたjQueryのプラグイン資産はあまりに膨大で、時として、これらのプラグインをAngularJSでも利用したいと感じる局面は少なくないはずです。そこで以下では、jQueryプラグインの中でも、特によく利用されているjQuery UI（http://jqueryui.com/[*40]）のウィジェットをAngularJSのディレクティブとして再定義する方法を紹介します。今後、AngularJSネイティブなディレクティブが増えてくれば、このような用法も減ってくるはずですが、過渡期の対応としては覚えておいて損のないアプローチです。

*40
jQuery UIに関する詳細は、拙稿「jQuery UI逆引きリファレンス」（http://www.buildinsider.net/web/jqueryuiref）などを参照してください。

Autocompleteウィジェットでオートコンプリート機能を実装する

まず最初に紹介するのは、Autocompleteウィジェットをmy-autocomplete属性（ディレクティブ）として再定義する例です。Autocompleteは、テキストボックスにオートコンプリート機能を実装するためのウィジェットで、以下のように利用できます[*41]。

*41
その他のパラメーターについては、拙稿「AutoCompleteウィジェットでオートコンプリート機能付きのテキストボックスを生成するには?」（http://www.buildinsider.net/web/jqueryuiref/0017）などを参照してください。

```
$('#keywd').autocomplete({           // テキストボックスkeywdに機能を付与
  source: data,                                          // 候補リストの配列
  minLength: 2,                     // オートコンプリートが働く最小文字数
  select: function(e, ui) { ... }            // リストが選択された時の処理
});
```

このようなautocompleteメソッドを、以下のようにmy-autocomplete属性（ディレクティブ）として呼び出せるようにします。

構文　my-autocompleteディレクティブ

```
<input my-autocomplete
  source="data" minlength="min" select="select" />
```

data：候補リストを表す配列　*min*：オートコンプリートが働く最小文字数
select：候補リストを選択した時に実行するコールバック関数

では、具体的な実装コードを見ていくことにします（リスト7-57）。

▼リスト7-57　上：autocomplete.html／下：autocomplete.js

```
<!-- 内部的にjQuery／jQuery UIを利用しているので、インポート*42 -->
<link rel="stylesheet" href="https://ajax.googleapis.com/ajax/libs/⏎
jqueryui/1.11.3/themes/cupertino/jquery-ui.min.css" />
<script src="https://ajax.googleapis.com/ajax/libs/jquery/1.11.3/jquery.⏎
min.js"></script>
<script src="https://ajax.googleapis.com/ajax/libs/jqueryui/1.11.4/⏎
jquery-ui.min.js"></script>
...中略...
<label for="keywd">キーワード：</label>
<input id="keywd" type="search" size="20"
  my-autocomplete ng-model="keywd"
  source="data" minlength="1" select="onselect" />
<hr />
現在の入力値：{{keywd}}
```

```
angular.module('myApp', [])
  .directive('myAutocomplete', function() {
    return {
      restrict: 'A',
      require: '?ngModel',
      scope: {
        source: '=',
        minlength: '@',
        select: '='
      },
      link: function(scope, element, attrs, ngModelController) {
```

＊42
jQuery／jQuery UIは、AngularJSよりも先にインポートします。

```
      // ng-model属性が存在しない場合、my-autocomplete属性の処理もスキップ
      if (!ngModelController) return;
      // minlength属性が未指定の場合、デフォルト値2を設定
      if (scope.minlength === undefined) { scope.minlength = 2; }
      // jQuery UIのAutocompleteウィジェットを呼び出し
      element.autocomplete({
        source: scope.source,                           // 候補リストの配列
        minLength: scope.minlength,                         // 最小文字数
        select: function(e, ui) {  ─┐
          if (scope.select) {  ─┐   │
            scope.$apply(function() {   │
              scope.select(e, ui);      ├─❷ ├─❶
            });                         │   │
          }  ─────────────────┘   │
          scope.$apply(function() {     │
            ngModelController.$setViewValue(ui.item.value);  ─❸
          });                           │
        } // 選択時の挙動  ────────────┘
      });
    }
  }
})

.controller('MyController', ['$scope', function($scope) {
  // my-autocomplete属性のための候補リストを準備
  $scope.data = [
    'accepts',
    'action_name',
    'add',
    'add_column',
    ...中略...
  ];
  // 候補リストからの選択値をログに表示
  $scope.onselect = function(e, ui) {
    if(ui.item) {
      console.log(ui.item.value);
    }
  };
}]);
```

▼ 図 7-33　入力値に応じて候補リストを表示

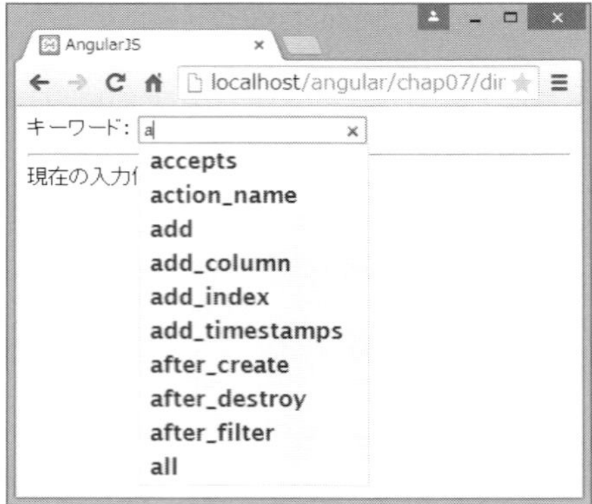

ポイントとなるのは、太字の部分です。link 関数の引数 element（ディレクティブを適用した要素）を介して、autocomplete メソッドを呼び出しています。これで元の <input> 要素に対して Autocomplete ウィジェットが適用されます。

source／minLength パラメーターには、同名の属性から指定された値を引き渡しているだけですが、select パラメーター（❶）だけ少しだけ異なります。まず、❷で select 属性が指定された場合にだけ、これを呼び出しています。

❸はモデルを更新するためのコードです。7.4.2 項でも触れたように、ng-model ディレクティブでは、ビュー値（$viewValue）→モデル値（$modelValue）の順で内部的な値が更新されます。そのトリガーとなるのが $setViewValue メソッドです。❸のように AnguarJS の管理外でモデルを更新する状況では、処理を $apply メソッド（6.3.1 項）で通知しなければなりません。

Slider ウィジェットでスライダーを実装する

もう 1 つ、Slider ウィジェットを <my-slider> 要素（ディレクティブ）として再定義してみましょう。Slider は、名前のとおり、スライダーを実装するためのウィジェットで、以下のように利用できます[*43]。

＊43
詳細については、拙稿「Slider ウィジェットでスライダーを生成するには?」（http://www.buildinsider.net/web/jqueryuiref/0014）などを参照してください。

```
$('#slider').slider({
  min: 0,                                                  // 最小値
  max: 100,                                                // 最大値
  step: 1,                                                 // 増減分
  value: 30,                                               // 初期値
  change: function(e, ui) {
    $('#num').val(ui.value);
  },          // 値が変更された時の処理（現在値をテキストボックスにも反映）
  create: function(e, ui) {
    $('#num').val($(this).slider('option', 'value'));
  }                      // 生成時の処理（初期値をテキストボックスにも反映）
});
```

```
...中略...
<input id="num" type="text" size="3" readonly />
<div id="slider" style="width:300px;"></div>
```

このようなsliderメソッドを、以下のように<my-slider>要素（ディレクティブ）として呼び出せるようにします。

構文 my-sliderディレクティブ

```
<my-slider min="min" max="max" step="step" value="value"
  create="oncreate" change="onchange"></my-slider>
```

min：最小値　*max*：最大値　*step*：増減分　*value*：初期値
oncreate：スライダー生成時の処理　*onchange*：値変更時の処理

では、具体的な実装コードを見ていくことにします（リスト7-58）。

▼リスト7-58　上：slider.html／下：slider.js

```
<!-- 内部的にjQuery／jQuery UIを利用しているので、インポート -->
<link rel="stylesheet" href="https://ajax.googleapis.com/ajax/libs/⏎
jqueryui/1.11.3/themes/cupertino/jquery-ui.min.css" />
<script src="https://ajax.googleapis.com/ajax/libs/jquery/1.11.3/jquery.⏎
min.js"></script>
<script src="https://ajax.googleapis.com/ajax/libs/jqueryui/1.11.4/⏎
jquery-ui.min.js"></script>
...中略...
<my-slider ng-model="data" min="-100" max="100" step="2" value="-50">
</my-slider>
```

```
angular.module('myApp', [])
  .directive('mySlider', ['$timeout', function($timeout) {
    return {
      restrict: 'E',
      require: '?ngModel',
      scope: {
        min: '@',                                           // 最小値
        max: '@',                                           // 最大値
        step: '@',                                          // 増減分
        value: '@',                                         // 初期値
        create: '=',                            // スライダー生成時の処理
        change: '='                           // スライダー値変更時の処理
      },
      replace: true,
      // テキストボックスとスライダー埋め込みの領域（<div>要素）に展開
      template: '<div>'
              + '  <input type="text" size="3" readonly />'
```

```
        + '  <div class="mySlider"></div>'
        + '</div>',
    link: function(scope, element, attrs, ngModelController) {
      // ng-model属性が存在しない場合、my-slider属性の処理もスキップ
      if (!ngModelController) { return; }

      // それぞれの属性が指定されなかった場合、デフォルト値を設定
      if (scope.min === undefined) { scope.min = 0; }
      if (scope.max === undefined) { scope.max = 100; }
      if (scope.step === undefined) { scope.step = 1; }
      if (scope.value === undefined) { scope.value = 0; }

      // <input>要素と<div>要素（スライダー領域）を取得
      var input = element.find('input');
      var s = input.next();

      // スライダー生成／変更時にモデル値も更新するための関数
      var updateModel = function(num) {                          ❶
        ngModelController.$setViewValue(num);
      };

      // モデル値に変更があった場合に、スライダーの値を再設定
      ngModelController.$render = function(){                    ❸
        s.slider('value', Number(ngModelController.$viewValue));
      };

      // ng-modelの値が変更になった場合、テキストボックスにも反映
      scope.$watch(                                              ❹
        function() { return ngModelController.$viewValue; },
        function(newValue, oldValue, scope) {
          input.val(newValue);
      });

      // スライダーを有効化
      s.slider({                                                 ❺
        min: Number(scope.min),                      // 最小値
        max: Number(scope.max),                      // 最大値
        step: Number(scope.step),                    // 増減分
        value: Number(scope.value),                  // 初期値
        // 生成時にcreate属性の処理を実行&ng-modelを更新
        create: function(e, ui) {                                ❷
          ui.value = s.slider('option', 'value');
          if (scope.create) {
            scope.create(e, ui);
          }
          updateModel(ui.value);
        },
        // 値変更時にchange属性の処理を実行&ng-modelを更新
        change: function(e, ui) {
```

```
          if (scope.change) {
            scope.change(e, ui);
          }
          $timeout(function() {
            updateModel(ui.value);
          });
        }
      });
    }
  };
}])
```

▼ 図 7-34 スライダーの変化に応じて値を表示

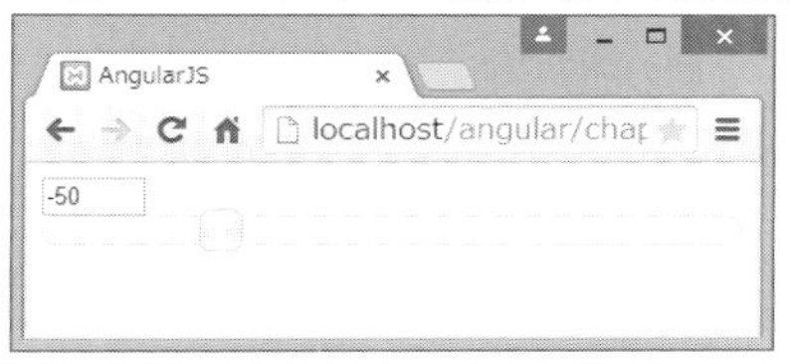

❶は、スライダーが生成された時、スライダーの値が変更された時に、その値をng-model ディレクティブ（$viewValue）に書き戻すための処理です。先ほど my-autocomplete 属性でも同様の処理を実装していました。create／change イベントリスナー（❷）から呼び出されることを想定した関数です[*44]。

$render メソッド（❸）は、ng-model ディレクティブで管理されたモデルが変更された時に呼び出され、ビューを更新するためのメソッドです。オーバーライドし、現在のビュー値（$viewValue）をスライダーにも反映させます。

また、$watch メソッド（❹）でビュー値を監視し、スライダーの変更に応じてテキストボックスにもその値を反映するものとします。

これでデータ連携の準備ができましたので、最後に、❺で slider メソッドを Slider ウィジェットを適用して完了です。

＊44
$timeout サービスで呼び出しのコードを括っているのは変更を AngularJS に通知するためです。$apply メソッドを呼び出すのとほぼ同じ意味です（6.3.1 項を参照）。

Column　Chrome デベロッパーツールの便利な機能 (2) - DOM Breakpoints

AngularJS アプリでは、ごく日常的に、文書ツリーへの操作が発生します。そして、文書ツリー (DOM) 変化のタイミングで、処理を中断&その時の状況を確認したい、ということはよくあります。そのようなケースで利用するのが、DOM Breakpoints です。

たとえば以下は、P.138 の animate.html で、<ul> 配下の要素が追加されたタイミングで処理を中断するための設定です。[Elements] タブで該当の要素を右クリックし、[Break on...] − [Subtree modifications] (サブツリーに変更があった時) を選択します。右の [DOM Breakpoints] 欄に、対象の要素が追加されていればブレイクポイントは設置できています。その他、[Attributes modifications] (属性の変更時)、[Node removal] (要素の削除時) でブレイクポイントを設置することもできます。

▼図 7-35　<ul> 要素に対して、DOM Breakpoints を設置する例

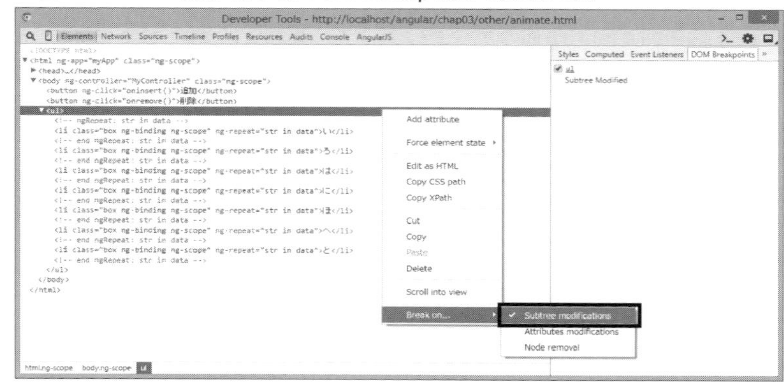

果たして、この状態でページを実行すると、[追加] ボタンをクリックしたタイミングで処理が中断されることが確認できます。もちろん、この状態で [Source] [Console] タブから現在の変数の状態等を参照することも可能です。

第8章

テスト

昨今のアプリ開発では、テストのためのコードを用意し、テストを自動化するのが一般的です。テストを自動化することで、人間の目と手を介さなければならない作業を最小限に抑えられるとともに、コードに修正が発生した場合にも繰り返しテストを実施しやすいというメリットがあります。

AngularJSでも初期のバージョンから、テストの自動化を重視しており、ユニットテスト／E2Eテスト（シナリオテスト）といったテストをサポートしています。本章では、これらテストコードの記述と実行方法を学習する中で、テスト自動化の基本を理解しましょう。

8▸1 テストの基本

アプリ開発の過程では、テストという作業は欠かせません。もっとも、テストと一口に言っても、その形態はさまざまです。たとえば、ソースコードを書いて、できあがったら実際にブラウザーで動かして、正しい結果が得られるかを確認するのも一種のテストです。問題が見つかった場合には、アプリに変数出力のコードを埋め込んで、途中経過をチェックする、というようなこともあるでしょう。

しかし、このような方法は小規模なアプリなら良いものの、ある程度の規模のアプリになると、問題箇所を見つけにくい、誤りを見落としがち、そもそも人間の目を介さなければならないためテストの工数が無制限にふくらみやすい、などの問題があります。

そこで、テストのためのスクリプトを用意し、テストを自動化するのが一般的になりました。もちろん、テストを自動化したからといって、人間がテストしなくても良いわけではありませんが、少なくともその範囲を最小限に抑えることができます。

本章でも、単にテストと言った場合は、自動化されたテストのことを指すものとします。AngularJS では、近年のフレームワークがそうであるように、初期のバージョンから、自動テストをとても重要視しており、表 8-1 のようなテストをサポートしています[*1]。

＊1
一般的なアプリ開発では、その他にも、負荷テスト、パフォーマンステスト、セキュリティテスト、ユーザビリティテストなどがあります。

▼ 表 8-1　AngularJS で対応しているテストの種類

テスト名	概要
ユニットテスト	単体テストとも。サービス／コントローラー／ディレクティブ／フィルターなど、個々の構成要素を単体でチェック
E2E（End to End）テスト	インテグレーションテスト、シナリオテストとも。複数コントローラー／ビューにまたがる、ユーザーの実際の操作に沿った挙動の正否をチェック

本章では、最初によりシンプルなユニットテストを、後半では E2E テストの具体的な準備からテスト手順までを順を追って見ていくことにします。

8▸2 ユニットテスト（基本）

ユニットテスト（**Unit テスト**、**単体テスト**）とは、アプリを構成する個々の要素——サービスを筆頭に、ディレクティブ／フィルター／コントローラーなどが正しく動作するかをチェックするためのテストです。ここで学んだ知識は、後半の E2E テストでも有効ですので、テストの基本的な考え方を学ぶという意味でも、きちんと内容を理解しておいてください。

8.2.1 ユニットテストのためのツール

ユニットテストを実行するには、AngularJS 本体の他に、以下のようなライブラリが必要となります。

(1) テスティングフレームワーク

テスティングフレームワークとは、スクリプトで表現されたテストを実施し、テスト対象のコード（サービスなど）が期待された値を返すかを検証するためのツールです。JavaScript で利用できるテスティングフレームワークには、QUnit（http://qunitjs.com/）、Mocha（http://mochajs.org/）、Nodeunit（https://github.com/caolan/nodeunit）などがありますが、本書では AngularJS でも標準で利用されている Jasmine（http://jasmine.github.io/）を利用することにします。

Jasmine は RSpec[*2]（http://rspec.info/）にも似た BDD（Behavior Driven Development）形式の構文を採用しており、テストコードを英文に近い構文で、アプリの振る舞い（Behavior）として表現できるため、とても読みやすいという特長があります。

*2
Ruby／Rails でよく利用されるテスティングフレームワークです。

(2) テストランナー

テストを実行するためのツールです。Jasmine でも標準でランナーを付属していますが、本書では AngularJS のために開発されたツールである Karma（http://karma-runner.github.io/）を採用します。Karma には、以下のような特徴があります。

- コマンドラインから簡単に起動でき、実行スピードにも優れる
- 複数のブラウザー環境で同時にテストが可能

- ファイルの変更を検知して、自動的にテストを実行
- Jasmine、Mocha、QUnit、Nodeunitなど主要なテスティングフレームワークに対応[*3]
- CI（継続的インテグレーション）ツールであるJenkins／Travisなどとも連携が可能

＊3
アダプターを追加することで、他のフレームワークにも対応が可能です。

AngularJSでは、まずKarma＋Jasmineの組み合わせでユニットテストを実施するのが一般的でもあり、関連する資料も豊富です。

8.2.2 ユニットテストの準備

ここからはユニットテストの実行に必要なツールをインストールしていきます。

[1] Node.jsをインストールする

Karmaは、Node.js（https://nodejs.org/）上で動作しますので、あらかじめインストールしておきましょう。Node.jsをインストールするには、公式サイトから入手したインストーラー（本書環境であればnode-v0.12.5-x64.msi）を起動するだけです。あとは、ウィザードの指示に従っていくだけなので、特に迷うところはないでしょう。

[2] Karmaと関連ライブラリをインストールする

Karmaと、その関連ライブラリをインストールするには、npm[*4]を利用します。コマンドプロンプトからアプリルート（本節では「C:¥xampp¥htdocs¥angular¥chap08¥UnitTest」）に移動した上で、以下のコマンドを実行してください[*5]。

```
> cd C:¥xampp¥htdocs¥angular¥chap08¥UnitTest   ← アプリルートに移動
> npm install karma                             ┐
> npm install -g karma-cli                      ┘ ライブラリをインストール
```

karmaはKarma本体、karma-cliはKarmaのクライアントツールです。

npm installコマンドの-gオプションは、ソフトウェアをグローバルにインストールしなさいという意味です。クライアントツールのように、その環境全体で利用するようなツールは、一般的に-gオプション付きでインストールします。

＊4
Node Package Manager。Node.jsで利用できるパッケージ管理ツールです。Rubyにおけるgem、PHPにおけるcomposer、.NET FrameworkにおけるNuGetに相当します。

＊5
以降も特別な表記がないかぎり、コマンドの実行はアプリルートでの実行を前提としています。

[3] AngularJSのライブラリを配置する

Karmaでは CDN上のライブラリを読み取ることができないため、2.1.2項の手順に従って、Zipパッケージをローカルの環境に展開しておきましょう。本書では、/chap08/UnitTest/libフォルダーに、テストで利用するangular.js／angular-mocks.js／angular-sanitize.jsをコピーしておきます[*6]。

＊6
もちろん、テスト対象のコードによって配置すべきライブラリも変化します。

[4] Karmaを初期化する

Karmaを利用するには、まずkarma initコマンドでテスト実行のための設定ファイルを生成します。ウィザード式にいくつかの質問をされますので、以下の要領で回答を入力していきます*7。

*7
パスを除いては、［↑］［↓］で回答を選択できます。

```
> cd C:¥xampp¥htdocs¥angular¥chap08¥UnitTest ——— アプリルートに移動
> karma init ——— 初期化ウィザードを起動

Which testing framework do you want to use ?
Press tab to list possible options. Enter to move to the next question.
> jasmine ——— 利用するテストフレームワーク

Do you want to use Require.js ?
This will add Require.js plugin.
Press tab to list possible options. Enter to move to the next question.
> no ——— Require.js*8を利用するか

Do you want to capture any browsers automatically ?
Press tab to list possible options. Enter empty string to move to the next question.
> Chrome ——— ランナーが利用するブラウザー
> ——— 複数指定が可能（空白で次の設問へ）

What is the location of your source and test files ?
You can use glob patterns, eg. "js/*.js" or "test/**/*Spec.js".
Enter empty string to move to the next question.
> lib/angular.js
> lib/angular-mocks.js
> lib/angular-sanitize.js
> scripts/*.js
> spec/*_spec.js
> ——— テストに利用するファイル（空白で次の設問へ）

Should any of the files included by the previous patterns be excluded ?
You can use glob patterns, eg. "**/*.swp".
Enter empty string to move to the next question.
> ——— テスト対象から除外するファイル（今回はなし）

Do you want Karma to watch all the files and run the tests on change ?
Press tab to list possible options.
> yes ——— コード変更時にテストを再実行するか

Config file generated at "...¥karma.conf.js".
```

テストコードは一般的に「xxxxx_spec.js」のように命名します。よって、本書でもspecフォルダー配下にintro_spec.jsのようにテストコードを配置していきます。

なお、アプリルート配下の/node_modulesフォルダーを確認するとわかるよう

*8
JavaScriptのファイル（モジュール）を非同期に読み込むためのライブラリ。http://requirejs.org/

に、ウィザードの選択に従って、必要なライブラリが自動的にインストールされます（図 8-1）。

▼ 図 8-1　/node_modules フォルダーにインストールされたライブラリ

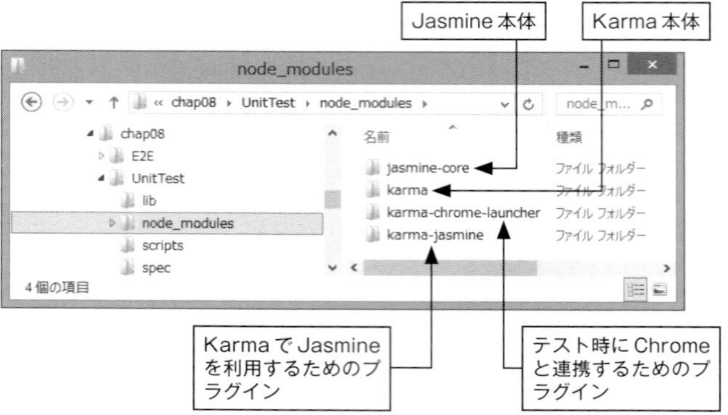

選択したテスティングフレームワーク／ブラウザーによって、インストールされるライブラリも変化します。たとえば、ブラウザーの選択によっては、karma-chrome-launcher の代わりに、karma-ie-launcher／karma-firefox-launcher／karma-safari-launcher／karma-opera-launcher などがインストールされます*9。

また、アプリルート直下には、Karma の設定ファイル karma.conf.js が生成されます*10。以降、設定を変更する際には、こちらのコードを適宜編集してください（リスト 8-1）。

＊9
これらのファイルは npm install コマンドで別にインストールしても構いません。

＊10
ファイル内のコメントは著者によるものです。

▼ リスト 8-1　karma.conf.js

```
module.exports = function(config) {
  config.set({
    // files／exprecisioncludeパラメーターなどの基底パス
    basePath: '',

    // 利用するテストフレームワーク
    frameworks: [ 'jasmine' ],

    // ブラウザーに読み込むファイル（ワイルドカードも可）
    files: [
      'lib/angular.js',
      'lib/angular-mocks.js',
      'lib/angular-sanitize.js',
      'scripts/*.js',
      'spec/*_spec.js'
    ],

    // filesパラメーターから除外するファイル（ワイルドカードも可）
    exclude: [
```

```
    ],

    // テスト実行前に実行すべき処理
    preprocessors: {
    },

    // テスト状況を通知する方法
    reporters: [ 'progress' ],

    // HTTPサーバーのポート番号
    port: 9876,

    // レポート／ログ出力のカラーリングを有効にするか
    colors: true,

    // ログレベル（LOG_DISABLE／LOG_ERROR／LOG_WARN／LOG_INFO／LOG_DEBUG）
    logLevel: config.LOG_INFO,

    // コード変更時にテストを再実行するか（singleRun: falseの時のみ）
    autoWatch: true,

    // 起動すべきブラウザー
    browsers: [ 'Chrome' ],

    // テスト実行後にすぐに終了するか
    singleRun: false
  });
};
```

以上で、現在のアプリ（C:¥xampp¥htdocs¥angular¥chap08¥UnitTest）でテストを実施するための準備は完了です。

8.2.3 テストの基本

Karma＋Jasmineの準備ができたところで、動作確認の意味も含めて、具体的なテストコードを書いて、実際にテストを実行してみましょう。

[1] テストコードを準備する

テストコードは、先ほどfilesパラメーターで指定したように、/specフォルダー配下にintro_spec.jsのような名前で保存します（リスト8-2）。「intro」の部分は、一般的には、テスト対象のファイル名とします[*11]。

＊11
ここではテスト対象のコードはありませんが、もしもintro_spec.jsであれば、intro.jsをテストするためのコードという意味です。

▼ リスト 8-2　intro_spec.js

```
describe('Jasmineの基本', function() {        ❶
  beforeEach(function(){                      ❷
    // 初期化処理
  });

  it('基本テスト', function() {                ❸
    expect(1 + 1).toEqual(2);                 ❹
  });
});
```

Jasmine によるテストコードは、まず全体を describe メソッドで括ります（❶）。

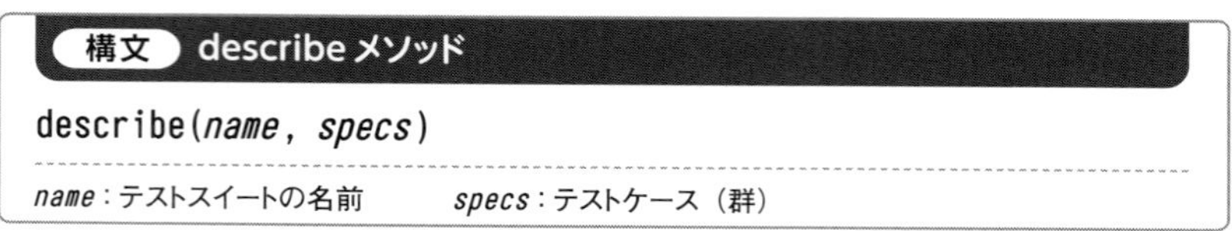

構文　describe メソッド

describe(*name*, *specs*)

name：テストスイートの名前　*specs*：テストケース（群）

テストスイートとは、関連するテストのまとまりを表す入れ物のようなものです。具体的なテストケースは、引数 specs（関数オブジェクト）の配下で宣言します。

❷の beforeEach メソッドは、個々のテストケースが実行される前に呼び出される初期化処理を表します。ここでは説明の便宜上、明記していますが、初期化が不要の場合は、省略しても構いません。終了処理には、同じように afterEach メソッドを利用します。

❸の it メソッドが、個々のテストケースです。

構文　it メソッド

it(*name*, *test*)

name：テストケースの名前　*test*：テストの内容

ここでは「基本テスト」というテストケースを 1 つだけ定義していますが、必要に応じて、複数のテストケースを列記しても構いません（＝ it メソッドを複数列記します）。

引数 test の中では、以下の構文でコードの結果を検証していきます（❹）。

構文　テスト検証

expect(*result_value*).*matcher*(*expect_value*)

result_value：テスト対象のコード（式）　*matcher*：検証メソッド
expect_value：期待する値

この例であれば、「1+1」の結果が2に等しい（toEqual）ことを確認しています。もちろん、実際のテストでは「1+1」の部分は、テスト対象となるコードの呼び出しになります。

toEqualはアサーションメソッド（結果確認のためのメソッド）です。**Matcher**とも言います。Jasmineは、標準で表8-2のようなMatcherを用意しています[*12]。

＊12
「Jasmine-Matchers」（https://github.com/JamieMason/Jasmine-Matchers）のようなライブラリを利用することで、Matcherを拡張することもできます。

▼表8-2　Jasmine標準で用意されている主なMatcher

Matcher	概要
toBe(*expect*)	期待値expectと同じオブジェクトであるか
toEqual(*expect*)	期待値expectと同じ値であるか
toMatch(*regex*)	正規表現regexにマッチするか
toBeDefined()	定義済みであるか
toBeNull()	nullであるか
toBeTruthy()	trueとみなせる値であるか
toBeFalsy()	falseとみなせる値であるか
toContain(*expect*)	期待値expectが配列に含まれているか
toBeLessThan(*compare*)	比較値compareより小さいか
toBeGreaterThan(*compare*)	比較値compareより大きいか
toBeCloseTo(*compare, precision*)	精度precisionに丸めた値が比較値compareと同じか
toThrow()	例外が発生するか

ちなみに、否定——たとえば「等しくない」を表現したいならば、以下のようにnotメソッドを利用してください。いかにも英文らしい表記で表現できるのがJasmineの良いところです。

```
expect(1 + 1).not.toEqual(2);
```

[2] テストを実行する

準備したテストコードを実行するには、karma startコマンドを実行します。引数には、先ほど準備した設定ファイルkarma.conf.jsを指定してください。

```
> cd C:¥xampp¥htdocs¥angular¥chap08¥UnitTest
> karma start karma.conf.js
INFO [karma]: Karma v0.12.37 server started at http://localhost:9876/
INFO [launcher]: Starting browser Chrome
INFO [Chrome 43.0.2357 (Windows 8.1 0.0.0)]: Connected on socket ARUs__⏎
JaKEKDNnwAJzml with id 63847820
Chrome 43.0.2357 (Windows 8.1 0.0.0): Executed 1 of 1 SUCCESS ⏎
(0.006 secs / 0.002 secs)
```

▼ 図 8-2　Chrome が起動し、テストを実行

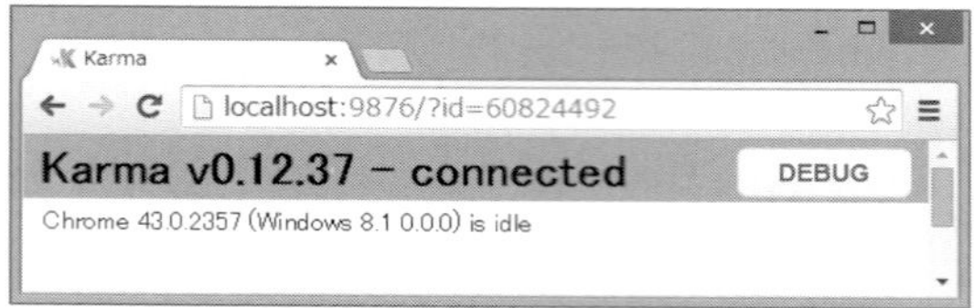

Chrome が自動的に起動し、テストを実行します（図 8-2）。また、コマンドプロンプトから、1 つのテストに対して 1 つ成功したことを確認してください（太字）。

試しに、先ほどのリスト 8-2 を、あえてテストが失敗するように、以下のように修正してみましょう。

▼ リスト 8-3　intro_spec.js

```
expect(1 + 1).toEqual(3);
```

前項でも見たように、コード修正を検知して、テストを再実行する設定になっていますので、即座にテストが実行され、コマンドプロンプトには以下の結果が表示されます。

```
Chrome 43.0.2357 (Windows 8.1 0.0.0) Jasmineの基本 基本テスト FAILED
        Expected 2 to equal 3.
            at Object.<anonymous> (C:/data/UnitTest/spec/intro_spec.js:7:19)
Chrome 43.0.2357 (Windows 8.1 0.0.0): Executed 1 of 1 (1 FAILED) ERROR (0.024 secs / 0.01 secs)
```

テスト実行は、Ctrl ＋ C で終了できます。

8・3 ユニットテスト (AngularJS アプリ)

Karma＋Jasmine によるテストの基本を理解できたところで AngularJS アプリを構成するコントローラー／フィルター／サービスなどをテストしてみましょう。

8.3.1 フィルターのテスト

以下は、7.1.1 項で作成した nl2br フィルター（basic.js[*13]）をテストするためのコードです（リスト 8-4）。

＊13
具体的なコードは P.308 を参照してください。ただし、本章では名前の衝突を避けるために、モジュール名だけを変更しています（以降も同様です）。

▼ リスト 8-4 basic_spec.js

```
describe('nl2brフィルターのテスト', function() {
  beforeEach(module('myApp.filter')); ——❶

  it('改行付き文字列を変換する', inject(function($filter) { ——❷
    var str = 'こんにちは、世界！¥nこんにちは、赤ちゃん！';   // 引数
    var result = 'こんにちは、世界！<br />こんにちは、赤ちゃん！';
                                                  // 期待値

    // nl2brフィルターを実行し、結果を検証
    var nl2br = $filter('nl2br'); ——┐
    expect(nl2br(str)).toEqual(result); ——┴——❸
  }));
});
```

まず、beforeEach メソッド配下で、module 関数[*14]を使って、myApp.filter モジュールを登録します（❶）。ng／ngMock モジュールは自動的に有効になりますので、明示的に呼び出す必要はありません。

テストコードの中で、AngularJS のサービスを注入するには、inject 関数[*15]を利用します。inject 関数を利用することで、引数と同名のサービスを注入する——2.3.2 項などでも解説した挙動を得られます。テストコードの中で AngularJS の依存性注入を利用する典型的なパターンですので、ここできちんと押さえておきましょう。

あとは、$filter サービスで nl2br フィルターを呼び出し、その結果を toEqual メソッドで期待値と比較検証して完了です（❸）。JavaScript 内でのフィルターの呼び出しについては、4.1.2 項でも触れたとおりです。

＊14
正しくは、ngMock モジュールで提供されている angular.mock.module メソッドです。簡単にアクセスできるよう、グローバルに公開されています。

＊15
module 関数と同じく、ngMock モジュールで提供されている angular.mock.inject メソッドが、グローバルに公開されたものです。

テストスイート共通で利用するサービスを準備する

テストスイート全体で利用するサービスは、個々のテストケースで注入するよりも、beforeEach（初期化）関数で準備しておいて再利用した方が便利です。先ほどのリスト 8-4 を書き換えてみましょう（リスト 8-5）。

▼ リスト 8-5　basic2_spec.js

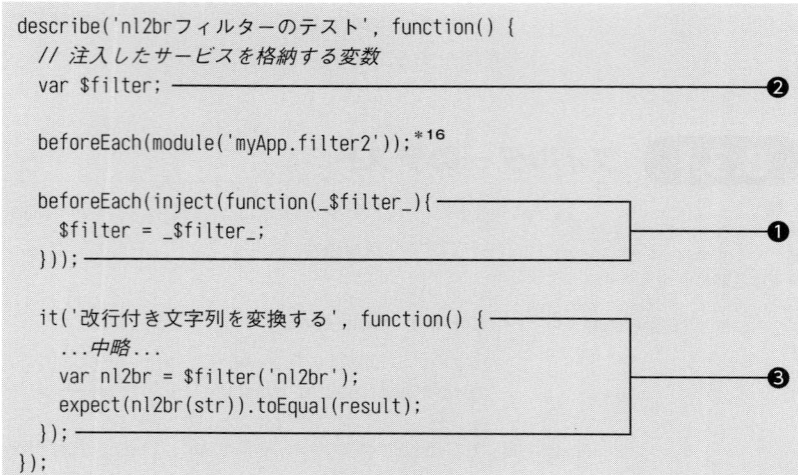

```
describe('nl2brフィルターのテスト', function() {
  // 注入したサービスを格納する変数
  var $filter; ──────────────── ❷

  beforeEach(module('myApp.filter2'));*16

  beforeEach(inject(function(_$filter_){ ─┐
    $filter = _$filter_;                  ├── ❶
  }));  ──────────────────────────────────┘

  it('改行付き文字列を変換する', function() { ─┐
    ...中略...                                 │
    var nl2br = $filter('nl2br');              ├── ❸
    expect(nl2br(str)).toEqual(result);        │
  }); ─────────────────────────────────────────┘
});
```

＊16
beforeEach／afterEach 関数は、適宜複数列記しても構いません。一般的には、目的に応じてブロックを分けた方がコードは読みやすいでしょう。

先ほどは it ブロックで注入していた $filter サービスを、beforeEach ブロック（❶）で注入しています。この際、個々の it ブロックでも $filter を参照できなければなりませんからブロック外部の変数 $filter（❷）に格納しています。

この際、コードの読みやすさという観点からほとんどのケースで、外部変数をサービスと同名にしたいはずです。しかし、注入時の変数と衝突してしまうのは困ります。

そこで、AngularJS では**アンダースコアラッピング**という記法を用意しています。これは、サービス注入に際して、サービス名の前後にアンダースコア（_）を付与できるという規則です。この例であれば、「_$filter_」としても、依存性注入の際に前後のアンダースコアを除去した上で名前を評価しますので、$filter と _$filter_ とは同じ意味になります。これで外部変数と注入時の変数が衝突する問題が解消しました。

❸で、注入しなくとも $filter サービスを呼び出せることを確認してください。

8.3.2　サービスのテスト

サービスのテストは、ほとんどフィルターと同様なので、特筆すべき点はありません。以下に、FigureService サービス（7.2.3 項）をテストするためのコードを示します（リスト 8-6）。

▼リスト 8-6　service_spec.js

```
describe('FigureServiceサービスのテスト', function() {
  // FigureServiceサービスを格納するための変数
  var FigureService;

  // モジュールを有効化
  beforeEach(module('myApp.service'));

  // FigureServiceサービスを注入
  beforeEach(inject(function(_FigureService_){ ─────┐
    FigureService = _FigureService_;                 ├── ❶
  }));  ─────────────────────────────────────────────┘

  // triangleメソッドの結果を検証
  it('三角形の面積を求める', function() {
    expect(FigureService.triangle(5, 10)).toEqual(25); ─┐
  });                                                  │
                                                       ├── ❷
  // trapezoidメソッドの結果を検証                       │
  it('台形の面積を求める', function() {                   │
    expect(FigureService.trapezoid(5, 10, 4)).toEqual(30); ┘
  });
});
```

目的のサービスを注入して（❶）、そのメソッドを呼び出した結果をアサーションメソッドでチェックする（❷）という流れは、フィルターの場合と同じです。

8.3.3 コントローラーのテスト

続いて、P.69 で触れた event.js を例に、コントローラーをテストしてみましょう（リスト 8-7）。

▼リスト 8-7　controller_spec.js

```
describe('MyControllerコントローラーのテスト', function() {
  // MyControllerのスコープを格納するための変数
  var scope;

  // モジュールを有効化
  beforeEach(module('myApp.controller'));

  // $rootScope／$controllerサービスを注入
  beforeEach(inject(function(_$rootScope_, _$controller_){
    var $rootScope = _$rootScope_;
    var $controller = _$controller_;
    // テスト対象のコントローラーを初期化
```

```
    scope = $rootScope.$new();                          ❶
    $controller('MyController', { $scope: scope });     ❶
  }));

  it('スコープのチェック', function() {
    // 初期状態のgreetingプロパティをチェック
    expect(scope.greeting).toEqual('こんにちは、権兵衛さん！');   ❷
    // myNameプロパティを更新&onclickイベントリスナーを実行
    scope.myName = '山田';
    scope.onclick();
    // 処理終了後のgreetingプロパティをチェック
    expect(scope.greeting).toEqual('こんにちは、山田さん！');     ❷
  });
});
```

コントローラーをテストするには、まずインスタンス化しなければなりません。これを行っているのが $controller サービスです（❶）。

構文　$controller サービス

```
$controller(constructor, locals);
```

constructor：コントローラー名
locals：コントローラーに注入する値（「引数名：値」のハッシュ）

MyController コントローラー（2.2.1 項）は、引数として $scope（スコープオブジェクト）を受け取りますので、❶でも { $scope: scope } で引数情報を明示的に渡しています。スコープオブジェクトを生成するには、$rootScope サービスの $new メソッドを利用します。

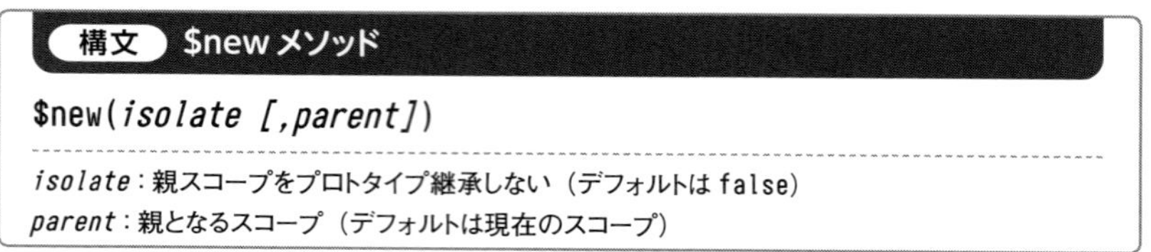

構文　$new メソッド

```
$new(isolate [,parent])
```

isolate：親スコープをプロトタイプ継承しない（デフォルトは false）
parent：親となるスコープ（デフォルトは現在のスコープ）

引数 isolate を true と指定した場合、$new メソッドは $rootScope から独立した分離スコープを生成します。一般的には、コントローラーに渡す $scope は $rootScope を継承しているはずなので、引数 isolate には false（または空）を指定しておきます[*17]

$controller サービスは、戻り値としてコントローラーのインスタンスを返しますが、ここでは特に利用しません。初期化されたスコープオブジェクトだけを、あとか

*17
$new メソッドは通常の $scope からも呼び出せます。現在のスコープを継承してサブスコープを生成する場合に利用できます。

らitブロックで利用できるように、変数scopeに格納しておきます。

ここまでできてしまえば、あとはカンタン。❷では、greetingプロパティの初期値をチェックしたあと、myNameプロパティの更新／onclickイベントリスナーの処理後、greetingプロパティが正しく書き換わっていることを確認します。

8.3.4 ディレクティブのテスト

ディレクティブのテストは、AngularJSの内部的な処理を意識しなければならない分、少しだけ複雑です。以下では、7.3.6項で解説したmyBookディレクティブをテストしてみます（リスト8-8）。

▼リスト8-8 directive_spec.js

```
describe('myBookディレクティブのテスト', function() {
  // スコープ／myBook要素／リンク関数を格納するための変数
  var $scope, element, link;

  // モジュールを有効化
  beforeEach(module('myApp.directive'));

  // $compileサービスでディレクティブをコンパイル
  beforeEach(inject(function(_$compile_, _$rootScope_) {
    var $compile = _$compile_;
    var $rootScope = _$rootScope_;

    // 要素オブジェクトをコンパイル処理
    element = angular.element('<my-book my-book="data"></my-book>');  ─┐
    link = $compile(element);                                          ─┘❶
    // スコープと要素をリンク
    $scope = $rootScope.$new(true);                                    ─┐
    link($scope);                                                      ─┘❷
  }));

  it('ディレクティブの結果を確認する', function() {
    var result = 'JavaScript本格入門（2,980円／技術評論社）';
    var result2 = 'サーブレット＆JSPポケットリファレンス（2,680円／技術評論社）'
    // スコープを設定し、出力結果のテキストをチェック
    $scope.data = {                                                    ─┐
      title: 'JavaScript本格入門',                                       │
      price: 2980,                                                      │
      publish: '技術評論社',                                             ├❸
    };                                                                  │
    $scope.$digest();                                                   │
    expect(element.text()).toEqual(result);                            ─┘

    // スコープを更新し、出力結果の変化をチェック
```

```
    $scope.data = {
      title: 'サーブレット&JSPポケットリファレンス',
      price: 2680,
      publish: '技術評論社',
    };                                                    ❹
    $scope.$digest();
    expect(element.text()).toEqual(result2);
  });
});
```

ディレクティブをテストするには、ディレクティブのコンパイル→リンク→ digest ループという内部的な処理を明示的に実施&準備しなければなりません。

このうち、まずコンパイル処理を実施するのが、$compile サービスです（❶）。

構文　$compile サービス

```
$compile(element [,transclude [,priority]])
```

element：コンパイル対象の要素
transclude：ディレクティブで利用可能な関数（非推奨）
priority：優先順位（指定値よりも低いディレクティブだけを処理）

引数 element には、文字列、または jqLite（jQuery）オブジェクトを指定できます。ただし、あとで要素の内容を検証したいため、ここでは jqLite オブジェクトを渡します。

$compile サービスの戻り値は、スコープと要素オブジェクトをリンクするための link 関数です。❷でこれを実行することで、ディレクティブは、以降、スコープを結果に反映させるようになります。

ここまでが、ディレクティブを動作させるための基本的な準備ですので、beforeEach ブロックで記述します。スコープの変更、それに伴う結果の変更と内容のチェックは、it ブロックで表します。

具体的には、スコープオブジェクトのプロパティを書き換え、$digest メソッドで digest ループを実施します（❸）。これで結果にもスコープの内容が反映されたはずなので、toEqual メソッドで要素配下のテキストが想定したものであるかをチェックします。要素配下のテキストを取得するには、jqLite オブジェクト（5.8.9 項）の text メソッドを利用します。

同じように、❹でもスコープを上書きし、結果に反映されることを確認しています。

いかがですか。コンパイル→リンク→ digest ループの流れは、一見して、冗長で難しく思えますが、定型的でもあります。内部の挙動を理解しておきたいのはもちろんですが、まずはイディオムとしてだけでも覚えておきましょう。

8・4 モック

モックとは、一言で言うならば、ユニットテストのためのダミーのオブジェクトです。たとえば、テストに際して外部のサービスに接続できない場合にも、モックを利用することで、「接続したことにして、仮の結果を返させる」ことができるので、テストのためにサーバー環境を準備する必要がなくなります。また、一定時間後に処理を行うようなサービスでも「一定時間経ったことにして即座に処理を実施」できるので、テストに余計なタイムラグが発生しなくなります。はたまた、テスト対象のコードが現時点で未実装のサービスに依存している場合にも、モックを用意することで、あたかも実装済みであるかのようにテストを継続できます（図8-3）。

▼図8-3　モック（Mock）

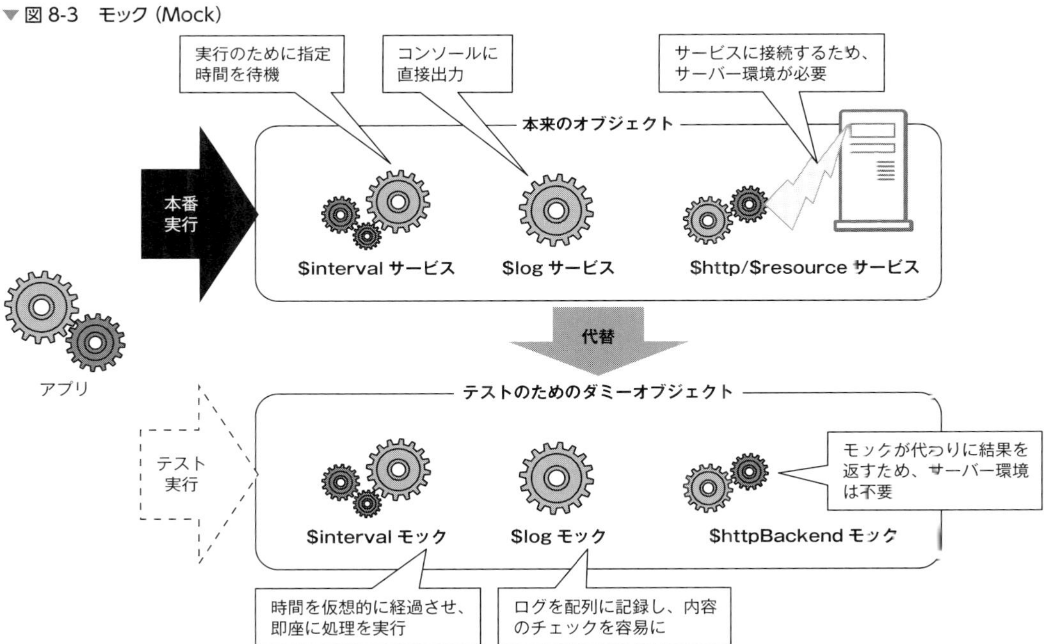

AngularJSでは、ユニットテストでよく利用するモックを、ngMockモジュールとして提供しています。具体的には、以下のものです。

- $interval／$timeout
- $log

- $exceptionHandler
- $httpBackend（$http／$resource のバックエンド）
- angular.mock.TzDate（タイムゾーン固定の Date）

これらのモックライブラリは、いずれもangular-mock.jsをインポートすることで、自動的に本来のサービスと置き換わりますので、有効化のために特別なコードを必要としません。

8.4.1 タイムアウト／インターバル時間を経過させる - $timeout／$interval モック

$timeout（5.5.2 項）は一定時間のあとに、$interval（5.5.1 項）は一定時間おきに、それぞれ処理を実行するためのサービスです。これらのサービスを利用したコードをテストするために、常に決められた時間だけ待たなければならないのは望ましい状況ではありません＊18。

＊18
たとえば 10 分後に処理を実行するコードをテストするために、あなたは 10 分の時間を掛けるでしょうか。

そこで AngularJS では、$timeout／$interval サービスのモックを提供しています。$timeout／$interval モックを利用することで、テストコードの中で仮想的に時間を進め、処理を実行できますから、指定時間を待機する必要はありません。

具体的な例も見てみましょう。リスト 8-9 は、5 秒おきに返すメッセージが変化する LoopService サービスのコードです。

▼リスト 8-9　interval.js

```
angular.module('myApp.mock.interval', [])
  .service('LoopService', [ '$interval', function($interval) {
    // カウンター（現在のカウント数）
    this.current = 0;
    // メッセージリスト
    this.messages = [ 'AngularJSの基本', 'コントローラー', 'サービス',
      'モジュール', 'DIコンテナー' ];
    // 現在のメッセージ
    this.message = this.messages[0];

    // 5000ミリ秒おきにカウンターを進めて、メッセージを修正
    var _this = this;
    $interval(function() {
      _this.current++;
      _this.message = _this.messages[_this.current % 5];
    }, 5000);
  }]);
```

これをテストするには、リスト 8-10 のようなコードを利用します。

▼リスト 8-10 interval_spec.js

```
describe('$intervalモックのテスト', function() {
  // サービスを格納するための変数
  var LoopService;

  // モジュールを有効化
  beforeEach(module('myApp.mock.interval'));

  // LoopServiceサービスを注入
  beforeEach(inject(function(_LoopService_){
    LoopService = _LoopService_;
  }));

  it('スコープのチェック', inject(function($interval) {
    // メッセージリストを準備
    var messages = [ 'AngularJSの基本', 'コントローラー', 'サービス', 'モジュール', 'DIコンテナー' ];

    // リストを先頭から走査し、LoopServiceサービスの現在値と一致するかを検証
    for (var i = 0; i < messages.length; i++) {                     ❶
      expect(LoopService.message).toEqual(messages[i]);
      // 5000ミリ秒、時間を進める（メッセージが変更）
      $interval.flush(5000);
    }
    // 最後にもとのメッセージに戻っていることをチェック
    expect(LoopService.message).toEqual(messages[0]);
  }));
});
```

テストコードでポイントとなるのは、❶の部分だけです。メッセージリスト（変数messages）から順に取り出した値が、LoopServiceサービスの戻り値と一致するかを比較しています。

$interval.flushメソッドは、内部的な時間を指定ミリ秒だけ進めなさいという意味です。この場合、1ループで5000ミリ秒進めていますので、一度のflushメソッド呼び出しでLoopServiceサービスのメッセージ（messageプロパティ）が切り替わるはずです。

構文 flushメソッド

```
flush([millis])
```

millis：経過させる時間（ミリ秒）

ここでは$intervalモックを例にしていますが、$timeoutモックでも同じくflushメソッドで時間を進められます。

8.4.2 ログの内容を配列に蓄積する - $log モック

$logサービス（5.7.2項）は、デフォルトでコンソール（開発者ツール）にログを出力します。しかし、$logモックを利用することで、ログを出力する代わりに、配列に蓄積することが可能になります。

たとえば以下は、先ほどリスト8-6で解説したFigureServiceサービス（7.2.3項）のテストコードに追記したものです（リスト8-11）。

▼ リスト8-11　service_spec.js

```
it('台形の面積を求める', inject(function($log) {
  expect(FigureService.trapezoid(5, 10, 4)).toEqual(30);
  // infoログの内容をダンプ
  dump($log.info.logs); ──────── ❶
  // ログが出力されているかを検証
  expect($log.assertEmpty).toThrow(); ──────── ❷
}));
```

$logモックで蓄積されたログの内容には、以下の構文でアクセスできます。

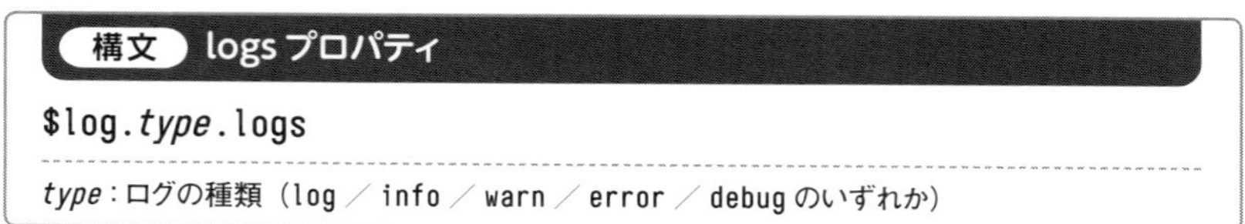

構文 logsプロパティ

```
$log.type.logs
```

type：ログの種類（log／info／warn／error／debugのいずれか）

dumpはngMockモジュールで提供されるメソッドの1つで[*19]、指定された変数の内容を人間にとって読みやすい形式で出力します（❶）。テスト時に、値をチェックする際に利用します（図8-4）。

＊19
正しくは、ngMockモジュールで提供されているangular.mock.dumpメソッドです。簡単にアクセスできるよう、グローバルに公開されています。

▼ 図8-4　dumpメソッドで出力された変数の内容

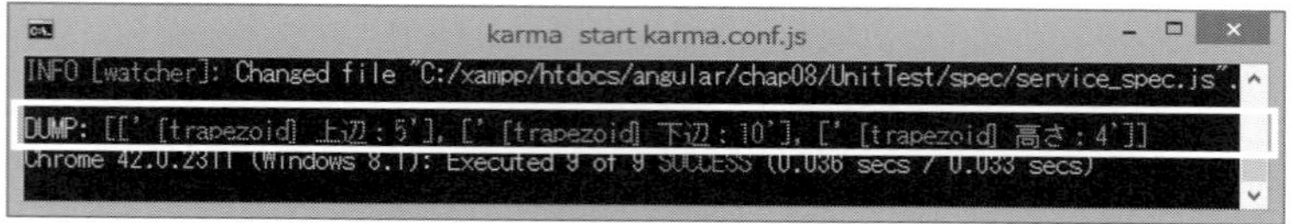

ここでは、ログの内容を単に出力しているだけですが、配列なので、ログそのものの値を検査したい場合にも、簡単に扱うことが可能です。

$logモックでは、logsプロパティの他にも、以下のようなメソッドを用意しています（表8-3）。

▼ 表 8-3 $log モックのメソッド

メソッド	概要
reset()	すべてのログ配列を空に
assertEmpty()	すべてのログ配列が空かどうかを検証（ログが存在する場合、例外を発生）

❷では、assertEmpty メソッドが例外をスローする——ログ配列が空でないことをチェックしています[20]。toThrow メソッドは例外の有無をチェックするためのアサーションメソッドです。

＊20
expect メソッドには（assert Empty の結果ではなく）関数そのものを渡す必要がありますので、「()」を付与しない点に注意してください。

ちなみに、例外がスローされないことをチェックするなら、以下のように not メソッドを利用します。

```
expect($log.assertEmpty).not.toThrow();
```


8.4.3 HTTP 通信を擬似的に実行する - $httpBackend モック

$http（5.2 節）／$resource（5.3 節）サービスを利用したテストのために、いちいちサーバー環境を準備するのは手間です。そもそも外部のサービスを利用している場合、テスト時にかならずしもサービスが稼働している保証はありません。

そこで $httpBackend モックを利用すると、特定の HTTP リクエストに対して、擬似的に HTTP レスポンスを準備できます。接続したことにして、とりあえず仮の結果だけを返させるわけです。これによって、実際に通信することなく、通信前後の（本来、アプリが責任を持つべき）コードだけをテストできます。

以下は、5.2.1 項のリスト 5-1 をテストするためのコードです（リスト 8-12）。

▼ リスト 8-12 http_spec.js

```
describe('$httpBackendモックによるテスト', function() {
  // スコープ／$httpBackendモックを格納する変数
  var scope, $httpBackend;

  // モジュールを有効化
  beforeEach(module('myApp.mock.http'));

  // $rootScope／$controllerサービスを注入
  beforeEach(inject(function(_$rootScope_, _$controller_, _$httpBackend_) {
    var $rootScope = _$rootScope_;
    var $controller = _$controller_;
    $httpBackend = _$httpBackend_;
    // テスト対象のコントローラーを初期化
    scope = $rootScope.$new();
    $controller('MyController', { $scope: scope });
  }));
```

```
  it('スコープのチェック（成功時）', function() {
    // 成功時のメッセージ
    var result = 'こんにちは、山田さん！';

    // 「http.php?name=山田」に対して、変数resultを応答
    $httpBackend.expect('GET', 'http.php?name=' + encodeURI('山田'))  ❶
      .respond(result);

    // resultプロパティの初期値（undefined）をチェック
    expect(scope.result).toBeUndefined();

    // nameプロパティを設定後、onclickメソッドを実行
    scope.name = '山田';                                              ❸
    scope.onclick();
    $httpBackend.flush();
    expect(scope.result).toEqual(result);
  });

  it('スコープのチェック（失敗時）', function() {
    // 失敗時のメッセージ
    var error = '!!通信に失敗しました!!';

    // 「http.php?name=」に対して、HTTP応答ステータス500を応答
    $httpBackend.expect('GET', 'http.php?name=').respond(500, '');  ❷

    // nameプロパティを空文字列に設定して、結果をチェック
    scope.name = '';                                                   ❹
    scope.onclick();
    $httpBackend.flush();
    expect(scope.result).toEqual(error);
  });

  afterEach(function() {                                               ❺
    $httpBackend.verifyNoOutstandingExpectation();
    $httpBackend.verifyNoOutstandingRequest();
  });
});
```

$httpBackendモックを利用するには、まずexpect／respondメソッドで想定されるリクエストと、対応するレスポンスを準備します。

構文　expectメソッド

expect(*method*, *url* [,*data* [,*headers*]])

method：HTTPメソッド（GET／POST／PUT／DELETEなど）
url：リクエストURL　*data*：リクエスト本体（文字列、オブジェクトなど）
headers：リクエストヘッダー（「ヘッダー名：値」のハッシュ）

構文 respond メソッド

```
respond(([status,] data [,headers])
```

status：応答ステータスコード　*data*：レスポンス本体
headers：レスポンスヘッダー（「ヘッダー名：値」のハッシュ）

❶は、「http.php?name=山田」[*21] というHTTP GETリクエストに対して、「こんにちは、山田さん!」（変数result）という文字列を返すことを宣言しています。

＊21
正しくは「山田」はエンコードされて「%E5%B1%B1%E7%94%B0」のようになります。

応答ステータスコードやレスポンスヘッダーを明記することも可能です。たとえば❷では、リクエスト「http.php?name=」（クエリ情報nameの値なし）に対して、HTTP応答ステータスコード500（Internal Server Error）を返します。

NOTE expectXxxxx メソッド

expectメソッドには、特定のHTTPメソッドに特化したexpectXxxxxメソッドもあります。具体的には、以下のとおりです。

- expectGET(*url, headers*)
- expectPOST(*url, data, headers*)
- expectPUT(*url, data, headers*)
- expectPATCH(*url, data, headers*)
- expectDELETE(*url, headers*)
- expectHEAD(*url, headers*)
- expectJSONP(*url*)

たとえばリスト8-12の❷は、expectGETメソッドを使って、以下のように書いても構いません。

```
$httpBackend.expectGET('http.php?name=').respond(500, '');
```

$httpBackendモックの準備ができたら、いよいよHTTP通信を伴う処理を実行します。❸では、onclickメソッドの中で$httpサービスを呼び出しています。ただし、この状態ではリクエストは待機状態になっています。

この状態でflushメソッドを呼び出すと、先ほどexpectメソッドで登録した情報を検索して、マッチしたリクエストがあった場合に、用意しておいたレスポンスを返します[*22]。ここでは、応答結果はscope.resultプロパティに反映されるはずなので、その内容をtoEqualメソッドで検証しています。

＊22
マッチしたリクエストが存在しない場合には、テストは失敗します。

❹も同じです。今度はHTTP通信が失敗するようにリクエストを送信し、scope.resultプロパティにはエラーメッセージが反映されていることを確認しています。

構文 flushメソッド

```
flush([count])
```

count：処理するリクエストの個数（要求順*23）

＊23
デフォルトはすべてのリクエストです。

afterEachメソッド（❺）は、テストの後始末です。verifyNoOutstandingExpectationメソッドはexpectで定義されたすべてのリクエストが送信されているか、verifyNoOutstandingRequestメソッドはすべてのリクエストに対してflushメソッドが呼び出されたかを、それぞれチェックします。チェックに失敗した場合には、テストも失敗します。

NOTE whenメソッド

$httpBackendモックには、expectメソッドとよく似たメソッドとしてwhenメソッドがあります。構文はP.396で示したexpectメソッドのそれと同様ですが、用意されたリクエストが発信されなくてもエラーにならない点が異なります。

よって、whenメソッドでは、複数のテスト共通で利用するリクエストをbeforeEachブロックの中で定義しておき、個々のテストケース固有のリクエストはitブロック配下のexpectメソッドで定義する、という使い分けになるでしょう。

AngularJSのドキュメントでは、expectメソッドは「期待されたリクエスト(Request expectations)」「厳格なユニットテスト」、whenメソッドは「バックエンドの定義」「緩い（ブラックボックスの）ユニットテスト」と呼ばれています。

8.4.4 非同期処理における例外の有無をチェックする - $exceptionHandler モック

8.4.2項でも見たように、Karma（Jasmine）では、toThrowメソッドを利用することでコード内で例外が発生したかどうかを検証できます。しかし、$timeoutサービスのような非同期操作の中で発生した例外をチェックすることはできません。

このような例外を検証するのが、$exceptionHandlerモックの役割です。$exceptionHandlerサービス（5.7.3項）は、アプリの中で処理されなかった例外を最終的に処理するための機能を提供します*24。$exceptionHandlerモックはそのモック実装で、渡された例外を配列として蓄積し、あとから検証することを可能にします。

＊24
デフォルトでは、$log.errorメソッドで例外をログ出力します。

具体的な例も見てみましょう。テストするのは、以下のようなThrowServiceサービスです。ThrowService.throwメソッドは、引数numに5よりも大きい数値を渡した場合にだけ例外を発生します（リスト8-13）。

▼ リスト8-13　exception.js

```
angular.module('myApp.mock.exception', [])
  .service('ThrowService', [ '$timeout', '$log', function($timeout, $log) {
    this.throw = function(num) {
      // 3000ミリ秒後に実行する非同期処理
      $timeout(function() {
        $log.info('ThrowService' + num);
        // 引数numが5より大きい場合に例外を発生
        if (num > 5) {
          throw new Error('ThrowService throws error !');
        }
      }, 3000);
    };
  }]);
```

これをテストするコードが、以下です（リスト8-14）。

▼ リスト8-14　exception_spec.js

```
describe('ThrowServiceサービスのテスト', function() {
  // サービス／モックを格納するための変数
  var ThrowService, $exceptionHandler, $timeout;

  // モジュールを準備
  beforeEach(module('myApp.mock.exception'));

  // モジュールの構成を準備
  beforeEach(module(function($exceptionHandlerProvider){   ❶
    $exceptionHandlerProvider.mode('log');
  }));

  // テストで利用するサービスを注入
  beforeEach(inject(function(_ThrowService_, _$exceptionHandler_, _$timeout_) {
    ThrowService = _ThrowService_;
    $exceptionHandler = _$exceptionHandler_;
    $timeout = _$timeout_;
  }));

  it('例外が発生しないことを確認する', function() {   ❷
    ThrowService.throw(3);
    $timeout.flush();
    expect($exceptionHandler.errors.length).toEqual(0);
  });
```

```
  it('例外が発生することを確認する', function() {
    ThrowService.throw(6);
    $timeout.flush();
    expect($exceptionHandler.errors.length).toEqual(1);
    expect($exceptionHandler.errors[0].message)
      .toEqual('ThrowService throws error !');
  });
});
```
❸（`it('例外が発生することを確認する', …` から `});` まで）

$exceptionHandler モックの挙動は、$exceptionHandlerProvider プロバイダーの mode メソッドで指定できます（❶）。

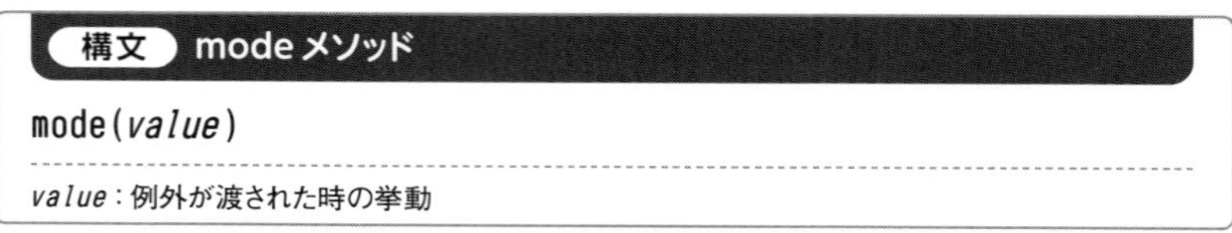

構文　mode メソッド

`mode(value)`

value：例外が渡された時の挙動

引数 value に指定できる値は、以下のとおりです（表 8-4）。

▼ 表 8-4　mode メソッドの設定値

設定値	概要
rethrow	例外を再スロー&テストを失敗（デフォルト）
log	$exceptionHandler.errors 配列に例外情報を記録

ここでは例外の内容をチェックしたいので、log モードで設定しておきます。

❷、❸がテストの本体です。

❷では、ThrowService.throw メソッドに 5 以下の値を渡し、例外が発生**しない**（＝$exceptionHandler.errors 配列の長さが 0 である）ことをチェックします。

❸では、ThrowService.throw メソッドに 5 より大きい値を渡し、例外の発生を確認します。$exceptionHandler.errors 配列に例外情報が 1 つ格納されていること、そのメッセージの内容を、それぞれ toEqual メソッドでチェックできます。

8.4.5 タイムゾーン固定の日付オブジェクトを生成する - angular.mock.TzDate オブジェクト

JavaScript 標準の Date オブジェクトは、デフォルトでマシンローカルのタイムゾーンに従います。そのため、テストの内容によっては現在のマシンのタイムゾーン設定を変更しなければならないことがあります。

しかし、angular.mock.TzDate オブジェクトは、タイムゾーンを明示できる

Dateオブジェクトです。マシン環境の時刻設定に依存しませんので、特定のタイムゾーンに依存したコードをテストできます。

以下は、AngularJS標準のdateフィルターをテストするためのコードです（リスト8-15）。

▼ リスト8-15 tzdate_spec.js

```
describe('日付フィルターのテスト', function() {
  var date;

  beforeEach(inject(function($filter){
    date = $filter('date');
  }));

  it('日付処理の基本', function() {
    var current = new angular.mock.TzDate(-6, '2015-03-14T05:08:55.000Z'); ❶
    expect(date(current)).toEqual('Mar 14, 2015');
    expect(date(current, 'medium')).toEqual('Mar 14, 2015 11:08:55 AM');
    expect(date(current, 'yyyy年MM月dd日 (EEEE) a hh:mm:ss')).toEqual⏎
('2015年03月14日 (Saturday) AM 11:08:55'); ❷
  });
});
```

angular.mock.TzDateオブジェクトは、他のモック実装と異なり、angular-mock.jsのインポートによって自動的に置き換わるものではありません。❶のように、明示的にインスタンス化する必要があります。

構文 angular.mock.TzDateコンストラクター

```
new angular.mock.TzDate(offset, timestamp)
```

offset：タイムゾーン（協定世界時からの時差）
timestamp：協定世界時での日付時刻値（「yyyy-mm-ddThh:mm:ss.sssZ」の形式）

この例では、-6時間ずれているタイムゾーンの時刻を表しています。あとは、この値をdateフィルターで処理した結果をtoEqualメソッドで検証する、いつもどおりの流れです（❷）。

NOTE モックの自作

$provide.decorate メソッド（**デコレーター**）を利用することで、モックを自作することもできます。AngularJS では、主な標準サービスに対して標準でモックを提供していますが、自作のサービスに対しては、必要に応じてモックも自作しなくてはなりません。デコレーターについては 7.2.6 項でも触れていますので、参照してください。

なお、デコレーターで上書きできるのは、value／service／factory／provider メソッドで定義したサービスだけです。constant メソッドで定義したサービスは上書きできませんので、注意してください。

Column 関連書籍「AngularJS ライブラリ 活用レシピ 厳選 108」

本書の 9.1 節でも AngularJS で利用できるさまざまなライブラリを紹介していますが、その他にも、AngularJS では、じつにたくさんのライブラリ（モジュール）が提供されています。今すぐ利用しないまでも、どのようなモジュールがあるのか、自分の引き出しを増やしておくことで、実際のアプリ開発でも車輪の再発明に陥ることなく、効率的に開発を進められるはずです。

関連ライブラリについては、Amazon Kindle 版の電子書籍「AngularJS ライブラリ 活用レシピ 厳選 108」を配本していますので、興味のある方は、本書と合わせて参照してみてはいかがでしょうか。

▼ 図 8-5　AngularJS ライブラリ 活用レシピ 厳選 108（http://www.wings.msn.to/index.php/-/A-03/WGS-JSF-001/）

8.5 E2E (End to End) テスト

E2E (End to End) テストは、**インテグレーションテスト**、**シナリオテスト**とも呼ばれ、複数のビュー／コントローラーにまたがって、ユーザーの実際の操作をシミュレートするような用途で利用します。ユニットテスト[*25]で個々の動作を確認したあと、アプリを本番環境に近い環境――クライアントサイドからサーバーサイドまで通して（End to Endで）、最終的な動作を確認します。リリース前の最終段階のテストです。

＊25
複雑なアプリでは、ユニットテストのあとに、個々の要素を組み合わせた結合テストを行う場合もあります。

8.5.1 E2Eテストの準備

E2Eテストを実施するには、ユニットテストで利用したKarmaの代わりに、**Protractor**（http://angular.github.io/protractor/）というテストランナー（テスティングフレームワーク）を利用するのが一般的です[*26]。Protractorは内部的には、Selenium WebDriverJS[*27]というライブラリを利用しており、ブラウザーに文字を入力したり、ボタンをクリックしたり、ページを遷移したりといった操作のしくみを標準で備えています。のみならず、AngularJSアプリを操作／テストするのに便利なように、Angular式によって要素を検索するための機能も用意されています。

まずは、Protractorを利用するための基本的な準備の手順を追っていきます。

＊26
以前は、ngScenarioモジュール＋Karmaの組み合わせを利用していました。しかし、現在、ngScenarioモジュールはメンテナンスを終了しており、利用すべきではありません。

＊27
中継サーバーであるSelenuim Serverを介して、ブラウザーを操作するためのライブラリです。

[1] Protractorをインストールする

Protractorによるテストを実行するには、あらかじめ以下のソフトウェアをインストールしておく必要があります[*28]。

- Node.js（8.2.2項）
- JDK（JavaSE Development Kit）
- Python 2.7.x（3.x系は不可）
- Microsoft Visual Studio Express 2013 for Windows Desktop[*29]

これらのソフトウェアがインストール済みであることを確認できたら、Protractor本体をインストールします。コマンドプロンプトから以下のコマンドを実行してください。

```
> npm install -g protractor
```
Protractorのインストール

＊28
JDK／Pythonのインストール手順については、著者サポートサイト「サーバサイド技術の学び舎 - WINGS」－［サーバサイド環境構築設定］（http://www.wings.msn.to/index.php/-/B-08/）を参照してください。

＊29
以下のアドレスからインストールできます。https://www.visualstudio.com/ja-jp/products/visual-studio-express-vs.aspx

Protractorが正しくインストールされたことを確認してみましょう。以下のように、インストールしたProtractorのバージョンを確認できれば成功です。

```
> protractor --version ―――――――――――――――― バージョンを確認
Version 2.1.0
```

[2] Selenium Serverをインストールする

Protractor（WebDriverJS）だけでは直接ブラウザーを操作できないため、内部的には、中継サーバーであるSelenium Serverを介してアクセスします（図8-6）。

▼図8-6　ProtractorによるE2Eテスト

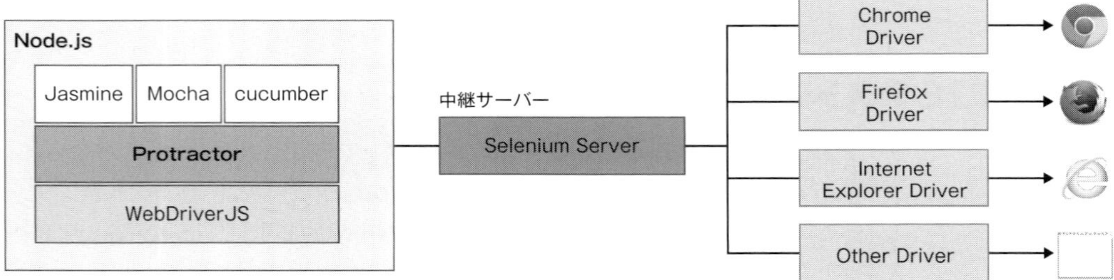

Selenum Serverをインストールするには、Protractorに搭載されている以下のコマンドを実行します。

```
> webdriver-manager update
```

[3] Protractorの設定ファイルを準備する

Protractorを動作するための設定ファイルを準備します（リスト8-1）。作成した設定ファイルは、アプリケーションルート（本書では/angular/chap08/E2E）に保存します。

▼リスト8-16　protractor_conf.js

```
// 設定情報（configブロック配下で宣言）
exports.config = {
  // Selenum Serverのアドレス
  seleniumAddress: 'http://localhost:4444/wd/hub',

  // テスト実行時の基底URL
  baseUrl: 'http://localhost/', ―――――――――――――――― ❷

  // テスト対象のコード
  specs: [ 'spec/**/*_spec.js' ],
```

```
  // テスト対象から除外するコード
  exclude: [],

  // テストで利用するブラウザー
  capabilities: {
    browserName: 'chrome'
  },                                              ❶

  // 利用するテストフレームワーク（jasmine／mocha／cucumberなど）
  framework: 'jasmine',
  // Jasmineの設定情報
  jasmineNodeOpts: {
    // 詳細情報を表示するか
    isVerbose: false,
    // コンソールにカラー表示するか
    showColors: true,
    // テスト失敗時にスタックトレースを表示するか
    includeStackTrace: true,
    // テストを失敗する前に待機する時間
    defaultTimeoutInterval: 30000
  },
};
```

Protractor で設定できる情報は多岐にわたりますので、詳しくは Protractor をインストールしたフォルダー配下[*30] から referenceConf.js を参照してください。設定パラメーターの一覧と設定例／説明を確認できます。

＊30
著者の環境では「C:¥Users¥UserName¥AppData¥Roaming¥npm¥node_modules¥protractor¥docs」でした。

リスト 8-1 のコメントで基本的なパラメーターは理解できると思いますが、2 点だけ補足しておきます。

❶ブラウザーは複数設定も可能

ここでは、capabilities パラメーターで、テストに利用するブラウザーを 1 つだけ指定しています。もしも複数のブラウザーを設定するならば、multiCapabilities パラメーターで以下のように指定してください。Protractor がサポートするブラウザーは「Browser Support」（http://angular.github.io/protractor/#/browser-support）から確認できます。

```
multiCapabilities: [
  {
    'browserName': 'firefox'
  },
  {
    'browserName': 'chrome'
  }
]
```

❷テスト対象のコードはHTTPサーバー上で動作

Protractorでテストするアプリは、HTTPサーバー上で動作している必要があります。本書では、サンプルアプリはApache HTTP Serverで動作確認していますが、nginxや、grunt-contrib-connectのような開発サーバーを利用しても構いません。

また、その基底URLは、baseUrlパラメーターで指定しておきます。この値は、配置する環境／パスに応じて変更してください。

8.5.2 E2Eテストの基本

Protractorを利用する準備ができたところで、いよいよ具体的なテストコードを準備してみましょう。テストするのは、event.html／event.js（P.69）、books.html／books.js（P.25）です。event.htmlからbooks.htmlへ移動できるよう、リンクも用意しておきます。

▼ リスト8-17　event.html

```
<a href="../../chap02/books.html">次のページへ</a>
</body>
</html>
```

テストでは、以下の点を確認します（図8-7）。

▼ 図8-7　テストの流れ

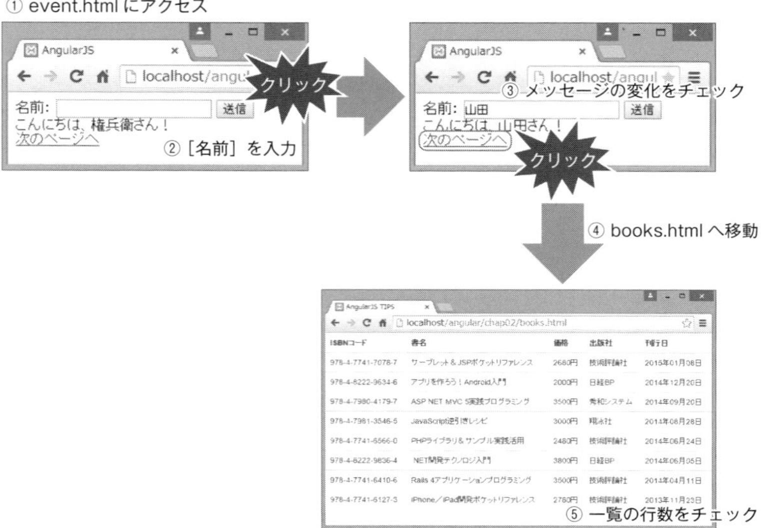

では、具体的にテストの手順を見ていきましょう。

[1] テストコードを準備する

まずは、上の要件に沿って、テストシナリオを表します。保存先は、Protractor の設定ファイルに従って /spec/event_spec.js とします（リスト 8-18）。

▼ リスト 8-18　event_spec.js

```
describe('E2Eテストの基本', function() {
  it('連続したページの操作', function() {
    browser.get('/angular/chap03/event/event.html'); ―― ⓐ
    // ページのタイトルを確認
    expect(browser.getTitle()).toEqual('AngularJS');

    // テキストボックスに「山田」と入力してボタンをクリック
    element(by.model('myName')).sendKeys('山田'); ―― ⓑ
    element(by.buttonText('送信')).click();
    expect(element(by.binding('greeting')).getText()) ―― ⓒ
      .toEqual('こんにちは、山田さん！');

    // リンクをクリックしてページを移動
    element(by.linkText('次のページへ')).click();
    // テーブルが8行であることを確認
    expect(element.all(by.repeater('book in books')).count()).toEqual(8); ―― ⓓ
  });
});
```

（ⓑ～ⓓ → ⓔ）

テストフレームワークには Jasmine を利用していますので、describe／it といった基本的な枠組みは共通です。よって、ここでは Protractor 固有のコードに着目して解説を進めます。

(1) ブラウザーを操作するための browser オブジェクト

ブラウザーの機能にアクセスするには、browser オブジェクト[*31] を利用します。get メソッドは、その中でもよく利用する機能の 1 つで（ⓐ）、指定された URL にアクセスして、ページを開きます。get メソッドのパスは、先ほど設定ファイル（protractor_conf.js）の baseUrl パラメーターで指定したフォルダーを基点に指定してください。

*31 厳密には、Protractor が内部的に生成した WebDriver オブジェクトのラッパーです。Protractor では、このようによく利用する機能をグローバル変数としてあらかじめ準備しています。

その他、browser オブジェクト経由でアクセスできるメソッドには、以下のようなものがあります（表 8-5）。

▼ 表 8-5　browser オブジェクトの主なメソッド

メソッド	概要
quit()	現在のセッションを終了
executeScript(*code*)	現在のページで指定された JavaScript のコードを実行

<table>
<tr><th>メソッド</th><th colspan="2">概要</th></tr>
<tr><td>sleep(milli)</td><td colspan="2">現在の処理を指定時間（ミリ秒）だけ休止</td></tr>
<tr><td>getPageSource()</td><td colspan="2">現在のページのソースを取得</td></tr>
<tr><td>close()</td><td colspan="2">現在のウィンドウをクローズ</td></tr>
<tr><td>get(url)</td><td colspan="2">指定された URL へ移動</td></tr>
<tr><td>getCurrentUrl()</td><td colspan="2">現在の URL を取得</td></tr>
<tr><td>getTitle()</td><td colspan="2">ページタイトルを取得</td></tr>
<tr><td rowspan="11">manage()</td><td colspan="2">ブラウザーの諸情報を管理するための Options オブジェクトを取得</td></tr>
<tr><th>メソッド</th><th>概要</th></tr>
<tr><td>addCookie(name,value [,path [,domain [,secure [,expiry]]]])</td><td>クッキーを発行</td></tr>
<tr><td>deleteAllCookies()</td><td>現在のページに紐づいたすべてのクッキーを破棄</td></tr>
<tr><td>deleteCookie(name)</td><td>指定されたクッキーを破棄</td></tr>
<tr><td>getCookies()</td><td>現在のページに紐づいたすべてのクッキーを取得</td></tr>
<tr><td>getCookie(name)</td><td>指定されたクッキーを取得</td></tr>
<tr><td>logs</td><td>ログを管理するための Logs オブジェクトを取得</td></tr>
<tr><td>timeouts</td><td>タイムアウト処理を管理するための Timeouts オブジェクトを取得</td></tr>
<tr><td>window</td><td>ウィンドウを管理するための Window オブジェクトを取得</td></tr>
<tr><td rowspan="6">navigate()</td><td colspan="2">ナビゲーション機能を提供する Navigation オブジェクトを取得</td></tr>
<tr><th>メソッド</th><th>概要</th></tr>
<tr><td>to(url)</td><td>指定されたページに移動</td></tr>
<tr><td>back()</td><td>ひとつ前のページに移動</td></tr>
<tr><td>forward()</td><td>ひとつ次のページに移動</td></tr>
<tr><td>refresh()</td><td>現在のページをリフレッシュ</td></tr>
</table>

(2) 目的の要素を取得する element／element.all メソッド

アプリにアクセスした結果を確認するには、まず、element／element.all メソッドで目的の要素を取り出す必要があります。単一の要素を取得するのが element メソッド、複数の要素を取得するのが element.all メソッドの役割です。

構文　element／element.all メソッド

```
element(locator)
element.all(locator)
```

locator：ロケーター

ロケーターとは、要素をどのように検索するかを表す情報です。by オブジェクトのメソッドとして生成します[*32]（表 8-6）。

＊32
jQuery を知っている人であれば、$() 関数のようなものだと考えればイメージしやすいでしょう。

▼ 表 8-6 by オブジェクトの主なメソッド

メソッド	概要
className(*clazz*)	指定のスタイルクラスで要素を検索
css(*selector*)	CSS セレクターで要素を検索
id(*id*)	id 属性で要素を検索
linkText(*text*)	指定されたテキストに一致するリンク（要素）を検索
partialLinkText(*text*)	指定されたテキストを含んだリンク（要素）を検索
name(*name*)	指定された名前の属性を持つ要素を検索
tagName(*name*)	タグ名で要素を検索
xpath(*path*)	XPath 式[*33] で要素を検索
binding(*exp*)	ng-bind 属性／{{...}} で指定された式で要素を検索
model(*exp*)	ng-model 属性に指定された式で要素を検索
buttonText(*text*)	ボタンキャプションで要素を検索
partialButtonText(*text*)	ボタンキャプションで要素を検索（部分一致）
repeater(*exp*)	ng-repeat 属性に指定された式で要素を検索
cssContainingText(*clazz, text*)	指定のスタイルクラス＋テキストを含んだ要素を検索
options(*exp*)	ng-options 属性に指定された式で要素を検索

＊33
XPath とは、XML 文書から特定のノードを取得することを目的とした問い合わせ言語です。詳しくは「XPath」（http://www.techscore.com/tech/XML/XPath/）などのページを参考にしてください。

id 値、タグ名、スタイルクラスだけでなく、Angular 式などをキーに要素を検索できる点に注目です。ここでは、以下を検索しています。

ⓑでは、「ng-model="myName"」である要素
ⓒでは、Angular 式（{{greeting}}）を含んだ要素
ⓓでは、「ng-repeat="book in books"」を含んだ要素

このように、Protractor では AngularJS アプリをテストしやすくするための命令を多数用意しているのが特徴です。

NOTE ショートカット関数 $、$$

よく利用するという理由から、Protractor では element／element.all メソッドについて、それぞれ以下のようなエイリアスを提供しています。

- element(by.css('...'))　→ $('...')
- element.all(by.css('...'))　→ $$('...')

たとえば、以下のコードは意味的に等価です。$／$$ と区別しなければならないとはいえ、この書き方は jQuery を利用したことがある人であれば、なじみ深い記法ですね。

```
expect(element(by.css('#main')).getText()).toEqual('WINGSプロジェクト');
⇕
expect($('#main').getText()).toEqual('WINGSプロジェクト');
```

(3) 要素の情報を取得する

elementメソッドによって得られた要素（WebElementオブジェクト）を介して、要素の情報を取得し、その値をアサーションメソッドで判定する、という流れはユニットテストの場合と同様です（❺）。

以下に、WebElementオブジェクトの主なメソッドをまとめます（表8-7）。

▼表8-7　WebElementオブジェクトの主なメソッド

メソッド	概要
isElementPresent(*locator*)	指定のロケーターに合致する要素が存在するか
sendKeys(*str,...*)	要素に対して指定の値を入力（カンマ区切りで複数値を指定可）
click()	要素をクリック
submit()	フォームをサブミット
clear()	要素の値をクリア（value属性を空に）
getTagName()	要素のタグ名を取得
getCssValue(*name*)	要素の指定されたスタイルプロパティの値を取得
getAttribute(*name*)	要素の指定された属性の値を取得
getText()	要素配下のテキストを取得（可視状態にあるもの）
getSize()	要素のサイズを取得（戻り値はheight／widthプロパティを持つオブジェクト）
getLocation()	要素の位置を取得（戻り値はx／yプロパティを持つオブジェクト）
isEnabled()	要素が有効な状態であるか（disabled属性でマークされていないか）
isSelected()	要素が選択状態であるか
isDisplayed()	要素が可視状態にあるか
getOuterHtml()	要素の現在タグまで含んだHTMLを取得
getInnerHtml()	要素の内部HTMLを取得

単に情報を取得するだけでなく、sendKeys／click／submitなどのメソッドを利用することで、画面上の操作をエミュレートできる点にも注目です。

なお、element.allメソッドの戻り値は要素配列（ElementArrayFinderオブジェクト）です。以下のようなメソッドを介して、要素数や個々の要素を取得できます（表8-8）。

▼表8-8　ElementArrayFinderオブジェクトの主なメソッド

メソッド	概要
get(*index*)	index番目の要素を取得
first()	最初の要素を取得
last()	最後の要素を取得

メソッド	概要
count()	配列内の要素数を取得
each(fn(*element, index*))	配列内の要素を順にコールバック関数で処理
map(fn(*element, index*))	配列内の要素を順にコールバック関数で整形

たとえば❹では、countメソッドでng-repeat属性で8個の要素が展開されたことをチェックしています。

応用編

NOTE 戻り値はPromiseオブジェクト

要素（WebElement）オブジェクトはほとんどが戻り値をPromiseオブジェクト（5.6節）として返します。即座に処理を実行せず、コマンドを予約して処理そのものは非同期で実施しているのです。

Jasmine標準のexpectメソッドはPromiseオブジェクトを受け取ることはできませんから、本来は以下のように記載しなければなりません。

```
element(by.binding('greeting')).getText().then(function(text) {
  expect(text).toEqual('こんにちは、山田さん！');
});
```

しかし、リスト8-18の❸を見てもわかるように、そのようなコードにはなっていません。これは、expectメソッドでPromiseオブジェクトを受け取れるよう、ProtractorがJasmineを拡張しているからです。これによって、Promiseオブジェクトをほぼ意識することなく、テストコードを記述できるのです。

もっとも、まったく意識しなくても良いかというと、そんなことはありません。以下は、要素配下のテキストが11文字であるかをチェックするコードです。

```
element(by.binding('greeting')).getText().then(function(text) {
  expect(text.length).toEqual(11);
});
```

これを以下のように記述することはできません。Promiseオブジェクトにlengthプロパティはないからです。

```
expect(element(by.binding('greeting')).getText().length).toEqual(11);
```

[2] テストを実行する

以上を理解できたら、いよいよテストコードを実行してみましょう。まず、コマンドプロンプトから以下のコマンドを実行して、Selenium Server（中継サーバー）を起動します[*34]。

＊34
環境によっては、起動時にファイアーウォールに関する警告が表示される場合があります、この場合、［アクセスを許可する］ボタンをクリックして、そのまま先に進めてください。

```
> webdriver-manager start
seleniumProcess.pid: 12816
09:45:36.830 INFO - Launching a standalone server
Setting system property webdriver.chrome.driver to C:¥Users¥nami¥AppData¥Roaming¥npm¥node_mo
dules¥protractor¥selenium¥chromedriver.exe
...中略...
09:45:38.394 INFO - Started org.openqa.jetty.jetty.Server@2dda6444
```

上のように表示され、Selenium Server が起動したことが確認できたら[*35]、別のコマンドプロンプトから以下のコマンドを実行します。先ほども触れたように、Protractor でのテストにはアプリに HTTP サーバー経由でアクセスできることが前提なので、アプリを稼働しているサーバーが起動していることもあらかじめ確認してください。

*35
Selenium Server はそのまま常駐しますので、起動したプロンプトを閉じてはいけません。なお、Selenium Server には停止のコマンドはありませんので、終了するには Ctrl + C を押してください。

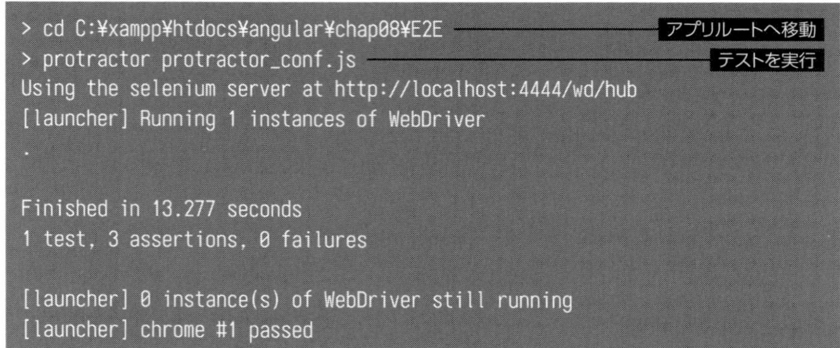

```
> cd C:¥xampp¥htdocs¥angular¥chap08¥E2E
> protractor protractor_conf.js
Using the selenium server at http://localhost:4444/wd/hub
[launcher] Running 1 instances of WebDriver
.

Finished in 13.277 seconds
1 test, 3 assertions, 0 failures

[launcher] 0 instance(s) of WebDriver still running
[launcher] chrome #1 passed
```


ブラウザーが起動し、event.html → books.html に順にアクセスされ、コマンドプロンプトには上のような結果が表示されることを確認してください（図 8-8）。

▼図 8-8　event.html → repeat.html の順に自動で操作が進む

⇓

AngularJS TIPS
localhost/angular/chap02/books.html

ISBNコード	書名	価格	出版社	刊行日
978-4-7741-7078-7	サーブレット＆JSPポケットリファレンス	2680円	技術評論社	2015年01月08日
978-4-8222-9634-6	アプリを作ろう！Android入門	2000円	日経BP	2014年12月20日
978-4-7980-4179-7	ASP.NET MVC 5実践プログラミング	3500円	秀和システム	2014年09月20日
978-4-7981-3546-5	JavaScript逆引きレシピ	3000円	翔泳社	2014年08月28日
978-4-7741-6566-0	PHPライブラリ＆サンプル実践活用	2480円	技術評論社	2014年06月24日
978-4-8222-9836-4	.NET開発テクノロジ入門	3800円	日経BP	2014年06月05日
978-4-7741-6410-6	Rails 4アプリケーションプログラミング	3500円	技術評論社	2014年04月11日
978-4-7741-6127-3	iPhone／iPad開発ポケットリファレンス	2780円	技術評論社	2013年11月2[illegible]日

8.5.3 E2E テストで HTTP 通信を擬似的に実行する - $httpBackend モック

E2E（End to End）テストは、名前のとおり、システムの最初から最後までを通して動作チェックすることを目的としています。しかし、たとえば、外部サービスから取得したデータ（要素）の個数／内容が変動することで、テストを自動化しにくい（＝無条件に正否を判定しにくい）という状況があります。このような場合、例外的に、ユニットテストと同様、HTTP 通信の部分をモックで置き換えて、テストを実施することも可能です。

モックの名前は、ユニットテストの時と同じ $httpBackend ですが、ngMockE2E モジュールに属する別もののライブラリで、用法も異なりますので、以下で利用の手順を解説しておきます。テスト対象となるのは 5.2.1 項でも触れた http.html です。

[1] angular-mocks.js をインポートする

テスト対象となるページで、ngMockE2E モジュールの本体（angular-mocks.js）をインポートしておきます。なお、angular-mocks.js では、angular-mock.min.js のような縮小版は提供されていません。.min.js ファイルでなく、.js ファイルとしてインポートするようにしてください（リスト 8-19）。

▼ リスト 8-19　http.html

```
<script src="https://ajax.googleapis.com/ajax/libs/angularjs/⏎
1.4.1/angular.min.js"></script>
<script src="https://ajax.googleapis.com/ajax/libs/angularjs/⏎
1.4.1/angular-mocks.js"></script>
```

[2] テストコードを準備する

5.2.1 項と同様に、テキストボックスに「山田」と入力した場合と、空にした場合とで、それぞれ通信に成功／失敗すること（=適切なメッセージが返されること）を確認してみましょう（リスト 8-20）。

▼ リスト 8-20　http_spec.js

```
describe('ngMockE2Eによるテスト', function() {

  beforeEach(function() {                                          ─❶
    // モックモジュールを生成&アプリに登録
    browser.addMockModule('httpMock', function() {
      angular.module('httpMock', [ 'ngMockE2E', 'myApp' ])        ─❷
        .run(function($httpBackend) {
        $httpBackend.whenGET('http.php?name=' + encodeURI('山田'))  ─❸
          .respond('こんにちは、山田さん！');
        $httpBackend.whenGET('http.php?name=').respond(500, '');
        $httpBackend.whenGET('http.php?name=' + encodeURI('wings'))
          .passThrough();
      });
    });
  });

  it('HTTP経由の通信', function() {
    browser.get('/angular/chap05/http/http.html');                 ─❹

    var name = element(by.model('name'));
    // ［名前］欄に何も入力せずにリクエスト（エラー）
    element(by.buttonText('送信')).click();
    expect(element(by.binding('result')).getText())
      .toEqual('!!通信に失敗しました!!');

    // ［名前］欄に「山田」と入力してリクエスト（成功）
    name.sendKeys('山田');
    element(by.buttonText('送信')).click();
    expect(element(by.binding('result')).getText())
      .toEqual('こんにちは、山田さん！');
  });
});
```

$httpBackend モジュールを利用する上でキモとなるのは、beforeEach ブロック——テスト前準備の部分です（❶）。ここでモックモジュールを準備して、$httpBackendの準備をしておきます。

モックモジュール（❷）では、当然ですが、$httpBackendモックのもととなるngMockE2Eモジュールへの依存関係を設定しておきます。これで、runメソッド（3.3.5項）の中で$httpBackendモックを呼び出し、リクエストに応じたレスポンスの設定を定義できます（❸）。

$httpBackendモックの設定は、ngMockモジュール（ユニットテスト）の場合とほぼ同じですが、以下のように微妙に異なる点もあります。

- whenXxxxxメソッドでリクエストを設定する（＝expectXxxxxメソッドは存在しない）
- passThroughメソッドを利用することで、例外的にモックを介さない通信を定義できる

ここでは「http.php?name=wings」で、HTTP通信が発生するように設定していますが、一般的にはng-includeディレクティブ（3.3.4項）などで静的なテンプレートを取得するような（＝結果が原則として変化しない）ケースで利用します。

作成したモックモジュールはbrowser.addMockModuleメソッドで登録できます[*36]。

＊36
特定のモックモジュールを削除したい場合にはremoveMockModule(name)、すべてのモックモジュールを破棄したい場合にはclearMockModule()を、それぞれ利用してください。

構文 addmockModule メソッド

```
addMockModule(name, module)
```

name：モジュール名　*module*：モジュールの定義

以上で$httpBackendモックを利用するための準備は完了です。あとは、これまでと同じ手順で、画面の操作と結果の検証のためのコードを書いていくだけです（❹）。この際、（ユニットテストの場合と異なり）

通信を完了させるために、$httpBackend.flushメソッドを呼び出さなくても良い

ことに注目してください。E2Eテストでは、ユニットテストと違って、$httpBackendモジュールが自動的にflushメソッドを呼び出すことで、本来あるべきXMLHttpRequestオブジェクトの振る舞いをできるだけ再現しているのです。

Column Chrome デベロッパーツールの便利な機能 (3) - Audits

[Audits（監査）] タブは、名前のとおり、現在のページを監査し、最適化のための推奨事項をリストアップしてくれる機能です。監査内容／方法を、[Network Utilzation]（ネットワークに関わる事項）、[Web Page Performance]（パフォーマンスに関わる事項）、[Audit Present State／Reload Page and Audit on Load]（そのまま監査するか、リロードしてから監査するか）から選択し、[Run] ボタンをクリックします。

以下の図のように、ブラウザーキャッシュを活用すべき、利用していないスタイルシートを外したほうが良い、などの提案がリストアップされます。すべてをクリアする必要はありませんが、ページを改善する際の手掛かりにはなるはずです。

▼ 図 8-9　[Audits] タブによる監査結果

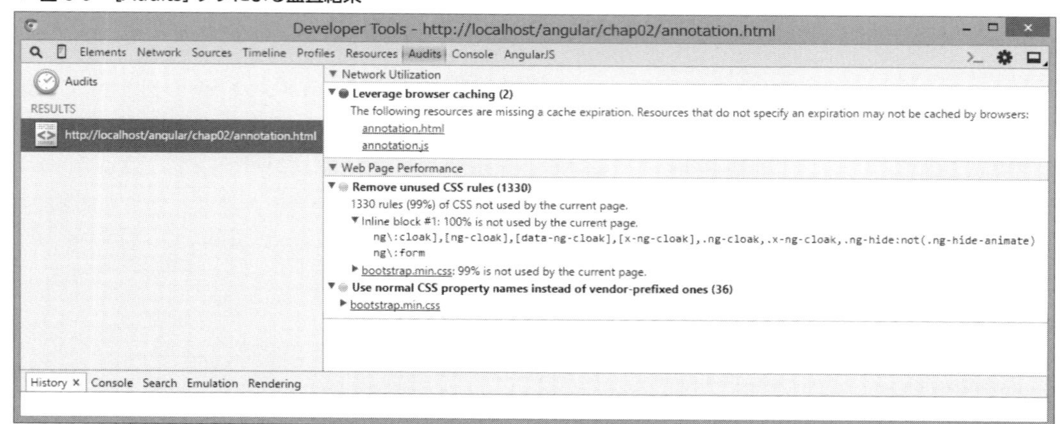

応用編

第9章

関連ライブラリ／ツール

最終章となる本章では、これまでの章では扱いきれなかったトピックを取り上げます。

前半では、AngularJSで利用できる代表的な拡張モジュールを紹介します。AngularJS標準の機能だけでは冗長になりやすい、目的特化した機能をシンプルなコードで実装できます。具体的には、グリッド表、チャート、マップ、検証機能などを扱います。

後半では、AngularJSアプリ開発で利用できるツールを解説します。コードの骨組みを自動生成するYeomanをはじめ、定型的なタスクを自動化するGrunt、パッケージ管理ツールBowerなど、いずれもAngularJSに限らず、広くフロントエンド開発で役立つツール群です。ここできちんと理解しておくことは、後々の財産となるはずです。

9▸1 AngularJSアプリで利用できる関連ライブラリ

AngularJSは、フルスタックのフレームワークで、汎用的なアプリの基盤をあまねくサポートします。しかし、当然ですが、あらゆる局面に対応できるわけではありません。要件に応じて、さまざまなライブラリ（モジュール）と連携するのが一般的です。本節では、あまたある関連ライブラリの中でもよく利用すると思われる、代表的なものを解説していきます。

もちろん、ここで解説するのは、全体からすればほんの一握りにすぎません。その他、自分で一からライブラリを検索する際には、以下のようなサイトも役立ちます。

- AngularUI（http://angular-ui.github.io/）
- AngularJS Modules, Plugins, Directives（http://ngmodules.org/）

AngularUIは、名前のとおり、主にUIで利用できるディレクティブ／フィルターなどをまとめたプロジェクトです。よく利用する機能を厳選してまとめられており、ひとつひとつのライブラリも高品質です。AngularJSでアプリを開発するなら、まずはおさえておくべきプロジェクトの1つです。

AngularJS Modules, Plugins, Directivesは、AngularJSで利用できるモジュール類をまとめたサイトです。人気のある順、新しい順で閲覧できる他、タグでモジュールを分類しています。本書の執筆時点で、1300余りのモジュールが登録されています。

9.1.1 BootstrapをAngularJSアプリで活用する - UI Bootstrap

入手先 http://angular-ui.github.io/bootstrap/

Bootstrap（http://getbootstrap.com/）　は、Mark Otto／Jacob Thornton氏らによって開発されたCSSフレームワークです。最初の安定版リリースが2011年8月と比較的後発のフレームワークですが、以下のような特長が開発者に受け入れられ、急速に普及しました。

- class属性を付与するだけでリッチなデザインを実装できる（=スタイルシートの理解が必須ではない）

- グリッドレイアウト、アコーディオンパネル、ナビゲーションバー、ページネーションなど、よく利用する機能をウィジェットとして提供する
- レスポンシブデザインに対応し、単一のソースで画面サイズに応じた最適な表示を実装できる
- Bootstrap 対応のテーマを利用することで、デザインのカスタマイズも可能
- Internet Explorer／Chrome／Firefox／Safari／Opera など、主要なブラウザーをサポートする

UI Bootstrap は、その Bootstrap のラッパーで、Bootstrap の機能をディレクティブの形式で呼び出すことができます。以下は、UI Bootstrap の主なディレクティブです（図 9-1）。

▼図 9-1　UI Bootstrap（出典：http://angular-ui.github.io/bootstrap/）

ここでは、UI Boostrap を利用した例として、<accordion>／<accordion-group> 要素（ディレクティブ）でアコーディオンパネルを実装してみます。

▼ リスト9-1　上：bootstrap.html／下：bootstrap.js

```
<link rel="stylesheet" href="https://maxcdn.bootstrapcdn.com/bootstrap/3.3.4/css/⏎
bootstrap.min.css" />                                                          ❶
<script src="https://ajax.googleapis.com/ajax/libs/angularjs/1.4.1/angular.min.js"></script>
<script src="lib/ui-bootstrap-tpls-0.13.0.min.js"></script>
<script src="scripts/bootstrap.js"></script>
...中略...
<accordion close-others="true">
  <accordion-group ng-repeat="panel in panels" heading="{{panel.header}}"
    is-open="panel.open" is-disabled="panel.disabled">                         ❸ ❺
    {{panel.content}}
  </accordion-group>
</accordion>
```

```
angular.module('myApp', [ 'ui.bootstrap' ])                                   ❷
  .controller('myController', ['$scope', function($scope) {
    $scope.panels = [
      {
        header: 'サーブレット＆JSPポケットリファレンス',
        content: 'Javaエンジニアには欠かせないサーブレット...',
        open: true
      },
      {
        header: 'PHPライブラリ＆サンプル実践活用',
        content: 'たくさんのPHPライブラリの中から、役立つ...',                  ❹
        disabled: true
      },
      {
        header: 'Rails 4アプリケーションプログラミング',
        content: '初心者にもわかりやすく、Rails開発を行う...'
      },
    ];
  }]);
```

▼ 図9-2　アコーディオンパネルを表示

UI Bootstrap を利用する共通の手順は、以下のとおりです。

- UI Bootstrap 本体（ui-bootstrap-tpls-X.XX.X.min.js）に加えて、Bootstrap 標準のスタイルシート（bootstrap.min.css）をインポート（❶）
- メインモジュールから ui.bootstrap モジュールへの依存関係を設定（❷）

これで UI Bootstrap が有効化されましたので、アコーディオンパネルを実装していきます。個々のパネルを表すのは <accordion-group> 要素の役割です（❸）。それぞれの属性の意味は、以下のとおりです（表 9-1）。また、配下にはパネル本体のコンテンツを定義します。

▼ 表 9-1 <accordion-group> 要素の主な属性

属性	概要
heading	パネルのタイトル
is-open	初期状態で開いておくか（デフォルトは false）
is-disabled	パネルを無効化するか（デフォルトは false）

この例では、ng-repeat 属性を利用して、panels プロパティ（パネル情報を表したオブジェクト配列❹）から <accordion-group> 要素を生成していますが、もちろん、<accordion-group> 要素をパネルの数だけ列記しても構いません。

あとは、<accrodion-group> 要素全体を <accordion> 要素で括るだけです（❺）。close-others 属性は、あるパネルを開いた時に他のパネルを閉じるかどうかを表します。アコーディオンパネルでは、一度に 1 つしかパネルを開かないのが通例なので、true としておきます。

もしも複数のパネルを同時に開きたい時には、close-others 属性を false に指定してください。以下のように、複数のパネルを同時に開けることが確認できます（図 9-3）。

▼ 図 9-3 複数のパネルを同時に開ける（close-others 属性は false）

9.1.2 標準以外のイベントを処理する - UI Event

入手先　https://github.com/angular-ui/ui-event/

UI Event を利用することで、AngularJS 標準でサポートしていないイベントに対してもリスナーを紐づけできるようになります[*1]。以下は、<div> 要素で右クリックをしても、コンテキストメニューを表示しないようにする例です（リスト 9-2）。

＊1
AngularJS が標準でサポートしているイベントは、3.4.1 項を参照してください。

▼ リスト 9-2　上：event.html／下：event.js

```
<script src="lib/event.min.js"></script>
...中略...
<div ui-event="{ contextmenu : 'oncontext($event)' }"> ――❶
  この中で右クリックしてください。
</div>
```

```
angular.module('myApp', [ 'ui.event' ])
  .controller('MyController', ['$scope', function($scope) {
    $scope.oncontext = function($event) {
      $event.preventDefault(); ――❷
    };
  }]);
```

▼ 図 9-4　左：枠の外で右クリックした場合、右：枠内で右クリックした場合（コンテキストメニューは表示されない）

ui-event は、UI Event で提供されるディレクティブで、「イベント名：リスナー」のハッシュ形式でリスナーを紐づけます（❶）。ここでは、contextmenu イベントリスナー[*2]で preventDefault メソッドを呼び出すことで、イベント標準の挙動をキャンセル――つまり、コンテキストメニューを表示しないようにしています（❷）。果たして、サンプルを実行してみると、確かに <div> 要素上で右クリックしても、コンテキストメニューが表示されなくなっていることが確認できます。

＊2
contextmenu イベントは、ブラウザー上で右クリックされて、コンテキストメニューが表示されるタイミングで発生するイベントです。

なお、ここではcontextmenu1 つを紐づけていますが、もちろん、ハッシュに複数のキーを渡すことで、複数のイベントを列挙することもできます。

9.1.3 自作の検証機能を実装する - UI Validate

入手先 https://github.com/angular-ui/ui-validate/

3.6 節でも見たように、AngularJS では標準で定型的な入力値検証の機能を提供しています。しかし、実際のアプリでは、標準の検証機能だけではまかなえないようなチェックを要する機会は少なくありません。そのような場合にも、UI Validate を利用することで、独自の検証機能を自在に追加できます。

シンプルな検証（文字列による検証式）

以下は、［メールアドレス］欄と［メールアドレス（確認）］欄が異なる値であった場合に、エラーメッセージを表示する例です。

▼ リスト 9-3　validate.html

```
<script src="lib/validate.js"></script>
...中略...
 <form name="myForm" novalidate>
  <div>
    <label for="email">メールアドレス：</label><br />
    <input id="email" name="email" type="text" ng-mode ="user.email" />
  </div>
  <div>
    <label for="email_confirm">メールアドレス（確認）：</label><br />
    <input id="email_confirm" name="email_confirm" type="text"
      ng-model="email_confirm"
      ui-validate="'$value === user.email'"  ―――― ❶
      ui-validate-watch="'user.email'" />  ―――― ❷
    <span ng-show="myForm.email_confirm.$error.validator">  ―――― ❸
      メールアドレス同士が等しくなければなりません。</span>
  </div>
  ...中略...
</form>
```

▼ 図 9-5　2 個のメールアドレス欄が等しくない場合、エラーメッセージ

ui-validate 属性には、検証式を文字列として指定します（❶）。$value は入力値で、式の値が false の場合に検証エラーとみなします。この例では、入力値（メールアドレス（確認））とメールアドレス（user.email）が一致しない場合に、エラーとしているわけです。

ui-validate-watch 属性を利用することで、指定された式（ここでは user.email）を監視し、その値が変更されたタイミングでも検証を実施します（❷）。デフォルトでは、検証式は入力値が変化したタイミングで実行されますが、このように複数の入力項目をまたいで検証したい場合には、ui-validate-watch 属性で他の入力項目を監視しておく必要があるわけです*3。

*3
さもないと、他の欄が変更されても、現在の入力項目を書き換えない限り、エラーを検出できません。

ui-validate 属性で指定された検証の成否を判定するには、

フォーム名 . 要素名 .$error.validator

を参照してください。検証の成否を ng-show 属性に渡してエラーメッセージを表示する方法は、3.6 節でも解説したとおりです。

関数による検証ルールの定義

文字列による設定は、シンプルな検証ルールに適していますが、複雑なルールを表現するには不向きです。そのようなケースでは、ng-validate 属性に関数呼び出しのコードを指定することもできます。

以下は、テキストエリアにあらかじめ決められた禁止ワードが含まれるかどうかを判定する例です。

▼ リスト 9-4　上：validate.html／下：validate.js

```
<form name="myForm" novalidate>
  ...中略...
  <div>
    <label for="memo">備考：</label><br />
    <textarea id="memo" name="memo" cols="45" rows="5"
      ng-model="user.memo"
      ui-validate="'ngword($value)'"></textarea>  ——❶
    <span ng-show="myForm.memo.$error.validator">
      備考に禁止ワードが含まれています。</span>
```

```
  </div>
</form>
```

```
angular.module('myApp', [ 'ui.validate' ])
  .controller('MyController', ['$scope', function($scope) {
    $scope.ngword = function(input) {
      // 検証結果を格納するための変数
      var result = true;
      // 禁止ワードを配列として準備
      var keywords = [ '暴力', '犯罪', 'スパム' ];
      // 入力値が文字列である（空でない）場合に検証を実行
      if(angular.isString(input)) {
        // 禁止ワードの一つでも入力値（input）に含まれていたらfalse      ❷
        angular.forEach(keywords, function(value, key) {
          if (input.indexOf(value) > -1) {
            result = false;
          }
        });
      }
      return result;
    };
  }]);
```

▼ 図 9-6　禁止ワードが入っていたらエラー

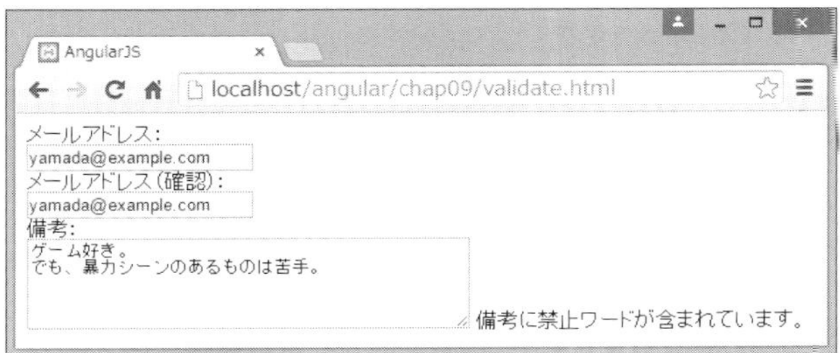

検証関数の呼び出しには、最低限、入力値（$value）を渡します（❶）。

これを受け取った検証関数（❷）では、値の妥当性を検証し、成功ならば true を、失敗ならば false を返すようにします。この例であれば、あらかじめ準備した禁止ワードを angular.forEach メソッド（5.8.6 項）で順番に入力値（input）と比較し、いずれか含まれるものがあった場合に false を返すようにしています。

複数の検証ルールを指定するにはハッシュで

ui-validate 属性には、「検証名 : 値 ,...」のハッシュ形式で複数の検証ルールを紐づけることもできます。値にはこれまでと同じく、文字列／関数呼び出しのコードなどを指定します。

以下は、リスト 9-4 をハッシュ形式で書き換えた例です（リスト 9-5）。

▼ リスト 9-5　validate_hash.html

```
<div>
  <label for="memo">備考：</label><br />
  <textarea id="memo" name="memo" cols="45" rows="5"
    ng-model="user.memo"
    ui-validate="{ ngword : 'ngword($value)' }"></textarea>
  <span ng-show="myForm.memo.$error.ngword">
    備考に禁止ワードが含まれています。</span>
</div>
```

ハッシュ形式で指定した場合には、検証の成否も

フォーム名 . 要素名 .$error. 検証名

の形式で参照する点に注意してください。ここでは「myForm.memo.$error.**ngword**」です。

9.1.4 より高度なルーティングを実装する - UI Router

入手先 https://github.com/angular-ui/ui-router

5.4 節では、AngularJS 標準のルーティング機能（ngRoute）について解説しました。ngRoute でも（もちろん）基本的な機能は提供していますが、本格的なアプリ開発では、以下のような点で物足りない面もあります。

- ひとつのページに複数のビュー領域を設置できない
- ビューを入れ子構造にできない

AngularJS 1.5 では、これらの問題を解決し、来るべき AngularJS 2.0 との互換性も視野に入れた ngNewRouter（https://github.com/angular/router/）もリリース予定です。しかし、以下のような理由から、本格的な導入にはまだ時期尚早の感が否めません。

- 構文が旧来の ngRoute とは大幅に変化している
- 正式リリース前であることから情報が不足している
- まだ重要な機能が実装されておらず、今後も仕様が大きく変更されると思われる

現時点で、相応の機能性と安定性を求めるならば、UI Router の導入をおすすめします。UI Router は、上で挙げたような ngRoute の弱点を解消し、かつ、ngRoute とも比較的近い構文を採用しているため、移行のための学習コストも小さ

いという利点があります。

UI Router の基本

まず、5.4.1 項で作成したサンプルを UI Router で置き換えてみましょう（リスト 9-6）。

＊4
個々のテンプレート（main.html／articles.html／search.html）については、5.4.1 項を参照してください。

▼ リスト 9-6 上：router.html／下：router.js[*4]

```
<script src="lib/angular-ui-router.min.js"></script>  ❶
...中略...
<ul>
  <li><a ui-sref="main">メインページ</a></li>
  <li><a ui-sref="articles({id:100})">記事 No.100</a></li>
  <li><a ui-sref="articles({id:108})">記事 No.108</a></li>  ❸
  <li><a ui-sref="search({keyword:'Angular/Karma/Bower'})">
    「Angular／Karma／Bower」の検索</a></li>
</ul>
<hr />
<!--個別ビューの表示領域を準備-->
<div ui-view></div>
```

```
angular.module('myApp', [ 'ui.router' ])  ❷
  .config(['$stateProvider', '$urlRouterProvider',
    function($stateProvider, $urlRouterProvider) {
    $stateProvider
      // 「/」に対する処理
      .state('main', {
        url: '/',
        controller: 'MainController',
        templateUrl: 'templates/main.html'
      })
      // 「/articles/～」に対する処理
      .state('articles', {
        url: '/articles/{id:int}',
        controller: 'ArticlesController',
        templateUrl: 'templates/articles.html'
      })
      // 「/search/～」に対する処理
      .state('search', {
        url: '/search/*keyword',
        controller: 'SearchController',
        templateUrl: 'templates/search.html'
      });
    // それ以外のリクエストに対する処理
    $urlRouterProvider.otherwise('/');
  }])
  // main／articles／searchステートのコントローラーを定義
  .controller('MainController', ['$scope', function($scope) {
```

```
    $scope.msg = 'ようこそWINGSプロジェクトへ!';
  }])
  .controller('ArticlesController', ['$scope', '$stateParams',
    function($scope, $stateParams) {
    $scope.id = $stateParams.id;
  }])
  .controller('SearchController', ['$scope', '$stateParams',
    function($scope, $stateParams) {
    $scope.keyword = decodeURIComponent($stateParams.keyword);
  }]);
```

UI Routerを利用するには、ダウンロードしたUI Router本体（angular-ui-router.min.js）をインポートする（❶）と共に、現在のモジュールからui.routerモジュールへの依存関係を設定しておきます（❷）。

あとは、ngRouteモジュールとほぼ1：1の対応関係にありますので、ngRouteを理解しているならば、その比較で理解した方が頭に入りやすいでしょう（表9-2）。

▼ 表9-2　ngRoute／UI Routerの比較

ngRoute	UI Router	概要
$routeProvider	$stateProvider／$urlRouterProvider	ルーティング規則の定義
$routeParams	$stateParams	ルートパラメーターを管理
ng-view	ui-view	ビュー領域の定義
ng-href*5	ui-sref	ルート先へのリンク

＊5
ng-href属性は、正しくはngRouteモジュールの機能ではありませんが、ここではUI Routerとの比較のために挙げています。

以上の対応関係を前提に、以下では特筆すべきポイントを補足しておきます。

(1) UI Routerでは状態（ステート）を定義

ルーティング情報を$**state**Providerプロバイダーの**state**メソッドで定義していることからもわかるように、UI Routerは「状態（ステート）と、それに伴うコントローラー／ビュー（群）の組み合わせで管理」します。ページの状態（ステート）とURLとを明確に切り離すことで、ステート同士の階層関係にかかわらず、URLを自由に設計できるわけです*6。

＊6
ngRouteでは、URLをキーとしていました。ステートの階層構造については、このあと解説します。

このため、アンカータグでも、（ng-href属性ではなく）専用のui-sref属性でステートとして遷移先を指定します*7。たとえば❸であれば、articlesステートにリンクしなさい、という意味になります。ステートに対してパラメーターを引き渡すには、「articles({id:108})」のように「パラメーター名：値」のようなハッシュを渡します。

＊7
ng-href属性を利用できないわけではありません。しかし、URL設計を変更した場合に、すべてのリンクを変更しなければならないのは望ましい状態ではありません。

(2) stateメソッドで利用できるパラメーター

stateメソッドで利用できるパラメーターは、以下のとおりです（表9-3）。$routeProvider（ngRoute）のwhenメソッドと（完全ではありませんが）ほぼ一致していますので、詳しくは5.4.2節を参照してください。

▼ 表 9-3 state メソッドの主なパラメーター

パラメーター名	概要
url	URL パターン
template	利用するテンプレート（文字列）
templateUrl	利用するテンプレート（パス）
templateProvider	利用するテンプレート（サービス）
controller	利用するコントローラー（文字列／function 型）
controllerAs	コントローラー名のエイリアス
parent	親となるステート
resolve	コントローラーに注入すべきサービス
reloadOnSearch	$location.search／hash が変更された時にルート先をリロードするか（デフォルトは true）
onEnter	ルート先に移動した時に呼び出されるコールバック関数
onExit	ルート先から他に移動する時に呼び出されるコールバック関数

些細な点ですが、ngRoute では when／otherwise メソッドともに $routeProvider が提供していました。しかし、UI Router では、otherwise メソッドは $urlRouteProvider のメンバーで、$stateProvider とは切り離されていますので注意してください。

(3) ルートパラメーターのデータ型を宣言

state メソッドの url パラメーターには「: 名前」の他[*8]、{ 名前 } の形式で、ルートパラメーターを指定できます。そして、{...} 形式では、データ型／正規表現パターンによって、パラメーターに制約条件を付与できるという特徴があります。

＊8
可変長パラメーターを表す「* 名前」の表現も可能です。

たとえば、

/articles/:id

であれば、以下のいずれのリクエストにもマッチします。

1. http://localhost/angular/chap09/router.html#/articles/3
2. http://localhost/angular/chap09/router.html#/articles/35
3. http://localhost/angular/chap09/router.html#/articles/abc

しかし、もしも :id が数値であることがあらかじめわかっているならば、以下のように表すべきです。

/articles/{id:int}

この場合、1.、2. にはマッチしますが、3. にはマッチしません。

データ型を明示することで、$stateParamsオブジェクトの戻り値も指定の型で得られるメリットがあります。データ型には、int（整数）の他、string（文字列）、date（日付）などを指定できます。

データ型の代わりに、正規表現を指定することも可能です。以下は、idが2〜3桁の数値にのみマッチするパターンを表します。

/articles/{id:[0-9]{2,3}}

この結果では、2. にはマッチしますが、1.、3. にはマッチしないことが確認できます。

複数のビュー領域を設置する

UI Routerでは、メインテンプレートに複数のui-view属性を指定することで、複数のビューを設置できます。この際、個々のビューを区別するために、任意の名前を付与しなければならない点に注意してください。以下の例では、upper／lowerというビューを用意しています（リスト9-7）。

▼ リスト9-7　multi.html

```
<div>
  <div ui-view="upper"></div>
  <hr />
  <div ui-view="lower"></div>
</div>
```

複数のビューに対して、テンプレート／コントローラーを紐づけるには、stateメソッドでviewsパラメーターを利用します。

▼ リスト9-8　multi.js

```
angular.module('myApp', [ 'ui.router' ])
  .config(['$stateProvider', '$urlRouterProvider',
    function($stateProvider, $urlRouterProvider) {
    $stateProvider
      .state('main', {
        url: '/',
        // upper／lowerビューにそれぞれコントローラー／テンプレートを紐づけ*9
        views: {
          upper: {
            controller: 'MainUpperController',
            templateUrl: 'templates/main_upper.html'
          },
          lower: {
```

＊9
コントローラー（MainUpperController／MainLowerController）、ビュー（main_upper.html／main_lower.html）については紙面上割愛します。完全なコードは配布サンプルから確認してください。

```
          controller: 'MainLowerController',
          templateUrl: 'templates/main_lower.html'
        }
      }
    });
  $urlRouterProvider.otherwise('/');
}])
```

▼ 図 9-7　upper／lower ビューに、各コントローラー／テンプレートの結果を反映

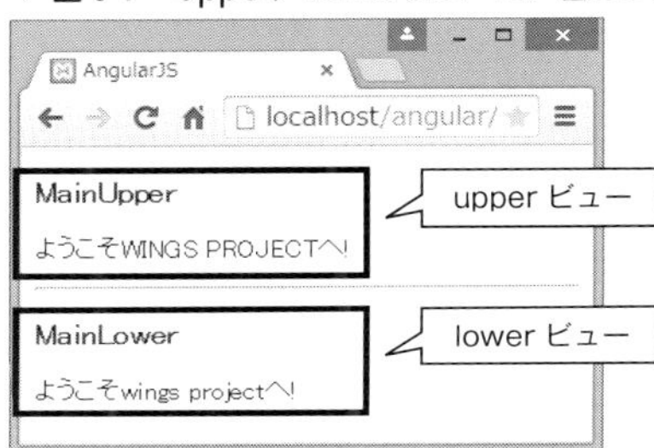

views パラメーターには、「ビュー名：設定情報」のハッシュ形式で、それぞれのビュー単位で紐づけるべきコントローラー／ビューを宣言しておきます。views パラメーターを利用しなかったリスト 9-6 の例は、以下のように書き換えても同じ意味です（暗黙的に無名のビューに紐づいていたのです）。

▼ リスト 9-9　router.js

```
.state('main', {
  url: '/',
  views: {
    '': {
      controller: 'MainController',
      templateUrl: 'templates/main.html'
    }
  }
})
```

入れ子のビューを設置する

UI Router では、ビューを入れ子にすることもできます。たとえば、「/contents/108」で記事のリード文を表示し、「/contents/108/pages/1」「/contents/108/pages/2」のようにすることで、それぞれ配下に 1、2... ページ目のコンテンツを表示する、といったケースです。

▼ 図 9-8　入れ子のビュー

このようなルートを表現しているのが、以下のコードです（リスト 9-10）。

▼ リスト 9-10　上：nest.html／下：nest.js

```
<ul>
  <li><a ui-sref="contents({id:100})">記事 No.100</a></li>
  <li><a ui-sref="contents({id:108})">記事 No.108</a></li>
</ul>
<hr />
<div ui-view></div>
```

```
$stateProvider
  .state('contents', {                                                    ❶
    url: '/contents/{id:int}',
    controller: ['$scope', '$stateParams', function($scope, $stateParams) {
      $scope.id = $stateParams.id;
    }],
    template: '<div>記事コード：{{id}}</div>'
            + ' [<a ui-sref=".pages({page: 1})">1</a>] '                  ❹
            + ' [<a ui-sref=".pages({page: 2})">2</a>] '                  ❹
            + '<div ui-view></div>'                                       ❸
  })
  .state('contents.pages', {                                              ❷
    url: '/pages/{page:int}',
    controller: ['$scope', '$stateParams', function($scope, $stateParams) {
      $scope.page = $stateParams.page;
    }],
    template: '<div>ページ番号：{{page}}</div>'
  })
```

UI Router では「.」（ドット）区切りで状態（ステート）の階層を表現するのが決まりです。ここでは、contents というステート（❶）の配下に、contents.pages というステート（❷）を設置したという意味になります。

ステート同士が階層関係にある場合、url パラメーターも「親パス＋子パス」と連結されるのがデフォルトの挙動です。この例であれば、親である contents で

「/contents/{id:int}」、子であるcontents.pagesで「/pages/{page:int}」が、それぞれ定義されていますので、contents.pagesには、

/contents/{id:int}/pages/{page:int}

のようなパスでアクセスできるということです＊10。

＊10
url パラメーターを「^/pages/{page:int}」のように「^」で修飾した場合、ステートの階層関係にかかわらず、「/pages/{page:int}」でアクセスできるようになります。いわゆる絶対パス表現です。

> **NOTE 親子でパラメーターは重複しないこと**
>
> 親ステートで定義されたルートパラメーター（ここではステートcontentsのidパラメーター）には、子ステート（ここではcontents.pages）からもアクセスできます。その性質上、階層関係にあるステート間でパラメーター名が重複しては**いけません**。

ステートに親子関係を持たせた場合には、テンプレートの側でも注意すべき点があります。

まず、子ステートcontents.pagesは、デフォルトで、親ステートcontentsで表されたテンプレート配下に表示されます。よって、この例でも親テンプレートで子テンプレートの埋め込み先を準備している点に注目です（❸）。

また、リンクを設置する際、（❹）のように先頭にドットを付けます。この場合、現在のステート（contents）を基点にリンク先を解釈します。つまり、以下と同じ意味です。

contents.pages({page:1})

ちなみに、もしもステートcontents.pagesからcontents.commentsのように同階層のステートに移動するならば、以下のように表します。

^.comments

「^」で親ステートを表しているわけです。

補足：views パラメーターの指定方法

複数のビュー領域／入れ子のビューと表現できるようになったところで、最後に、viewsパラメーターでビューの反映先を指定する、一般的な構文をまとめておきます。

構文　ビュー名（views パラメーター）

name[@*state*]

name：ビュー名（ui-view 属性の値に対応）
state：ステート名（デフォルトは直上のステート）

よって、先ほどのリスト 9-10 の❷は、以下のように書き換えても同じ意味です。contents ステートの無名ビューにテンプレートを埋め込みます[*11]。

*11
上の構文であれば、引数 name が省略された状態です。

▼ リスト 9-11　nest.js

```
.state('contents.pages', {
  url: '/pages/:page',
  views: {
    '@contents': {
      controller: [ ...中略... ],
      template: '<div>ページ番号：{{page}}</div>'
    }
  }
});
```

また、太字部分を以下のように書き換えることで、ステートの階層にかかわらず、子テンプレートの埋め込み先を自由に変更できます。

▼ 表 9-4　ビュー名のさまざまな指定

ビュー名	埋め込み先
（空文字列）	直上ステートの無名ビュー
@	最上位ステートの無名ビュー
upper@	最上位ステートの upper ビュー
details@contents	contents ステートの details ビュー

9.1.5 ソート／フィルター／ページング機能を備えたグリッド表を生成する - UI Grid

入手先　http://ui-grid.info/

UI Grid を利用することで、ソート／ページング／フィルターなどの機能を備えたグリッド表を手軽に実装できます。

役割は明快なので、さっそく、具体的なコードを見ていきましょう。

▼ リスト 9-12 上：grid.html／下：grid.js

```
<link rel="styleSheet" href="lib/ui-grid-unstable.min.css"/>  ❶
...中略...
<script src="lib/ui-grid-unstable.min.js"></script>  ❶
...中略...
<div ui-grid="myGrid" ui-grid-pagination style="height:350px; width:600px;"></div>  ❸
```

```
angular.module('myApp', [ 'ui.grid', 'ui.grid.pagination'])  ❷
  .controller('MyController', ['$scope', 'uiGridConstants', function($scope, uiGridConstants) {  ⓫

    $scope.myGrid = {
      enablePaginationControls: true,  ❽
      paginationPageSizes: [3, 5, 10],
      paginationPageSize: 3,  ❽
      enableColumnResizing: true,
      enableSorting: true,  ❻
      enableFiltering: true,  ❾
      columnDefs: [  ❹
        {
          field: 'isbn',
          displayName: 'ISBNコード',
        },
        {
          field: 'title',
          displayName: '書名',
          filter: {  ❿
            condition: uiGridConstants.filter.CONTAINS,
            placeholder: '部分一致'
          }  ❿
        },
        {
          field: 'price',
          displayName: '価格',
          filters: [  ⓬
            {
              condition: uiGridConstants.filter.GREATER_THAN_OR_EQUAL,
              placeholder: '以上'
            },
            {
              condition: uiGridConstants.filter.LESS_THAN_OR_EQUAL,
              placeholder: '以下'
            }
          ]  ⓬
        },
        {
          field: 'publish',
          displayName: '出版社',
          enableSorting: false  ❼
        },
```

```
        {
          field: 'published',
          displayName: '刊行日',
          cellFilter: 'date: "yyyy年MM月dd日"',
          enableFiltering: false
        }
      ],
      data: [
        {
          isbn: '978-4-7741-7078-7',
          title: 'サーブレット＆JSPポケットリファレンス',
          price: 2680,
          publish: '技術評論社',
          published: new Date(2015, 0, 8)
        },
        ...中略...
        {
          isbn: '978-4-7741-6127-3',
          title: 'iPhone／iPad開発ポケットリファレンス',
          price: 2780,
          publish: '技術評論社',
          published: new Date(2013, 10, 23)
        }
      ]
    };
  }]);
```

（❺ は `data: [` から `]` までの範囲を指す）

▼図 9-9　ページング／ソート／フィルター機能を備えたグリッド表

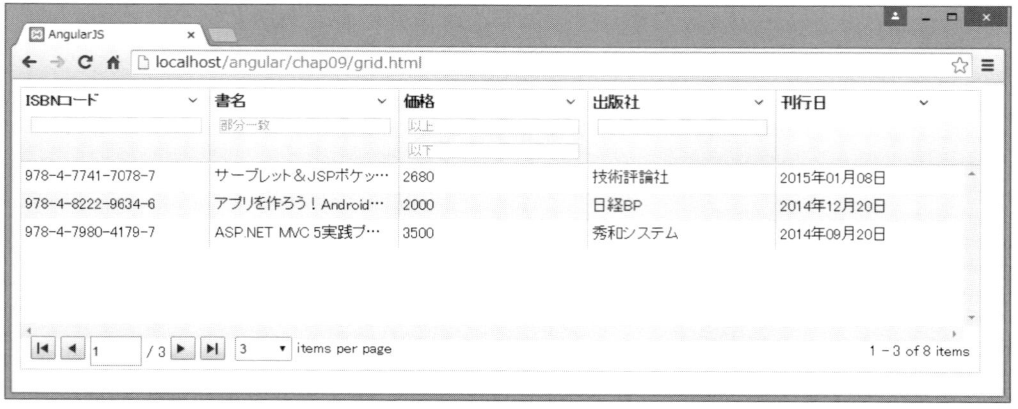

UI Gridを利用するには、ダウンロードパッケージの中から以下のファイルを配置してください。

- ui-grid-unstable.min.js（ライブラリ）
- ui-grid-unstable.min.css（スタイルシート）
- ui-grid.ttf／ui-grid.woff（フォント）

あとは、スタイルシート（ui-grid-unstable.min.js）／ライブラリ（ui-grid-unstable.min.js）をインポートした上で（❶）、現在のモジュールからui.grid／ui.grid.pagination モジュールへの依存関係を宣言します（❷）。ただし、ページング機能を利用しないなら、ui.grid.pagination モジュールは不要です。

グリッド表そのものは、ビューに対して、<div> 要素の ui-grid 属性で表します（❸）。ui-grid 属性の値 myGrid は、グリッド表のパラメーター情報を表します。ui-grid-pagination 属性は、ページング機能を有効にする場合にだけ利用します。

パラメーター情報（myGrid）については、設定内容が多岐にわたりますので、ここでは目的別に解説していきます。

列の基本情報を定義する

列の基本情報を表すのは、columnDefs パラメーターの役割です（❹）。列単位に、以下のような情報を定義します（表 9-5）。

▼ 表 9-5　columnDefs パラメーターのサブパラメーター

パラメーター	概要
field	列に関連づけるデータ項目
displayName	タイトル行への表示名
cellClass	セルに適用するスタイルクラス
cellFilter	セルに適用するフィルター
headerCellClass	ヘッダーセルに適用するスタイルクラス
width	幅

最低限必須なのは、field パラメーターです。あとは、field パラメーターに対応するよう、data プロパティでレコード（行）単位のオブジェクト配列を準備します（❺）。これで、最低限のグリッド表を生成できます。

ソート機能を有効にする

ソート機能を有効にするには、enableSorting パラメーターを true に設定します。enableSorting パラメーターは、グローバルに設定できる他（❻）、列単位に設定することもできます（❼）。一般的には、グリッド全体でソートを有効にしたあと、必要に応じて、列単位でソートを無効にする、というような使い方をします。

グリッド表は、列のタイトル行をクリックするか、タイトル行右隅の ˇ ボタンをクリックして、表示されるコンテキストメニューから［Sort Ascending］／［Sort Descending］を選択してください。

▼ 図 9-10　[価格] 列をキーに降順にソートした場合

ページング機能を有効にする

ページングを有効にするには、テンプレート側で ui-grid-pagination 属性（❸）を明示した上で、以下のようなパラメーターを渡します（❽）（表 9-6）。

▼ 表 9-6　ページング関連のパラメーター

パラメーター	概要
enablePaginationControls	ページャー（ページングのためのコントロール）を有効化
paginationPageSizes	ページャーから選択できるページサイズ（配列）
paginationPageSize	デフォルトのページサイズ

これで前後／先頭／末尾へ移動するためのボタンと、ページ指定するためのボックスがグリッド表の下部に追加されます（図 9-11）。

▼ 図 9-11　自動生成されたページャー

フィルター機能を実装する

フィルター機能を有効にするには、enableFiltering パラメーターを有効にします（❾[*12]）。フィルターの細かな挙動は、列単位のパラメーター（columnDefs）から filter パラメーターのサブパラメーターとして指定できます（❿）（表 9-7）。

＊12
ソートの場合と同じく、列単位に enableFiltering パラメーターを設定することで、列単位にフィルター機能を実装できます。

▼ 表 9-7　フィルター機能に関するパラメーター

<table>
<tr><th>パラメーター</th><th colspan="2">概要</th></tr>
<tr><td>term</td><td colspan="2">フィルター用の初期値</td></tr>
<tr><td>placeholder</td><td colspan="2">フィルター用のテキストボックスに表示される透かし文字</td></tr>
<tr><td rowspan="11">condition</td><td colspan="2">比較条件（uiGridConstants.filter オブジェクトのメンバー）</td></tr>
<tr><th>設定値</th><th>概要</th></tr>
<tr><td>STARTS_WITH</td><td>前方一致</td></tr>
<tr><td>ENDS_WITH</td><td>後方一致</td></tr>
<tr><td>CONTAINS</td><td>部分一致</td></tr>
<tr><td>EXACT</td><td>完全一致</td></tr>
<tr><td>GREATER_THAN</td><td>より大きい</td></tr>
<tr><td>GREATER_THAN_OR_EQUAL</td><td>以上</td></tr>
<tr><td>LESS_THAN</td><td>未満</td></tr>
<tr><td>LESS_THAN_OR_EQUAL</td><td>以下</td></tr>
<tr><td>NOT_EQUAL</td><td>等しくない</td></tr>
</table>

condition パラメーターの定数を定義した uiGridConstants は、他のサービスと同じく、あらかじめコントローラーに注入しておくのを忘れないようにしてください（⓫）。

また、filters（複数形）パラメーターに配列を指定することで、price フィールドのように、複数の検索ボックスを付与することもできます（⓬）。

▼ 図 9-12　価格を 3000〜3500 円でフィルターした場合

ここで紹介した他にも、列のピン止め、データのインポート／エクスポート、列のテンプレート機能など、UI Grid は高機能なライブラリです。本項で示したものはごく一部の機能にすぎませんので、詳しくは以下のドキュメントも参照してください。

UI Grid Tutorial
URL http://ui-grid.info/docs/#/tutorial

9.1.6 国際化対応ページを実装する - angular-translate

入手先 http://angular-translate.github.io/

昨今、1つのアプリで複数の言語に対応したいということはよくあります。日本語、英語はもちろん、中国語、フランス語、ドイツ語……このような言語の切り替え（国際化対応[*13]）を簡単に実装するためのモジュールがangular-translateです。

*13
I18n対応（Internationalizationのlとnの間に18文字あることから）と呼ばれることもあります。

angular-translateを利用したアプリの基本的な構造は、図9-13のとおりです。

▼ 図9-13　angular-translateによる国際化対応アプリ

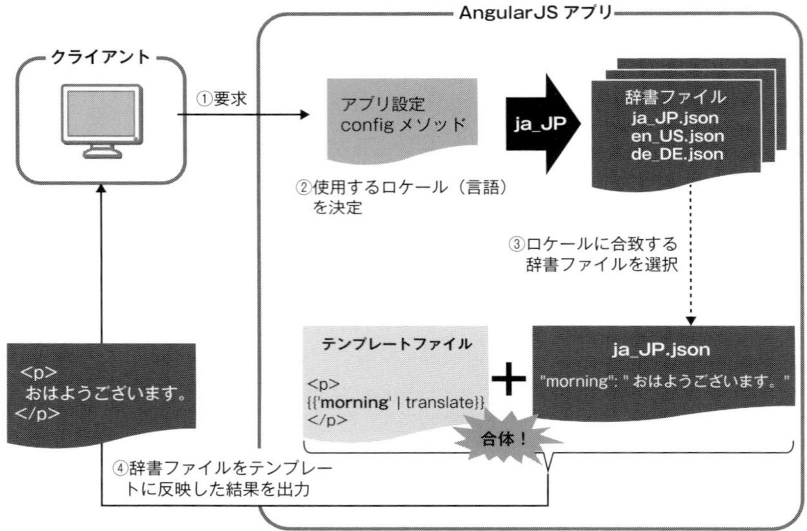

辞書ファイル（.jsonファイル）とは、言語に依存したリソース（文字列情報）をまとめたJSON形式のファイルです。angular-translateでは、対応すべき言語単位に辞書ファイルを用意し、テンプレート側ではそのキーとなる情報だけを埋め込むことで、言語の切り替えを簡単にしているのです。

辞書ファイルの設定／振り分けのルール設定は、configメソッド（3.3.3項）で実装します。

では、アプリ開発のための具体的な手順を追っていきます。以下で作成するのは、日本語／英語／ドイツ語に対応した簡単なページです。

[1] 辞書ファイルを準備する

辞書ファイルは、特定のフォルダー（ここではi18nフォルダー）に「言語名.json」、または「言語名_国名.json」という名前で保存します（リスト9-13~9-15）。日本語／英語／ドイツ語の辞書ファイルを定義するならば、それぞれファイル名は、

ja.json／en.json／de.json、国コードまで指定するなら、ja_JP.json／en_US.json／de_DE.json です[*14]。

▼ リスト 9-13　ja.json／ja_JP.json[*15]

```
{
  "morning": "おはようございます。",
  "hello": "こんにちは、{{name}}さん！",
  "info": {
    "title": "AngularJSアプリプログラミング"
  }
}
```

▼ リスト 9-14　en.json／en_US.json

```
{
  "morning": "Good Morning.",
  "hello": "Hello, Mr. {{name}}!",
  "info": {
    "title": "AngularJS Application Programming"
  },
  "thanks": "Thank You!"
}
```

▼ リスト 9-15　de.json／de_DE.json

```
{
  "morning": "Guten Morgen.",
  "hello": "Guten Tag, Herr {{name}}!",
  "info": {
    "title": "AngularJS Anwendung Programmierung"
  }
}
```

辞書ファイルは、「キー名：値 ,...」のハッシュ形式で定義します。もちろん、info－title のように入れ子のハッシュ（オブジェクト）を指定しても構いません。大きなアプリになってきた場合には、このように階層化することで、辞書情報を整理しやすくなります。

[2] 辞書ファイルを有効化する

辞書ファイルを有効化するには、config メソッドを以下のように実装します（リスト 9-16）。

▼ リスト 9-16　translate.js

```
angular.module('myApp', [ 'pascalprecht.translate' ]) ――❶
  .config(['$translateProvider', function($translateProvider) {
    $translateProvider
```

＊14
国名あり／なし双方の設定に対応できるよう、配布サンプルでは、国名あり／なしの json ファイルを同梱しています。内容は国名あり／なしいずれも同じです。

＊15
.json ファイルの文字列は、ダブルクォートで括らなければならない点に注意してください（シングルクォートではエラーとなります）。

```
    // 辞書ファイルの保存先を宣言
    .useStaticFilesLoader({ ──────────┐
      prefix: 'i18n/',                  ├❷
      suffix: '.json'                   │
    }) ───────────────────────────────┘
    // 適用する言語情報を宣言
    .preferredLanguage('ja') ──────────❸
    .fallbackLanguage('en'); ──────────❹
}])
```

angular-translateを利用するには、メインモジュールからpascalprecht.translateモジュールへの依存関係を設定しておきます（❶）。

辞書情報を設定するのは、$translateProviderプロバイダーの役割です。useStaticFileLoaderメソッド（❷）で辞書ファイルの検索先を宣言します。

prefix 言語名 suffix

の形式でパスが決定します。この例であれば「i18n/言語名.json」です。異なるパス／拡張子を選択したい場合には、適宜、prefix／suffixパラメーターを置き換えてください。

あとは、preferredLanguageメソッドで利用する言語名を指定しておきます（❸）。現在は日本語（ja）を指定しています。

fallbackLanguageメソッドは、指定の言語で該当のキーが見つからなかった場合に、参照する言語（フォールバック言語）を表します（❹）。対応するキーがない場合、デフォルトではキー名がそのまま表示されてしまいますので、できるだけフォールバック言語を明示的に指定しておくことをおすすめします。ここでは英語（en）を指定しています。

[3] 国際化対応のテンプレートを準備する

最後に、国際化対応したテンプレートを準備します（リスト9-17）。

▼ リスト9-17　translate.html

```
<script src="lib/angular-translate.min.js"></script>
<script src="lib/angular-translate-loader-static-files.min.js"></script>
...中略...
<p>{{'morning' | translate}}</p> ──────────❶
<p>{{'info.title' | translate}}</p> ──────────❷
<p>{{'hello' | translate : data }}</p> ──────────❸
<p>{{'thanks' | translate}}</p>
```

```
.controller('MyController', ['$scope', function($scope) {
  $scope.data = { name: '山田理央' };
}]);
```

辞書の内容を参照するのは、translateフィルターの役割です。

構文 translate フィルター

```
{{ key | translate : data}}
```

key：辞書キー　*data*：文字列に埋め込む情報（「キー名：値」の形式）

❶は最もシンプルなパターンです。辞書が階層構造である場合には、❷のように「キー.サブキー」のように指定します。

❸は、引数dataを指定したパターンです。辞書（ここでは、「こんにちは、{{name}}さん!」）に埋め込まれた{{name}}に対して、埋め込むべき値を「パラメーター名：値」のハッシュ形式で指定します。

[4] サンプルを実行する

以上を理解できたら、サンプルを実行してみましょう。まずは、図9-14（左）のように、日本語メッセージが表示されることを確認してください。この時、日本語辞書ファイルではthanksキーが定義されていないので、フォールバック言語であるenで定義された値が表示されている点にも注目です。

▼図9-14　ブラウザーの優先言語によって表示も変化（左から日本語、英語、ドイツ語）

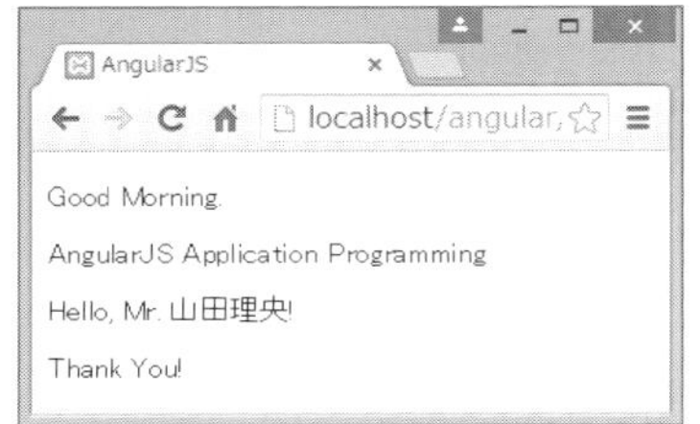

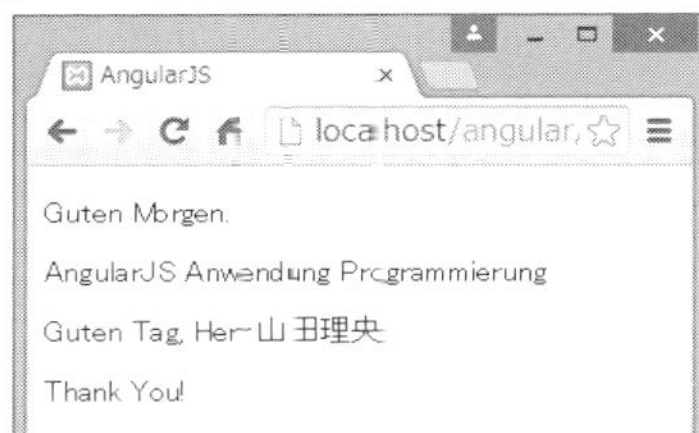

また、リスト9-16の❸で言語設定をen、deと変更することで、それぞれ英語、ドイツ語（図9-14の中央、右）に変化することも確認してみましょう。

translate ディレクティブで辞書情報を引用する

ディレクティブの形式で辞書情報を参照することもできます。

構文 translate ディレクティブ

```
<element translate="key" [translate-values="values"]
  [translate-default="default"]></element>
```

element：任意の要素　*key*：辞書キー
values：文字列に埋め込む情報（「キー名：値」の形式）
default：辞書情報を取得できなかった場合に使用するデフォルト値

translate ディレクティブを利用することで、先ほどのリスト 9-17 ❶～❸は、以下のように書き換えが可能です。

▼ リスト 9-18　translate.html

```
<p translate="morning"></p>
<p translate="info.title"></p>
<p translate="hello" translate-values="data"></p>
<p translate="thanks"></p>
```

利用する辞書をブラウザー環境に応じて選択する

リスト 9-16 の❸では、固定値で利用する辞書を決定していました。これを、ブラウザーの言語設定によって動的に変更するには、以下のように determine PreferredLanguage メソッドを呼び出してください（リスト 9-19）。

▼ リスト 9-19　translate.js

```
$translateProvider
  .useStaticFilesLoader({
    ...中略...
  })
  .determinePreferredLanguage()
  .fallbackLanguage('en');
```

ブラウザーの優先言語によって、表示も変化することを確認してみましょう。言語設定は、Chrome では、≡（Google Chrome の設定）－［設定］を開き、［言語と入力の設定 ...］ボタンから変更できます。

補足：determinePreferredLanguage メソッドの内部的な挙動

より厳密には、determinePreferredLanguage メソッドは以下のプロパティを順番に走査し、クライアントの言語情報を取得します。

- navigator.languages[0]
- navigator.language
- navigator.browserLanguage
- navigator.systemLanguage
- navigator.userLanguage

ただし、これらのプロパティの戻り値は、ブラウザー／バージョンによって異なりますので、注意してください[*16]。たとえば、Internet Explorer 11 は、languages プロパティに対応しておらず、language プロパティはオペレーションシステムの言

＊16
ドキュメントにも、このプロパティは自身の責任でもって利用してください、と但し書きがあります。

語情報を返しますので、一般的な読者の皆さんの環境では、固定で日本語が表示されます（ちなみに、Chrome、Firefox、Opera の最新版では言語設定に応じて表示が変化しました）。

NOTE 言語選択の自作

determinePrefferedLanguage メソッドのデフォルトの挙動がアプリの要件に合致しない場合には、引数に関数を渡すことで、言語選択のルールをカスタマイズすることもできます。関数は、戻り値として 'ja'、'en' のような言語名を返さなければなりません（リスト 9-20）。

▼リスト 9-20 translate.js

```
.determinePreferredLanguage(function () {
  var language = '';
  ...言語を決定するためのルールを記述...
  return language;
});
```

9.1.7 AngularJS アプリに Google Maps を導入する - Angular Google Maps

入手先 http://angular-ui.github.io/angular-google-maps/

Google Maps（https://www.google.co.jp/maps）は、言わずと知れた地図の定番アプリです。今でこそ当たり前になっていますが、マウスドラッグでヌルヌル動く地図の先駆けでもあります。Google Maps API と呼ばれる Web API も用意されており、JavaScript から自在に見栄え／挙動をカスタマイズし、自前のアプリに組み込める点も重宝される要因の 1 つです。

Angular Google Maps は、この Google Maps API のラッパーで、<ui-gmap-google-map> などのディレクティブを利用することで、AngularJS アプリに Google Maps を組み込むことが可能になります。

以下は、Angular Google Maps を利用して、特定地点の地図と、その周辺のポイントにマーカーを立てる例です。

▼ リスト9-21　上：map.html／中：map.css／下：map.js

```
<link rel="stylesheet" href="css/map.css" />
...中略...
<script src="lib/lodash.min.js"></script> ─────────────┐
<script src="lib/angular-google-maps.min.js"></script> ─────┴─❶
...中略...
<ui-gmap-google-map center="map.center" zoom="map.zoom" options="map.options"> ──┐
  <ui-gmap-markers models="map.markers" coords="'self'" click="onclick"> ──┐   │
    <ui-gmap-windows show="show"> ───────────────────┐        │   │
      <div ng-non-bindable>{{title}}<hr />{{content}}</div>   ├─❿    ├─❽  ├─❹
    </ui-gmap-windows> ─────────────────────────┘        │   │
  </ui-gmap-markers> ──────────────────────────────┘   │
</ui-gmap-google-map> ─────────────────────────────────┘
```

```
.angular-google-map-container { height: 400px; } ─────────────────❼
```

```
angular.module('myApp', [ 'uiGmapgoogle-maps' ]) ──────────────────❷
  .config(['uiGmapGoogleMapApiProvider', function(uiGmapGoogleMapApiProvider) { ─┐
    // Google Map APIをロード                                                    │
    uiGmapGoogleMapApiProvider.configure({                                       │
      v: '3.17',                                          // バージョン         ├─❸
      libraries: 'weather,geometry,visualization'         // 追加ライブラリ     │
    });                                                                          │
  }]) ───────────────────────────────────────────────────────┘
  .controller('MyController', ['$scope', 'uiGmapGoogleMapApi',
    function($scope, uiGmapGoogleMapApi) {

    // Google Map APIが有効になったタイミングで設定
    uiGmapGoogleMapApi.then(function(maps) { ──────────────────────┐
      $scope.map = { ─────────────────────────────────┐  │
        center: { latitude: 35.692402, longitude: 139.722881 },    │  │
        zoom: 14,                                                   │  │
        options: {                                                  │  │
          mapTypeId: google.maps.MapTypeId.SATELLITE                │  │
        },                                                          │  │
        // マーカー情報                                              │  │
        markers: [ ─────────────────────────────┐      │  │
          {                                              │      │  │
            id: 1,                                       │      │  │
            latitude: 35.693449,                         │      │  │
            longitude: 139.7356357,                      │      │  │
            title: '技術評論社',                          │      ├─❺ │
            content: '本書を刊行いただいた出版社',          │      │  │
            show: false                                  │      │  │
          },                                             ├─❾   │  ├─❻
          {                                              │      │  │
            id: 2,                                       │      │  │
            latitude: 35.689487,                         │      │  │
            longitude: 139.691706,                       │      │  │
```

```
        title: '東京都庁',
        content: '展望室から東京のまちを一望できます。',
        show: false
      }
    ]
  };

  // マーカークリック時にウィンドウの表示／非表示
  angular.forEach($scope.map.markers, function(marker, index) {
    marker.onclick = function() {
      marker.show = !marker.show;
    };
  });
});
}]);
```

⓫

▼図 9-15　Angular Google Maps で生成した地図

以下で詳しく解説していきます。

Angular Google Maps の準備

Angular Google Maps を利用するには、Angular Google Map 本体（angular-google-maps.min.js）の他、lodash（lodash.min.js）というライブラリが必要です。公式サイト（https://lodash.com/）からダウンロードしたライブラリを任意のフォルダーに配置した上で、インポートしてください（❶）。

コントローラー側では uiGmapgoogle-maps モジュールへの依存関係を設定した上で（❷）、config メソッドの中で、Angular Google Maps（Google Maps API）をロードします（❸）。uiGmapGoogleMapApiProvider configure メソッ

ドには、Google Maps APIをロードする際の設定情報を「パラメーター名：値」の形式で指定します。最低限、v（バージョン情報）を指定しておきましょう。

以上で、Angular Google Mapsを利用するための準備は完了です。

基本的な地図の表示

標準の地図を表示するには、<ui-gmap-google-map>要素（ディレクティブ）を利用します（❹）。<ui-gmap-google-map>要素で利用できる主な属性は、以下のとおりです（表9-8）。

▼表9-8　<ui-gmap-google-map>要素の主な属性

属性	概要
center	地図の中心となる座標（latitude：緯度／longitude：経度）
zoom	拡大率（1～20）
options	地図オプション（「オプション名：値」のハッシュ[*17]）
events	イベント（「イベント名：リスナー」のハッシュ[*18]）

＊17
利用可能なオプションの詳細は「google.maps.MapOptions」（https://developers.google.com/maps/documentation/javascript/reference#MapOptions）を参照してください。

＊18
利用可能なイベントの詳細は「google.maps.Map」（https://developers.google.com/maps/documentation/javascript/reference#Map）を参照してください。

＊19
その他のmarkers（マーカー情報）については後述します。

ここでは、最低限、中央の座標（center）／拡大率（zoom）／地図オプション（options）を、それぞれスコープオブジェクトのプロパティとして指定しています[*19]（❺）。mapTypeId（地図の種類）には、SATELLITE（衛星地図）の他、ROADMAP（通常の地図）、HYBRID（双方）などを指定できます。

なお、スコープオブジェクトはuiGmapGoogleMapApi.thenメソッドの配下でセットアップします（❻）。というのも、google.maps.MapTypeId.SATELLITEなどの定数は、Google Maps APIがロードされたあとでなければ利用できないためです。thenメソッドは、Google Maps APIが完全にロードされたあとに、コードが実行されることを保証します。

地図のサイズは、スタイルシート側で❼のように宣言します。もちろん、高さ／幅はアプリに応じて変更可能です。「.angular-google-map-container」は、<ui-gmap-google-map>要素によって内部的に生成された地図のコンテナー（外枠）に適用されたスタイルクラスです。

マーカーの表示

地図にマーカー（群）を埋め込むには、<ui-gmap-google-map>要素の配下で<ui-gmap-markers>要素（ディレクティブ）を呼び出します（❽）。<ui-gmap-markers>要素で利用できる主な属性には、以下のようなものがあります（表9-9）。

▼ 表 9-9 <ui-gmap-markers> 要素で利用できる主な属性

属性	概要
models	マーカーの情報を表すオブジェクト群
idkey	モデルの id を表すプロパティ名（デフォルトは id）
coords	マーカーの座標を表すプロパティ名
icon	アイコン画像を表すプロパティ名
options	マーカーオプション（「オプション名：値」のハッシュ[*20]）
click	クリック時に実行すべき処理

＊20
利用可能なオプションの詳細は「google.maps.MarkerOptions」（https://developers.google.com/maps/documentation/javascript/reference#MarkerOptions）を参照してください。

ここでは、最低限、models（マーカーの元となるオブジェクト）／coords（座標）／click（イベントリスナー）属性を、スコープオブジェクトで宣言されたものに紐づけています。coords 属性の値 self は、現在のモデル自身に含まれる latitude／longitude プロパティをそのまま利用しなさい、という意味です。

モデルには、マーカーそのものの描画で必要な情報の他、あとからポップアップ表示するための表題（title）／詳細情報（content）も設定しています（❾）。

情報ウィンドウの表示

マーカーをクリックした時に、対応する詳細情報をポップアップ表示させます。これには、<ui-gmap-markers> 要素配下で <ui-gmap-windows> 要素（ディレクティブ）を呼び出します（❿）。情報ウィンドウに表示するコンテンツ（テンプレート）を、要素配下で宣言します。テンプレートには、上位のマーカーで用意されたモデルのプロパティが紐づけられます。この際、事前にテンプレートが処理されてしまわないよう、ng-non-bindable 属性を付与している点に注意してください。さもないと、正しくモデルの内容が反映されません。

情報ウィンドウの表示／非表示を制御しているのは、click イベントリスナーです（⓫）。マーカーをクリックしたタイミングで呼び出されます。この例であれば、model.show を反転させることで、情報ウィンドウの表示／非表示を切り換えています。

9.1.8 定型的なチャートを生成する - angular-google-chart

入手先 https://github.com/bouil/angular-google-chart

angular-google-chart は、Google Chart（https://developers.google.com/chart/）の薄いラッパーで、棒グラフ／円グラフ／折れ線グラフ／エリアチャート／散布図／バブルチャートなどなど、定型的なグラフを作成するためのディレクティブを提供します（図 9-16）。

▼ 図 9-16　Google Chart で生成できるチャート（出典：https://developers.google.com/chart/interactive/docs/gallery）

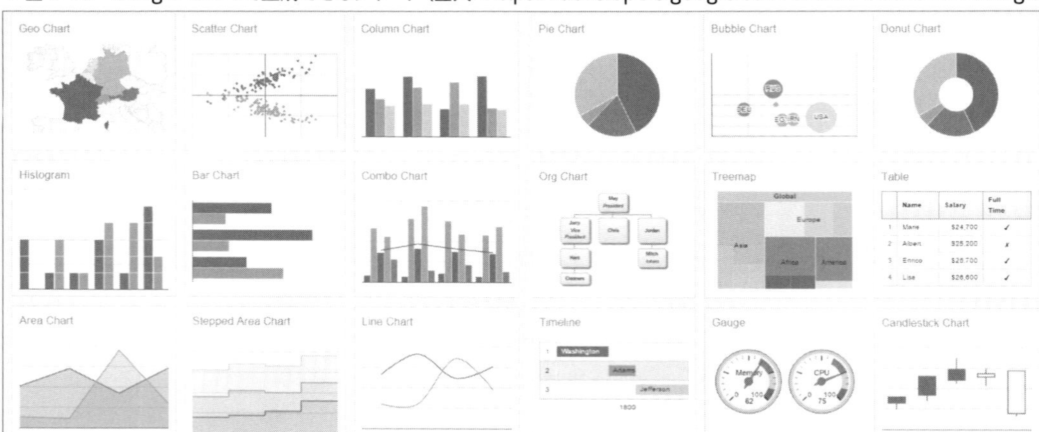

ここでは、angular-google-chart を利用した一例として、書籍別の売り上げ情報を積み上げグラフとして整形してみましょう。

▼ リスト 9-22　上：chart.html／下：chart.js

```
<script src="lib/ng-google-chart.js"></script> ──── ❶
...中略...
<div google-chart chart="data" style="height:400px; width:70%;"></div> ─❸
```

```
angular.module('myApp', [ 'googlechart' ]) ──── ❷
  .controller('MyController', ['$scope', function ($scope) {

    $scope.data = {
      'type': 'BarChart',                        // チャートの種類
      'data': {
        // 列情報
        'cols': [
          {
            'id': 'month',
            'label': '月',
            'type': 'string',
          },
          {
            'id': '978-4-7741-7078-7',
            'label': 'サーブレット&JSPポケットリファレンス',
            'type': 'number',
          },
          ...中略...
        ],
        // 実データ
        'rows': [
```

```
      {
        'c': [
          {
            'v': 4,
            'f': '4月'
          },
          {
            'v': 20,
            'f': '200冊'
          },
          {
            'v': 10,
            'f': '100冊'
          },                                    ❹
          {
            'v': 7,
            'f': '70冊'
          },
          {
            'v': 4,
            'f': '40冊'
          }
        ]
      },
      ...中略...
    ]
  },
  // チャートオプション
  'options': {
    'title': '書籍別2015年春季売上',
    'isStacked': 'true',
    'vAxis': {
      'title': '売上月'
    },
    'hAxis': {
      'title': '売上数（10冊単位）',
      'gridlines': {
        'count': 10
      }
    }
  }
};
}]);
```

▼図 9-17　書籍別の売り上げ情報を積み上げグラフとして整形

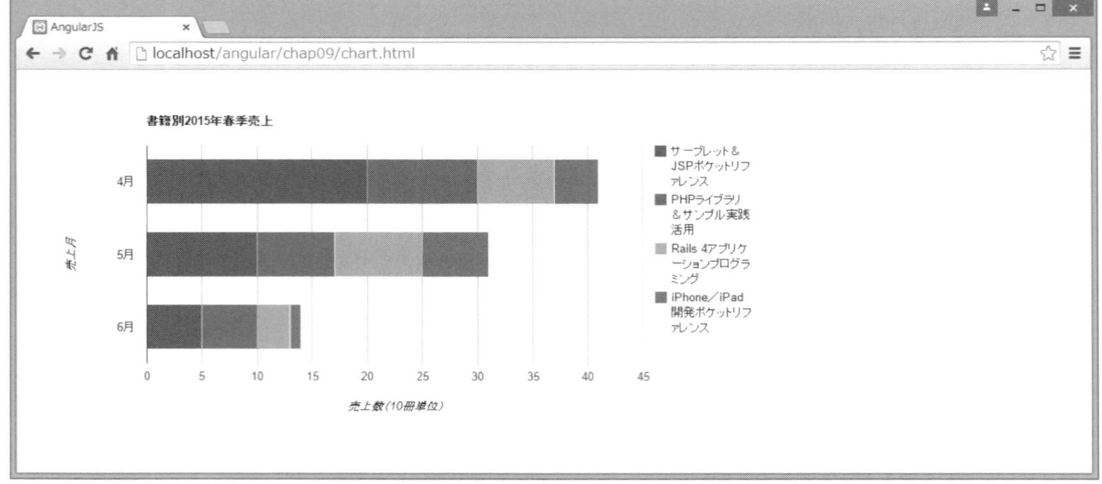

angular-google-chart を利用するには、ダウンロードした ng-google-chart.js をインポートし（❶）、メインモジュールから googlechart モジュールへの依存関係を設定します（❷）。

あとは、チャートの描画領域を準備し（❸）、google-chart ディレクティブを呼び出します。chart 属性にはチャートの描画に必要なデータ（ハッシュ）を指定します。

chart 属性で利用している情報をセットアップしているのが、❹です。利用できる情報は多岐にわたりますので、以下ではサンプルで利用しているパラメーターに絞って解説します[*21]。

＊21
詳しくは「Google Visualization API Reference」（https://google-developers.appspot.com/chart/interactive/docs/reference）なども参照してください。

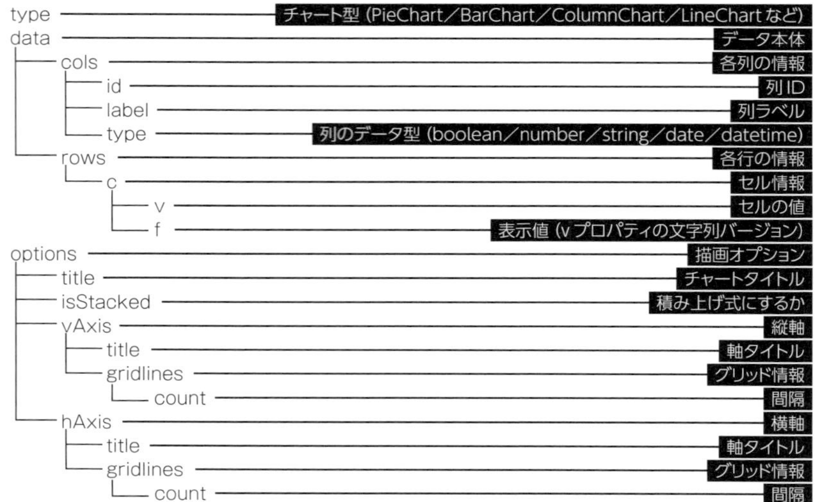

dataプロパティでは、列情報（cols）を定義した上で、その列に沿って行情報（rows）をあてはめ、全体として表形式の情報を組み立てるイメージです（図9-18）。

▼図 9-18　dataプロパティの構造

		月	サーブレット&JSPポケットリファレンス	PHP ライブラリ&サンプル実践活用	Rails 4 アプリケーションプログラミング	iPhone／iPad 開発ポケットリファレンス
rows	c	4	20	10	7	4
	c	5	10	7	8	6
	c	6	5	5	3	1

（上段の見出し行が cols）

typeプロパティを変更して結果の変化も確認してみましょう（図9-19）。

▼図 9-19　angular-google-chartで生成できる主なチャート

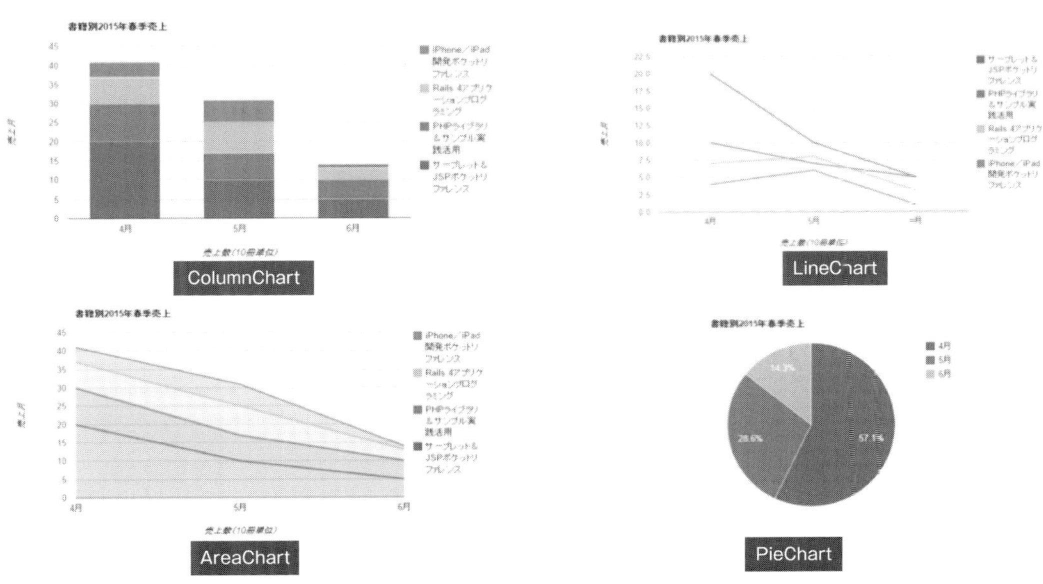

9▸2 開発に役立つソフトウェア／ツール

本書では、できるだけ導入のハードルを下げるために、原則として、必要最低限のソフトウェアを前提に解説を進めてきました。

しかし、本格的なアプリを開発する上では、たとえば、依存するライブラリのバージョンを管理したい、スクリプトコードの圧縮を自動化したい、アプリのひな形を自動生成したいなど、本来の作業に集中するために、できるだけ定型的な作業を省力化したいという要望が強くなってきます。本節では、このような AngularJS アプリ開発で役立つ定番のソフトウェア／ツールとして、以下のものについて解説します（表 9-10）。

▼ 表 9-10　本節で解説するソフトウェア

ソフトウェア	概要
Yeoman	AngularJS アプリの骨組みを生成
Grunt	定型的な作業を自動化（ビルドツール）
Bower	アプリで利用しているライブラリを管理（パッケージ管理ツール）

9.2.1 アプリのひな形を自動生成するツール Yeoman

Yeoman（ヨーマン）とは、さまざまなフレームワークに対応したアプリのひな形を作成（Scaffolding）するためのツール[*22]です。正しくは、アプリのひな形を生成する yo（https://github.com/yeoman/yo）を中心に、Grunt／Bower といったソフトウェアから構成されるツールセットです。Yeoman では、これらのソフトウェアを組み合わせることで、新規アプリの立ち上げからパッケージ管理、テスト～リリースの流れを自動化した――モダンな開発フローを手軽に導入できます。

＊22
AngularJS に特化したツールではありません。ジェネレーターを切り替えることで、（たとえば）Backbone.js や Ember.js のようなフレームワークに対応することもできます。

このうち、Grunt／Bower については次項以降で詳説しますので、本項では Yeoman そのものの導入から、Yeoman を利用したアプリのひな形生成までを解説します。

[1] Yeoman の動作に必要なソフトウェアをインストールする

Yeoman を利用するには、以下のソフトウェアをあらかじめインストールしておく必要があります。以下の入手先からインストーラーを入手し、それぞれ起動してください。ウィザードが起動しますので、画面の指示に従ってインストールを進めてください。

ソフトウェア	入手先	ファイル名
Node.js	https://nodejs.org/	node-v0.12.5-x64.msi
Git	http://git-scm.com/	Git-1.9.5-preview20150319.exe
Ruby	http://rubyinstaller.org/downloads/	rubyinstaller-2.2.[illegible]-x64.exe

Rubyをインストールしたら、以下のコマンドで、配下のライブラリを最新のものにアップデートしておきます。

```
> gem update --system ―――――― ライブラリのアップデート
> gem install compass ―――――― Compass＊23のインストール
```

＊23
スタイルシートをより手軽に記述するためのフレームワークです（http://compass-style.org/）。ネストや変数、文字列展開のような機能を提供しており、CSSでは冗長になりがちだった記述をコンパクトに表現できます。

[2] Yeomanをインストールする

Yeomanを構成するソフトウェアを、npmコマンドでインストールします。grunt-cliはGruntのクライアントツール、generator-angularはAngularJSのためのジェネレーターです。また、-gオプションは、ソフトウェアをグローバルにインストールしなさい、という意味です。

```
> npm install -g yo bower grunt-cli generator-angular
```

正しくインストールできたかどうかを、それぞれバージョン情報を表示させて確認しておきます。

> yo --version
yoのバージョン
1.4.7
> grunt --version
Gruntクライアントツールのバージョン
grunt-cli v0.1.13
> bower --version
Bowerのバージョン
1.4.1

Scaffolding機能を実行する

Yeomanの準備ができたら、さっそく、Scaffolding機能を起動してアプリのひな型を作成してみましょう。以下は、myAppフォルダーの配下にアプリを作成する例です。

[1] Scaffolding機能を実行する

アプリを作成するには、コマンドプロンプトから以下のコマンドを実行します。Yes／Noの選択では「Y」「n」を入力し、選択式の設問では↑↓でオプションを選択し、Space キーで選択してください。Enter キーで確定し、次の設問に移動します。

```
> cd c:¥data¥myApp ──── カレントフォルダーをアプリルートに移動*24
> yo angular ──── Scaffolding機能を起動*25

? ==========================================================================
We're constantly looking for ways to make yo better!
May we anonymously report usage statistics to improve the tool over time?
More info: https://github.com/yeoman/insight & http://yeoman.io
======================================================================= Yes

        _-----_
       |       |    .--------------------------.
       |--(o)--|    |    Welcome to Yeoman,    |
      `---------´   |   ladies and gentlemen!  |
       ( _´U`_ )    '--------------------------'
       /___A___¥
        |  ~  |
      __'.___.'__
    ´   `  |° ´ Y `

Out of the box I include Bootstrap and some AngularJS recommended modules.

? Would you like to use Sass (with Compass)? Yes ──── Compass (Sass)を利用するか
? Would you like to include Bootstrap? Yes ──── Bootstrapを利用するか
? Would you like to use the Sass version of Bootstrap? Yes ──── BootstrapのSassバージョンを利用するか
? Which modules would you like to include? angular-animate.js, angular-⏎
cookies.js, angular-resource.js, angular-route.js, angular-sanitize.js, ⏎
angular-touch.js ──── インクルードするモジュール
   create app¥styles¥main.scss
   create app¥index.html
   create bower.json
...中略...
? May bower anonymously report usage statistics to improve the tool ⏎
over time? Yes ──── ツール改善のために匿名で使用統計を報告するか
...中略...
Done, without errors.


Execution Time (2015-04-18 14:39:47 UTC)
...中略...
Total 1.8s
```

＊24
ここでは「c:¥data¥myApp」の配下にアプリを生成するものとします。パスは、自分の環境に応じて適宜読み替えてください。

＊25
「yo angular:app」としても同じ意味です。

なお、ここでは、yo angularコマンドをそのまま起動しましたが、以下のようなオプションを付与することもできます（表9-11）。

▼ 表 9-11 yo angular コマンドの主なオプション

オプション	概要
--app-suffix [*suffix*]	モジュール名の接尾辞[*26]
--appPath [*path*]	ファイルの書き込み先
--angular:controller [*name*]	指定のコントローラーを生成
--coffee	JavaScript の代わりに CoffeeScript[*27] のコードを生成
-h／--help	ヘルプを表示

＊26
デフォルトでは「アプリケーションルートの名前＋App」のように命名されます。

＊27
altJS 言語の一種で、Ruby on Rails で標準採用されたことから急速に普及しました。altJS に関する詳細は、P.488 のコラムも参照してください。

[2] アプリの内容を確認する

yo angular コマンドの実行に成功したら、自動生成されたアプリの内容をエクスプローラーなどから確認してみましょう。myApp フォルダーの配下には、以下のようなフォルダー／ファイルが作成されているはずです。

たくさんのフォルダー／ファイルが生成されますが、この中でもよく利用するのは /app フォルダーです。アプリの動作にかかわるコードは、原則として、/app フォルダーの配下に配置されています。アプリ開発者が編集するのも、まずはこの部分です。

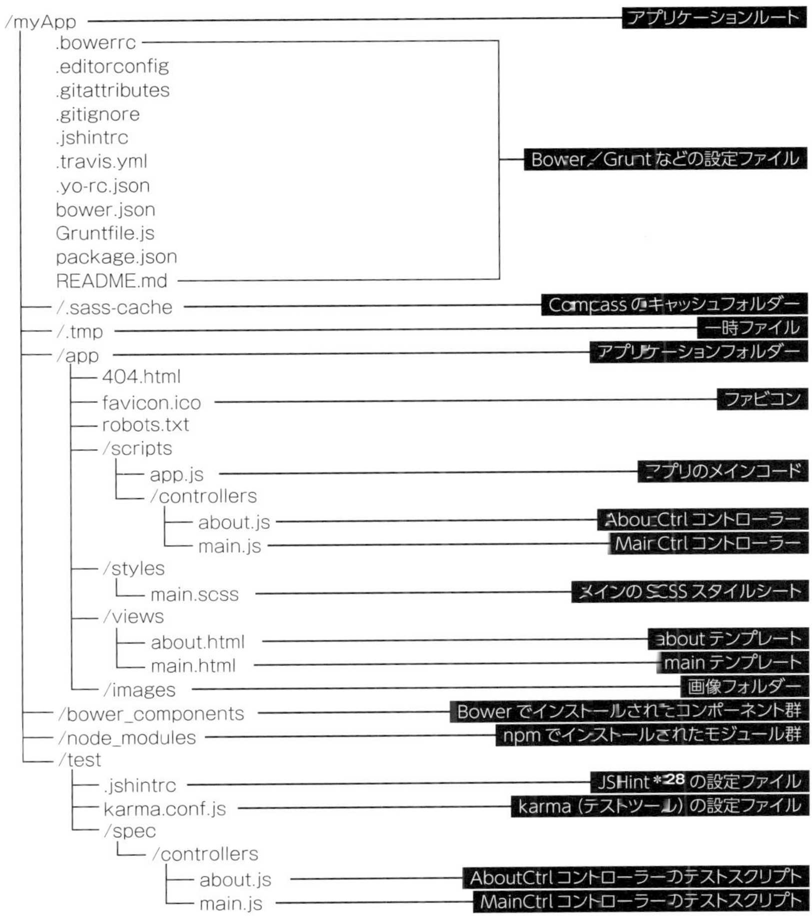

＊28
JavaScript 用の構文チェッカーです。

自動生成されるフォルダーの構造は、そのまま AngularJS アプリのあるべき配置のパターンでもあります。一からアプリを作成する場合にも、ファイルの保存先に迷ったら、Yeoman のそれを参考にしてみるのも良いでしょう。

[3] HTTP サーバーを起動する

Yeoman（Grunt）では、開発用の HTTP サーバーが標準で用意されています。アプリの動作を確認するならば、以下のようにコマンドを実行してみましょう。

```
> grunt serve*29
Running "serve" task
...中略...
Done, without errors.

Execution Time (2015-04-19 12:00:10 UTC)
compass:server  23.8s ████████████████████████100%
Total 23.8s

Running "autoprefixer:server" (autoprefixer) task
File .tmp/styles/main.css created.
File .tmp/styles/main.css.map created (source map).

Running "connect:livereload" (connect) task
Started connect web server on http://localhost:9000

Running "watch" task
Waiting...
```

＊29
その他にもアプリをビルドする grunt build、テストを実行する grunt test コマンドなどがあります。

初回起動時には、ファイアーウォールの警告画面が表示されますので、［アクセスを許可する］ボタンをクリックしてください。

以上のような起動メッセージが表示されれば、サーバーは正しく起動できています。ブラウザーも自動で起動し、以下のようなトップページが表示されます（図 9-20）。

▼ 図 9-20　yo angular コマンドで生成したサンプルアプリのトップページ

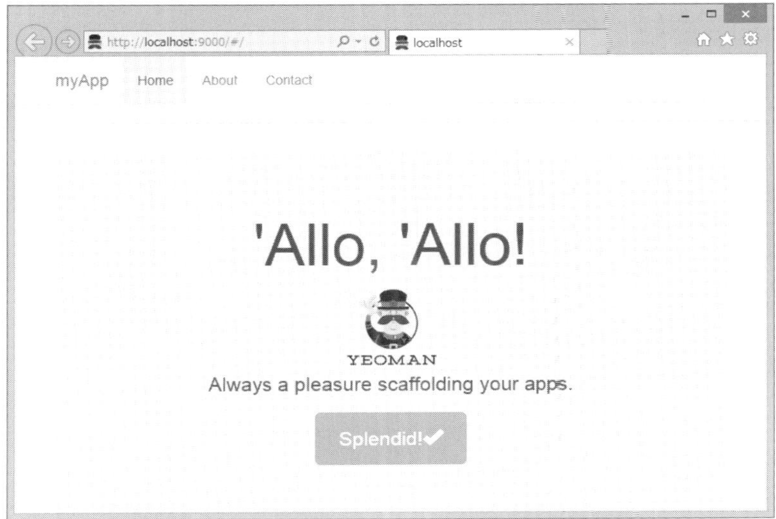

ページ上部の［About］ボタンをクリックしてページが遷移できれば、AngularJS が正しく動作しています*30。

サーバーを終了するための専用のコマンドはないので、停止する際には Ctrl ＋ C でシャットダウンしてください。

*30
［Contact］ページにはルート定義が設定されていないので、リンクしてもそのままトップページが表示されるだけです。

Yeoman のさまざまなジェネレーター

Yeoman（generator-angular）には、その他にも以下のようなジェネレーターが用意されています（表 9-12）。

▼ 表 9-12　angular-generator で提供される主なコマンド

対象	コマンド 生成されるファイル
ルート	yo angular:route [*name*] app/scripts/controllers/[*name*].js、test/spec/controllers/[*name*].js、app/views/[*name*].html
コントローラー	yo angular:controller [*name*] app/scripts/controllers/[*name*].js、test/spec/controllers/[*name*].js
ディレクティブ	yo angular:directive [*name*] app/scripts/directives/[*name*].js、test/spec/directives/[*name*].js
フィルター	yo angular:filter [*name*] app/scripts/filters/[*name*].js、test/spec/filters/[*name*].js
ビュー	yo angular:view [*name*] app/views/[*name*].html

サービス	yo angular:service [*name*]
	app/scripts/services/[*name*].js、test/spec/services/[*name*].js
	yo angular:factory [*name*]
	app/scripts/services/[*name*].js、test/spec/services/[*name*].js
	yo angular:provider [*name*]
	app/scripts/services/[*name*].js、test/spec/services/[*name*].js
	yo angular:value [*name*]
	app/scripts/services/[*name*].js、test/spec/services/[*name*].js
	yo angular:constant [*name*]
	app/scripts/services/[*name*].js、test/spec/services/[*name*].js
デコレーター	yo angular:decorator [*name*]
	app/scripts/decorators/[*name*]decorator.js

また、以下は、それぞれのコマンドで利用できる主なオプションです(表9-13)。

▼表9-13 yo angular:xxxxx コマンドで利用できる主なオプション

分類	オプション	概要
共通	-h, --help	ヘルプを表示
	--coffee	JavaScriptの代わりにCoffeeScriptのコードを生成(Viewを除く)
ルート	--uri	ルーティング用のカスタムURI

CoffeeScriptでコーディングする場合には、--coffeeオプションを利用することで、(.jsファイルの代わりに).coffeeファイルでコードが生成されます。

以下は、yo angular:routeコマンドを利用する例です。

```
> yo angular:route article
   invoke   angular:controller:C:¥Users¥...¥AppData¥Roaming¥npm¥node_⏎
modules¥generator-angular¥route¥index.js
   create   app¥scripts¥controllers¥article.js
   create   test¥spec¥controllers¥article.js
   invoke   angular:view:C:¥Users¥...¥AppData¥Roaming¥npm¥node_modules¥⏎
generator-angular¥route¥index.js
   create   app¥views¥article.html
```

以下のようにルートの定義情報がapp.jsに追加され、関係するコントローラー/テンプレートを自動生成します(リスト9-23)。手作業でルートを追加して、ファイルを追加して…という手順を思うと、ぐんと作業が簡単になります。

▼リスト9-23 app.js

```
angular
  .module('myAppApp', [...])
  .config(function ($routeProvider) {
```

```
$routeProvider
  ...中略...
  .when('/article', {
    templateUrl: 'views/article.html',
    controller: 'ArticleCtrl'
  })
 ...中略...
});
```


9.2.2 定型作業を自動化するビルドツール Grunt

元来、JavaScriptはインタプリター型の言語であるため、コンパイルも不要で、ソースコードを配置するだけでそのまま動作する手軽さが売りでした。しかし、近年では、JavaScriptによる開発も複雑化しています。ざっと考えるだけでも、以下のような作業が必要です。

- altJS（P.488）を利用している場合は、そのコンパイル
- JSLint（http://www.jslint.com/）などによるコードの品質チェック
- ユニットテストの実行
- ソースコードのミニフィケーション（圧縮）
- デバッグのための簡易サーバー起動

これらの作業のひとつひとつは単純ですが、開発の途上で何度も繰り返し行わなければならないとすれば面倒でもあり、抜けや誤りの原因ともなります。そこで、これらの作業を自動化するのが、ビルドツールであるGruntの役割です[*31]。

＊31
他の言語を学んだ人であれば、Ant／Maven（Java）、makeと同種のソフトウェアであると言えば、イメージしやすいかもしれません。

本項では、あらかじめ用意されたソースコードをミニファイ（圧縮）する手順を通して、Gruntの基本的な用法を理解します。

▼ 図 9-21　Grunt 公式サイト（http://gruntjs.com/）

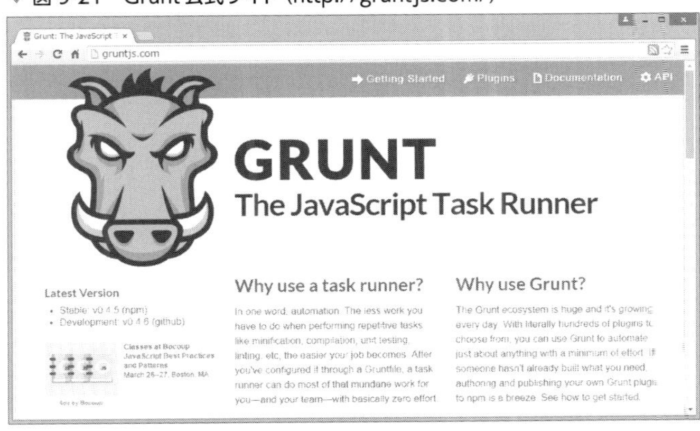

[1] grunt-cliをインストールする[*32]

grunt-cliは、Gruntを操作するためのコマンドラインツールです。以下のように、npmから-gオプションを付けて、グローバルにインストールしてください[*33]。

```
> npm install -g grunt-cli
```

*32
Yeomanをインストールした人は、既にGruntもインストール済みであるはずです。この手順はスキップして構いません。

*33
npm（Node.js）は8.2.2項でインストールしているはずですが、まだの人はあらかじめインストールしてください。

> **NOTE 配布サンプルをそのまま利用する場合**
>
> 配布サンプルをそのまま使用する場合は、以降の手順2〜4は不要です。/chap09/gruntフォルダーに移動したうえで、以下のコマンドを実行してください。
>
> ```
> > npm install
> ```
>
> npm installコマンドは、package.jsonで記録されたパッケージをまとめてインストールしなさいという意味です。

[2] package.jsonを準備する

npmでは、現在のアプリ（プロジェクト）にインストールしたパッケージの情報、依存関係をpackage.jsonというファイルで管理します。あとからGruntで利用するプラグインをインストールしますが、これらのライブラリもpackage.json（npm）で管理します。package.jsonでライブラリを管理することで、あとから別の環境で必要なライブラリを準備したい時にも、コマンドひとつで再現できるメリットがあります[*34]。

package.jsonのひな形は、npm initコマンドで作成できます。コマンドを実行すると、いくつかの質問をされます。自分の用途に応じて、適当な値を入力／選択してください[*35]。

*34
直前のNOTEも参照してください。

*35
まずは、デフォルトのままでも動作しますので、そのまま進めても問題ありません。

```
> cd C:¥xampp¥htdocs¥angular¥chap09¥grunt ―― アプリルートに移動*36
> npm init ―― 初期化コマンドを実行
This utility will walk you through creating a package.json file.
It only covers the most common items, and tries to guess sane defaults.

See `npm help json` for definitive documentation on these fields
and exactly what they do.

Use `npm install <pkg> --save` afterwards to install a package and
save it as a dependency in the package.json file.

Press ^C at any time to quit.
```

*36
パスは、自分の環境に応じて適宜読み替えてください。以降もコマンドはすべてアプリルートで実行します。

```
name: (grunt) angularSample                          プロジェクト名
version: (0.0.0) 1.0.0                               バージョン
description: AngularJS 本のサンプル                  プロジェクトの解説
entry point: (index.js)                              メインファイル
test command:                                        テストコマンド
git repository:                                      バージョン管理システムの情報
keywords:                                            キーワード
author: Yoshihiro Yamada                             著者情報
license: (ISC)                                       ライセンス
About to write to C:¥xampp¥htdocs¥angular¥chap09¥grunt¥package.json:

{
  "name": "angularSample",
  "version": "1.0.0",
  "description": "AngularJS本のサンプル",
  "main": "index.js",
  "scripts": {
    "test": "echo ¥"Error: no test specified¥" && exit 1"
  },
  "author": "Yoshihiro Yamada",
  "license": "ISC"
}                                                    生成されるpackage.jsonのコード

Is this ok? (yes)                                    最終確認（これで終了しますか?）
```

ウィザードを終了すると、アプリルート直下にpackage.jsonが生成されています。コードの内容は、上のコマンドでも示されているとおりです。

[3] Grunt／Gruntプラグインをインストールする

Grunt本体と、そのプラグインをインストールします（図9-22）。Grunt本体は、あくまでタスクを実行するためのランナーで、標準で備わっている機能はそれほど多くありません。一般的には、あまた用意されたプラグインから必要なものを組み合わせて利用します。

＊37
本書の執筆時点で、約4500にも及ぶプラグインが公開されています。

▼ 図9-22 Grunt Plugins (http://gruntjs.com/plugins＊37)

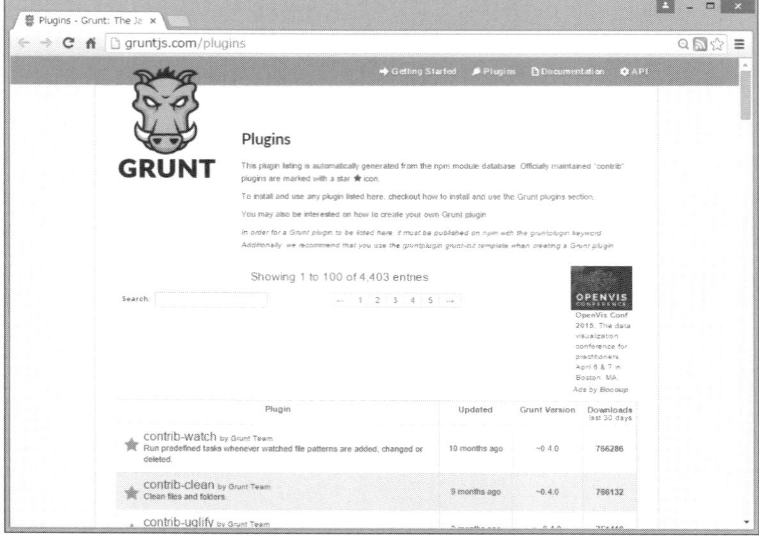

ここでは、JavaScriptコードの圧縮を担当するgrunt-contrib-uglifyプラグインをインストールします。

```
> npm install grunt --save-dev
> npm install grunt-contrib-uglify --save-dev
```

インストールするパッケージの情報をpackage.jsonに記録するには、--save／--save-devオプションを指定します。--saveはアプリそのものの実行で利用するパッケージで、--save-devはアプリ開発で利用するツールで、それぞれ指定します。Gruntの用途でnpm installコマンドを利用する場合には、基本的に--save-devオプションを指定する、と理解しておけば良いでしょう。

/node_modulesフォルダー配下に/grunt、/grunt-contrib-uglifyフォルダーができていること、package.jsonに、リスト9-24のようなdevDependenciesブロックが追加されていることを確認してください。

▼ リスト9-24 package.json

```
{
  ...中略...
  "license": "ISC",
  "devDependencies": {
    "grunt": "~0.4.5",
    "grunt-contrib-uglify": "~0.9.1"
  }
}
```

[4] Gruntfileを準備する

Gruntfileとは、ロードすべきGruntプラグイン、Gruntに実行させるべきタスクを定義するためのファイルです。package.jsonと同じフォルダーに配置し、ファイル名はGruntfile.jsで固定です(リスト9-25)。

▼ リスト9-25 Gruntfile.js

```
// Gruntコードの外枠
module.exports = function(grunt) {                       ─ ❶
  // 初期化情報(タスクの定義)
  grunt.initConfig({                                     ─ ❷
    uglify: {                   // grunt-contrib-uglifyのタスク
      myTarget: {                              // 任意の子タスク
        // 圧縮ルール
        files: {
          'scripts/myApp.min.js' :             // 出力ファイル名
          [
            'src/books.js',
            'src/controller.js',
            'src/service.js'
          ]                         // 入力(圧縮対象)ファイル名
        }
      }
    }
  });

  // grunt-contrib-uglifyプラグインをロード
  grunt.loadNpmTasks('grunt-contrib-uglify');            ─ ❸
  // defaultタスクにuglifyを登録
  grunt.registerTask('default', [ 'uglify' ]);           ─ ❹
};
```

❶の「module.exports = function(grunt) {...};」はGruntfile.jsの外枠です。Gruntのコードはすべてこの配下に記述しなければなりません。引数grunt(Gruntオブジェクト)に対して、Gruntのタスク情報を定義します。

grunt.initConfigメソッドはGruntを初期化するためのメソッドです(❷)。ここでは、配下でuglify−myTargetタスクを定義しています。uglifyは、grunt-contrib-uglifyプラグインで決められたタスク名、myTargetはその配下で任意に命名できるサブタスクです。myTargetサブタスク配下のfilesは、srcフォルダー配下のbooks.js/controller.js/service.jsを圧縮&まとめて、その結果をscripts/myApp.min.jsに出力しなさい、という意味になります。

あとは❸でgrunt-contrib-uglifyプラグインをロードし、❹でdefaultタスクに定義済みのuglifyタスクを登録しています。defaultにタスクを登録しておくことで、特別な指定なしに複数のタスクを実行できます。

[5] タスクを実行する

以上でGrunt（grunt-contrib-uglifyプラグイン）を利用するための準備は完了です。あとは、コマンドプロンプトから以下のコマンドを実行するだけです。

```
> grunt
Running "uglify:myTarget" (uglify) task
>> 1 file created.

Done, without errors.
```

これでdefaultタスク（に登録されたuglifyタスク）が実行され、books.js／controller.js／service.jsを圧縮した結果がmyApp.min.jsに出力されていれば成功です（図9-23）。

▼図9-23　左：圧縮前のコード／右：圧縮後のコード

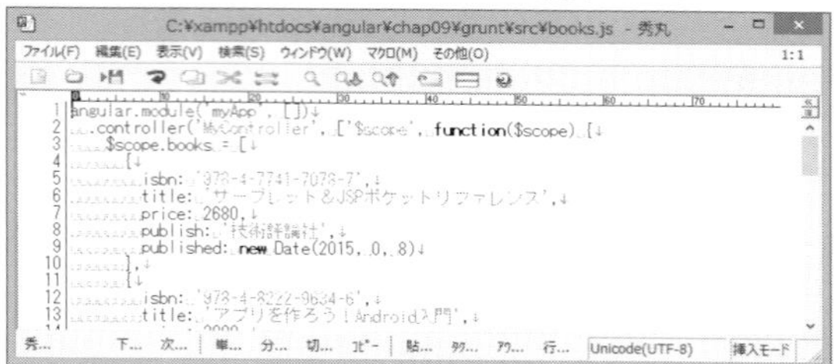

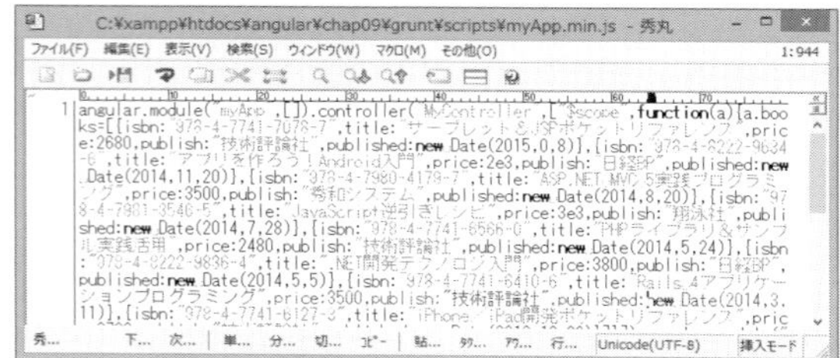

ちなみに、特定のタスク（サブタスク）だけを実行するには、以下のようにします。

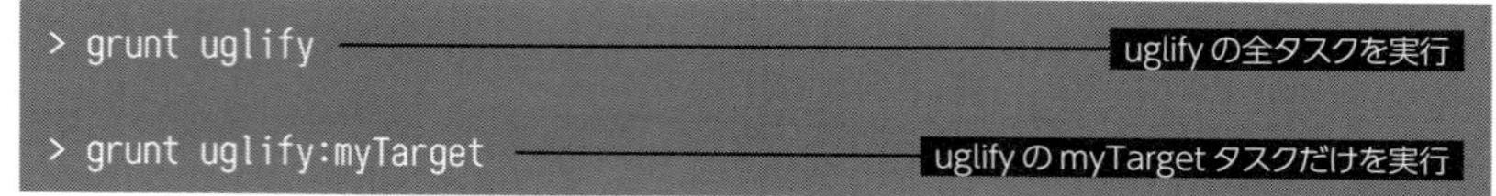
> grunt uglify
uglifyの全タスクを実行
> grunt uglify:myTarget
uglifyのmyTargetタスクだけを実行

AngularJSアプリ開発で利用できるGruntプラグイン

冒頭触れたように、Gruntでは定型的なタスクを実行するためのさまざまなプラグインが提供されています。以下では、AngularJSでよく利用するであろう代表的なプラグインをまとめておきます。

まず、grunt-contrib（https://github.com/gruntjs/grunt-contrib）では標準的なタスクが定義されており、AngularJSアプリ開発に限らず、汎用的に利用できます（表9-14）。

▼表 9-14　grunt-contrib に含まれる主なプラグイン

分類	プラグイン名	概要
ファイル	grunt-contrib-copy	フォルダー／ファイルをコピー
	grunt-contrib-clean	フォルダー／ファイルの削除
	grunt-contrib-compress	フォルダー／ファイルを Gzip 圧縮
	grunt-contrib-concat	ファイルを連結
	grunt-contrib-symlink	シンボリックリンクを作成
	grunt-contrib-watch	ファイルの更新を監視
ミニファイ	grunt-contrib-htmlmin	HTML を圧縮
	grunt-contrib-uglify	JavaScript の圧縮
	grunt-contrib-cssmin	CSS の圧縮
	grunt-contrib-imagemin	PNG／JPEG／GIF などの画像ファイルを圧縮
コンパイル	grunt-contrib-coffee	CoffeeScript のコンパイル
	grunt-contrib-compass	Compass のコンパイル
	grunt-contrib-less	LESS のコンパイル
	grunt-contrib-sass	Sass のコンパイル
	grunt-contrib-stylus	Stylus のコンパイル
	grunt-contrib-handlebars	Handlebars テンプレートのプリコンパイル
	grunt-contrib-jade	Jade テンプレートのコンパイル
	grunt-contrib-jst	Underscore テンプレートのプリコンパイル
テスト／チェック	grunt-contrib-jasmine	Jasmine のテストを実行
	grunt-contrib-nodeunit	Nodeunit テストを実行
	grunt-contrib-qunit	QUnit テストを実行
	grunt-contrib-jshint	JavaScript の構文チェック
	grunt-contrib-csslint	CSS の構文チェック
その他	grunt-contrib-connect	HTTP サーバーを起動
	grunt-contrib-requirejs	RequireJS プロジェクトを圧縮
	grunt-contrib-yuidoc	YUIDoc を使ってドキュメントを生成

その他にも、AngularJS 開発で利用できるプラグインとして、以下のようなものをおさえておくと便利です（表 9-15）。

▼表 9-15　AngularJS アプリの開発に役立つプラグイン

プラグイン名	概要／入手先
grunt-angular-templates	テンプレートを結合してひとつの JavaScript ファイルを生成 https://www.npmjs.com/package/grunt-angular-templates
grunt-ng-annotate	依存性注入のためのアノテーションを付与 https://github.com/mzgol/grunt-ng-annotate
grunt-karma	Karma を実行 https://github.com/karma-runner/grunt-karma

grunt-protractor-runner	Protractor を実行
	https://github.com/teerapap/grunt-protractor-runner
grunt-protractor-webdriver	WebDriver を起動
	https://www.npmjs.com/package/grunt-protractor-webdriver
grunt-concurrent	複数のタスクを同時に実行
	https://www.npmjs.com/package/grunt-concurrent
grunt-html2js	AngularJS のテンプレートを JavaScript にコンパイル
	https://www.npmjs.com/package/grunt-html2js
grunt-ngdocs	AngularJS のドキュメントを生成
	https://www.npmjs.com/package/grunt-ngdocs

9.2.3 クライアントサイド JavaScript のパッケージ管理ツール Bower

Bower（http://bower.io/）はパッケージ管理ツールの一種で、ライブラリのインストール／アンインストール、そして、ライブラリ同士の依存関係を解決します。サーバーサイド JavaScript、開発ツールの世界では、もっぱら Node.js の npm（Node Package Manager）を利用するのが一般的ですが、クライアントサイド JavaScript では Bower が主流となりつつあります[*38]。本書のテーマである AngularJS も、Bower 経由でインストールできます。

本項でも、Bower で AngularJS をインストールする手順を通して、Bower 利用の基本を理解します。

＊38
他の言語を学んだ人であれば、Composer／PEAR（PHP）、gem（Ruby）、NuGet（.NET）と同種のソフトウェアであると言えば、イメージしやすいかもしれません。

▼ 図 9-24　Bower 公式サイト（http://bower.io/）

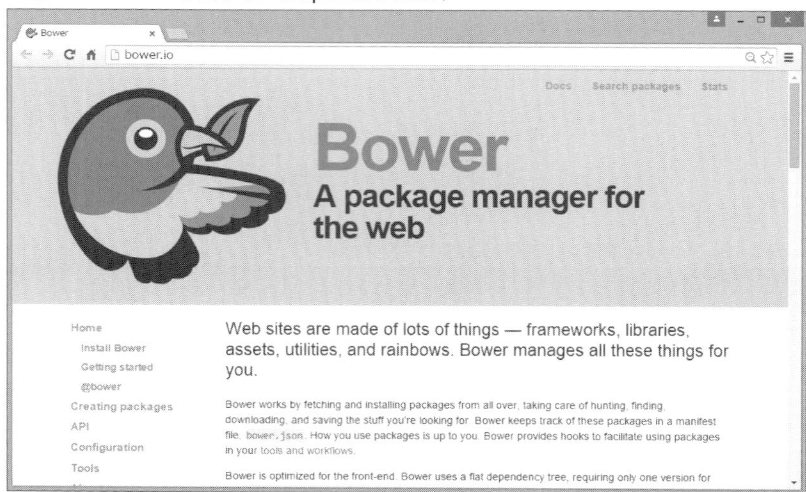

[1] Bowerをインストールする[*39]

Bowerそのものはnpmからインストールできます[*40]。-gオプションは、ソフトウェアをグローバルにインストールしなさい、という意味です。

```
> npm install -g bower
```

[2] Bowerを初期化する

Bowerを利用するにあたっては、まず、bower initコマンドでBowerを初期化しておきます。コマンドを実行すると、いくつかの質問をされます。自分の用途に応じて、適当な値を入力／選択してください[*41]。

```
> cd C:¥xampp¥htdocs¥angular¥chap09¥bower ―― アプリルートに移動*42
> bower init ―― 初期化コマンドを実行
? name: angularSample ―― プロジェクト名
? version: (0.0.0) 1.0.0 ―― バージョン
? description: AngularJS本のサンプル ―― プロジェクトの解説
? main file: ―― メインファイル
? what types of modules does this package expose?: ―― パッケージの公開方法
? keywords: ―― キーワード
? authors: Yoshihiro Yamada ―― 著者情報
? license: MIT ―― ライセンス
? homepage: ―― サイト情報
? set currently installed components as dependencies?: Yes
  ―― 現在インストールされているコンポーネントにも依存関係を設定するか
? add commonly ignored files to ignore list?: Yes
  ―― 一般的に無視するファイルを除外するか
? would you like to mark this package as private which prevents it from ⏎
being accidentally published to the registry?: No
  ―― レジストリに誤って発行されるのを防ぐために、プライベートとしてマークするか

{
  name: 'angularSample',
  version: '1.0.0',
  authors: [
    'Yoshihiro Yamada'
  ],
  description: 'AngularJS本のサンプル',
  license: 'MIT',
  ignore: [
    '**/.*',
    'node_modules',
    'bower_components',
    'test',
    'tests'
  ]
} ―― 生成されるbower.jsonのコード
```

*39 Yeomanをインストールした人は、既にBowerもインストール済みであるはずです。この手順はスキップして構いません。

*40 npm（Node.js）は8.2.2項でインストールしているはずですが、まだの人はあらかじめインストールしてください。

*41 まずは、デフォルトのままでも動作しますので、そのまま進めても問題ありません。

*42 パスは、自分の環境に応じて適宜読み替えてください。以降もコマンドはすべてアプリルートで実行します。

```
? Looks good?: Yes ――――――――――― 最終確認（これで終了しますか?）
```

＊43
npm における package.json に相当します。

　ウィザードを終了すると、アプリルート直下に bower.json が生成されています。Bower では、**bower.json** でもってインストール済みのパッケージ（ライブラリ）の依存関係、現在のアプリの情報を管理するのが基本です＊43。

[3] パッケージをインストールする

　以上、Bower を利用するための準備ができたところで、AngularJS のパッケージをインストールしてみましょう。

＊44
「Error: EPERM, unlink～」のようなエラーが発生してインストールできない場合は、npm cache clean コマンドでキャッシュをクリアしてから再度コマンドを実行してください。

```
> bower install angular --save＊44

bower cached        git://github.com/angular/bower-angular.git#1.4.1
...中略...
bower resolved      git://github.com/angular/bower-angular.git#1.4.1
bower install       angular#1.4.1

angular#1.4.1 bower_components¥angular
```

＊45
bower_components は、npm における node_modules に相当するフォルダーです。

　インストールしたパッケージは、アプリルート配下の「/bower_components/パッケージ名」フォルダーに保存されます。アプリから利用する場合にも、以下のようにパスを指定してください＊45。

```
<script src="bower_components/angular/angular.min.js"></script>
```

> **NOTE Bowerパッケージ**
>
> Bowerで公開されているパッケージは、図9-25のページからも検索できます。
>
> ▼図9-25 Search Bower packages (http://bower.io/search/)
>
> 
>
>
> ちなみに、AngularJSのngCookies/ngResourceなどの非コアモジュールは、本文のコマンドだけではインストールされません。angular-cookies/angular-resourceなどのパッケージを個別にインストールしてください。

bower installコマンドの詳細

bower installコマンドのオプションについて、補足しておきます。

(1) インストールするバージョンを特定する

「パッケージ名#バージョン番号」とすることで、インストールすべきバージョンを特定することもできます。バージョン番号を指定しなかった場合には、現在の最新パッケージがインストールされます。

```
> bower install angular#1.4.1 --save
```

これでAngularJS 1.4.1がインストールされます。「angular#1.4」のようにすることで、1.4.x系の最新安定版をインストールすることもできます。

(2) インストールしたパッケージ情報を記録する

＊46
このルールは、npm installコマンドの場合と同じです。

--saveオプションを指定することで、インストールしたパッケージをbower.jsonに記録できます[＊46]（リスト9-26）。

▼ リスト9-26 bower.json

```
{
  ...中略...
    "tests"
  ],
  "dependencies": {
    "angular": "1.4.1"
  }
}
```

bower.jsonにパッケージ情報を記録しておくと、/bower_componentsフォルダーを削除した場合にも、単に「bower install」を実行することで、そのアプリで利用しているライブラリー式をまとめてインストールできます。

(3) インストールしたパッケージ情報を記録する（開発用途）

インストールしたパッケージが開発／テスト環境でしか利用しないものである場合、（--saveオプションではなく）--save-devオプションを指定します。これによって、インストールしたパッケージは、devDependenciesというブロックに記録されます（リスト9-27）。

▼ リスト9-27 bower.json

```
{
  ...中略...
  "devDependencies": {
    "angular": "1.4.1"
  }
}
```

＊47
そもそもあとからbower installコマンドでインストールしたくなければ、--save／--save-devいずれのオプションも付与しないで、コマンドを実行します。

devDependenciesブロックに記録されたパッケージは、あとから「bower install --production」と--productionオプションを付与することで、一括インストールの対象から除外できます[＊47]。

(4) インストール済みのパッケージをリスト／更新／削除する

最後に、パッケージをリスト／更新／削除するためのコマンドをまとめておきます。

```
> bower list                                                     インストール済みパッケージをリスト表示
bower check-new     Checking for new versions of the project dependencies..
angular#1.0.0 C:¥xampp¥htdocs¥angular¥chap09¥bower
└─── angular#1.4.1(1.4.2-build.4081+sha.28c1669 available)

> bower update                                                   インストール済みパッケージを更新
bower cached        git://github.com/angular/bower-angular.git#1.4.1
bower validate      1.4.1 against git://github.com/angular/bower-angular.gi
bower install       angular#1.4.1

angular#1.4.1 bower_components¥angular

> bower uninstall angular                                        パッケージをアンインストール
bower uninstall     angular

> bower uninstall angular --save                                 パッケージをアンインストール＆bower.jsonからも削除
bower uninstall     angular
```

その他にもbowerコマンドには、さまざまなサブコマンドがあります。詳しくは「Command line reference」（http://bower.io/docs/api/）から参照してください。

Column JavaScriptの代替言語altJS

1.1.3項でも触れたように、JavaScriptは見た目の易しさに反して、言語としての癖が強く、お世辞にも開発生産性に優れているとは言えません。もっとも、だからといって、ブラウザーで動作する言語は実質、JavaScriptだけであり、これを新たな言語で置き換えるのは現実的ではありません。そこで近年では、JavaScriptの上にもう一枚、薄い皮（言語）をかぶせて、JavaScript特有の癖を隠ぺいしてしまおうというアプローチがあります。そのような言語を、JavaScriptの代替言語という意味で、altJSと総称します。

altJSは、一般的にコンパイラーによってJavaScriptに変換されてから実行されますので、動作環境を選びません。

▼図9-26　altJS

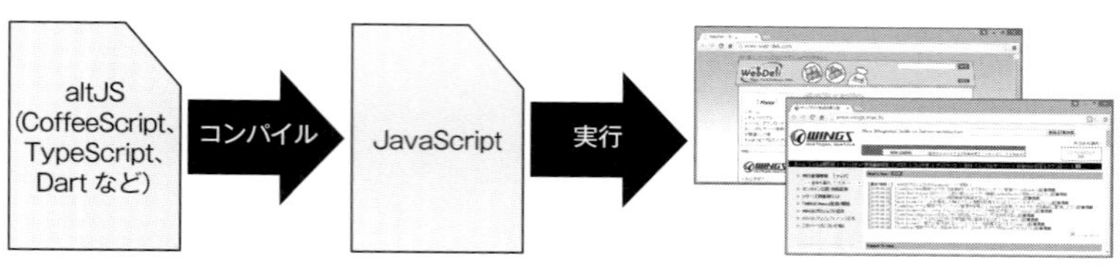

altJSには、Rails 3.1以降で標準搭載されたCoffeeScript（http://coffeescript.org/）をはじめ、マイクロソフトが開発するTypeScript（http://www.typescriptlang.org/）、GoogleによるDart（https://www.dartlang.org/）などがあります。また、ECMAScript 6のコードを5のコードに変換するBabel（https://babeljs.io/）なども注目を浴びています[*48]。

*48
厳密にはaltJSではなく、JavaScriptトランスパイラと分類されます。

索引

記号

D

E

F

G

S

T

U

タ行

ハ行

マ行

ヤ行

ラ行

ワ行

■著者略歴

山田 祥寛（やまだ よしひろ）

静岡県榛原町生まれ。一橋大学経済学部卒業後、NECにてシステム企画業務に携わるが、2003年4月に念願かなってフリーライターに転身。Microsoft MVP for ASP/ASP.NET。執筆コミュニティ「WINGSプロジェクト」の代表でもある。

主な著書に「Ruby on Rails 4アプリケーションプログラミング」「AndroidエンジニアのためのモダンJava」「JavaScript本格入門」（以上、技術評論社）、「ASP.NET MVC 5実践プログラミング」「はじめてのAndroidアプリ開発」（秀和システム）、「JavaScript逆引きレシピ jQuery対応」「10日でおぼえる入門教室シリーズ（jQuery・SQL Server・ASP.NET・JSP/サーブレット・PHP・XML）」「独習シリーズ（サーバサイドJava・PHP・ASP.NET）」（以上、翔泳社）、「書き込み式SQLのドリル」（日経BP社）など。また、@IT、CodeZine、Build Insiderなどのサイトにて連載、「日経ソフトウエア」（日経BP社）などでも記事を執筆中。最近では、IT関連技術の取材、講演まで広くを手がける毎日である。最近の活動内容は、著者サイト（http://www.wings.msn.to/）にて。

カバーデザイン◆菊池祐（株式会社ライラック）
本文デザイン◆株式会社トップスタジオ
本文イラスト◆株式会社トップスタジオ
本文レイアウト◆株式会社トップスタジオ
編集担当◆青木宏治

アンギュラージェイエス
AngularJS
アプリケーションプログラミング

2015年 9月20日 初 版 第1刷発行
2017年 5月18日 初 版 第3刷発行

著 者 山田 祥寛（やまだ よしひろ）
発行者 片岡 巌
発行所 株式会社技術評論社
東京都新宿区市谷左内町21-13
電話 03-3513-6150 販売促進部
03-3513-6160 書籍編集部
印刷所 日経印刷株式会社

定価はカバーに表示してあります

ISBN978-4-7741-7568-3 C3055

Printed in Japan

■ご質問について

本書の内容に関するご質問は、下記の宛先までFAXか書面、もしくは弊社Webサイトの電子メールにてお送りください。お電話によるご質問、および本書に記載されている内容以外のご質問には、いっさいお答えできません。あらかじめご了承ください。

宛先：〒162-0846
東京都新宿区市谷左内町21-13
株式会社技術評論社 書籍編集部
『AngularJSアプリケーションプログラミング』係
FAX：03-3513-6167
Web：http://book.gihyo.jp/

※ご質問の際に記載いただきました個人情報は、ご質問の返答以外での目的には使用いたしません。参照後は速やかに削除させていただきます。